实战 Java 程序设计

北京尚学堂科技有限公司　编著

清华大学出版社
北京

内 容 简 介

这是一本既注重实战,同时也注重底层"内功"(内存分析、JVM底层、数据结构)训练的书,本书能帮助初学者打通Java编程"任督二脉"。本书集作者11年Java教学之精华,既适合初学者入门,也适合已经工作的开发者复习。

全书共分18章,内容涵盖Java开发所需的相关内容及339个案例(很多案例对于工作人员也有很大的参考价值)。书中秉承尚学堂实战化教学理念,从第一章开始介入实战项目,寓教于乐,读者可迅速进入开发者的角色。

本书适合初学者入门,也适合高等院校相关专业作为教材使用,还可作为Java程序员的参考用书。

本书封面贴有清华大学出版社防伪标签,无标签者不得销售。

版权所有,侵权必究。举报: 010-62782989, beiqinquan@tup.tsinghua.edu.cn。

图书在版编目(CIP)数据

实战Java程序设计 / 北京尚学堂科技有限公司编著. — 北京: 清华大学出版社, 2018 (2025.1重印)
ISBN 978-7-302-48498-1

Ⅰ. ①实⋯ Ⅱ. ①北⋯ Ⅲ. ①Java语言—程序设计 Ⅳ. ①TP312.8

中国版本图书馆 CIP 数据核字(2017)第 227453 号

责任编辑: 杨如林
封面设计: 杨玉兰
版式设计: 方加青
责任校对: 徐俊伟
责任印制: 丛怀宇

出版发行: 清华大学出版社
网　　址: https://www.tup.com.cn, https://www.wqxuetang.com
地　　址: 北京清华大学学研大厦A座　　　　邮　编: 100084
社 总 机: 010-83470000　　　　　　　　　　邮　购: 010-62786544
投稿与读者服务: 010-62776969, c-service@tup.tsinghua.edu.cn
质 量 反 馈: 010-62772015, zhiliang@tup.tsinghua.edu.cn
印 装 者: 三河市君旺印务有限公司
经　　销: 全国新华书店
开　　本: 188mm×260mm　　印　张: 29.5　　字　数: 660千字
版　　次: 2018年6月第1版　　　印　次: 2025年1月第9次印刷
印　　数: 12801~13600
定　　价: 89.00元

产品编号: 076926-01

实战Java
程序设计

前　言

本书的特色

　　Java语言问世20年了，一直是世界第一编程语言，被誉为计算机界的"英语"。北京尚学堂科技11年来一直从事Java语言的相关培训教学，并且同国内外上千家企业有直接的用人合作。我们深知学员的需求是什么，企业的技术要求是什么。

　　企业要求：程序员既要有实战技能，可以快速上手，同时又要拥有扎实的内功，熟悉底层原理，后劲十足。因此，在笔试和面试考查的时候也是结合"底层原理、数据结构、实战应用、设计思维"四个方面进行的。针对这四方面的需求，我们编写了本书，这也是本书的四大特点。

　　第一大特点：注重实战应用。精心设计的案例对于工作多年的读者也有参考价值；在本书第一章就引入了游戏项目案例，让大家从一开始就能体验"编程之美"与"编程之乐"。读者在学习的第一天就可以"炫耀"一下，使自信翻倍。

　　第二大特点：底层原理讲解丰富。对于面向对象核心内容的讲解，本书深入到内存分析，让读者对于对象底层有形象的认识；对于内存管理的知识，本书也深入到JVM底层设计进行讲解。通过这些讲解，让读者不仅可以理解底层核心技术，而且对于日后的笔试与面试做到胸有成竹，为以后的工作打下更加扎实的基础。

　　第三大特点：结合实战讲解数据结构和JDK源码。本书对大多数类的讲解都深入到JDK源码，带大家学习真正高手的写法；容器一章更是深入讲解了数据结构和源码，并做到深入浅出，帮助大家修炼深厚的"编程内功"。

　　第四大特点：植入设计者思维。如果本书的读者是初学者，我们要让初学者从知其然进化到知其所以然。本书引入了设计模式与多线程架构的讲解，初学者可以通过这些内容从一开始就培养设计的思维与架构的思维，为以后的发展铺设好"高速公路"。

如何学习本书

本书共分18章，这里对各章节做简要说明，以方便读者概览全书。

第1章 讲解Java的入门知识，配置开发环境，开发第一个Java程序，开始使用Eclipse，开发自己的第一个游戏项目。

第2章 讲解数据类型、运算符和变量，这是编程的基础，是程序的"砖块"。

第3章 讲解控制语句：条件判断结构、循环结构。控制语句是编程的基础，是程序的"混凝土"。本章是进入编程世界的门槛，需要进行大量练习。

第4章 讲解Java面向对象编程基础知识。本章通过类、对象、包等基本概念以及内存分析、JVM内存管理的讲解，让大家一开始就深入底层，更深刻地了解对象概念。

第5章 讲解Java面向对象编程的进阶知识，主要包含继承、封装、多态三大特征以及接口、抽象类、内部类等概念。

第6章 讲解异常机制。本章通过导引问题让大家知道为什么需要异常机制，处理异常的多种手段，以及开发中常见异常的应对方式。

第7章 数组。本章从底层讲解数组的本质、数组的常见使用方式，通过排序和搜索算法，既可练习数组的用法，也可学习算法知识，为应对企业笔试和面试做好准备。

第8章 常用类。本章讲解多种常用类的用法：包装类、字符串相关类、时间处理相关类、Math类、File类等。在讲解过程中，结合JDK源码，让大家更深刻地理解用法。

第9章 容器。本章讲解各种容器的用法：List、Map、Set。本章还引入数据结构的相关内容，通过源码分析让大家既学习了容器，又学习了数据结构的知识。练好了内功，应对企业面试绰绰有余。

第10章 输入与输出技术。本章配置了各种在工作中有参考价值的实用案例，并且讲解了在工作中常用的Apache Commons I/O工具库，还通过引入设计模式概念，让大家明白整个I/O流体系架构。

第11章 多线程技术。本章深入讲解了多线程的基本用法、生命周期与状态转化的知识，同时对同步机制做了深入讲解，还引入生产者与消费者模式，让大家具备架构设计的思维。此外还额外加入了定时机制与任务调度的内容。

第12章 网络编程。本章给出了实用价值极高的案例，让大家通过案例的学习，举一反三，就可以完成TCP、UDP的各种应用编程。

第13章 J20飞机游戏项目。本章通过手把手教学，用一个游戏项目将前面1~12章的知识全部做了串联，寓教于乐，让大家了解项目开发的全流程。

第14~16章 讲解基本的Swing知识与事件模型。需要强调的是，Swing在工作中极少用到，但为了知识的完整性，这里只进行简单讲解，不作为重点。

第17章 反射机制。反射是Java的高级特性，在工作和学习中得到了广泛应用，掌握反射的本质及应用，非常有必要。

第18章 核心设计模式。GoF 23设计模式的内容庞杂，这里只选取在工作和学习中最重要的几个设计模式进行了深入讲解,让大家从一开始就具备设计的思维。同时,这也是面试中常涉及的内容,掌握设计模式可以为你加分不少。

本书配套资源

1. 视频资源库(1000G视频资源)

读者在学习本书的过程中,可以结合附赠的《Java 300集》大型教学视频进行学习,能更好地理解本书内容,拓展Java编程视野。

注:《Java 300集》大型教学视频已经被北京大学计算机系教授推荐为必看视频教程。

读者可以访问网址http://www.bjsxt.com/download.html观看视频。此外,该网站还提供了很多由尚学堂老师录制的课堂教学视频,累计达1000G的视频资源,涵盖了IT行业的方方面面,内容原汁原味,课堂气氛活跃,免费共享给读者学习使用。

2. PPT和题库(高校老师专职助手)

为了便于院校老师使用本书,专门开放了我们现有的PPT和题库,并且可以针对不用院校的需求进行适当调整,我们还为每一位院校老师提供专职助手,有针对性地调整教学内容及考试题库,需要的老师请联系:www.bjsxt.com。

3. 开发者常用英文词汇表(1800个开发词汇)

由尚学堂学员孙波(现已工作)在老师指导下完成。

词汇表涵盖了日常开发中的常见词汇,通晓这些词汇,可以让你游刃有余地阅读英文文档,完成高手进阶的必由之路。

下载地址:http://www.bjsxt.com/download.html。

4. 实例源码

本书各章实例源码可按以下方法免费下载:

登录清华大学出版社网站(www.tup.com.cn),搜索本书后在"资源管理"中下载本书相关源码。

鸣　谢

本书由北京尚学堂科技教研部编写,其中主要编写者为高淇,参与本书编写工作的还有刘凯力、王焕等。

本书在出版过程中,得到了清华大学出版社栾大成、杨如林老师的大力支持,在此表示衷心的感谢。另外,本书的所有编审、发行人员为本书的出版发行付出了辛勤的劳动,在此一并致以诚挚的谢意。

我们以科学、严谨的态度,力求精益求精,但错误之处在所难免,敬请广大读者批评指正,我们将不胜感激。

教研部出版组邮箱:book@sxt.cn;高淇老师邮箱:gaoqi@sxt.cn。

作　者

实战Java程序设计

目　录

第1章　Java入门 1

1.1　计算机语言发展史及未来方向 1
 1.1.1　计算机已经成为人类大脑的延伸 1
 1.1.2　算法是计算机的"灵魂"，
   编程语言是塑造计算机"灵魂"
   的工具 2
 1.1.3　为什么担心软件开发人才饱和是
   多余的 3
 1.1.4　未来30年必将是软件人才的世界 3
1.2　常用的编程语言 4
1.3　Java语言介绍 6
 1.3.1　Java发展简史 6
 1.3.2　Java的核心优势 6
 1.3.3　Java各版本的含义 7
 1.3.4　Java的特性 7
 1.3.5　Java应用程序的运行机制 9
 1.3.6　JVM、JRE和JDK 9
1.4　Java开发环境搭建 10
 1.4.1　JDK的下载和安装 10
 1.4.2　环境变量Path的配置 12
 1.4.3　JDK安装测试 13
1.5　建立和运行第一个Java程序 13
 1.5.1　建立第一个Java程序 13
 1.5.2　编译第一个程序时的常见错误 15

 1.5.3　总结第一个Java程序 15
 1.5.4　最常用的DOS命令 16
1.6　常用的Java开发工具 16
1.7　Eclipse使用10分钟入门 17
 1.7.1　下载和安装Eclipse 17
 1.7.2　在Eclipse中创建Java项目 18
 1.7.3　使用Eclipse开发和运行Java
   程序 20
1.8　30分钟完成桌球小游戏项目 22
本章总结 28
本章作业 28

第2章　数据类型和运算符 30

2.1　注释 30
2.2　标识符 31
2.3　Java中的关键字/保留字 32
2.4　变量 32
 2.4.1　变量的本质 32
 2.4.2　变量的分类 33
2.5　常量 35
2.6　基本数据类型 36
 2.6.1　整型 36
 2.6.2　浮点型 37
 2.6.3　字符型 39

2.6.4 布尔型······40
2.7 运算符······40
  2.7.1 算术运算符······40
  2.7.2 赋值及其扩展赋值运算符······41
  2.7.3 关系运算符······42
  2.7.4 逻辑运算符······42
  2.7.5 位运算符······43
  2.7.6 字符串连接符······43
  2.7.7 条件运算符······43
  2.7.8 运算符优先级问题······44
2.8 数据类型的转换······44
  2.8.1 自动类型转换······45
  2.8.2 强制类型转换······45
  2.8.3 基本类型转换时的常见错误和问题······46
2.9 简单的键盘输入和输出······46
本章总结······47
本章作业······48

第3章 控制语句······50

3.1 条件判断结构······50
  3.1.1 if单分支结构······51
  3.1.2 if-else双分支结构······52
  3.1.3 if-else if-else多分支结构······54
  3.1.4 switch多分支结构······55
3.2 循环结构······57
  3.2.1 while循环······57
  3.2.2 do-while循环······58
  3.2.3 for循环······59
  3.2.4 嵌套循环······62
  3.2.5 break语句和continue语句······63
  3.2.6 带标签的break语句和continue语句······64
3.3 语句块······65
3.4 方法······65
3.5 方法的重载······67
3.6 递归结构······68
本章总结······70
本章作业······71

第4章 Java面向对象编程基础······74

4.1 面向过程和面向对象思想······74
4.2 对象的进化史······75
4.3 对象和类的概念······77
4.4 类和对象初步······77
  4.4.1 第一个类的定义······78
  4.4.2 属性（field成员变量）······78
  4.4.3 方法······79
  4.4.4 一个典型类的定义和UML图······79
4.5 面向对象的内存分析······80
4.6 对象的使用及内存分析······81
4.7 构造器······82
4.8 构造器的重载······83
4.9 垃圾回收机制······84
  4.9.1 垃圾回收的原理和算法······84
  4.9.2 通用的分代垃圾回收机制······85
  4.9.3 JVM调优和Full GC······86
  4.9.4 开发中容易造成内存泄露的操作······86
4.10 this关键字······87
4.11 static关键字······89
4.12 静态初始化块······90
4.13 参数传值机制······91
4.14 包······92
  4.14.1 package······92
  4.14.2 JDK中的常用包······92
  4.14.3 导入类······93
  4.14.4 静态导入······94
本章总结······94
本章作业······95

第5章 Java面向对象编程进阶······97

5.1 继承······97
  5.1.1 继承的实现······97
  5.1.2 instanceof运算符······98
  5.1.3 继承的使用要点······99
  5.1.4 方法的重写······99
5.2 Object类······100

5.2.1　Object类的基本特性 100
　　5.2.2　toString方法 101
　　5.2.3　==和equals方法 102
5.3　super关键字 103
5.4　封装 104
　　5.4.1　封装的作用和含义 104
　　5.4.2　封装的实现——使用访问
　　　　　　控制符 106
　　5.4.3　封装的使用细节 109
5.5　多态 110
5.6　对象的转型 112
5.7　final关键字 113
5.8　抽象方法和抽象类 114
5.9　接口interface 115
　　5.9.1　接口的作用 115
　　5.9.2　定义和使用接口 116
　　5.9.3　接口的多继承 117
　　5.9.4　面向接口编程 118
5.10　内部类 119
　　5.10.1　内部类的概念 119
　　5.10.2　内部类的分类 120
5.11　字符串String 123
　　5.11.1　String基础 124
　　5.11.2　String类和常量池 124
　　5.11.3　阅读API文档 125
　　5.11.4　String类的常用方法 127
　　5.11.5　字符串相等的判断 129
5.12　设计模式相关知识 130
　　5.12.1　开闭原则 130
　　5.12.2　相关设计模式 130
本章总结 130
本章作业 132

第6章　异常机制 136

6.1　导引问题 136
6.2　异常的概念 137
6.3　异常的分类 138
　　6.3.1　Error 138

　　6.3.2　Exception 139
　　6.3.3　RuntimeException——运行时
　　　　　　异常 139
　　6.3.4　CheckedException——已检查
　　　　　　异常 143
6.4　异常的处理方式之一：捕获异常 ...143
6.5　异常的处理方式之二：声明异常
　　　（throws子句） 145
6.6　自定义异常 146
6.7　如何利用百度解决异常问题 148
本章总结 148
本章作业 149

第7章　数组 151

7.1　数组概述 151
7.2　创建数组和初始化 151
　　7.2.1　数组声明 151
　　7.2.2　初始化 153
7.3　常用数组操作 154
　　7.3.1　数组的遍历 154
　　7.3.2　for-each循环 155
　　7.3.3　数组的复制 155
　　7.3.4　java.util.Arrays类 156
7.4　多维数组 158
7.5　用数组存储表格数据 160
7.6　冒泡排序算法 161
　　7.6.1　冒泡排序的基础算法 161
　　7.6.2　冒泡排序的优化算法 162
7.7　二分法检索 163
本章总结 165
本章作业 166

第8章　常用类 168

8.1　基本数据类型的包装类 168
　　8.1.1　包装类的基本知识 168
　　8.1.2　包装类的用途 169
　　8.1.3　自动装箱和拆箱 170
　　8.1.4　包装类的缓存问题 172

8.2 字符串相关类 174
8.2.1 String类 174
8.2.2 StringBuffer和StringBuilder 176
8.2.3 不可变和可变字符序列使用陷阱 178
8.3 时间处理相关类 179
8.3.1 Date时间类（java.util.Date） 179
8.3.2 DateFormat类和SimpleDateFormat类 181
8.3.3 Calendar日历类 183
8.4 Math类 186
8.5 File类 188
8.5.1 File类的基本用法 188
8.5.2 递归遍历目录结构和树状展现 191
8.6 枚举 192
本章总结 194
本章作业 194

第9章 容器 197

9.1 泛型 198
9.1.1 自定义泛型 198
9.1.2 容器中使用泛型 198
9.2 Collection接口 199
9.3 List接口 200
9.3.1 List特点和常用方法 200
9.3.2 ArrayList的特点和底层实现 203
9.3.3 LinkedList的特点和底层实现 204
9.3.4 Vector向量 205
9.4 Map接口 205
9.4.1 HashMap和HashTable 206
9.4.2 HashMap底层实现详解 207
9.4.3 二叉树和红黑二叉树 212
9.4.4 TreeMap的使用和底层实现 215
9.5 Set接口 215
9.5.1 HashSet的基本应用 215
9.5.2 HashSet的底层实现 216
9.5.3 TreeSet的使用和底层实现 217
9.6 Iterator接口 218
9.6.1 迭代器介绍 218
9.6.2 使用Iterator迭代器遍历容器元素（List/Set/Map） 218
9.7 遍历集合的方法总结 220
9.8 Collections工具类 221
本章总结 222
本章作业 223

第10章 输入与输出技术 226

10.1 基本概念和I/O入门 227
10.1.1 数据源 227
10.1.2 流的概念 227
10.1.3 第一个简单的I/O流应用程序 228
10.1.4 Java中流的概念细分 230
10.1.5 Java中I/O流类的体系 231
10.1.6 四大I/O抽象类 232
10.2 常用流详解 233
10.2.1 文件字节流 233
10.2.2 文件字符流 235
10.2.3 缓冲字节流 237
10.2.4 缓冲字符流 239
10.2.5 字节数组流 241
10.2.6 数据流 242
10.2.7 对象流 244
10.2.8 转换流 246
10.2.9 随意访问文件流 248
10.3 Java对象的序列化和反序列化 249
10.3.1 序列化和反序列化是什么 249
10.3.2 序列化涉及的类和接口 250
10.3.3 序列化与反序列化的步骤和实例 250
10.4 装饰器模式构建I/O流体系 252
10.4.1 装饰器模式简介 252
10.4.2 I/O流体系中的装饰器模式 253
10.5 Apache IOUtils和FileUtils的使用 253
10.5.1 Apache基金会介绍 254
10.5.2 FileUtils的妙用 254
10.5.3 IOUtils的妙用 258

本章总结 259
本章作业 260

第11章 多线程技术 262

11.1 基本概念 262
- 11.1.1 程序 262
- 11.1.2 进程 262
- 11.1.3 线程 263
- 11.1.4 线程和进程的区别 264
- 11.1.5 进程与程序的区别 264

11.2 Java中如何实现多线程 264
- 11.2.1 通过继承Thread类实现多线程 265
- 11.2.2 通过Runnable接口实现多线程 266

11.3 线程状态和生命周期 266
- 11.3.1 线程状态 266
- 11.3.2 终止线程的典型方式 267
- 11.3.3 暂停线程执行的常用方法 269
- 11.3.4 联合线程的方法 270

11.4 线程的基本信息和优先级别 272
- 11.4.1 获取线程基本信息的方法 272
- 11.4.2 线程的优先级 273

11.5 线程同步 274
- 11.5.1 什么是线程同步 274
- 11.5.2 实现线程同步 275
- 11.5.3 死锁及解决方案 277

11.6 线程并发协作（生产者-消费者模式） 280

11.7 任务定时调度 284

本章总结 285
本章作业 286

第12章 网络编程 289

12.1 基本概念 289
- 12.1.1 计算机网络 289
- 12.1.2 网络通信协议 290
- 12.1.3 数据封装与解封 291
- 12.1.4 IP地址与端口 293
- 12.1.5 URL 294
- 12.1.6 Socket 294
- 12.1.7 TCP协议和UDP协议 294

12.2 Java网络编程中的常用类 295
- 12.2.1 InetAddress 296
- 12.2.2 InetSocketAddress 297
- 12.2.3 URL类 297

12.3 TCP通信的实现 298

12.4 UDP通信的实现 308

本章总结 313
本章作业 314

第13章 J20飞机游戏项目 316

13.1 简介 316

13.2 游戏项目基本功能的开发 316
- 13.2.1 使用AWT技术画出游戏主窗口（0.1版） 317
- 13.2.2 图形和文本绘制（0.2版） 319
- 13.2.3 ImageIO实现图片加载技术（0.3版） 319
- 13.2.4 多线程和内部类实现动画效果（0.4版） 321
- 13.2.5 双缓冲技术解决闪烁问题（0.4） 324
- 13.2.6 GameObject类设计（0.5版） 325

13.3 飞机类设计（0.6版） 327
- 13.3.1 键盘控制原理 328
- 13.3.2 飞机类：增加操控功能 328
- 13.3.3 主窗口类：增加键盘监听 329

13.4 炮弹类设计（0.7版） 330
- 13.4.1 炮弹类的基本设计 330
- 13.4.2 炮弹任意角度飞行路径 331
- 13.4.3 容器对象存储多发炮弹 331

13.5 碰撞检测技术（0.8版） 332
- 13.5.1 矩形检测原理 333
- 13.5.2 炮弹和飞机碰撞检测 333

13.6 爆炸效果的实现（0.9版） 334
- 13.6.1 爆炸类的基本设计 335
- 13.6.2 主窗口类创建爆炸对象 335

13.7 其他功能（1.0版） 337
- 13.7.1 计时功能 337

13.7.2　学员开发Java基础小项目案例展示
　　　　　　和说明 ································338

第14章　GUI编程——Swing基础 · 341

14.1　AWT简介 ·····································342
14.2　Swing简介 ···································342
　　　14.2.1　javax.swing.JFrame ············343
　　　14.2.2　javax.swing.JPanel ·············347
　　　14.2.3　常用基本控件 ···················349
　　　14.2.4　布局管理器 ······················352
本章总结 ··357
本章作业 ··358

第15章　事件模型 ·····························359

15.1　事件模型简介及常用事件类型 ···359
　　　15.1.1　事件控制的过程 ···············359
　　　15.1.2　ActionEvent事件 ···············361
　　　15.1.3　MouseEvent事件 ··············364
　　　15.1.4　KeyEvent事件 ···················366
　　　15.1.5　WindowEvent事件 ············366
15.2　事件处理的实现方式 ··················367
　　　15.2.1　使用内部类实现事件处理 ····367
　　　15.2.2　使用适配器实现事件处理 ····369
　　　15.2.3　使用匿名内部类实现事件
　　　　　　处理 ···································372
本章总结 ··380
本章作业 ··380

第16章　Swing中的其他控件 ········382

16.1　单选按钮控件（JRadioButton）·382
16.2　复选框控件（JCheckBox）·········385
16.3　下拉列表控件（JComboBox）···386
16.4　表格控件（JTable）····················389
　　　16.4.1　JTable的简单应用 ············390
　　　16.4.2　DefaultTableModel ···········393
16.5　用户注册案例 ······························396

本章总结 ··402
本章作业 ··402

第17章　反射机制 ·····························404

17.1　动态语言 ······································404
17.2　反射机制的本质和Class类 ········404
　　　17.2.1　反射机制的本质 ···············405
　　　17.2.2　java.lang.Class类 ··············406
17.3　反射机制的常见操作 ··················407
　　　17.3.1　操作构造器（Constructor类）····408
　　　17.3.2　操作属性（Field类）·········409
　　　17.3.3　操作方法（Method类）·····410
17.4　反射机制的效率问题 ··················411
本章总结 ··412
本章作业 ··412

第18章　核心设计模式 ····················415

18.1　GoF 23设计模式简介 ·················415
18.2　单例模式 ······································416
　　　18.2.1　饿汉式 ·····························417
　　　18.2.2　懒汉式 ·····························417
　　　18.2.3　静态内部类式 ···················418
　　　18.2.4　枚举式单例 ······················419
　　　18.2.5　四种单例创建模式的选择 ····419
18.3　工厂模式 ······································420
18.4　装饰模式 ······································422
18.5　责任链模式 ··································425
18.6　模板方法模式（钩子方法）······429
18.7　观察者模式 ··································431
18.8　代理模式（动态）······················433
本章总结 ··437
本章作业 ··438

附录　Java 300集大型教学视频
　　　目录 ··440

实战Java程序设计

案例目录

第1章 Java入门

【示例1-1】使用记事本开发第一个Java程序 ………13
【示例1-2】使用Eclipse开发Java程序 ………21
【示例1-3】桌球游戏代码——绘制窗口 ………23
【示例1-4】桌球游戏代码——加载图片 ………24
【示例1-5】桌球游戏代码——实现水平方向来回飞行 ………26
【示例1-6】桌球游戏代码——实现任意角度飞行 ………27

第2章 数据类型和运算符

【示例2-1】认识Java的三种注释类型 ………31
【示例2-2】合法的标识符 ………31
【示例2-3】不合法的标识符 ………31
【示例2-4】声明变量 ………33
【示例2-5】在一行中声明多个变量 ………33
【示例2-6】在声明变量的同时完成变量的初始化 ………33
【示例2-7】局部变量的声明 ………34
【示例2-8】实例变量的声明 ………34
【示例2-9】常量的声明及使用 ………35
【示例2-10】long类型常数的写法及变量的声明 ………37
【示例2-11】使用科学记数法给浮点型变量赋值 ………37
【示例2-12】float类型常量的写法及变量的声明 …37
【示例2-13】浮点型数据的比较一 ………38
【示例2-14】浮点型数据的比较二 ………38
【示例2-15】使用BigDecimal进行浮点型数据的比较 ………38
【示例2-16】字符型演示 ………39
【示例2-17】字符型的十六进制值表示方法 ………39
【示例2-18】转义字符 ………39
【示例2-19】boolean类型演示 ………40
【示例2-20】一元运算符++与-- ………41
【示例2-21】扩展运算符 ………41
【示例2-22】短路与和逻辑与 ………42
【示例2-23】左移运算和右移运算 ………43
【示例2-24】连接符"+" ………43
【示例2-25】三目条件运算符 ………44
【示例2-26】自动类型转换特例 ………45
【示例2-27】强制类型转换 ………45
【示例2-28】强制类型转换特例 ………46
【示例2-29】类型转换常见问题一 ………46
【示例2-30】类型转换常见问题二 ………46
【示例2-31】使用Scanner获取键盘输入 ………46

第3章 控制语句

【示例3-1】if单分支结构 ………51
【示例3-2】if-else双分支结构 ………52

【示例3-3】if-else与条件运算符的比较：使用 if-else ·············· 53
【示例3-4】if-else与条件运算符的比较：使用条件运算符 ·············· 54
【示例3-5】if-else if-else多分支结构 ·············· 55
【示例3-6】switch结构 ·············· 56
【示例3-7】while循环结构——求1~100的累加和 ·············· 57
【示例3-8】do-while循环结构——求1~100的累加和 ·············· 58
【示例3-9】while与do-while的区别 ·············· 59
【示例3-10】for循环 ·············· 60
【示例3-11】逗号运算符 ·············· 61
【示例3-12】无限循环 ·············· 61
【示例3-13】初始化变量的作用域 ·············· 61
【示例3-14】嵌套循环 ·············· 62
【示例3-15】使用嵌套循环实现九九乘法表 ·············· 62
【示例3-16】break语句 ·············· 63
【示例3-17】continue语句 ·············· 63
【示例3-18】带标签的break语句和continue语句 ·············· 64
【示例3-19】语句块 ·············· 65
【示例3-20】方法的声明及调用 ·············· 66
【示例3-21】方法重载 ·············· 67
【示例3-22】使用递归求n! ·············· 68
【示例3-23】使用循环求n! ·············· 69

第4章　Java面向对象编程基础

【示例4-1】类的定义方式 ·············· 78
【示例4-2】编写简单的学生类 ·············· 78
【示例4-3】模拟学生使用电脑学习 ·············· 79
【示例4-4】编写Person类 ·············· 81
【示例4-5】创建Person类对象并使用 ·············· 81
【示例4-6】构造器重载（创建不同用户对象）·············· 83
【示例4-7】循环引用演示 ·············· 85
【示例4-8】this关键字的使用 ·············· 87
【示例4-9】this()调用重载构造器 ·············· 88
【示例4-10】static关键字的使用 ·············· 89
【示例4-11】static初始化块 ·············· 90
【示例4-12】多个变量指向同一个对象 ·············· 91
【示例4-13】package的命名演示 ·············· 92
【示例4-14】package的使用 ·············· 92
【示例4-15】导入同名类的处理 ·············· 93
【示例4-16】静态导入的使用 ·············· 94

第5章　Java面向对象编程进阶

【示例5-1】使用extends实现继承 ·············· 98
【示例5-2】使用instanceof运算符进行类型判断 ·············· 99
【示例5-3】方法重写 ·············· 99
【示例5-4】Object类 ·············· 100
【示例5-5】重写toString()方法 ·············· 101
【示例5-6】自定义类重写equals()方法 ·············· 102
【示例5-7】super关键字的使用 ·············· 103
【示例5-8】继承条件下构造器的执行过程 ·············· 104
【示例5-9】未进行封装的代码演示 ·············· 105
【示例5-10】JavaBean的封装演示 ·············· 109
【示例5-11】封装的使用 ·············· 109
【示例5-12】多态和类型转换 ·············· 111
【示例5-13】对象的转型 ·············· 112
【示例5-14】类型转换异常 ·············· 113
【示例5-15】向下转型中使用instanceof ·············· 113
【示例5-16】抽象类和抽象方法的基本用法 ·············· 115
【示例5-17】接口的使用 ·············· 117
【示例5-18】接口的多继承 ·············· 118
【示例5-19】内部类的展示 ·············· 119
【示例5-20】在内部类中访问成员变量 ·············· 121
【示例5-21】内部类的访问 ·············· 121
【示例5-22】静态内部类的访问 ·············· 122
【示例5-23】匿名内部类的使用 ·············· 122
【示例5-24】方法中的内部类 ·············· 123
【示例5-25】String类的简单使用 ·············· 124
【示例5-26】字符串连接 ·············· 124
【示例5-27】"+"连接符的应用 ·············· 124
【示例5-28】常量池 ·············· 125
【示例5-29】String类常用方法一 ·············· 128
【示例5-30】String类常用方法二 ·············· 128
【示例5-31】忽略大小写的字符串比较 ·············· 129
【示例5-32】字符串的比较——"=="与equals()方法 ·············· 129

第6章 异常机制

【示例6-1】伪代码——使用if处理程序中可能出现的各种情况 ·············· 136
【示例6-2】异常的分析 ·············· 137
【示例6-3】ArithmeticException异常——试图除以0 ·············· 139
【示例6-4】NullPointerException异常 ·············· 140
【示例6-5】ClassCastException异常 ·············· 141
【示例6-6】ArrayIndexOutOfBoundsException异常 ·············· 141
【示例6-7】NumberFormatException异常 ·············· 142
【示例6-8】异常处理的典型代码（捕获异常）·············· 145
【示例6-9】异常处理的典型代码（声明异常抛出throws）·············· 146
【示例6-10】自定义异常类 ·············· 147
【示例6-11】自定义异常类的使用 ·············· 147

第7章 数组

【示例7-1】数组的声明方式（以一维数组为例）·············· 151
【示例7-2】创建基本类型一维数组 ·············· 152
【示例7-3】创建引用类型一维数组 ·············· 152
【示例7-4】数组的静态初始化 ·············· 153
【示例7-5】数组的动态初始化 ·············· 153
【示例7-6】数组的默认初始化 ·············· 154
【示例7-7】使用循环初始化和遍历数组 ·············· 154
【示例7-8】使用增强for循环遍历数组 ·············· 155
【示例7-9】数组的复制 ·············· 155
【示例7-10】使用Arrays类输出数组中的元素 ····· 156
【示例7-11】使用Arrays类对数组元素进行排序一 ·············· 156
【示例7-12】使用Arrays类对数组元素进行排序二（Comparable接口的应用）·············· 157
【示例7-13】使用Arrays类实现二分法查找法 ····· 158
【示例7-14】使用Arrays类对数组进行填充 ·············· 158
【示例7-15】二维数组的声明 ·············· 159
【示例7-16】二维数组的静态初始化 ·············· 159
【示例7-17】二维数组的动态初始化 ·············· 159
【示例7-18】获取数组长度 ·············· 160
【示例7-19】使用二维数组保存表格数据 ·············· 161
【示例7-20】冒泡排序的基础算法 ·············· 162
【示例7-21】冒泡排序的优化算法 ·············· 163
【示例7-22】二分法检索的基本算法 ·············· 164

第8章 常用类

【示例8-1】初识包装类 ·············· 169
【示例8-2】包装类的使用 ·············· 170
【示例8-3】自动装箱 ·············· 171
【示例8-4】自动拆箱 ·············· 171
【示例8-5】包装类空指针异常问题 ·············· 171
【示例8-6】自动装箱与拆箱 ·············· 172
【示例8-7】Integer类相关源码 ·············· 172
【示例8-8】IntegerCache类相关源码 ·············· 173
【示例8-9】包装类的缓存测试 ·············· 173
【示例8-10】String类的简单使用 ·············· 175
【示例8-11】字符串常量拼接时的优化 ·············· 175
【示例8-12】AbstractStringBuilder 部分源码 ······ 176
【示例8-13】StringBuffer/StringBuilder基本用法 177
【示例8-14】String和StringBuilder在字符串频繁修改时的效率测试 ·············· 178
【示例8-15】Date类的使用 ·············· 180
【示例8-16】DateFormat类和SimpleDateFormat类的使用 ·············· 181
【示例8-17】时间格式字符的使用 ·············· 182
【示例8-18】GregorianCalendar类和Calendar类的使用 ·············· 183
【示例8-19】可视化日历的编写 ·············· 184
【示例8-20】Math类的常用方法 ·············· 186
【示例8-21】Random类的常用方法 ·············· 187
【示例8-22】使用File类创建文件 ·············· 188
【示例8-23】使用File类访问文件或目录属性 ····· 189
【示例8-24】使用mkdir创建目录 ·············· 189
【示例8-25】使用mkdirs创建目录 ·············· 190
【示例8-26】File类的综合应用 ·············· 190
【示例8-27】使用递归算法，以树状结构展示目录树 ·············· 191
【示例8-28】创建枚举类型 ·············· 193
【示例8-29】枚举的使用 ·············· 193

第9章 容器

【示例9-1】泛型的声明 198
【示例9-2】泛型的应用 198
【示例9-3】泛型在集合中的使用 199
【示例9-4】List的常用方法 201
【示例9-5】两个List之间的元素处理 201
【示例9-6】List中操作索引的常用方法 202
【示例9-7】Map接口中的常用方法 206
【示例9-8】测试hash算法 210
【示例9-9】HashSet的使用 216
【示例9-10】TreeSet和Comparable接口的使用 217
【示例9-11】迭代器遍历List 218
【示例9-12】迭代器遍历Set 219
【示例9-13】迭代器遍历Map（一） 219
【示例9-14】迭代器遍历Map（二） 220
【示例9-15】遍历List方法一——普通for循环 220
【示例9-16】遍历List方法二——增强for循环（使用泛型） 221
【示例9-17】遍历List方法三——使用Iterator迭代器（1） 221
【示例9-18】遍历List方法四——使用Iterator迭代器（2） 221
【示例9-19】遍历Set方法一——增强for循环 221
【示例9-20】遍历Set方法二——使用Iterator迭代器 221
【示例9-21】遍历Map方法一——根据key获取value 221
【示例9-22】遍历Map方法二——使用entrySet 221
【示例9-23】Collections工具类的常用方法 222

第10章 输入与输出技术

【示例10-1】使用流读取文件内容（不规范的写法，仅用于测试） 228
【示例10-2】使用流读取文件内容（经典代码，一定要掌握） 229
【示例10-3】将文件内容读取到程序中 233
【示例10-4】将字符串/字节数组的内容写入到文件中 233
【示例10-5】利用文件流实现文件的复制 234
【示例10-6】使用FileReader与FileWriter实现文本文件的复制 236
【示例10-7】使用缓冲流实现文件的高效率复制 237
【示例10-8】使用BufferedReader与BufferedWriter实现文本文件的复制 239
【示例10-9】简单测试ByteArrayInputStream的使用 241
【示例10-10】DataInputStream和DataOutputStream的使用 242
【示例10-11】ObjectInputStream和ObjectOutputStream的使用 244
【示例10-12】使用InputStreamReader接收用户的输入，并输出到控制台 247
【示例10-13】RandomAccessFile的应用 248
【示例10-14】将Person类的实例进行序列化和反序列化 250
【示例10-15】装饰器模式演示 252
【示例10-16】读取文件内容，并输出到控制台上（只需一行代码） 256
【示例10-17】复制目录，并使用FileFilter过滤目录和以html结尾的文件 257
【示例10-18】IOUtils的方法 258

第11章 多线程技术

【示例11-1】通过继承Thread类实现多线程 265
【示例11-2】通过Runnable接口实现多线程 266
【示例11-3】终止线程的典型方法（重要） 268
【示例11-4】暂停线程的方法——sleep() 269
【示例11-5】暂停线程的方法——yield() 269
【示例11-6】线程的联合-join() 270
【示例11-7】线程的常用方法一 272
【示例11-8】线程的常用方法二 273
【示例11-9】多线程操作同一个对象（未使用线程同步） 274
【示例11-10】多线程操作同一个对象（使用线程同步） 276
【示例11-11】死锁问题演示 278
【示例11-12】死锁问题的解决 279
【示例11-13】生产者与消费者模式 281

【示例11-14】java.util.Timer的使用 ························ 284

第12章 网络编程

【示例12-1】使用getLocalHost方法创建InetAddress
对象 ··· 296
【示例12-2】根据域名得到InetAddress对象 ········ 296
【示例12-3】根据IP得到InetAddress对象 ············ 296
【示例12-4】InetSocketAddress的使用 ··············· 297
【示例12-5】URL类的使用 ··································· 297
【示例12-6】最简单的网络爬虫 ··························· 298
【示例12-7】TCP——单向通信Socket之
服务器端 ··· 300
【示例12-8】TCP——单向通信Socket之
客户端 ·· 301
【示例12-9】TCP——双向通信Socket之
服务器端 ··· 302
【示例12-10】TCP——双向通信Socket之
客户端 ·· 303
【示例12-11】TCP——聊天室之服务器端 ········· 305
【示例12-12】TCP——聊天室之客户端 ············· 306
【示例12-13】UDP——单向通信之客户端 ········· 309
【示例12-14】UDP——单向通信之服务器端 ····· 310
【示例12-15】UDP——基本数据类型的传递之
客户端 ·· 310
【示例12-16】UDP——基本数据类型的传递之
服务器端 ··· 311
【示例12-17】UDP——对象的传递之Person类 ·· 312
【示例12-18】UDP——对象的传递之客户端 ····· 312
【示例12-19】UDP——对象的传递之服务器端 ·· 312

第13章 J20飞机游戏项目

【示例13-1】MyGameFrame类：画游戏窗口 ····· 317
【示例13-2】paint方法介绍 ································· 319
【示例13-3】使用paint方法画图形 ······················· 319
【示例13-4】GameUtil类——加载图片代码 ········ 320
【示例13-5】MyGameFrame类——加载图片并
增加paint方法 ··· 321
【示例13-6】MyGameFrame类——增加PaintThread
内部类 ·· 321
【示例13-7】launchFrame方法——增加启动重
画线程代码 ··· 322
【示例13-8】示例13-7完成后的
MyGameFrame类 ·································· 322
【示例13-9】改变飞机的坐标位置 ······················· 324
【示例13-10】添加双缓冲技术 ···························· 325
【示例13-11】GameObject类 ······························ 325
【示例13-12】Plane类 ·· 326
【示例13-13】封装后的MyGameFrame类 ··········· 326
【示例13-14】创建多个飞机 ································ 327
【示例13-15】Plane类——增加操控功能 ··········· 328
【示例13-16】MyGameFrame类——增加键盘
监听功能 ··· 330
【示例13-17】启动键盘监听 ································ 330
【示例13-18】Shell类 ··· 330
【示例13-19】MyGameFrame类——增加
ArrayList ··· 331
【示例13-20】添加炮弹 ······································· 332
【示例13-21】MyGameFrame类——增加碰撞
检测 ··· 333
【示例13-22】Plane类——根据飞机状态判断
飞机是否消失 ··· 333
【示例13-23】爆炸类Explode ······························ 335
【示例13-24】MyGameFrame——增加爆炸
效果 ··· 336
【示例13-25】定义时间变量 ································ 337
【示例13-26】计算游戏时间 ································ 337

第14章 GUI编程——Swing基础

【示例14-1】创建一个简单的窗口 ······················· 344
【示例14-2】改变窗口的颜色 ······························ 345
【示例14-3】创建不可调整大小的窗口 ··············· 345
【示例14-4】设置窗体的关闭模式 ······················· 346
【示例14-5】在窗口上添加JPanel容器 ··············· 347
【示例14-6】使用控件实现登录窗口 ··················· 351
【示例14-7】流式布局 ··· 353
【示例14-8】边界布局 ··· 355
【示例14-9】网格布局 ··· 356

第15章 事件模型

【示例15-1】ActionEvent事件——窗口类 361
【示例15-2】ActionEvent事件——退出按钮监听类 363
【示例15-3】ActionEvent事件——登录按钮监听类 363
【示例15-4】ActionEvent事件——测试类 364
【示例15-5】MouseEvent事件——LoginFrame类中新增代码 365
【示例15-6】MouseEvent事件——单击文本框监听类 365
【示例15-7】使用内部类实现MouseEvent事件处理 367
【示例15-8】使用适配器实现MouseEvent事件处理 370
【示例15-9】使用匿名内部类实现MouseEvent事件处理 372
【示例15-10】分层开发实现事件——服务层之父接口UserService 374
【示例15-11】分层开发实现事件——服务层之登录按钮服务层 374
【示例15-12】分层开发实现事件——服务层之退出按钮服务层 375
【示例15-13】分层开发实现事件——服务层之清空文本框服务层 375
【示例15-14】分层开发实现事件——服务层之工厂类 376
【示例15-15】分层开发实现事件——监听层之登录按钮监听类 376
【示例15-16】分层开发实现事件——监听层之退出按钮监听类 377
【示例15-17】分层开发实现事件——监听层之清空文本框监听类 377
【示例15-18】分层开发实现事件——视图层之窗口类 378

第16章 Swing中的其他控件

【示例16-1】单选按钮控件 383
【示例16-2】单选按钮控件——使用ButtonGroup对象实现互斥效果 384
【示例16-3】复选框控件 385
【示例16-4】下拉列表控件 388
【示例16-5】表格控件 391
【示例16-6】表格控件的优化 394
【示例16-7】分层开发实现注册功能——服务层之父接口UserService 396
【示例16-8】分层开发实现注册功能——服务层之注册按钮服务层 397
【示例16-9】分层开发实现注册功能——服务层之工厂类 398
【示例16-10】分层开发实现注册功能——监听层之注册按钮监听类 398
【示例16-11】分层开发实现注册功能——视图层之窗口类 399

第17章 反射机制

【示例17-1】JavaScript代码演示动态改变程序结构 404
【示例17-2】创建User对象 405
【示例17-3】通过Class类动态加载某个类 405
【示例17-4】获取Class类对象的3种方式 406
【示例17-5】创建User类 407
【示例17-6】应用反射机制动态调用构造器 408
【示例17-7】应用反射机制操作属性 409
【示例17-8】应用反射机制操作方法 410
【示例17-9】反射机制的效率测试 411

第18章 核心设计模式

【示例18-1】饿汉式单例模式 417
【示例18-2】懒汉式单例模式 417
【示例18-3】静态内部类式单例模式 418
【示例18-4】枚举式单例模式 419
【示例18-5】创建工厂模式需要的接口与实现类 420
【示例18-6】创建对象（未使用简单工厂模式）420
【示例18-7】创建对象（使用简单工厂模式）... 421
【示例18-8】装饰器模式的典型用法 423
【示例18-9】装饰器模式的调用 424
【示例18-10】责任链模式典型用法——封装请假基本信息的类 426

【示例18-11】责任链模式典型用法——抽象
处理者 …………………………………… 427
【示例18-12】责任链模式典型用法——具体
处理者 …………………………………… 427
【示例18-13】责任链模式的调用 ……………… 429
【示例18-14】模板方法模式典型用法 ………… 430
【示例18-15】定义子类或者匿名内部类实现
调用模板方法 ………………………… 430
【示例18-16】观察者模式典型用法——目标
对象 ……………………………………… 432
【示例18-17】观察者模式典型用法——观察者 … 432
【示例18-18】观察者模式的调用 ……………… 432
【示例18-19】动态代理模式的典型用法——定义
统一接口 ……………………………… 435
【示例18-20】动态代理模式的典型用法——真正
的明星类 ……………………………… 435
【示例18-21】动态代理模式的典型用法——
流程处理核心类（相当于经纪人
机制） ………………………………… 435
【示例18-22】动态代理模式的调用 …………… 436

第1章 Java入门

1.1 计算机语言发展史及未来方向

1.1.1 计算机已经成为人类大脑的延伸

计算机已经成为这个时代的核心设备,人们每时每刻都需要它。计算机也不再是人们以前印象中的台式机、服务器,它已经演变成了人们身边随处可见的物品,例如手机、平板电脑、笔记本电脑,甚至很多人没意识到,但实际上内部包含"计算机"的设备,如电视机、微波炉、汽车、小孩玩的智能小机器人等。

可以这么说,计算机已经成为了人类身体、大脑的延伸。未来,计算机将进入人的身体,进入大脑,成为人体的一部分。例如,在科幻电影《黑客帝国》中,将计算机的超级针头插入颈部后方的插口便能快速学习,改变人大脑的神经网络,几秒后就能成为功夫高手,如图1-1所示。

图1-1 人在科幻电影中利用计算机快速学习

1.1.2 算法是计算机的"灵魂"，编程语言是塑造计算机"灵魂"的工具

计算机是如何工作的？对于普通人来说，这很神秘。让计算机具备"灵魂"，可以按照人的意志运行，甚至某天按照计算机自己的意志运行（如果这一天真的实现，科幻电影《终结者》中的场景也许就会成为人类社会的可能选项），其核心就是"算法"。算法就是计算机的"灵魂"，而算法的实现又依赖于计算机编程语言。

计算机编程语言的发展，是随着计算机硬件的发展而发展的。硬件速度越快、体积越小、成本越低，应用到人类社会的场景就会越多，那么所需要的算法就会越复杂，也就要求计算机的编程语言越高级。

最初重达几十吨但一秒只能运算5000次的ENIAC（世界上第一台计算机），只能做非常有限的工作，如某些情况下的弹道计算。现在任何一部手机的运算能力都可以秒杀那个年代地球上所有计算机运算能力的总和。

计算机编程语言的发展历经了从低级语言到高级语言，发展的核心思想就是"让编程更容易"。越容易使用的语言，就会有越多的人使用；越多的人使用，就有越多的协作；越多的协作，就可以创造出越复杂的产品。现代社会，一个软件动辄几十人、几百人，甚至几千人协作都成为可能，这自然就为开发更复杂软件提供了"人力基础"。这是人类社会的一种普遍现象，即越容易使用的工具，使用的人就越多，通过大量的协作，将彻底改变某个行业继而对人类社会产生影响。

计算机语言经历了三代：第一代是机器语言，第二代是汇编语言，第三代是高级语言。

- 第一代语言：机器语言（相当于人类社会的原始阶段）

机器语言由数字组成所有指令。这意味着，程序员无论想完成什么样的计算任务，都只能用"0"和"1"等数字来编写，长此以往，笔者大胆预测：程序员们100%会有精神问题。

机器语言通常由二进制数字串组成，对于普通人来说，机器语言过于难理解。使用机器语言，人们将无法编出复杂的程序。如下为一段典型的机器码：

0000，0000，000000010000 代表 LOAD A，16
0000，0001，000000000001 代表 LOAD B，1
0001，0001，000000010000 代表 STORE B，16

- 第二代语言：汇编语言（相当于人类社会的手工业阶段）

为了编程的方便，以及解决更加复杂的问题。程序员们开始改进机器语言，使用英文缩写助记符来表示基本的计算机操作，这些助记符构成了汇编语言的基础。常见的汇编语言助记符（单词）有LOAD、MOVE等，这样编程就更容易，毕竟识别几百、几千个单词，要比识别几百、几千个数字轻松多了。汇编语言相当于人类历史上的手工业社会时期，需要技术极其娴熟的工匠，但是开发效率相对较低。

汇编语言虽然能编写高效率的程序，但是学习和使用都不是件易事，并且程序很难调试。此外，汇编语言以及早期的计算机语言（BASIC、FORTRAN等）没有考虑结构化设计原则，而是使用goto语句来作为程序流程控制的主要方法。这样做的后果是：一大堆混乱的

跳转语句使得程序几乎不可能被读懂。对于那个时代的程序员，能读懂上个月自己写的代码都成为一种挑战。

汇编语言现在仍应用于工业电子编程、软件加密/解密、计算机病毒分析等领域。

- 第三代：高级语言（相当于人类社会的工业化阶段）

对于简单的任务，汇编语言可以胜任，但是随着计算机渗透到了工作、生活的更多方面，一些复杂任务出现了，这时汇编语言就显得力不从心（应该说是程序员使用汇编语言解决复杂问题出现了瓶颈），于是，出现了高级语言。像人们熟知的C、C++、Java等都是高级语言。

高级语言允许程序员使用接近日常英语的指令来编写程序。例如，实现一个简单的任务A+B=C，使用机器语言、汇编语言和高级语言来实现如图1-2所示。

图1-2　三代计算机语言的直观对比

从上面这个简单的加法计算可以看出，越是高级的语言，越接近人类的思维，使用起来就越方便。

高级语言的出现，尤其是面向对象语言的出现，使得编程的门槛和难度都大大降低了，大量的人员进入到软件开发行业，为软件爆发性增长提供了充足的人力资源。目前以及可预见的将来，计算机语言仍然处于"第三代高级语言"阶段。

1.1.3　为什么担心软件开发人才饱和是多余的

很多未进入或刚进入软件行业的朋友，特别担心一个问题——这么多人学，会不会饱和？这个担心其实没有必要，会编程的人越多，为软件行业提供的人力资源才能越多，才能实现以前想都不敢想的开发任务。我们要以发展的眼光看问题，而不是以静态的眼光看问题。

越多的人从事编程，就有越多的应用需要做，而越多的应用需要做，就需要越多的人编程。这就像一个农夫刚刚进入工业社会，担心服装厂工人招满了怎么办？他没有想到工业发展后，钢铁厂也需要工人、汽车厂也需要工人。年轻的朋友们请记住"软件行业发展永无止境，它将会整合人类现有的所有行业，也会创造很多新的行业"这句话。

1.1.4　未来30年必将是软件人才的世界

未来30年的世界必将是软件人才的世界。除了普通软件的应用，大批的人工智能应用也将出现。未来自动驾驶、自动翻译、机器人保姆都会进入人们的生活，甚至计算机编程和基因工程结合，人类长生不老的梦想都能实现。有兴趣的朋友，可以读一读《未来简史》这本书（参见图1-3），把握一下未来的脉搏。

图1-3 推荐阅读《未来简史》

1.2 常用的编程语言

1. C语言

C语言诞生于1972年,称之为现代高级语言的鼻祖,由著名的贝尔实验室发明。C语言是人们追求结构化、模块化、高效率的"语言之花"。在底层编程方向,例如嵌入式、病毒开发等应用,可以替代汇编语言来开发系统程序;在高层应用开发方向,也可以开发从操作系统(UNIX/Linux/Windows都基于C语言开发)到各种应用软件。

老鸟建议

如果大学开这门课请大学生朋友一定认真学习,不要觉得老套,因为那是经典。C语言在现代社会流行程度仍然排名前三。

2. C++语言

作为C语言的扩展,C++是贝尔实验室于20世纪80年代推出的。C++是一种混合语言,既可以实现面向对象编程,也可以开发C语言面向过程风格的程序。

C语言让程序员第一次可以通过结构化的理念编写出易于理解的复杂程序。尽管C语言是一种伟大的计算机语言,但是程序的代码量超过3万行时,程序员就不能很好地从总体上把握和控制这个程序了。因此,在20世纪80年代初期,很多软件项目都面临着无法解决的问题而不能顺利推进。1979年,美国贝尔实验室发明了C++。C++最初的名字叫作"带类的C",后来才改名叫C++。国内通用叫法是"C加加",国际通用的读法是"C plus plus"。

C++语言在科学计算、操作系统、网络通信、系统开发、引擎开发中仍然被大量使用。

3. Java语言

Java语言由美国SUN公司发明于1995年,是目前业界应用最广泛、使用人数最多的语言,使用人数连续多年排名世界第一,可以称之为"计算机语言界的英语"。

Java广泛应用于企业级软件开发、安卓移动开发、大数据云计算等领域，几乎涉及IT所有行业。关于Java的发展历史和特性，将在后面专门介绍。

4. PHP语言

PHP原为Personal Home Page的缩写，现已正式更名为PHP：Hypertext Preprocessor。PHP语言一般用于Web开发领域，大量的中小型网站，甚至某些大型网站都使用PHP开发。

5. Object-C和Swift语言

Object-C通常写作Objective-C或者Obj-C或OC，是由C语言衍生出来的语言，继承了C语言的特性，是扩充C的面向对象编程语言。OC主要用于苹果软件的开发。

Swift是苹果公司于2014年WWDC（苹果开发者大会）发布的新开发语言，可与OC共同运行于Mac OS和iOS平台，用于搭建基于苹果平台的应用程序。

6. JavaScript语言

JavaScript是一种脚本语言，已经被广泛用于Web应用开发，其应用范围越来越广泛，重要性也越来越高。目前，流行的H5开发其核心就是JavaScript语言。

7. Python语言

Python发明于1989年，语法结构简单，易学易懂，具有丰富和强大的库。它常被昵称为胶水语言，能够把用其他语言编写的各种模块（尤其是C/C++）很轻松地连接在一起。Python广泛应用于图形处理、科学计算、Web编程、多媒体应用、引擎开发，尤其是在未来将会大热的机器学习和人工智能领域有非常大的潜力。

8. C#语言

C#是微软公司发布的一种面向对象的、运行于.NET Framework之上的高级程序设计语言。C#在基于Windows操作系统的应用开发这一领域正在取代C++，占据主导地位。"成也萧何败也萧何"，由于C#的微软身份，也成为其发展的阻力，导致它在其他IT领域应用较少。

9. Fortran语言

Fortran是世界上第一种高级语言，由IBM公司在1954年提出，主要用在需要复杂计算的科学和工程领域，现在仍然被广泛使用，尤其是工程领域。Fortran虽然适合编写科学计算方面的程序，但是不适于编写系统程序。

10. BASIC语言

BASIC语言虽然易学，但功能不够强大，它应用到大程序的有效性令人怀疑，已经逐步退出历史舞台。

11. COBOL语言

COBOL语言诞生于1959年，主要用于大量精确处理数据的商业领域中，例如金融、银行。今天，仍然有超过一半的商业软件使用COBOL编写，有将近100万人在使用COBOL编程。

12. Pascal语言

Pascal的名称是为了纪念17世纪法国著名哲学家和数学家Blaise Pascal而来的，它由瑞士的Niklaus Wirth教授于20世纪60年代末设计并创立。Pascal语言语法严谨，层次分明，程序易写，可读性强，是第一个结构化编程语言，但由于没有大厂商和政府的支持，因此只限于大学教育领域。

1.3 Java语言介绍

本节将介绍Java语言的相关背景知识，让读者对Java语言有一个基本的了解。

1.3.1 Java发展简史

1991年，James Gosling所在SUN公司的工程师小组想要设计这样一种小型计算机语言：该语言主要用于像电视盒这样的消费类电子产品，另外，由于不同的厂商选择不同的CPU和操作系统，因此，要求该语言不能和特定的体系结构绑在一起，要求语言本身是中立的，也就是跨平台的。为此，他们将这个语言命名为Green，类似于绿色软件的意思，后来，又改名为Oak，橡树的意思。改名后发现已经有一种语言叫这个名字了，于是再改名为Java。Java语言发展到今天经历了一系列过程：

- 1991年，SUN公司的Green项目，推出Oak；
- 1995年，推出Java测试版；
- 1996年，推出JDK1.0；
- 1997年，推出JDK1.1；
- 1998年，推出JDK1.2，大大改进了早期版本的缺陷，是一个革命性的版本，并更名为Java2；
- 2004年，推出J2SE 5.0 (1.5.0) Tiger（老虎）；
- 2006年，推出J2SE 6.0 (1.6.0) Mustang（野马）；
- 2011年，推出Java SE 7.0 Dolphin（海豚）；
- 2014年，推出Java SE 8.0。

1.3.2 Java的核心优势

Java为消费类智能电子产品而设计，但智能家电产品并没有像最初想象的那样拥有大的发展。然而到了20世纪90年代，Internet却进入了爆发式发展阶段，一夜之间，大家都在忙着将自己的计算机连接到网络上。这时，遇到了一个大问题。人们发现连接到Internet的计算机各式各样，有IBM PC、苹果机、各种服务器等，不仅硬件CPU不同，操作系统也不相同，整个网络环境变得非常复杂。程序员们希望他们编写的程序能够运行在不同的机器、不同的环境中，这就需要一种体系中立的语言（即跨平台）。Java的研发小组忽然发现他们用于小范围的语言也可以适应Internet这个大环境。

跨平台是Java语言的核心优势，赶上了最初互联网的发展，并随着互联网的发展而发展，建立了强大的生态体系，目前已经覆盖IT各行业成为"第一大语言"，它被喻为计算机界的"英语"。

虽然，目前也有很多跨平台的语言，但是已经失去先机，无法和Java强大的生态体系抗衡。Java仍将在未来几十年成为编程语言的主流。

1.3.3　Java各版本的含义

1. Java SE（Java Standard Edition）：标准版，定位于个人计算机的应用开发

这个版本是Java平台的核心，它提供了非常丰富的API来开发一般个人计算机上的应用程序，包括用户界面接口AWT及Swing，网络功能与国际化、图像处理能力以及输入输出支持等。在20世纪90年代末互联网上大放异彩的Applet也属于这个版本。Applet后来被Flash取代，Flash即将被HTML 5取代。

2. Java EE（Java Enterprise Edition）：企业版，定位于服务器端的应用开发

Java EE是Java SE的扩展，增加了用于服务器开发的类库，如：JDBC是让程序员能直接在Java内使用SQL语法来访问数据库内的数据；Servlet能够延伸服务器的功能，通过请求-响应的模式来处理客户端的请求；JSP是一种可以将Java程序代码内嵌在网页内的技术。

3. Java ME（Java Micro Edition）：微型版，定位于消费性电子产品的应用开发

Java ME是Java SE的内伸，包含J2SE的一部分核心类，也有自己的扩展类，增加了适合微小装置的类库javax.microedition.io.*等。该版本针对资源有限的电子消费产品的需求精简核心类库，并提供了模块化的架构让不同类型产品能够随时增加支持的能力。

图1-4所示为Java三大版本的关系示意图。

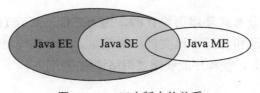

图1-4　Java三大版本的关系

菜鸟雷区

很多人会误解安卓开发就是使用Java ME，其实这两个的内容完全不同。

1.3.4　Java的特性

1. 跨平台/可移植性

跨平台/可移植性是Java的核心优势。Java在设计时就很注重移植和跨平台性。例如Java

的int永远都是32位，不像C++可能是16或32位，会根据编译器厂商规定的变化而变化，给程序的移植带来麻烦。

2. 安全性

Java适用于网络/分布式环境。为了达到这个目标，Java系统的开发人员在安全性方面投入了很大的精力，使Java可以很容易构建出防病毒、防篡改的系统。

3. 面向对象

面向对象是一种程序设计技术，非常适合大型软件的设计和开发。由于C++为了照顾大量C语言使用者而兼容了C，使得自身仅仅成为了带类的C语言，多少影响了其面向对象的彻底性，而Java则是完全面向对象的语言。

4. 简单性

Java就是C++语法的简化版。我们也可以将Java称之为"C++-"，即"C加加减"，指将C++的一些内容去掉，例如头文件、指针运算、结构、联合、操作符重载、虚基类等。同时，由于语法基于C语言，因此学习起来完全不费力。

5. 高性能

Java在最初发展阶段，总是被人诟病性能低。客观上，高级语言运行效率总是低于低级语言的，这是无法避免的。Java语言本身在发展中通过对虚拟机的优化提升了几十倍的运行效率，例如，通过即时编译（JUST IN TIME，JIT）技术提高运行效率，将一些"热点"字节码编译成本地机器码，并将结果缓存起来，在需要的时候重新调用。这样使得Java程序的执行效率大大提高，某些代码甚至接近C++的效率。

至此，Java低性能的缺陷已经被完全解决了。在业界发展方面，我们也看到很多C++应用转到Java开发，很多C++程序员转型为Java程序员。

6. 分布式

Java是为Internet的分布式环境而设计的，因为它能够处理TCP/IP协议。事实上，通过URL访问一个网络资源和访问本地文件一样简单。Java还支持远程方法调用（Remote Method Invocation，RMI），使程序能够通过网络调用方法。

7. 多线程

多线程的使用可以带来更好的交互响应和实时行为。Java多线程的简单性是Java成为主流服务器端开发语言的主要原因之一。

8. 健壮性

Java是一种健壮的语言，它吸收了C/C++语言的优点，但去掉了其影响程序健壮性的部分（如指针、内存的申请与释放等）。Java程序不可能造成计算机崩溃。Java程序也可能有错误，即使出现某种出乎意料之事，程序也不会崩溃，而是把该异常抛出，再通过异常处理机制加以处理。

1.3.5 Java应用程序的运行机制

计算机高级语言的类型主要有编译型和解释型两种，Java语言是两种类型的结合。

Java程序员首先利用文本编辑器编写Java源程序，源文件的扩展名为.java；再利用编译器（javac）将源程序编译成字节码文件，字节码文件的扩展名为.class；最后利用虚拟机（解释器，java）解释执行，如图1-5所示。

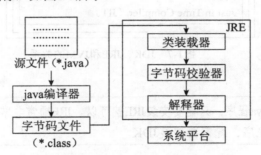

图1-5　Java语言执行过程

1.3.6 JVM、JRE和JDK

JVM（Java Virtual Machine）就是一个虚拟的用于执行字节码的"虚拟计算机"，它也定义了指令集、寄存器集、结构栈、垃圾收集堆、内存区域。JVM负责解释运行Java字节码，边解释边运行，这样，速度就会受到一定影响。

不同的操作系统有不同的虚拟机。Java虚拟机机制屏蔽了底层运行平台的差别，实现了"一次编写，随处运行（Write once, run everywhere）"。Java虚拟机是实现跨平台的核心机制，如图1-6所示。

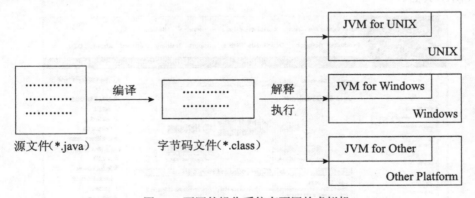

图1-6　不同的操作系统有不同的虚拟机

JRE（Java Runtime Environment）包含Java虚拟机、库函数和运行Java应用程序所必需的文件。

JDK（Java Development Kit）包含JRE以及编译器和调试器等用于程序开发的文件。

JDK、JRE和JVM的关系如图1-7所示。

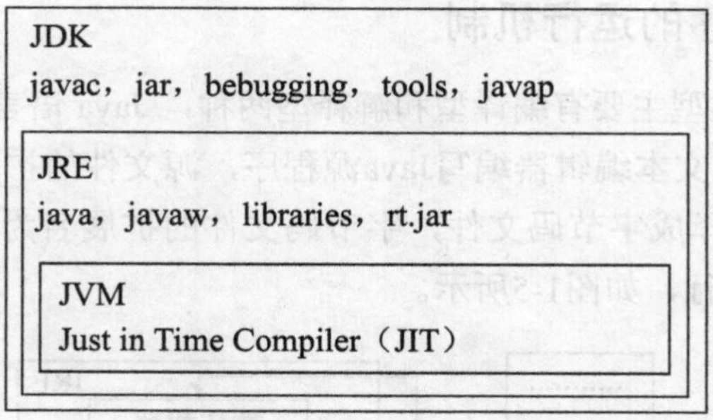

```
┌─────────────────────────────────────────┐
│ JDK                                     │
│ javac, jar, bebugging, tools, javap     │
│ ┌─────────────────────────────────────┐ │
│ │ JRE                                 │ │
│ │ java, javaw, libraries, rt.jar      │ │
│ │ ┌─────────────────────────────────┐ │ │
│ │ │ JVM                             │ │ │
│ │ │ Just in Time Compiler（JIT）    │ │ │
│ │ └─────────────────────────────────┘ │ │
│ └─────────────────────────────────────┘ │
└─────────────────────────────────────────┘
```

图1-7　JDK、JRE和JVM的关系

> **老鸟建议**
>
> - 如果只是要运行Java程序，只需要安装JRE就可以。JRE通常非常小，其中包含了JVM。
> - 如果要开发Java程序，就需要安装JDK。

1.4　Java开发环境搭建

Java开发环境的搭建主要包括JDK的安装和JDK的配置。开发环境的搭建是每个Java初学者都必须掌握的内容，也是开始Java编程的第一步。

1.4.1　JDK的下载和安装

1. 下载JDK

（1）进入www.oracle.com/technetwork/java/javase/downloads/index.html下载地址，可打开如图1-8所示页面。

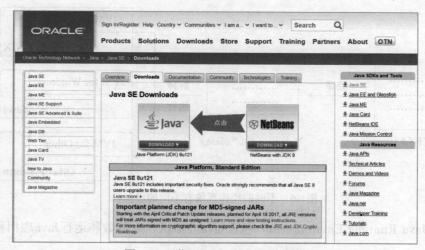

图1-8　下载JDK——进入下载主页

（2）单击下载JDK选项，会出现如图1-9所示的下载列表界面。单击其中的Accept License Agreement选项，然后选择对应的版本下载即可。

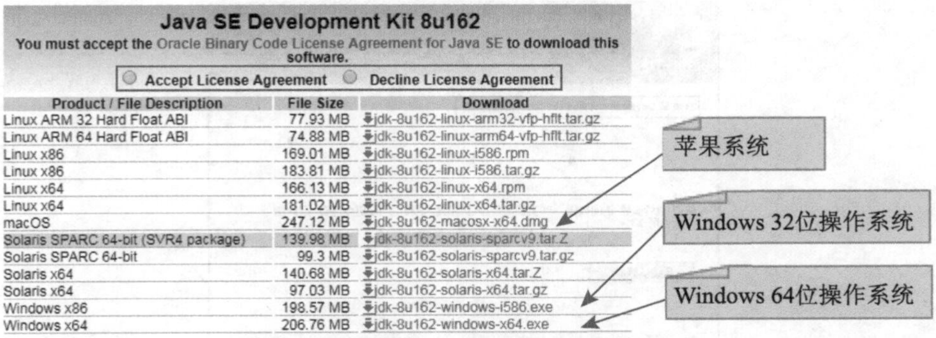

图1-9　下载JDK——选择对应版本

注　如果无法确定自己的Windows版本，可以右击"计算机"→"属性"命令查看系统信息，如图1-10所示。

图1-10　下载JDK——确定操作系统版本

菜鸟雷区

- 32位操作系统只能安装32位的JDK。
- 64位操作系统可安装32位的JDK，也可以安装64位的JDK。

2. 安装JDK

JDK的安装过程和普通软件的安装过程没什么区别，其间会让用户选择JDK和JRE的安装目录，一般采用默认选项即可。也就是说，逐一单击"下一步"按钮就能完成安装，如图1-11～图1-13所示。

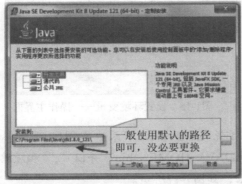

图1-11　安装JDK——指定JDK安装目录

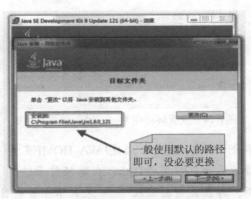

图1-12　安装JDK——指定JRE安装目录

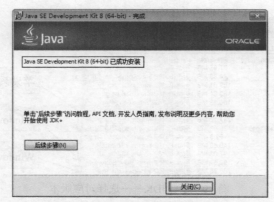

图1-13　安装JDK——成功安装界面

出现如图1-13所示的界面后，代表JDK安装成功。

1.4.2　环境变量Path的配置

环境变量是操作系统中一个具有特定名字的对象，它包含了一个或者多个应用程序将使用的信息。

Path是一个常见的环境变量，它告诉操作系统，当要求系统运行一个程序而没有告诉它程序所在的完整路径时，系统除了在当前目录下寻找此程序外，还应到哪些目录下寻找。

设置Path环境变量的步骤如下：

01 右击"计算机"→"属性"→"高级系统设置"命令，出现如图1-14所示的对话框。

02 单击"环境变量"按钮，进入如图1-15所示的"环境变量"设置对话框。

图1-14　设置环境变量——进入设置对话框　　图1-15　设置环境变量——操作主界面

03 单击"新建"按钮，新建JAVA_HOME变量(用于说明JDK的安装目录)，如图1-16所示。

04 修改系统环境变量Path，在路径前面追加"%JAVA_HOME%\bin"并以";"和原路径分隔，再在最前面输入".;"来表示在当前目录，如图1-17所示。

| 图1-16 设置环境变量——设置JAVA_HOME变量 | 图1-17 设置环境变量——设置Path变量 |

菜鸟雷区

此处一定使用英文分号而不能是中文分号！大家以后设置相关配置时也要注意中英文符号的区别。

注 Classpath配置问题：如果用户使用的是JDK1.5以上版本就不需要配置classpath这个环境变量，JRE会自动搜索当前路径下的类文件及相关.jar文件。

1.4.3　JDK安装测试

进入命令行窗口（在开始菜单的搜索框中输入cmd即可），如图1-18所示。在窗口中输入命令"java - version"，然后按回车键，将出现如图1-18所示的结果，说明JDK安装成功。

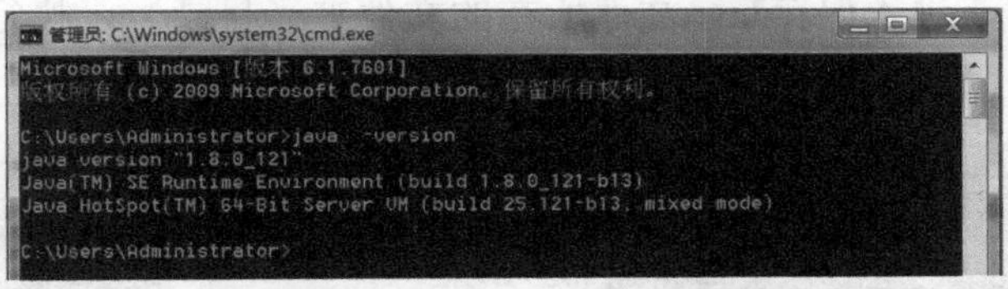

图1-18　设置环境变量——验证JDK安装和配置是否成功

1.5　建立和运行第一个Java程序

建立第一个Java程序意味着我们已迈入了程序员的大门，是革命性的一大步。建立第一个程序时，初学者可能会出现各种各样的常见错误，本节列出一些常见的错误以及应对方案。

1.5.1　建立第一个Java程序

1. 使用记事本，编写代码

【示例1-1】使用记事本开发第一个Java程序

```java
public class Welcome{
  public static void main(String[ ] args){
    System.out.println("Hello Java!我是尚学堂学员,程许愿");
  }
}
```

读者可在D盘下建立文件夹mycode，用于保存学习用的代码。建议将保存路径设为D:/mycode，保存文件名为：Welcome.java（文件名必须为Welcome，大小写也必须一致），如图1-19所示。

图1-19　保存代码为文件

菜鸟雷区

- 代码中的引号、分号必须为英文引号和分号，不能是中文全角的引号和分号。
- 注意大小写。

2. 编译（编译器创建class字节码文件）

打开命令行窗口，进入保存Java文件所在的文件夹（目录），执行命令javac Welcome.java，生成class文件，如图1-20所示。

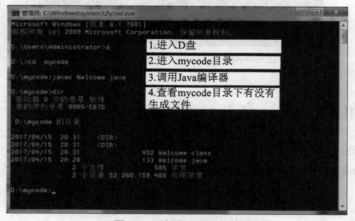

图1-20　编译Java源文件

3. 解释并运行

执行命令java Welcome（就是运行编译生成的Welcome.class文件），输出执行结果，如图1-21所示。

图1-21　解释并执行程序的结果

1.5.2 编译第一个程序时的常见错误

（1）提示"'javac'不是内部或外部命令……"，如图1-22所示。

图1-22　错误提示信息

出错原因：Path变量配置错误导致没有找到javac命令。

解决方案：参考1.4.2节，重新设置Path。配置完成后需要重新输入cmd打开命令行窗口。

（2）文件夹中可以看到Welcome.java文件，在编译时出现"javac找不到文件……"提示信息，如图1-23所示。

图1-23　找不到文件的提示信息

出错原因：可能是操作系统显示设置的问题，隐藏了文件的扩展名。

解决方案：打开"我的电脑"窗口，选择"组织"→"文件夹和搜索选项"命令，在"文件夹选项"对话框中选择"查看"选项卡，如图1-24所示。取消"隐藏已知文件夹类型的扩展名"复选框的勾选，确定修改后，可看到文件的实际名称为Welcome.java.txt，然后将后缀.txt去掉即可。

（3）提示NoSuchMethodError：main。

出错原因：找不到main方法，应该是main方法书写有误。

解决方案：检查程序代码public static void main(String [ ] args){}的输入是否有误。

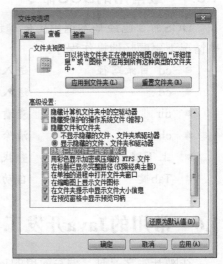

图1-24　"查看"选项卡

1.5.3 总结第一个Java程序

（1）Java对大小写敏感，如果出现了大小写拼写错误，程序将无法运行。

（2）关键字public被称作访问修饰符（access modifier），用于控制程序的其他部分对这段代码的访问级别。

（3）关键字class的意思是类。Java是面向对象的语言，所有代码必须位于类里面。

（4）一个源文件中至多只能声明一个public的类，其他类的个数不限，如果源文件中包含一个public类，源文件名必须和其中定义的public的类名相同，且以.java为扩展名。

（5）一个源文件可以包含多个类。

（6）正确编译后的源文件，会得到相应的字节码文件。编译器为每个类生成独立的字节码文件，且将字节码文件自动命名为类的名字且以.class为扩展名。

（7）main方法是Java应用程序的入口方法，它有固定的书写格式：

```
public static void main(String[ ]  args) {…}
```

（8）在Java中，用花括号划分程序的各个部分，任何方法的代码都必须以"{"开始，以"}"结束。由于编译器忽略空格，所以花括号风格不受限制。

（9）Java中的每个语句必须以分号结束，回车不是语句结束的标志，所以一个语句可以跨多行。

老鸟建议

- 编程时，一定要注意缩进规范。
- 在写括号、引号时，一定要成对编写，然后再往里插入内容。

1.5.4　最常用的DOS命令

DOS命令已经基本退出历史舞台了，但是仍然有必要掌握几个常用的命令，以便在某些情况下更顺畅地操作程序。

- cd 目录路径　　　　进入一个目录
- cd ..　　　　　　　进入父目录
- dir　　　　　　　　查看本目录下的文件和子目录列表
- cls　　　　　　　　清除屏幕命令
- 上下键　　　　　　查找敲过的命令
- Tab键　　　　　　自动补齐命令

1.6　常用的Java开发工具

在刚开始学习时，编写简单的Java程序，读者可以使用文本编辑器，例如记事本程序。但是，记事本的功能不够强大，这时可以考虑使用"更加强大的记事本"，常见的有如下三种软件：

- Notepad++
- UltraEdit
- EditPlus

在真正学习开发，包括以后在企业中从事软件开发工作时，一般使用集成开发环境

（Integrated Development Environment，IDE），如下三种软件是最常见的，尤其是Eclipse。本书只选Eclipse作为入门使用，其他两种软件读者也可自行选用，使用方法几乎相同。

- Eclipse　　　　　　官方网址：http://www.eclipse.org
- IntelliJ IDE　　　　官方网址：http://www.jetbrains.com/idea/
- NetBeans　　　　　官方网址：http://netbeans.org

1.7　Eclipse使用10分钟入门

在开发工具匮乏的年代，第一代Java程序员都是从文本编辑器开始训练自己编写代码，继而一步步成为高手。这是一种无奈，而不是一种必须。

我们认为，现在横在初学者面前的最大障碍在于"能否激发兴趣，解决问题，体验到编程的快乐"，而不是讨论该用记事本还是Eclipse集成开发环境的问题。

是否使用或坚持使用记事本编程不是成为高手的必要条件，而"激发兴趣，保持兴趣"却是成为高手的必要条件。基于我们的理念"快速入门，快速实战"，因此本教程一开始就引入Eclipse，让初学者更容易激发起学习兴趣，体验学习的快乐。

1.7.1　下载和安装Eclipse

Eclipse下载地址是http://www.eclipse.org/downloads/eclipse-packages/，进入该网址将出现如图1-25所示的下载界面。选择Eclipse IDE for Java Developers，根据自己安装的JDK，决定下载32位还是64位的Eclipse。下载完成后，直接解压。进入解压目录，双击eclipse.exe文件即可使用。

图1-25　选择并下载合适版本的Eclipse

Eclipse启动时会先出现工作空间设置界面，如图1-26所示。工作空间是指Java项目的存储目录，一般采用默认工作空间目录即可。

单击OK按钮后，会进入欢迎界面，如图1-27所示。

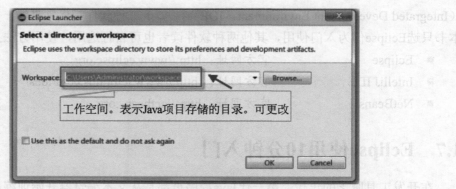

图1-26　显示和修改工作空间

图1-27　Eclipse欢迎界面

关闭欢迎界面后，即可进入开发主界面，如图1-28所示。

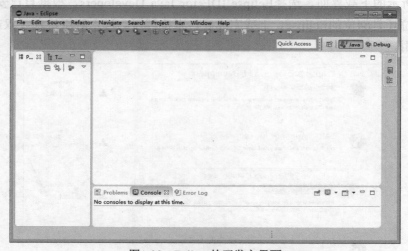

图1-28　Eclipse的开发主界面

1.7.2　在Eclipse中创建Java项目

在Eclipse中创建Java项目的步骤如下。

01 在界面左侧的Package Explorer视图中右击，在快捷菜单中依次选择New→Java Project，创建Java项目，如图1-29所示。

第1章 Java入门 | 19

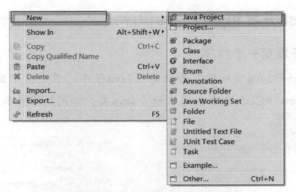

图1-29 新建Java项目

02 输入项目名称MyPro01，然后单击Finish按钮即可，如图1-30所示。

图1-30 指定项目名称

03 新建项目完成后，项目结构如图1-31所示。在图1-31中，src文件夹用于存放源代码，JDK版本显示是JavaSE-1.8。

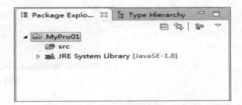

图1-31 Java项目的项目结构

1.7.3 使用Eclipse开发和运行Java程序

1. 使用Eclipse开发第一个程序

01 本节在上一节建好的Java项目中，开始开发Java程序。首先，新建一个Java类。在src目录上右击，选择New→Class命令，建立一个Java类，如图1-32所示。

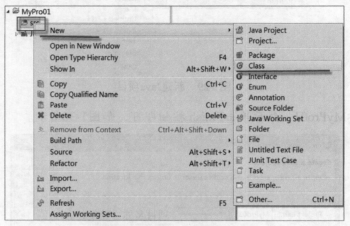

图1-32 新建Java类入口

02 出现新建类的对话框，如图1-33所示。此时只需输入类名即可，其他选项不需做任何设置。

图1-33 指定Java类的名称

03 单击Finish按钮后，新建Java类成功，出现如图1-34所示的界面。

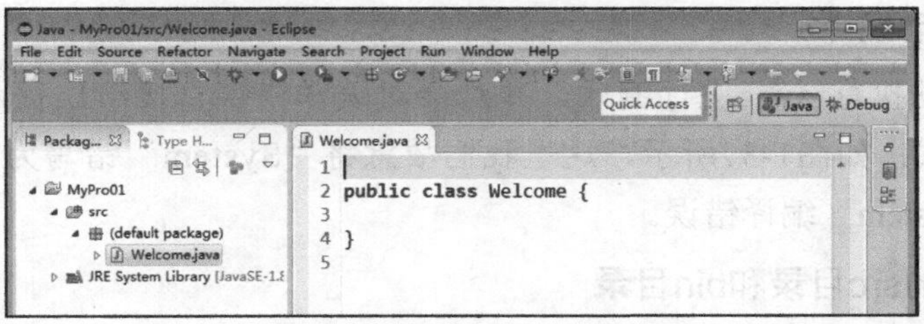

图1-34　新建Java类完成

可以看到，在src目录下出现了Welcome.java文件。单击该文件后，出现该文件的代码，此时即可编辑在Eclipse下编写第一个Java程序。

【示例1-2】使用Eclipse开发Java程序

```java
public class Welcome {
  public static void main(String[ ] args) {
    System.out.println("我是尚学堂的高淇！");
  }
}
```

运行示例1-2程序：在代码上右击，选择Run As→Java Application命令，如图1-35所示；也可以使用快捷键Ctrl+F11，直接运行程序；或者单击工具栏中的运行按钮 ⓞ 。

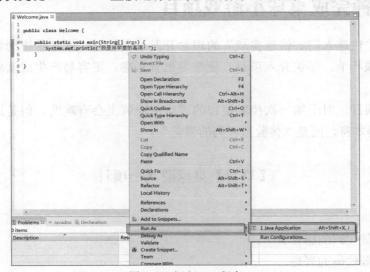

图1-35　运行Java程序

此时界面下方的控制台（Console）中出现运行结果，如图1-36所示。

图1-36　显示运行结果

至此，已成功在Eclipse中建立了第一个Java程序。

2. Eclipse自动编译

Eclipse会自动执行javac进行编译，并且会对编译错误直接给出提示，一目了然，非常便于程序员调试，如图1-37所示，这里我们故意将"System"错写为"system"，此时Eclipse会提示"system"编译错误。

3. Java项目的src目录和bin目录

Java项目的src目录用于存放源代码，bin目录用于存放Eclipse自动编译生成的class文件。

在Eclipse视图里可以看到src目录，而自动隐藏了bin目录。进入"我的电脑"，打开Java项目目录，即可看到src和bin目录，如图1-38所示。

图1-37　Eclipse的自动编译　　图1-38　Java项目的完整结构

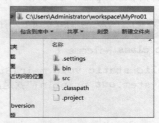

1.8　30分钟完成桌球小游戏项目

我们秉承"快速入门、快速实战"的理念开发这套教材，就是希望读者在学习过程中能尽快进入实战环节，尽快介入项目，使学习更有兴趣，更容易产生成就感，从而带来更大的学习动力。

如下的小项目，对于第一次接触编程的读者从理解上会有难度。但是这个项目不在于让大家理解代码本身，而是"体验敲代码的感觉"。

【项目】桌球游戏小项目

练习目标：

（1）找到敲代码的感觉。
（2）收获敲代码的兴趣。
（3）做出效果，找到自信。
（4）从一开始就学会调试错误。
（5）掌握Java代码的基本结构。

项目需求：

桌球在球桌中按照一定线路和角度移动，遇到边框会自动弹回。桌球游戏的运行结果如图1-39所示。

图1-39 桌球游戏的运行结果

要求：

即使看不太懂，读者也要照着输入游戏代码，至少5遍。要求所有字符和示例文件一致。如果运行时报异常，请细心看所在行和示例代码有何区别。初学者现阶段不需要理解代码的语法功能，只要按照代码结构输入代码，经过调试能够实现代码的正常运行即可。

下面将分成四个步骤来实现桌球游戏。

第一步：创建项目和窗口。

第二步：加载两张图片。

第三步：实现动画，让小球沿着水平方向移动并做边界检测。

第四步：实现小球沿着任意角度飞行（本示例会用到与初中学习过的三角函数有关的知识）。

注 示例及代码和图片资源的下载地址为http://www.sxt.cn/Java_jQuery_in_action/Billiards_Games.html。

第一步：创建项目和窗口。

创建项目并复制图片：在项目名MyPro01上右击，在快捷菜单中选择New→Folder命令，创建一个名称是images的文件夹，并将两张图片复制到该目录下。然后在src目录下创建类BallGame.java。在Eclipse下的项目结构如图1-40所示。

绘制窗口的代码如示例1-3所示。

图1-40 桌球游戏的项目结构

【示例1-3】桌球游戏代码——绘制窗口

```java
import javax.swing.JFrame;

public class BallGame extends JFrame {
  //窗口加载
  void launchFrame() {
    setSize(300, 300);
    setLocation(400, 400);
    setVisible(true);
  }
```

```java
    //main方法是程序执行的入口
    public static void main(String[ ] args) {
      System.out.println("我是尚学堂高淇,这个游戏项目让大家体验编程的快感,"
          + "寓教于乐!");
      BallGame game = new BallGame();
      game.launchFrame();
    }
}
```

执行结果如图1-41所示。

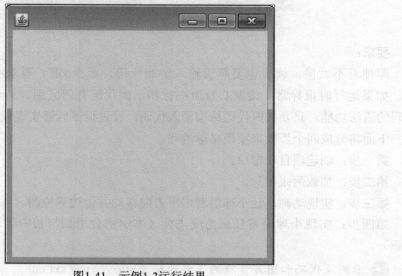

图1-41　示例1-3运行结果

第二步:加载两张图片。

加载两张图片:在BallGame类中添加小球和桌面的路径,并指定小球出现在窗口的初始位置。然后添加paint方法,加载小球和桌面。代码如示例1-4所示。

【示例1-4】桌球游戏代码——加载图片

```java
import java.awt.*;
import javax.swing.JFrame;

public class BallGame extends JFrame {
    //添加小球和桌面图片的路径
    Image ball = Toolkit.getDefaultToolkit().getImage("images/ball.png");
    Image desk = Toolkit.getDefaultToolkit().getImage("images/desk.jpg");
    //指定小球的初始位置
    double x=100; //小球的横坐标
    double y=100; //小球的纵坐标

    //画窗口的方法:加载小球与桌面
    public void paint(Graphics g){
      System.out.println("窗口被画了一次!");
```

```
        g.drawImage(desk, 0, 0, null);
        g.drawImage(ball, (int)x, (int)y, null);
    }

    //窗口加载
    void launchFrame(){
        setSize(856,500);
        setLocation(50,50);
        setVisible(true);
    }

    //main方法是程序执行的入口
    public static void main(String[ ] args){
        System.out.println(" 我是尚学堂高淇,这个游戏项目让大家体验编程的快感,"
                + "寓教于乐! ");
        BallGame game = new BallGame();
        game.launchFrame();
    }
}
```

执行结果如图1-42所示。

图1-42　示例1-4运行效果

> **注意**
>
> 　　由于懒加载问题,有可能出现第一次加载图片无效的情况,此时最小化窗口再重新打开即可。在完成第三步后,就完全不存在这个问题了。

第三步：实现动画。

实现动画,让小球沿着水平方向移动并做边界检测。要实现动画效果的关键是改变小球的坐标,并且要不停地重画窗口来更新小球的坐标；边界检测用于判断小球的坐标是否超出桌面的范围,如果超出则要改变小球原来的运动方向。代码如示例1-5所示。

【示例1-5】桌球游戏代码——实现水平方向来回飞行

```java
import java.awt.*;
import javax.swing.JFrame;
public class BallGame extends JFrame {
    //添加小球和桌面图片的路径
    Image ball = Toolkit.getDefaultToolkit().getImage("images/ball.png");
    Image desk = Toolkit.getDefaultToolkit().getImage("images/desk.jpg");
    //指定小球的初始位置
    double  x=100;                   //小球的横坐标
    double  y=100;                   //小球的纵坐标
    boolean  right = true;           //判断小球的方向
    //画窗口的方法:加载小球与桌面
    public void paint(Graphics  g){
        System.out.println("窗口被画了一次! ");
        g.drawImage(desk, 0, 0, null);
        g.drawImage(ball, (int)x, (int)y, null);
        //改变小球坐标
        if(right){
            x = x +10;
        }else{
            x = x - 10;
        }
        //边界检测
        //856是窗口宽度,40是桌子边框的宽度,30是小球的直径
        if(x>856-40-30){
            right = false;
        }
        if(x<40){
            right = true;
        }
    }
    //窗口加载
    void launchFrame(){
        setSize(856,500);
        setLocation(50,50);
        setVisible(true);

        //重画窗口,每秒画25次
        while(true){
            repaint();                   //调用repaint方法,窗口即可重画
            try{
                Thread.sleep(40);        //40ms,1s=1000ms。大约一秒画25次窗口
            }catch(Exception e){
                e.printStackTrace();
            }
        }
    }
    //main方法是程序执行的入口
    public static void main(String[ ] args){
        System.out.println(" 我是尚学堂高淇,这个游戏项目让大家体验编程的快感,"
            + "寓教于乐! ");
        BallGame game = new BallGame();
        game.launchFrame();
    }
}
```

第四步：实现小球沿任意角度飞行。

实现小球沿着任意角度飞行：此时小球的运动方向不能再单纯使用right来表示，需要一个表示角度的变量degree。小球坐标的改变也要依据这个角度。代码如示例1-6所示（为了保存第三步的代码，新创建了一个类BallGame2）。

【示例1-6】桌球游戏代码——实现任意角度飞行

```java
import java.awt.*;
import javax.swing.JFrame;
public class BallGame2 extends JFrame {
  //添加小球和桌面图片的路径
  Image ball = Toolkit.getDefaultToolkit().getImage("images/ball.png");
  Image desk = Toolkit.getDefaultToolkit().getImage("images/desk.jpg");
  //指定小球的初始位置
  double x=100;                      //小球的横坐标
  double y=100;                      //小球的纵坐标
  double degree = 3.14/3;            //弧度:小球的运动角度,此处就是60度
  //画窗口的方法:加载小球与桌面
  public void paint(Graphics g){
    System.out.println("窗口被画了一次！");
    g.drawImage(desk,0,0,null);
    g.drawImage(ball,(int)x,(int)y,null);
    //根据角度degree改变小球坐标
    x= x+ 10*Math.cos(degree);
    y= y +10*Math.sin(degree);
    //边界检测:碰到上下边界
    //500是窗口高度;40是桌子边框,30是球直径;最后一个40是标题栏的高度
    if(y>500-40-30||y<40+40){
      degree = -degree;
    }
    //边界检测:碰到左右边界
    //856是窗口宽度,40是桌子边框的宽度,30是小球的直径
    if(x<40||x>856-40-30){
      degree = 3.14 - degree;
    }
  }
  //窗口加载
  void launchFrame(){
    setSize(856,500);
    setLocation(50,50);
    setVisible(true);
    //重画窗口,每秒画25次
    while(true){
      repaint();               //调用repaint方法,窗口即可重画
      try{
        Thread.sleep(40);      //40ms,1s=1000ms。大约一秒画25次窗口
      }catch(Exception e){
        e.printStackTrace();
      }
    }
  }
  //main方法是程序执行的入口
  public static void main(String[ ] args){
```

```
        System.out.println("  我是尚学堂高淇,这个游戏项目让大家体验编程的快感,"
            + "寓教于乐! ");
        BallGame2 game = new BallGame2();
        game.launchFrame();
    }
}
```

——————— 本章总结 ———————

（1）所有编程语言的最终目的都是提供一种"抽象"方法。抽象的层次越高，越接近人的思维；越接近人的思维，越容易使用。

（2）越高级的语言越容易学习。当然，这只意味着入门容易，不意味着成为高手容易，想成为高手仍然需要修炼。

（3）Java的核心优势是跨平台。跨平台是靠JVM（虚拟机）实现的。

（4）Java各版本的含义：
- Java SE（Java Standard Edition）标准版，定位于个人计算机的应用。
- Java EE（Java Enterprise Edition）企业版，定位于服务器端的应用。
- Java ME（Java Micro Edition）微型版，定位于消费电子产品的应用。

（5）Java程序的开发运行过程依次为：编写代码、编译和解释运行。

（6）JDK用于开发Java程序，JRE是Java运行环境； JVM是JRE的子集，JRE是JDK的子集。

（7）JDK的配置需要新建JAVA_HOME环境变量和修改Path环境变量。

（8）Java是面向对象的语言，所有代码必须位于类里面。main方法是Java应用程序的入口方法。

（9）常见的Java集成开发环境有三个：Eclipse、IntelliJ IDE和NetBeans。

——————— 本章作业 ———————

一、选择题

1. 以下（　　）不是Java的特点（选择一项）。
   A. 平台无关性　　　　　　　　　　B. 高可靠性和安全性
   C. 指针运算　　　　　　　　　　　D. 分布式应用和多线程

2. 以下选项中关于Java跨平台原理的说法正确的是（　　）（选择二项）。
   A. Java源程序要先编译成与平台无关的字节码文件（.class），然后字节码文件再被解释成机器码运行
   B. Java语言只需要编译，不需要进行解释
   C. Java虚拟机是运行Java字节码文件的虚拟计算机。不同平台的虚拟机是不同的

D. Java语言具有一次编译，随处运行的特点，可以在所有的平台上运行
3. 以下选项中，对一个Java源文件进行正确编译的语句是（　　）（选择一项）。
   A. java Test　　　B. java Test.class　　　C. javac Test　　　D. javac Test.java
4. 在Java中，源文件Test.java中包含如下代码，则程序编译运行的结果是（　　）（选择一项）。

```
public class Test {
public static void main(String[ ] args) {
  system.out.println("Hello!");
  }
}
```

   A. 输出：Hello！　　　　　　　　　　B. 编译出错，提示"无法解析system"
   C. 运行正常，但没有输出任何内容　　　D. 运行时出现异常
5. 有一段Java程序，其中public类名是A1，那么保存它的源文件名可以是（　　）（选择一项）。
   A. A1.java　　　B. A1.class　　　C. A1　　　D. 以上都不对

二、简答题

1. 计算机语言发展史主线。
2. Java跨平台的实现原理。
3. JDK、JRE、JVM 的区别和联系。
4. Java语言的开发和执行过程。
5. 环境变量Path的作用和配置。

三、编码题

1. 使用记事本编写Java程序（重点练习打印语句System.out.println()），开发学生管理系统主菜单界面。运行结果如图1-43所示。
2. 使用Eclipse编写Java程序，打印九九乘法表的前四行，如图1-44所示。提示：使用System.out.println()语句打印各行数据。

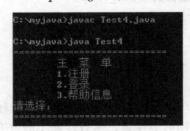
图1-43　主菜单界面

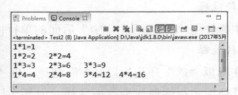
图1-44　程序的打印结果

第2章 数据类型和运算符

本章介绍一些编程中的基本概念,例如标识符、变量、常量、数据类型、运算符、基本数据类型的类型转换等。这些是编程中的"砖块",是编程的基础。 要想开始正式编程,还需要学习"控制语句",控制语句就像"水泥",可以把"砖块"粘到一起,最终建成"一座大厦"。控制语句将在第3章中学习。

> **老鸟建议**
>
> 学习本章,一定不要纠结于概念,不要停留,大致了解了就快速开始下一章的学习。记住"快速入门、快速实战;在实战中提高,在发展中解决问题"。

2.1 注释

为了方便程序的阅读,Java语言允许程序员在程序中写入一些说明性的文字,用来提高程序的可读性,这些文字性的说明称为注释。

注释不会出现在字节码文件中,即Java编译器编译时会跳过注释。

在Java中根据注释的功能不同,主要分为单行注释、多行注释和文档注释。

- **单行注释**

单行注释使用"//"开头,"//"后面的单行内容均为注释。

- **多行注释**

多行注释以"/*"开头,以"*/"结尾,在"/*"和"*/"之间的内容为注释。编写程序时也可以使用多行注释作为行内注释,但是在使用时要注意,多行注释不能嵌套使用。

- **文档注释**

文档注释以"/**"开头,以"*/"结尾,注释中包含一些说明性的文字及一些JavaDoc标签(后期写项目时,可以生成项目的API)。

【示例2-1】认识Java的三种注释类型

```java
/*
 * Welcome类(我是文档注释)
 * @author 高淇
 * @version 1.0
 */
public class Welcome {
    //我是单行注释
    public static void main(String[ ] args/*我是行内注释 */) {
        System.out.println("Hello World!");
    }
    /*
        我是多行注释!
        我是多行注释!
    */
}
```

2.2 标识符

标识符是用来给变量、类、方法以及包进行命名的，如Welcome、main、System、age、name、gender等。标识符需要遵守以下一些规则：

- 标识符必须以字母、下画线_、美元符号$开头。
- 标识符的其他部分可以是字母、下画线"_"、美元符号"$"和数字的任意组合。
- Java 标识符大小写敏感，且长度无限制。
- 标识符不可以是Java的关键字。

标识符的使用规范：

- 表示类名的标识符：每个单词的首字母大写，如Man、GoodMan等。
- 表示方法和变量的标识符：第一个单词小写，从第二个单词开始首字母大写，我们称之为"驼峰原则"，如eat()、eatFood()等。

Java不采用通常语言使用的ASCII字符集，而是采用Unicode这样标准的国际字符集。因此，这里字母的含义不仅仅是英文，还包括汉字等。但是不建议大家使用汉字来定义标识符。

【示例2-2】合法的标识符

```java
int a = 3;
int _123 = 3;
int $12aa = 3;
int 变量1 = 55;   //不建议使用中文命名的标识符
```

【示例2-3】不合法的标识符

```java
int 1a = 3;    //不能用数字开头
int a# = 3;    //不能包含#这样的特殊字符
int int = 3;   //不能使用关键字
```

2.3　Java中的关键字/保留字

Java关键字是Java语言保留供内部使用的，如class，用于定义类。关键字也可以称为保留字。关键字不能用作变量名或方法名。表2-1为Java中的关键字/保留字列表。

表2-1　Java中的关键字/保留字

abstract	assert	boolean	break	byte	case
catch	char	class	const	continue	default
do	double	else	extends	final	finally
float	for	goto	if	implements	import
instanceof	int	interface	long	native	new
null	package	private	protected	public	return
short	static	strictfp	super	switch	synchronized
this	throw	throws	transient	try	void
volatile	while				

> **菜鸟雷区**
>
> 出于应试教育的惯性思维，很多新手很可能马上着手去背上面的单词，而从实战思维出发，我们不需要刻意去记。随着学习的深入，这些关键字自然就会熟悉了。

2.4　变量

如果我们把一个软件、一个程序看作一座大楼的话，变量（variable）就是"砖块"，正是一块块"砖块"最终垒成了大厦。变量也是进入编程世界最重要的概念。本节将从变量的本质开始讲解，让大家一开始就能抓住变量这一概念的核心。

2.4.1　变量的本质

变量本质上代表一个"可操作的存储空间"，空间位置是确定的，但是里面放置什么值不确定。我们可通过变量名来访问"对应的存储空间"，从而操纵这个"存储空间"里存储的值。

Java是一种强类型语言，每个变量都必须声明其数据类型。变量的数据类型决定了变量占据存储空间的大小。例如，int a=3表示a变量的空间大小为4个字节。

变量作为程序中最基本的存储单元，其要素包括变量名、变量类型和作用域。变量在使用前必须对其进行声明，只有在声明变量以后，才能为其分配相应长度的存储空间。

声明变量的格式为：

```
type   varName [=value][,varName[=value]...];  //[ ]中的内容为可选项,即可有可无
数据类型  变量名   [=初始值] [,变量名  [=初始值]…];
```

【示例2-4】声明变量

```
double salary;
long earthPopulation;
int age;
```

不同数据类型的常量会在内存中被赋予不同的空间大小，如图2-1所示。

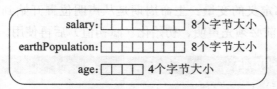

图2-1　声明变量的内存大小示意图

> **注意**
> - 每个变量都有类型，类型可以是基本类型，也可以是引用类型。
> - 变量名必须是合法的标识符。
> - 变量声明是一条完整的语句，因此每一个声明都必须以分号结束。

【示例2-5】在一行中声明多个变量

```
int i,j;  //两个变量的数据类型都是int
```

> **老鸟建议**
> 不提倡使用示例2-5这种风格，逐一声明每一个变量可以提高程序的可读性。

【示例2-6】在声明变量的同时完成变量的初始化

```
int age = 18;
double e = 2.718281828;
```

2.4.2 变量的分类

从整体上可将变量划分为局部变量、成员变量（也称为实例变量）和静态变量。表2-2所示为这三种变量的区别。

表2-2　局部变量、成员变量、静态变量的区别

类　型	声明位置	从属于	生命周期
局部变量	方法或语句块内部	方法/语句块	从声明位置开始，直到方法或语句块执行完毕，局部变量消失
成员变量（实例变量）	类内部，方法外部	对象	对象创建，成员变量也跟着创建；对象消失，成员变量也跟着消失
静态变量（类变量）	类内部，static修饰	类	类被加载，静态变量就有效；类被卸载，静态变量消失

> **老鸟建议**
>
> 成员变量和静态变量不是目前学习的重点,不要过多纠结理解与否。我们在学习面向对象时,再重点讲解成员变量和静态变量。

1. 局部变量(local variable)

方法或语句块内部定义的变量。生命周期是从声明位置开始到方法或语句块执行完毕为止。局部变量在使用前必须先声明、初始化(赋初值)后再使用。

【示例2-7】局部变量的声明

```java
public void test() {
    int i;
    int j = i+5; //编译出错,变量i还未被初始化
}
public void test() {
    int i;
    i=10;
    int j = i+5; //编译正确
}
```

2. 成员变量(也叫实例变量member variable)

方法外部、类的内部定义的变量,从属于对象,生命周期伴随对象始终。如果不自行初始化,它会自动初始化成该类型的默认初始值。表2-3所示为实例变量的默认初始值。

表2-3 实例变量的默认初始值

数 据 类 型	初 始 值
int	0
double	0.0
char	'\u0000'
boolean	false

【示例2-8】实例变量的声明

```java
public class Test {
    int i;
}
```

3. 静态变量(类变量static variable)

静态变量使用static定义,从属于类,生命周期伴随类始终,即从类加载到卸载(讲完内存分析后再深入介绍静态变量的概念)。如果不自行初始化,它与成员变量相同时会自动初始化成该类型的默认初始值,如表 2-3所示。

下面介绍变量的声明及赋值。

```java
public class LocalVariableTest {
  public static void main(String[ ] args) {
    boolean flag = true;            //声明boolean型变量并赋值
    char c1,c2;                     //声明char型变量
    c1 = '\u0041';                  //为char型变量赋值
    c2 = 'B';                       //为char型变量赋值
    int x;                          //声明int型变量
    x = 9;                          //为int型变量赋值
    int y = x;                      //声明并初始化int型变量
    float f = 3.15f;                //声明float型变量并赋值
    double d = 3.1415926;           //声明double型变量并赋值
  }
}
```

2.5 常量

常量（Constant）通常指的是一个固定的值，例如1、2、3、'a'、'b'、true、false、"helloWorld"等。

在Java语言中，主要是利用关键字final来定义一个常量。常量一旦被初始化后不能再更改其值。

常量的声明格式为：

```
Final type varName = value;
```

【示例2-9】常量的声明及使用

```java
public class TestConstants {
  public static void main(String[ ] args) {
    final double PI = 3.14;
    // PI = 3.15; 编译错误,不能再被赋值!
    double r = 4;
    double area = PI * r * r;
    double circle = 2 * PI * r;
    System.out.println("area = " + area);
    System.out.println("circle = " + circle);
  }
}
```

为了更好地区分和表述，一般将1、2、3、'a'、'b'、true、false、"helloWorld"等称为字符常量，而使用final修饰的PI等称为符号常量。

老鸟建议

变量和常量命名规范如下：
- 所有变量、方法、类名：见名知义。
- 类成员变量：首字母小写和驼峰原则，如monthSalary。
- 局部变量：首字母小写和驼峰原则。
- 常量：大写字母和下画线，如MAX_VALUE。

- 类名：首字母大写和驼峰原则，如 Man、GoodMan。
- 方法名：首字母小写和驼峰原则，如 run()、runRun()。

2.6 基本数据类型

Java是一种强类型语言，每个变量都必须声明其数据类型。Java的数据类型可分为两大类：基本数据类型（primitive data type）和引用数据类型（reference data type）。

Java中定义了三类8种基本数据类型：
- 数值型：byte、short、int、long、float、double。
- 字符型：char。
- 布尔型：boolean。

数据类型的分类如图2-2所示。

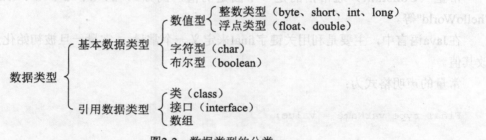

图2-2 数据类型的分类

> **注意**
> - 引用数据类型的大小统一为4字节，记录的是其引用对象的地址。
> - 本章只讲解基本数据类型。引用数据类型在后续介绍数组和面向对象的章节中讲解。

2.6.1 整型

整型用于表示没有小数部分的数值，它允许是负数。整型的范围与运行Java代码的机器无关，这正是Java程序具有很强移植能力的原因之一。与此相反，C和C++程序则需要针对不同的处理器选择最有效的整型。

表2-4所示为整型数据的类型。

表2-4 整型数据类型

类 型	占用存储空间/字节	表 数 范 围
byte	1	$-2^7 \sim 2^7-1$（-128~127）
short	2	$-2^{15} \sim 2^{15}-1$（-32768~32767）
int	4	$-2^{31} \sim 2^{31}-1$（-2147483648~2147483647）约21亿
long	8	$-2^{63} \sim 2^{63}-1$

Java 语言整型常量的四种表示形式如下：

- 十进制整数，如99、-500、0。
- 八进制整数，要求以0开头，如015。
- 十六进制数，要求以0x或0X开头，如0x15。
- 二进制数，要求以0b或0B开头，如0b01110011。

Java语言的整型常数默认为int型，声明long型常量可以在后面加"l"或"L"。

【示例2-10】long类型常数的写法及变量的声明

```
long a = 55555555;        //编译成功,在int表示的范围内(21亿内)
long b = 55555555555;     //不加L编译错误,已经超过int表示的范围
```

示例2-10运行后报错：The literal 55555555555 of type int is out of range，所以需要将代码修改为：

```
long b = 55555555555L;
```

2.6.2 浮点型

带小数的数据在Java中称为浮点型。浮点型可分为float类型和double类型，如表2-5所示。

表2-5 浮点型数据类型

类型	占用存储空间	表数范围
float	4字节	-3.403E38~3.403E38
double	8字节	-1.798E308~1.798E308

float类型又称作单精度类型，尾数可以精确到7位有效数字，但在很多情况下，float类型的精度很难满足需求。double表示这种类型的数值精度约是float类型的两倍，因此又被称作双精度类型，为绝大部分应用程序所采用。

Java浮点类型常量有两种表示形式：
- 十进制数形式，如3.14、314.0、0.314。
- 科学记数法形式，如314e2、314E2、314E-2。

【示例2-11】使用科学记数法给浮点型变量赋值

```
double f = 314e2;      //314*10^2-->31400.0
double f2 = 314e-2;    //314*10^(-2)-->3.14
```

float类型的数值有一个后缀F或者f，没有后缀F/f的浮点数值默认为double类型。也可以在浮点数值后添加后缀D或者d，以明确其为double类型。

【示例2-12】float类型常量的写法及变量的声明

```
float f = 3.14F;//float类型赋值时需要添加后缀F/f
double d1= 3.14;
double d2 = 3.14D;
```

老鸟建议

浮点类型float、double的数据不适合用于不允许舍入误差的金融计算领域。如果需要进行不产生舍入误差的精确数字计算，需要使用BigDecimal类。

【示例2-13】浮点型数据的比较一

```java
float f = 0.1f;
double d = 1.0/10;
System.out.println(f==d);//结果为false
```

【示例2-14】浮点型数据的比较二

```java
float d1 = 423432423f;
float d2 = d1+1;
if(d1==d2){
  System.out.println("d1==d2");//输出结果为d1==d2
}else{
  System.out.println("d1!=d2");
}
```

运行以上两个示例，发现示例2-13的结果是false，而示例2-14的输出结果是d1==d2。这是因为由于字长有限，浮点数能够精确表示的数是有限的，因而也是离散的。浮点数一般都存在舍入误差，很多数字无法精确表示（例如0.1），其结果只能是接近，但不等于。二进制浮点数不能精确表示0.1、0.01、0.001这样10的负次幂。并不是所有的小数都可以精确地用二进制浮点数表示。

java.math包下面两个有用的类：BigInteger和BigDecimal，这两个类可以处理任意长度的数值。BigInteger实现了任意精度的整数运算，BigDecimal实现了任意精度的浮点运算。

菜鸟雷区

不要使用浮点数进行比较！很多新手甚至很多理论不扎实的有工作经验的程序员也会犯这个错误。需要比较数据时请使用BigDecimal类。

【示例2-15】使用BigDecimal进行浮点型数据的比较

```java
import java.math.BigDecimal;
public class Main {
  public static void main(String[ ] args) {
    BigDecimal bd = BigDecimal.valueOf(1.0);
    bd = bd.subtract(BigDecimal.valueOf(0.1));
    bd = bd.subtract(BigDecimal.valueOf(0.1));
    bd = bd.subtract(BigDecimal.valueOf(0.1));
    bd = bd.subtract(BigDecimal.valueOf(0.1));
    bd = bd.subtract(BigDecimal.valueOf(0.1));
    System.out.println(bd);//0.5
    System.out.println(1.0 - 0.1 - 0.1 - 0.1 - 0.1 - 0.1);//0.5000000000000001
  }
}
```

浮点数使用总结如下：
- 默认是double类型。
- 浮点数存在舍入误差，数字不能精确表示。如果需要进行不产生舍入误差的精确数字计算，需要使用BigDecimal类。
- 避免在比较中使用浮点数，需要比较请使用BigDecimal类。

2.6.3 字符型

字符型（Char）数据在内存中占2个字节。在Java中使用单引号来表示字符常量，例如'A'是一个字符，它与"A"是不同的，"A"表示含有一个字符的字符串。

char 类型用来表示在Unicode编码表中的字符。Unicode编码被设计用来处理各种语言的文字，它占2个字节，可允许有65536个字符。

【示例2-16】字符型演示
```
char eChar = 'a';
char cChar ='中';
```

Unicode具有从0～65535之间的编码，它们通常用从\u0000到\uFFFF之间的十六进制值来表示（前缀为u表示Unicode）。

【示例2-17】字符型的十六进制值表示方法
```
char c = '\u0061';
```

Java 语言中还允许使用转义字符"\"来将其后的字符转变为其他的含义。常用的转义字符及其含义和Unicode值如表2-6所示。

【示例2-18】转义字符
```
char c2 = '\n';   //代表换行符
```

表2-6 转义字符

转 义 符	含 义	Unicode值
\b	退格（Back Space）	\u0008
\n	换行	\u000a
\r	回车	\u000d
\t	制表符（Tab）	\u0009
\"	双引号	\u0022
\'	单引号	\u0027
\\	反斜杠	\u005c

> **注意**
> 以后将学到的String类，其实是字符序列（char sequence），本质是char字符组成的数组。

2.6.4 布尔型

布尔型（boolean）数据有两个常量值，true和false，在内存中占一位（不是一个字节）。不可以使用 0 或非 0 的整数替代true和false，这点和C语言不同。boolean类型用来判断逻辑条件，一般用于程序流程控制。

【示例2-19】boolean类型演示

```java
boolean flag;
flag = true;     //或者flag=false;
if(flag) {
    //true分支
} else {
    //false分支
}
```

> **老鸟建议**
>
> 少就是多！请不要写成这样：if (flag == true)。只有新手才那么写，更主要的是很容易错写成if(flag=true)，这样就变成赋值flag为true而不是判断。老手的写法是if (flag)或者if(!flag)。

2.7 运算符

计算机最基本的用途之一就是执行数学运算。作为一门计算机语言，Java也提供了一套丰富的运算符来操作变量，如表2-7所示。

表2-7 运算符分类

算术运算符	二元运算符	+、-、*、/、%
	一元运算符	++、--
赋值运算符		=
扩展运算符		+=、-=、*=、/=
关系运算符		>、<、>=、<=、==、!=、instanceof
逻辑运算符		&&、||、!、^
位运算符		&、|、^、~、>>、<<、>>>
条件运算符		?:
字符串连接符		+

2.7.1 算术运算符

算术运算符中的+、-、*、/、%属于二元运算符，二元运算符指的是需要两个操作数才能完成运算的运算符。其中%是取模运算符，用于完成求余数操作。

二元运算符的运算规则如下。

整数运算：
- 如果两个操作数有一个为long，则结果也为long。
- 没有long时，结果为int。即使操作数全为short、byte，结果也是int。

浮点运算：
- 如果两个操作数有一个为double，则结果为double。
- 只有两个操作数都是float时，结果才为float。

取模运算：

其操作数可以为浮点数，一般使用整数，结果是"余数"。"余数"符号和左边操作数相同，如7%3=1，-7%3=-1，7%-3=1。

算术运算符中的++（自增）、--（自减）属于一元运算符，该类运算符只需要一个操作数。

【示例2-20】一元运算符++与--

```
int a = 3;
int b = a++;    //执行完后,b=3。先给b赋值,再自增
System.out.println("a="+a+"\nb="+b);
a = 3;
b = ++a;        //执行完后,b=4。a先自增,再给b赋值
System.out.println("a="+a+"\nb="+b);
```

执行结果如图2-3所示。

2.7.2 赋值及其扩展赋值运算符

赋值就是将一个具体的值赋予一个变量。Java的赋值及其扩展赋值运算符如表2-8所示。

图2-3 示例2-20运行结果

表2-8 赋值及其扩展运算符

运 算 符	用 法 举 例	等效的表达式
+=	a += b	a = a+b
-=	a -= b	a = a-b
*=	a *= b	a = a*b
/=	a /= b	a = a/b
%=	a %= b	a = a%b

【示例2-21】扩展运算符

```
int a=3;
int b=4;
a+=b;      //相当于a=a+b;
System.out.println("a="+a+"\nb="+b);
a=3;
a*=b+3;    //相当于a=a*(b+3)
System.out.println("a="+a+"\nb="+b);
```

执行结果如图2-4所示。

2.7.3 关系运算符

关系运算符用来进行比较运算，如表2-9所示。关系运算的结果是布尔值true或false。

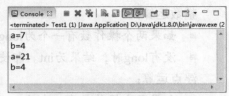

图2-4 示例2-21运行结果

表2-9 关系运算符

运算符	含义	示例
==	等于	a==b
!=	不等于	a!=b
>	大于	a>b
<	小于	a<b
>=	大于或等于	a>=b
<=	小于或等于	a<=b

> **注意**
> - =是赋值运算符，而真正判断两个操作数是否相等的运算符是==。
> - ==、!= 运算符是所有(基本和引用)数据类型都可以使用的。
> - >、>=、<、<= 运算符仅针对数值类型(byte/short/int/long，float/double 以及char)可以使用。

2.7.4 逻辑运算符

Java中的逻辑运算符如表2-10所示。逻辑运算的操作数和运算结果都是布尔值。

表2-10 逻辑运算符

运算符		说明
逻辑与	&（与）	两个操作数为true，结果才是true，否则是false
逻辑或	|（或）	两个操作数有一个是true，结果就是true
短路与	&&（与）	只要有一个为false，则直接返回false
短路或	||（或）	只要有一个为true，则直接返回true
逻辑非	!（非）	取反，即!false为true，!true为false
逻辑异或	^（异或）	相同时为false，不同时为true

短路与和短路或采用短路的方式是指，从左到右计算，如果只通过运算符左边的操作数就能够确定该逻辑表达式的值，则不会继续计算运算符右边的操作数，以提高效率。

【示例2-22】短路与和逻辑与

```
//1>2的结果为false,那么整个表达式的结果即为false,而不再计算2>(3/0)
boolean c = 1>2 && 2>(3/0);
System.out.println(c);
//1>2的结果为false,那么整个表达式的结果即为false,还要计算2>(3/0),0不能做除数,会
    输出异常信息
```

```
boolean d = 1>2 & 2>(3/0);
System.out.println(d);
```

2.7.5 位运算符

位运算指的是进行二进制位的运算,常用的位运算符如表2-11所示。

表2-11 位运算符

运 算 符	说　　明
~	取反
&	按位与
|	按位或
^	按位异或
<<	左移运算符,左移1位相当于乘2
>>	右移运算符,右移1位相当于除2取商

【示例2-23】左移运算和右移运算

```
int a = 3*2*2;
int b = 3<<2;   //相当于:3*2*2;
int c = 12/2/2;
int d = 12>>2;  //相当于12/2/2;
```

菜鸟雷区

- &和|既是逻辑运算符,也是位运算符。如果两侧操作数都是boolean类型,就作为逻辑运算符。如果两侧的操作数是整数类型,就是位运算符。
- 不要把"^"当作数学运算"乘方",而是"位的异或"操作。

2.7.6 字符串连接符

"+"运算符两侧的操作数中只要有一个是字符串(String)类型,系统就会自动将另一个操作数转换为字符串然后再进行连接。

【示例2-24】连接符"+"

```
int a=12;
System.out.println("a="+a);//输出结果: a=12
```

2.7.7 条件运算符

条件运算符的语法格式为:

```
x ? y : z
```

其中,x为boolean类型表达式,运算时先计算x的值,若为true,则整个运算的结果为表达式y的值,否则整个运算结果为表达式z的值。

【示例2-25】三目条件运算符

```java
int score = 80;
int x = -100;
String type =score<60?"不及格":"及格";
int flag = x > 0 ? 1 : (x == 0 ? 0 : -1);
System.out.println("type= " + type);
System.out.println("flag= "+ flag);
```

执行结果如图2-5所示。

2.7.8 运算符优先级问题

各运算符的优先级如表2-12所示。

图2-5 示例2-25运行结果

表2-12 运算符的优先级

优先级	运算符	类	结合性
1	()	括号运算符	由左至右
2	!、+（正号）、-（负号）	一元运算符	由左至右
2	~	位逻辑运算符	由右至左
2	++、--	递增与递减运算符	由右至左
3	*、/、%	算术运算符	由左至右
4	+、-	算术运算符	由左至右
5	<<、>>	位左移、右移运算符	由左至右
6	>、>=、<、<=	关系运算符	由左至右
7	==、!=	关系运算符	由左至右
8	&	位运算符、逻辑运算符	由左至右
9	^	位运算符、逻辑运算符	由左至右
10	|	位运算符、逻辑运算符	由左至右
11	&&	逻辑运算符	由左至右
12	||	逻辑运算符	由左至右
13	? :	条件运算符	由右至左
14	=、+=、-=、*=、/=、%=	赋值运算符、扩展运算符	由右至左

老鸟建议

- 优先级不需要刻意去记，表达式里面优先使用小括号来组织即可。
- 逻辑与、逻辑或、逻辑非的优先级一定要熟悉（逻辑非>逻辑与>逻辑或），如a||b&&c的运算结果是a||(b&&c)，而不是(a||b)&&c。

2.8 数据类型的转换

前面讲解了8种基本数据类型，除了boolean类型之外的7种类型是可以自动转化的。甚至，我们还可以使用"强制类型转换"的方法将数据转变成需要的类型。本节将详细讲解关于类型转换的细节。

2.8.1 自动类型转换

自动类型转换指的是容量小的数据类型可以自动转换为容量大的数据类型。如图2-6所示,实线表示无数据丢失的自动类型转换,而虚线表示可能会损失精度的转换。

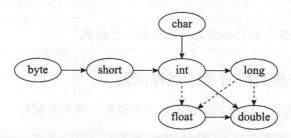

图2-6 自动类型转换

可以将整型常量直接赋值给byte、short、char等类型的变量,而不需要进行强制类型转换,只要不超出其表数范围即可。

【示例2-26】自动类型转换特例
```
short b = 12;              //合法
short b = 1234567;         //非法,1234567超出了short的表数范围
```

2.8.2 强制类型转换

强制类型转换,又称为造型,用于显式转换一个数值的类型。在有可能丢失信息的情况下进行的转换是通过造型来完成的,但可能造成精度降低或溢出。

强制类型转换的语法格式为:

```
(type)var
```

运算符"()"中的type表示值var想要转换成的目标数据类型。

【示例2-27】强制类型转换
```
double x = 3.14;
int nx = (int)x;    //值为3
char c = 'a';
int d = c+1;
System.out.println(nx);
System.out.println(d);
System.out.println((char)d);
```

执行结果如图2-7所示。

当将一种类型强制转换成另一种类型,而又超出了目标类型的表数范围时,就会被截断成为一个完全不同的值。

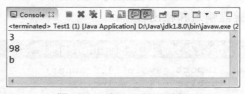

图2-7 示例2-27运行结果

【示例2-28】强制类型转换特例

```
int x = 300;
byte bx = (byte)x;      //值为44
```

菜鸟雷区

不能在布尔类型和任何数值类型之间做强制类型转换。

2.8.3 基本类型转换时的常见错误和问题

（1）操作比较大的数值转换时，要留意是否溢出，尤其是整数。

【示例2-29】类型转换常见问题一

```
int money = 1000000000; //10亿
int years = 20;
//返回的total是负数,超过了int的范围
int total = money*years;
System.out.println("total="+total);
//返回的total1仍然是负数。默认是int,因此结果会转成int值,再转成long。但是已经发生了数
  据丢失
long total1 = money*years;
System.out.println("total1="+total1);
//返回的total2正确:先将一个因子变成long,整个表达式发生提升。全部用long来计算
long total2 = money*((long)years);
System.out.println("total2="+total2);
```

执行结果如图2-8所示。

（2）L和l 的问题：

- 不要将变量命名为l，字母l容易和数字1混淆。
- long类型使用大写L，不要用小写l。

图2-8　示例2-29运行结果

【示例2-30】类型转换常见问题二

```
int l = 2;              //分不清是L还是1
long a = 234511;        //建议使用大写L
System.out.println(l+1);
```

2.9　简单的键盘输入和输出

为了能写出更加复杂的程序，让程序和用户可以通过键盘交互，下面学习编写简单的键盘输入和输出程序。

【示例2-31】使用Scanner获取键盘输入

```
import java.util.Scanner;
public class Welcome2 {
  public static void main(String[ ] args) {
```

```
        Scanner scanner = new Scanner(System.in);
        //将输入的一行赋予string1
        String string1 = scanner.nextLine();
        //将输入单词到第一个空白符为止的字符串赋予string2
        String string2 = scanner.next();
        //将输入的数字赋值给变量
        int a = scanner.nextInt();
        System.out.println("-----录入的信息如下-------");
        System.out.println(string1);
        System.out.println(string2);
        System.out.println(a * 10);
    }
}
```

执行结果如图2-9所示。

图2-9　示例2-31运行结果

（1）注释可以提高程序的可读性，可划分为如下情况。
- 单行注释 //；
- 多行注释 /*...*/；
- 文档注释 /**...*/。

（2）标识符的命名规则。
- 标识符必须以字母、下画线_、美元符号$开头。
- 标识符其他部分可以是字母、下画线_、美元符号$和数字的任意组合。
- Java标识符大小写敏感，且长度无限制。
- 标识符不可以是Java的关键字。

（3）标识符的命名规范。
- 表示类名的标识符，每个单词的首字母大写，如Man、GoodMan。
- 表示方法和变量的标识符，第一个单词小写，从第二个单词开始首字母大写，我们称之为"驼峰原则"，如eat()、eatFood()。

（4）变量的声明格式如下。

```
type varName [=value] [,varName[=value]…];
```

（5）变量的分类：局部变量、实例变量和静态变量。

（6）常量的声明格式。

```
final type varName = value;
```

（7）Java的数据类型可分为基本数据类型和引用数据类型，其中基本数据类型的分类如下。

- 整型变量：byte、short、int、long。
- 浮点型：float、double。
- 字符型：char。
- 布尔型：boolean，值为true或者false。

（8）Java语言支持的运算符可分为如下情况。

- 算术运算符：+、-、*、/、%、++、--。
- 赋值运算符：=。
- 扩展赋值运算符：+=、-=、*=、/=。
- 关系运算符：>、<、>=、<=、==、!=、instanceof。
- 逻辑运算符：&&、||、!。
- 位运算符：&、|、^、~、>>、<<、>>>。
- 字符串连接符：+。
- 条件运算符为？：。

（9）基本数据类型的类型转换可分为如下两种。

- 自动类型转换：容量小的数据类型可以自动转换为容量大的数据类型。
- 强制类型转换：用于显式的转换一个数值的类型，语法格式为(type)var。

（10）键盘的输入：Scanner类的使用方法。

本章作业

一、选择题

1. 以下选项中属于合法Java标识符的是（ ）（选择二项）。
   A. public   B. 3num   C. name   D. _age

2. 执行下面的代码段，i和j的值分别是（ ）（选择一项）。
   ```
   int i=1;int j;
   j=i++;
   ```
   A. 1, 1   B. 1, 2   C. 2, 1   D. 2, 2

3. 下面的赋值语句中错误的是（ ）（选择一项）。
   A. **float** f = 11.1;   B. **double** d = 5.3E12;

C. `double d = 3.14159;`   D. `double d = 3.14D;`

4. 在Java中，下面（　　）语句能正确通过编译（选择二项）。
   A. `System.out.println(1+1);`
   B. `char i =2+'2';`
      `System.out.println(i);`
   C. `String s="on"+'one';`
   D. `int b=255.0;`

5. 以下Java运算符中，优先级别最低的两个选项是（　　）（选择二项）。
   A. 赋值运算符=   B. 条件运算符?=
   C. 逻辑运算符| D. 算术运算符+

二、简答题

1. Java是一种强类型语言，说明Java的数据类型分类。
2. i++和++i的异同之处。
3. 运算符||和|的异同之处。
4. Java中基本数据类型转换的规则。

三、编码题

1. 输入圆形半径，求圆形的周长和圆形的面积，并将结果输出，如图2-10所示。

2. 假如银行利率表如下所示，请分别计算存款10000元，活期1年、活期2年、定期1年、定期2年后的本息合计。

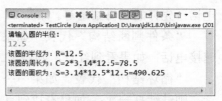

图2-10　编码题1运行结果

利率项目	年利率(%)
活期存款	0.35
三个月定期存款	1.10
半年定期存款	1.30
一年定期存款	1.50
二年定期存款	2.10

结果如图2-11所示（结果四舍五入，不保留小数位。使用Math.round(double d)实现）。

3. 某个公司采用公用电话传递数据，数据是四位的整数，在传递过程中数据加密，加密规则如下：每位数字都加上5，然后用所得结果除以10的余数代替该数字，再将第一位和第四位数交换，第二位和第三位数交换。程序运行结果如图2-12所示。

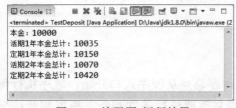

图2-11　编码题2运行结果

图2-12　编码题3运行结果

第3章 控制语句

从本章开始学习流程控制语句。流程控制语句是用来控制程序中各语句执行顺序的语句,可以把语句组合成能完成一定功能的小逻辑模块。程序的结构可分为三类:顺序、选择和循环。

"顺序结构"代表"先执行a,再执行b"的逻辑。例如,先找个女朋友,再给女朋友打电话;先订婚,再结婚等。

"条件判断结构"代表"如果……,则……"的逻辑。例如,如果女朋友来电,则迅速接电话;如果看到红灯,则停车。

"循环结构"代表"如果……,则再继续……"的逻辑。例如,如果没打通女朋友电话,则继续打一次; 如果没找到喜欢的人,则继续找。

前面两章讲解的程序都是顺序结构,即按照书写顺序执行每一条语句,本章研究的重点是"条件判断结构"和"循环结构"。

用这三种程序结构就能表示所有的事情,大家可以试试拆分你遇到的各种事情。实际上,任何软件和程序,小到一个练习,大到一个操作系统,本质上都是由"变量、选择语句、循环语句"组成的。

这三种基本逻辑结构是相互支撑的,它们共同构成了算法的基本结构。无论怎样复杂的逻辑结构,都可以通过它们来表达。上述三种结构组成的程序可以解决全部的问题,所以任何一种高级语言都具备上述三种结构。

本章内容是大家真正跨入编程界 "门槛"的知识,是成为"程序猿"的必由之路。 本章后面会附加大量的练习,供大家自我提升。

3.1 条件判断结构

在人们还不知道Java选择结构的时候,编写的程序总是从程序入口开始,顺序执行每一条语句,直到执行完最后一条语句。但是生活中经常需要进行条件判断,根据判断结果决定是否做一件事情,这时就需要用到条件判断结构。

条件判断结构用于判断给定的条件,然后根据判断的结果来控制程序的流程。主要的条件判断结构有if结构和switch结构。if结构又可以分为if单分支结构、if-else双分支结构、if-else if-else多分支结构。

3.1.1 if单分支结构

if单分支语法结构如下:

```
if(布尔表达式){
    语句块
}
```

if语句对布尔表达式的值进行一次判定,若判定其值为真,则执行{}中的语句块,否则跳过该语句块,其流程图如图3-1所示。

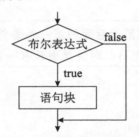

图3-1 if单分支结构流程图

【示例3-1】if单分支结构

```java
public class Test1 {
  public static void main(String[ ] args) {
    //通过掷三个骰子看看今天的手气如何?
    int i = (int)(6 * Math.random()) + 1;//通过Math.random()产生随机数
    int j = (int)(6 * Math.random()) + 1;
    int k = (int)(6 * Math.random()) + 1;
    int count = i + j + k;
    //如果三个骰子之和大于15,则手气不错
    if(count > 15) {
      System.out.println("今天手气不错");
    }
    //如果三个骰子之和在10到15之间,则手气一般
    if(count >= 10 && count <= 15) {  //错误写法:10<=count<=15
      System.out.println("今天手气很一般");
    }
    //如果三个骰子之和小于10,则手气不怎么样
    if(count < 10) {
      System.out.println("今天手气不怎么样");
    }
    System.out.println("得了" + count + "分");
  }
}
```

执行结果如图3-2所示。

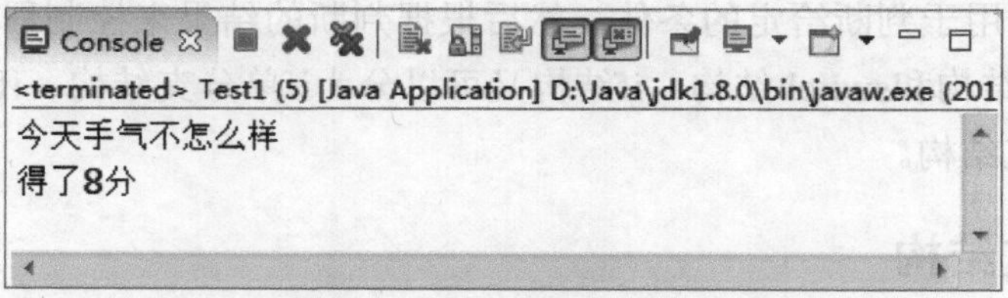

图3-2 示例3-1运行结果

Math类的使用

- java.lang包中的Math类提供了一些用于数学计算的方法。
- Math.random()方法用于产生一个0到1区间的double类型的随机数,但是不包括1。

```
int i = (int) (6 * Math.random()); //产生:[0,5]之间的随机整数
```

菜鸟雷区

- 如果if语句不写{},则只能作用于后面的第一条语句。
- 强烈建议,任何时候都要写上{},即使里面只有一条语句!

3.1.2 if-else双分支结构

if-else的语法结构如下:

```
if(布尔表达式){
    语句块1
}else{
    语句块2
}
```

当布尔表达式的值为真时,执行语句块1;否则,执行语句块2,也就是else部分。其流程图如图3-3所示。

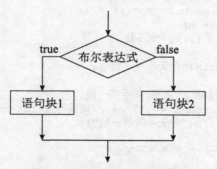

图3-3 if-else双分支结构流程图

【示例3-2】if-else双分支结构

```
public class Test2 {
    public static void main(String[ ] args) {
```

```
//随机产生一个[0.0，4.0)区间的半径,并根据半径求圆的面积和周长
double r = 4 * Math.random();
//Math.pow(r, 2)求半径r的平方
double area = Math.PI * Math.pow(r, 2);
double circle = 2 * Math.PI * r;
System.out.println("半径为: " + r);
System.out.println("面积为: " + area);
System.out.println("周长为: " + circle);
//如果面积>=周长,则输出"面积大于等于周长",否则,输出周长大于面积
if(area >= circle) {
  System.out.println("面积大于等于周长");
} else {
  System.out.println("周长大于面积");
}
}
}
```

执行结果如图3-4所示。

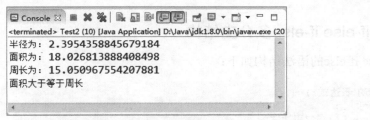

图3-4 示例3-2运行结果

条件运算符有时候可用于代替if-else，如示例3-3与示例3-4所示。

【示例3-3】if-else与条件运算符的比较：使用if-else

```
public class Test3 {
  public static void main(String[ ] args) {
    int a=2;
    int b=3;
    if (a<b) {
      System.out.println(a);
    } else {
      System.out.println(b);
    }
  }
}
```

执行结果如图3-5所示。

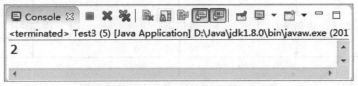

图3-5 示例3-3运行结果

【示例3-4】 if-else与条件运算符的比较：使用条件运算符

```java
public class Test4 {
    public static void main(String[ ] args) {
        int a=2;
        int b=3;
        System.out.println((a<b)?a:b);
    }
}
```

执行结果如图3-6所示。

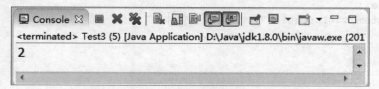

图3-6　示例3-4运行结果

3.1.3　if-else if-else多分支结构

if-else if-else的语法结构如下：

```
if(布尔表达式1) {
    语句块1;
} else if(布尔表达式2) {
    语句块2;
}……
else if(布尔表达式n){
    语句块n;
} else {
    语句块n+1;
}
```

当布尔表达式1的值为真时，执行语句块1；否则，判断布尔表达式2，当布尔表达式2的值为真时，执行语句块2；否则，继续判断布尔表达式3……；如果1～n个布尔表达式的值均判定为假时，则执行语句块n+1，也就是else部分。if-else if-else结构的流程图如图3-7所示。

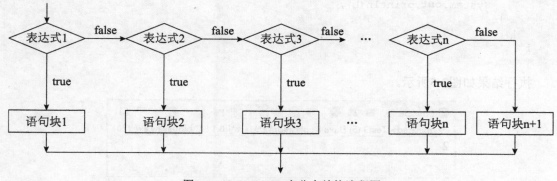

图3-7　if-else if-else多分支结构流程图

【示例3-5】if-else if-else多分支结构

```java
public class Test5 {
  public static void main(String[ ] args) {
    int age = (int) (100 * Math.random());
    System.out.print("年龄是" + age + ", 属于");
    if(age < 15) {
      System.out.println("儿童, 喜欢玩! ");
    } else if(age < 25) {
      System.out.println("青年, 要学习! ");
    } else if(age < 45) {
      System.out.println("中年, 要工作! ");
    } else if(age < 65) {
      System.out.println("中老年, 要补钙! ");
    } else if(age < 85) {
      System.out.println("老年, 多运动! ");
    } else{
      System.out.println("老寿星, 古来稀! ");
    }
  }
}
```

执行结果如图3-8和图3-9所示。

图3-8 示例3-5运行结果1

图3-9 示例3-5运行结果2

课堂练习

仿照【示例3-5】，实现如下功能：

随机生成一个100以内的成绩，当成绩在85及以上的时候输出"等级A"；70以上到84之间输出"等级B"；60到69之间输出"等级C"；60以下输出"等级D"。

3.1.4 switch多分支结构

Switch语句的语法结构如下：

```
switch (表达式) {
  case 值1:
    语句序列1;
    [break];
  case 值2:
    语句序列2;
    [break];
  ……
  [default:
    默认语句;]
}
```

switch语句会根据表达式的值从相匹配的case标签处开始执行，一直执行到break语句处或者是switch语句的末尾。如果表达式的值与每个case值都不匹配，则进入default语句（如果存在default语句）。

根据表达式值的不同可以执行许多不同的操作。switch语句中case标签在JDK 1.5之前必须是整数（long类型除外）或者枚举，不能是字符串；在JDK 1.7之后允许使用字符串（String）。

注意

当布尔表达式是等值判断的情况，可以使用if-else if-else多分支结构或者switch结构，如果布尔表达式是区间判断的情况，则只能使用if-else if-else多分支结构。

switch多分支结构的流程图如图3-10所示。

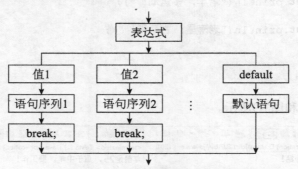

图3-10　switch多分支结构流程图

【示例3-6】switch结构

```java
public class Test6 {
    public static void main(String[ ] args) {
        char c = 'a';
        int rand = (int) (26 * Math.random());
        char c2 = (char) (c + rand);
        System.out.print(c2 + ": ");
        switch (c2) {
        case 'a':
        case 'e':
        case 'i':
        case 'o':
        case 'u':
            System.out.println("元音");
            break;
        case 'y':
        case 'w':
            System.out.println("半元音");
            break;
        default:
            System.out.println("辅音");
        }
    }
}
```

执行结果如图3-11和图3-12所示。

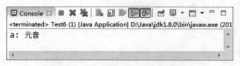
图3-11　示例3-6运行结果1

图3-12　示例3-6运行结果2

3.2　循环结构

循环结构分为两大类，一类是当型；另一类是直到型。

- 当型：当布尔表达式的值为true时，反复执行某语句，当布尔表达式的值为false时才停止循环，例如while与for循环。
- 直到型：先执行某语句，再判断布尔表达式，布尔表达式的值如果为true，再执行某语句。如此反复，直到布尔表达式的值为false时才停止循环，例如do-while循环。

3.2.1　while循环

While循环的语法结构如下：

```
while (布尔表达式) {
    循环体；
}
```

在循环刚开始时，会计算一次"布尔表达式"的值，若值为真，则执行循环体；而对于后来每一次额外的循环，都会在开始前重新计算一次。

语句中应有使循环趋向于结束的语句，否则会出现无限循环——"死"循环。

while循环结构流程图如图3-13所示。

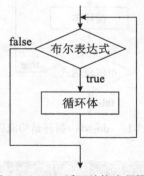

图3-13　while循环结构流程图

【示例3-7】while循环结构——求1～100的累加和

```java
public class Test7 {
    public static void main(String[ ] args) {
```

```
        int   i = 0;
        int   sum = 0;
        //1+2+3+…+100=?
        while (i <= 100) {
            sum += i;//相当于sum = sum+i;
            i++;
        }
        System.out.println("Sum= " + sum);
    }
}
```

执行结果如图3-14所示。

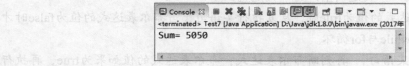

图3-14　示例3-7运行结果

3.2.2　do-while循环

do-while循环的语法结构如下：

```
do {
    循环体;
} while(布尔表达式);
```

do-while循环结构会先执行循环体，然后再判断布尔表达式的值，若值为真则执行循环体，当值为假时结束循环。do-while循环的循环体至少执行一次。do-while循环结构流程图如图3-15所示。

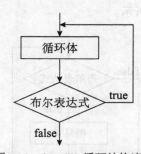

图3-15　do-while循环结构流程图

【示例3-8】do-while循环结构——求1～100的累加和

```
public class Test8 {
    public static void main(String[ ] args) {
        int i = 0;
        int sum = 0;
        do {
            sum += i; //sum = sum + i
```

```
        i++;
    } while (i <= 100);//此处的;不能省略
    System.out.println("Sum= " + sum);
    }
}
```

执行结果如图3-16所示。

图3-16 示例3-8运行结果

【示例3-9】 while与do-while的区别

```
public class Test9 {
    public static void main(String[ ] args) {
        //while循环:先判断再执行
        int a = 0;
        while (a < 0) {
            System.out.println(a);
            a++;
        }
        System.out.println("-----");
        //do-while循环:先执行再判断
        a = 0;
        do {
            System.out.println(a);
            a++;
        } while (a < 0);
    }
}
```

执行结果如图3-17所示。

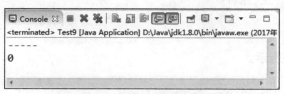

图3-17 示例3-9运行结果

从运行效果图中可以看出do-while总是保证循环体至少被执行一次。

3.2.3 for循环

for循环的语法结构如下:

```
for(初始表达式; 布尔表达式; 迭代因子) {
    循环体;
}
```

for循环语句是支持迭代的一种通用结构，是最有效、最灵活的循环结构。for循环在第一次反复之前要进行初始化，即执行初始表达式。随后，对布尔表达式的值进行判定，若判定结果为true，则执行循环体；否则，终止循环。最后在每一次反复的时候，进行某种形式的“步进”，即执行迭代因子。

- 初始化部分设置循环变量的初值。
- 条件判断部分为布尔表达式。
- 迭代因子控制循环变量的增减。

for循环在执行条件判定后，先执行的循环体部分，再执行步进。

for循环结构流程图如图3-18所示。

初始化部分
false
条件判断
true
循环体
执行迭代因子

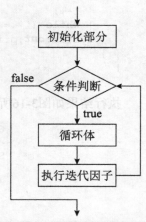

图3-18　for循环结构流程图

【示例3-10】for循环

```
public class Test10 {
  public static void main(String args[ ]) {
    int sum = 0;
    //1.求1~100之间的累加和
    for(int i = 0;i <= 100;i++) {
      sum += i;
    }
    System.out.println("Sum= " + sum);
    //2.循环输出9~1之间的数
    for(int i=9;i>0;i--){
      System.out.print(i+"、");
    }
    System.out.println();
    //3.输出90~1之间能被3整除的数
    for(int i=90;i>0;i-=3){
      System.out.print(i+"、");
    }
    System.out.println();
  }
}
```

执行结果如图3-19所示。

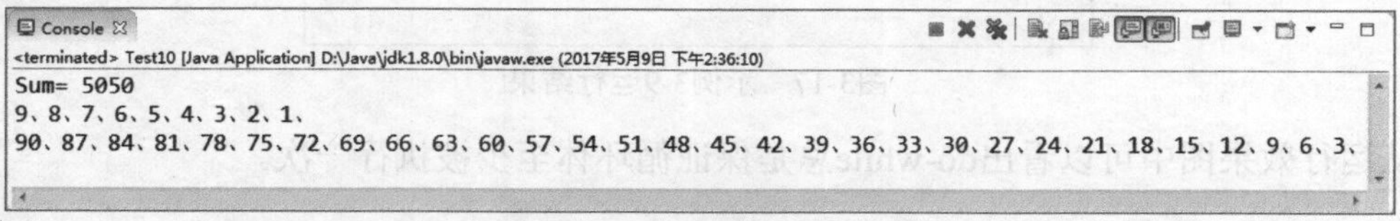

Console
<terminated> Test10 [Java Application] D:\Java\jdk1.8.0\bin\javaw.exe (2017年5月9日 下午2:36:10)
Sum= 5050
9、8、7、6、5、4、3、2、1、
90、87、84、81、78、75、72、69、66、63、60、57、54、51、48、45、42、39、36、33、30、27、24、21、18、15、12、9、6、3、

图3-19　示例3-10运行结果

Java语言中能用到逗号运算符的地方屈指可数，其中一处就是for循环的控制表达式。在控制表达式的初始化和步进控制部分，我们可以使用一系列由逗号分隔的表达式，而且那些表达式均会独立执行。

【示例3-11】逗号运算符

```java
public class Test11 {
  public static void main(String[ ] args) {
    for(int i = 1, j = i + 10; i < 5; i++, j = i * 2) {
      System.out.println("i= " + i + " j= " + j);
    }
  }
}
```

执行结果如图3-20所示。

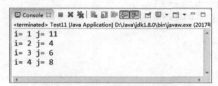

图3-20 示例3-11运行结果

- 无论在初始化还是在步进部分，语句都是顺序执行的。
- 尽管初始化部分可设置任意数量的定义，但都属于同一类型。
- 约定：只在for语句的控制表达式中写入与循环变量初始化、条件判断和迭代因子相关的表达式。

初始化部分、条件判断部分和迭代因子可以为空语句，但必须以"；"分开，如示例3-12所示。

【示例3-12】无限循环

```java
public class Test12 {
  public static void main(String[ ] args) {
    for( ; ; ) {       //无限循环：相当于 while(true)
      System.out.println("北京尚学堂");
    }
  }
}
```

编译器将while(true)与for(;;)看作同一回事，都指的是无限循环。

在for语句的初始化部分声明的变量，其作用域为整个for循环体，不能在循环外部使用该变量，如示例3-13所示。

【示例3-13】初始化变量的作用域

```java
public class Test13 {
  public static void main(String[] args) {
    for(int i = 1; i < 10; i++) {
      System.out.println(i+"、");
    }
    //编译错误,无法访问在for循环中定义的变量i
    System.out.println(i);
  }
}
```

3.2.4 嵌套循环

在一个循环语句内部再嵌套一个或多个循环，称为嵌套循环。while、do-while 与 for 循环可以任意嵌套多层。

【示例3-14】嵌套循环

```java
public class Test14 {
    public static void main(String args[ ]) {
        for(int i=1;i <=5;i++) {
            for(int j=1;j<=5;j++){
                System.out.print(i+" ");
            }
            System.out.println();
        }
    }
}
```

执行结果如图3-21所示。

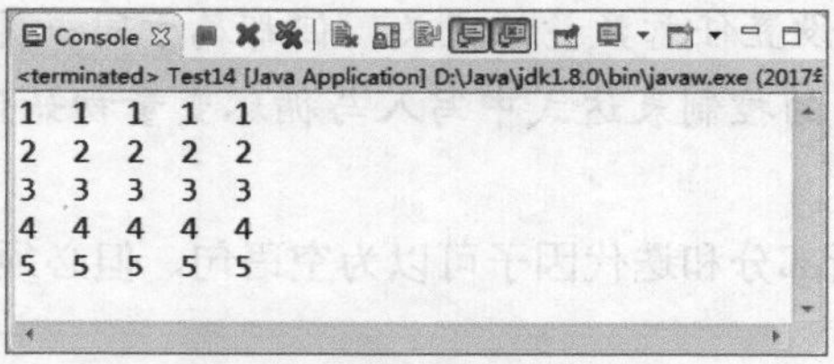

图3-21 示例3-14运行结果

【示例3-15】使用嵌套循环实现九九乘法表

```java
public class Test15 {
    public static void main(String args[ ]) {
        for(int i = 1; i< 10;i++) {              //i是一个乘数
            for(int j = 1;j <= i;j++) {          //j是另一个乘数
                System.out.print(j+"*"+i+"="+(i*j<10?(""+i*j): i*j) +"");
            }
            System.out.println();
        }
    }
}
```

执行结果如图3-22所示。

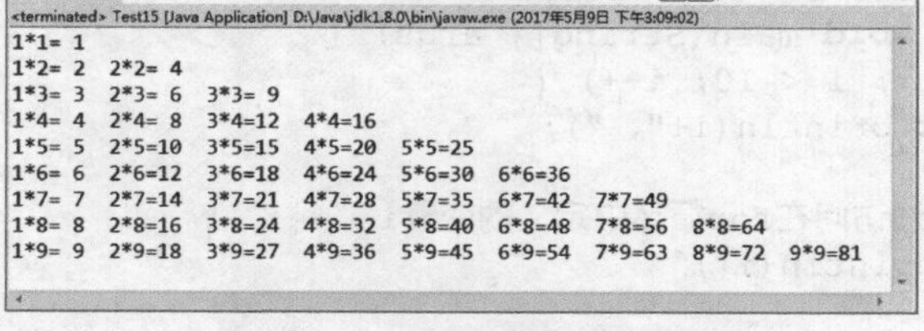

图3-22 示例3-15运行结果

课堂练习

- 用while循环分别计算100以内的奇数及偶数的和，并输出。
- 用while循环或其他循环输出1~1000能被5整除的数，且每行输出5个。

3.2.5 break语句和continue语句

在任何循环语句的主体部分，均可用break语句控制循环的流程。Break语句用于强行退出循环，不执行循环中剩余的语句。

【示例3-16】break语句

```java
//产生100以内的随机数,直到随机数为88时终止循环
public class Test16 {
  public static void main(String[ ] args) {
    int total = 0;//定义计数器
    System.out.println("Begin");
    while (true) {
      total++;//每循环一次计数器加1
      int i = (int) Math.round(100 * Math.random());
      //当i等于88时,退出循环
      if (i == 88) {
        break;
      }
    }
    //输出循环的次数
    System.out.println("Game over,used " + total + " times.");
  }
}
```

执行结果如图3-23所示。

continue语句用在循环语句体中，用于终止某次循环过程，即跳过循环体中尚未执行的语句，接着进行下一次是否执行循环的判定。

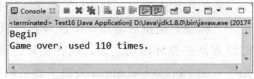

图3-23 示例3-16运行结果

> **注意**
> - continue语句用在while、do-while循环中时，continue语句立刻跳到循环首部，越过了当前循环的其余部分。
> - continue语句用在for循环中时，跳到for循环的迭代因子部分。

【示例3-17】continue语句

```java
//把100~150之间不能被3整除的数输出,并且每行输出5个
public class Test17 {
  public static void main(String[ ] args) {
    int count = 0;//定义计数器
    for(int i = 100; i < 150; i++) {
      //如果是3的倍数,则跳过本次循环,继续进行下一次循环
      if(i % 3 == 0){
```

```
            continue;
          }
          //否则(不是3的倍数),输出该数
          System.out.print(i + "、");
          count++;//每输出一个数,计数器加1
          //根据计数器判断每行是否已经输出了5个数
          if(count % 5 == 0) {
            System.out.println();
          }
        }
      }
    }
```

执行结果如图3-24所示。

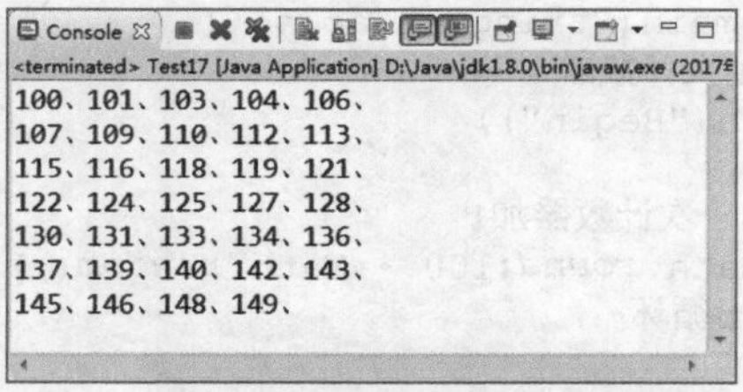
Console
<terminated> Test17 [Java Application] D:\Java\jdk1.8.0\bin\javaw.exe (2017
100、101、103、104、106、
107、109、110、112、113、
115、116、118、119、121、
122、124、125、127、128、
130、131、133、134、136、
137、139、140、142、143、
145、146、148、149、

图3-24　示例3-17运行结果

3.2.6　带标签的break语句和continue语句

goto关键字很早就在程序设计语言中出现。尽管goto仍是Java的一个保留字，但并未在Java语言中得到正式使用，Java没有goto语句。然而，在break和continue这两个关键字身上，我们仍然能看出一些goto的影子——带标签的break语句和continue语句。

“标签”是指后面跟一个冒号的标识符，例如：“label:”。对Java来说唯一用到标签的地方是在循环语句之前，而在循环之前设置标签的唯一理由是：希望在其中嵌套另一个循环。由于break和continue关键字通常只中断当前循环，但若随同标签使用，它们就会中断到存在标签的地方。

在“goto有害”论中，最有问题的就是标签，而非goto。随着一个程序里的标签数量的增多，产生错误的概率也越来越高。但在Java环境下标签不会造成这方面的问题，因为它们的活动场所已被限定，不可能通过特别的方式到处传递程序的控制权。由此也引出了一个有趣的问题：通过限制语句的能力，反而能使一项语言特性更加有用。

【示例3-18】带标签的break语句和continue语句

```
//控制嵌套循环跳转(打印101~150之间所有的质数)
public class Test18 {
  public static void main(String args[ ]) {
    outer: for(int i = 101; i < 150; i++) {
      for(int j = 2; j < i / 2; j++) {
        if(i % j == 0){
```

```
                continue outer;
            }
        }
        System.out.print(i + " ");
    }
}
```

执行结果如图3-25所示。

图3-25　示例3-18运行结果

3.3　语句块

语句块（有时叫作复合语句），是用花括号括起来的任意数量的简单Java语句。语句块确定了局部变量的作用域。语句块中的程序代码，作为一个整体，是要被一起执行的。语句块可以被嵌套在另一个语句块中，但是不能在两个嵌套的语句块内声明同名的变量。语句块可以使用外部的变量，而外部不能使用语句块中定义的变量，因为语句块中定义的变量作用域只限于语句块。

【示例3-19】语句块
```java
public class Test19 {
    public static void main(String[ ] args) {
        int n;
        int a;
        {
            int k;
            int n;        //编译错误:不能重复定义变量n
        }                 //变量k的作用域到此为止
    }
}
```

3.4　方法

方法就是一段用来完成特定功能的代码片段，类似于其他语言的函数。

方法用于定义该类或该类的实例的行为特征和功能实现。方法是类和对象行为特征的抽象。方法类似于面向过程中的函数，在面向过程中，函数是最基本的单位，整个程序由一个个函数调用组成。在面向对象编程中，整个程序的基本单位是类，方法是从属于类和对象的。

方法声明格式：

```
[修饰符1   修饰符2…]    返回值类型    方法名(形式参数列表) {
   Java语句;……
   }
```

方法的调用方式:

```
对象名.方法名(实参列表)
```

方法的详细说明:
- 形式参数:在方法声明时用于接收外界传入的数据,简称形参。
- 实参:调用方法时,实际传给方法的数据。
- 返回值:方法在执行完毕后,返还给调用它的环境的数据。
- 返回值类型:事先约定的返回值的数据类型。如无返回值,必须显式指定其为void。

【示例3-20】方法的声明及调用

```java
public class Test20 {
    /* main方法:程序的入口 */
    public static void main(String[ ] args) {
        int num1 = 10;
        int num2 = 20;
        //调用求和的方法:将num1与num2的值传给add方法中的n1与n2
        //求完和后将结果返回,用sum接收结果
        int sum = add(num1, num2);
        System.out.println("sum = " + sum);//输出:sum = 30
        //调用打印的方法:该方法没有返回值
        print();
    }
    /* 求和的方法 */
    public static int add(int n1, int n2) {
        int sum = n1 + n2;
        return sum;//使用return返回计算的结果
    }
    /* 打印的方法 */
    public static void print() {
        System.out.println("北京尚学堂...");
    }
}
```

执行结果如图3-26所示。

```
sum = 30
北京尚学堂...
```

图3-26 示例3-20运行结果

注意事项
- 实参的数目、数据类型和次序必须和所调用的方法声明的形式参数列表匹配。

- 注意return语句终止方法的运行并指定要返回的数据。
- Java在方法调用中传递参数时，遵循值传递的原则（传递的都是数据的副本）：
  - 基本类型传递的是该数据值的copy值。
  - 引用类型传递的是该对象引用的copy值，但指向的是同一个对象。

3.5 方法的重载

方法的重载（overload）是指一个类中可以定义多个方法名相同，但参数不同的方法。调用时，会根据不同的参数自动匹配对应的方法。

菜鸟雷区

重载的方法，实际是完全不同的方法，只是名称相同而已。

构成方法重载的条件如下：
- 不同的含义：形参类型、形参个数、形参顺序不同。
- 只有返回值不同不构成方法的重载，如int a(String str){}与void a(String str){}不构成方法重载。
- 只有形参的名称不同，不构成方法的重载，如int a(String str){}与int a(String s){}不构成方法重载。

【示例3-21】方法重载

```java
public class Test21 {
    public static void main(String[ ] args) {
        System.out.println(add(3, 5));            //8
        System.out.println(add(3, 5, 10));        //18
        System.out.println(add(3.0, 5));          //8.0
        System.out.println(add(3, 5.0));          //8.0
                                                  //我们已经见过的方法的重载
        System.out.println();                     //0个参数
        System.out.println(1);                    //参数是1个int
        System.out.println(3.0);                  //参数是1个double
    }
    /* 求和的方法 */
    public static int add(int n1, int n2) {
        int sum = n1 + n2;
        return sum;
    }
    //方法名相同,参数个数不同,构成重载
    public static int add(int n1, int n2, int n3) {
        int sum = n1 + n2 + n3;
        return sum;
    }
    //方法名相同,参数类型不同,构成重载
    public static double add(double n1, int n2) {
        double sum = n1 + n2;
        return sum;
```

```java
}
//方法名相同,参数顺序不同,构成重载
public static double add(int n1, double n2) {
  double sum = n1 + n2;
  return sum;
}
//编译错误:只有返回值不同,不构成方法的重载
public static double add(int n1, int n2) {
  double sum = n1 + n2;
  return sum;
}
//编译错误:只有参数名称不同,不构成方法的重载
public static int add(int n2, int n1) {
  double sum = n1 + n2;
  return sum;
}
```

3.6 递归结构

递归是一种常见的解决问题的方法,即把问题逐渐简单化。递归的基本思想就是"自己调用自己",一个使用递归技术的方法将会直接或者间接地调用自己。

利用递归可以用简单的程序来解决一些复杂的问题,例如斐波那契数列的计算、汉诺塔、快排等。

递归结构包括两个部分:

- 定义递归头:解答"什么时候不调用自身方法"。如果没有头,将陷入死循环,也就是递归的结束条件。
- 递归体:解答"什么时候需要调用自身方法"。

【示例3-22】使用递归求n!

```java
public class Test22 {
  public static void main(String[ ] args) {
    long d1 = System.currentTimeMillis();
    System.out.printf("%d阶乘的结果:%s%n", 10, factorial(10));
    long d2 = System.currentTimeMillis();
    System.out.printf("递归费时:%s%n", d2-d1);   //耗时:32ms
  }
  /* 求阶乘的方法*/
  static long  factorial(int n){
    if(n==1){//递归头
      return 1;
    }else{//递归体
      return n*factorial(n-1);//n! = n * (n-1)!
    }
  }
}
```

执行结果如图3-27所示。

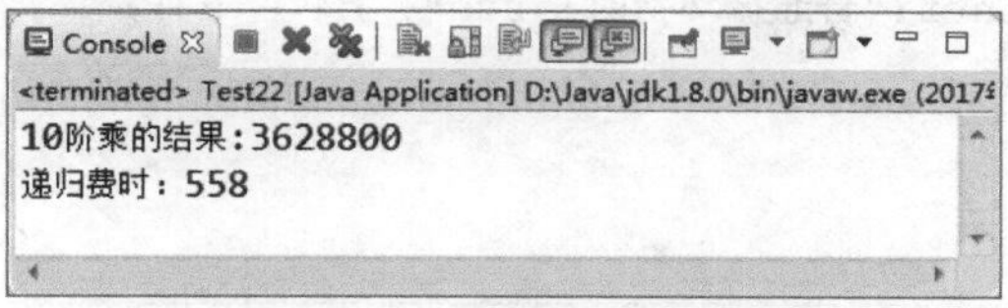

图3-27　示例3-22运行结果

递归原理分析如图3-28所示。

A.递归调用过程　　B.每次递归调用的返回值

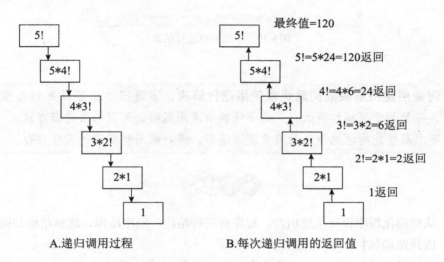

图3-28　递归原理分析图

递归的缺陷

简单是递归的优点之一。但是递归调用会占用大量的系统堆栈，内存耗用多，在递归调用层次多时速度要比循环慢得多，所以在使用递归方法时要慎重。

例如，上面的递归程序运行耗时558ms，如果用普通循环的话会快得多，如示例3-23所示。

【示例3-23】使用循环求n!

```
public class Test23 {
  public static void main(String[ ] args) {
    long d3 = System.currentTimeMillis();
    int a = 10;
    int result = 1;
    while(a > 1) {
      result *= a * (a - 1);
      a -= 2;
    }
    long d4 = System.currentTimeMillis();
```

```
        System.out.println(result);
        System.out.printf("普通循环费时:%s%n", d4 - d3);
    }
}
```

执行结果如图3-29所示。

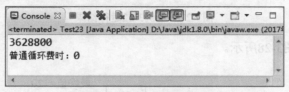

图3-29　示例3-23运行结果

> **注意**
> - **任何能用递归解决的问题也能使用迭代解决。** 当递归方法可以更加自然地反映问题，并且易于理解和调试，并且不强调效率问题时，可以采用递归方法。
> - 在要求高性能的情况下尽量避免使用递归，递归调用既花时间又耗内存。

（1）从结构化程序设计角度出发，程序有三种结构：顺序结构、选择结构和循环结构。

（2）选择结构包括：
- if单选择结构、if-else双选择结构、if-else if-else多选择结构；
- switch多选择结构。

（3）多选择结构与switch的关系是当布尔表达式是等值判断的情况，可使用多重选择结构或switch结构；如果布尔表达式为区间判断的情况，则只能使用多重选择结构。

（4）循环结构包括如下两种类型。
- 当型：while与for。
- 直到型：do-while。

（5）while与do-while的区别是，在布尔表达式的值为false时，while的循环体一次也不执行，而do-while至少执行一次。

（6）break语句可以在switch语句与循环结构中使用，而continue语句只能在循环结构中使用。

（7）方法就是一段用来完成特定功能的代码片段，类似于其他语言的函数。

（8）方法的重载是指一个类中可以定义多个方法名相同，但参数不同的方法。调用时，会根据不同的参数自动匹配对应的方法。

（9）任何能用递归解决的问题也能使用迭代解决。在要求高性能的情况下尽量避免使用递归方法，递归调用既花时间又耗内存。

本章作业

一、选择题

1. 分析如下Java代码，编译运行的输出结果是（　　）（选择一项）。

```java
public static void main(String[ ] args) {
  boolean a=true;
  boolean b=false;
  if (!(a&&b)) {
    System.out.print("!(a&&b)");
  } else if (!(a||b)) {
    System.out.println("!(a||b)");
  } else {
    System.out.println("ab");
  }
}
```

A. !(a&&b)　　　　　　　　　　B. !(a||b)

C. ab　　　　　　　　　　　　　D. !(a||b)ab

2. 下列选项中关于变量x的定义，（　　）可使以下switch语句编译通过（选择二项）。

```java
switch(x) {
  case 100 :
    System.out.println("One hundred");
    break;
  case 200 :
    System.out.println("Two hundred");
    break;
  case 300 :
    System.out.println( "Three hundred");
    break;
  default :
    System.out.println( "default");
}
```

A. double x = 100;　　　　　　　B. char x = 100;

C. String x = "100";　　　　　　　D. int x = 100;

3. 给定如下Java代码，编译运行的结果是（　　）（选择一项）。

```java
public class Test {
public static void main(String[ ] args) {
  int sum=0;
  for(int i=1;i<10;i++){
    do{
      i++;
      if(i%2!=0)
        sum+=i;
    }while(i<6);
  }
  System.out.println(sum);
}
}
```

A. 8　　　　　　　　　　　　　　B. 15
C. 24　　　　　　　　　　　　　 D. 什么也不输出

4. 以下选项中添加到代码中横线处会出现错误的是（　　）（选择二项）。

```
public class Test {
public float aMethod(float a, float b) {
  return 0;
  }_____
}
```

  A. `public float aMethod(float a,float b,float c) {`
   `return 0;`
   `}`
  B. `public float aMethod(float c,float d) {`
   `return 0;`
   `}`
  C. `public int aMethod(int a,int b) {`
   `return 0;`
   `}`
  D. `private int aMethod(float a,float b) {`
   `return 0;`
   `}`

5. 以下关于方法调用的代码的执行结果是（　　）（选择一项）。

```
public class Test {
  public static void main(String args[ ]) {
    int i = 99;
    mb_operate(i);
    System.out.print(i + 100);
  }
  static void mb_operate(int i) {
    i += 100;
  }
}
```

  A. 99　　　　　　　　　　　　　B. 199
  C. 299　　　　　　　　　　　　　D. 99100

二、简答题

1. if多分支语句和switch语句的异同之处。
2. break和continue语句的作用。
3. 在多重循环中，如何在内层循环中使用break跳出外层循环。
4. 方法重载的定义、作用和判断依据。
5. 递归的定义和优缺点。

三、编码题
1. 从键盘输入某个十进制整数,转换成对应的二进制整数并输出。
2. 编程求$\sum 1+\sum 2+\cdots+\sum 100$的值。
3. 编写递归算法程序。一列数的规则如下:1,1,2,3,5,8,13,21,34,…求数列的第40位数是多少。

第4章 Java面向对象编程基础

4.1 面向过程和面向对象思想

面向过程和面向对象都是对软件分析、设计和开发的一种思想，它指导着人们以不同的方式去分析、设计和开发软件。早期先有面向过程思想，随着软件规模的扩大，问题复杂性的提高，面向过程的弊端越来越明显地显示出来，为此出现了面向对象思想并且成为目前主流的软件开发方法。两者都贯穿于软件分析、设计和开发的各个阶段，对应面向对象就分别称为面向对象的分析（OOA）、面向对象的设计（OOD）和面向对象的编程（OOP）。C语言是一种典型的面向过程的编程语言，Java是一种典型的面向对象的编程语言。

当用面向过程的思想思考问题时，我们首先要思考"怎么按步骤实现？"并将步骤对应成方法，一步一步，最终完成。它适合简单任务，不需要过多协作的情况。例如，如何开车？用面向过程思考问题时很容易就列出实现步骤：

①发动车→②挂挡→③踩油门→④开动。

面向过程适合简单、不需要协作的事务。但是当人们思考比较复杂的问题，例如"如何造车？"，就会发现列出①②③④这样的步骤是不可能的。那是因为，造车过程太复杂，需要很多的协作才能完成。此时面向对象思想就应运而生了。

面向对象（Object）思想更契合人的思维模式。人们首先思考的是"怎么设计这个事物？"例如思考造车，就会先思考"车怎么设计？"，而不是"怎么按步骤造车"的问题。这就是思维方式的转变。

这时，按面向对象的思想思考造车，就会发现车由如下对象组成：

① 轮胎；
② 发动机；
③ 车壳；
④ 座椅；
⑤ 挡风玻璃。

为了便于协作，人们找轮胎厂完成轮胎的制造，找发动机厂完成制造发动机的制造。这样，人们发现可以同时进行车的制造，最终进行组装，大大提高了效率。但是，具体到轮胎厂的流水线操作，仍然是有步骤的，还是离不开面向过程的思想。

因此，面向对象可以帮助人们从宏观上把握，从整体上分析整个系统。但是，具体到部分微观操作的（就是一个个方法）实现，仍然需要用面向过程的思路去处理。

读者千万不要把面向过程和面向对象方法对立起来，它们是相辅相成的。面向对象的方法最终离不开面向过程的。

面向对象和面向过程思想的总结：
- 它们都是解决问题的思维方式，都是代码组织的方式。
- 在解决简单问题时可以使用面向过程的方法。
- 在解决复杂问题时，在宏观上使用面向对象的方法来把握，在微观上仍使用面向过程的方法来处理。

面向对象的思考方式：

在遇到复杂问题时，先从问题中找名词，然后确立这些名词哪些可以作为类，再根据问题需求来确定类的属性和方法，最后确定类之间的关系。

老鸟建议

- 面向对象的思想具有三大特征，即封装性、继承性和多态性。面向过程的思想没有继承性和多态性。并且，面向过程的封装只是封装功能，而面向对象可以封装数据和功能。所以面向对象思想的优势更明显。
- 一个经典的比喻是，面向对象的思想是"盖浇饭"、面向过程的思想是"蛋炒饭"。盖浇饭的好处就是"菜""饭"分离，从而提高了制作盖浇饭的灵活性。对饭不满意就换饭，对菜不满意就换菜。用软件工程的专业术语就是可维护性比较好，"饭"和"菜"的耦合度比较低。

4.2 对象的进化史

事物的发展总是遵循"量变引起质变"的哲学原则，数据管理和企业管理、甚至社会管理也有很多共通的地方。本节通过类比企业管理的发展，让读者更容易理解为什么会产生"对象"这个概念。

1. 数据无管理时代

最初的计算机语言只有基本变量（类似于我们在前面学过的基本数据类型），用来保存数据。那时的数据非常简单，只需要几个变量即可应对，不涉及"数据管理"问题。同理，就像在企业最初发展阶段只有几个人，不涉及管理问题，大家闷头做事就行了。

2. 数组管理和企业部门制

企业发展中，员工多了怎么办？人们很自然地想到归类，将类型一致的人放到一起：

将做销售工作的员工归到销售部管理；将研发软件的员工归到开发部管理。同理，在编程中，变量多了，人们很容易地想到"将同类型数据放到一起"，于是就形成了"数组"的概念，英文单词对应为array。利用这种"归类"的思想，便于管理数据或管理员工。

3. 对象和企业项目制

企业继续发展后，面对的场景更加复杂。一个项目可能经常需要协同多个部门才能完成：在项目谈判接触时，可能需要销售部介入；谈判完成后，需求调研开始，研发部和销售部一起介入；开发阶段需要开发部和测试部互相配合敏捷开发，整个过程财务部也需要同时跟进。在企业中，为了便于协作和管理，很自然就兴起了"项目制"，以项目组的形式来组织，一个项目组可能包含各种类型的人员。一个完整的项目组，"麻雀虽小五脏俱全"，就是个创业公司甚至小型公司的编制，包括了行政后勤人员、财务核算人员、开发人员、售前人员、售后人员、测试人员设计人员等。事实上，华为、腾讯、阿里巴巴等大型公司内部都是采用这种"项目制"的方式进行管理的。

同理，随着计算机程序中各种类型变量的增加，对数据的操作（指的就是方法，方法可以看作是对数据操作的管理）也更加复杂了，怎么办？

为了便于协作和管理，人们将相关数据和相关方法封装到一个独立的实体，于是对象产生了。例如，对于一个学生对象：

有属性（静态特征）：年龄，18；姓名，高淇；学号，1234。

也可以有方法（动态行为）：学习，吃饭，考试。

举一反三，根据表4-1理解企业的进化史与对象进化史会发现，大道至简。数据管理、企业管理及社会发展是有很多共通之处的。"量变引起质变，不同的数量级必然采用不同的管理模式"。

表4-1 对象进化史和企业进化史

对象进化史		企业进化史		抽象类比
数据少时	基本类型数据阶段	人少时	作坊时代	无管理时代（对数据或人没有任何管理）
数据多了	数组 同类型数据存到数组中	人多了	部门 工作行为一样的在一个部门	弱管理时代（将同类型数据集中进行管理）
数据多了 数据关系/操作复杂了	类和对象 将数据和相关的操作行为放到一起	人多了，业务更复杂，人的工作行为也复杂	项目组 将不同类型的人放到一起实现统一管理	强管理时代（将数据和数据操作/人和人的行为，放到一起管理）

> **总结**
> - 对象也是一种数据结构（对数据的管理模式），是将数据和数据的行为放到了一起。
> - 在内存上，对象就是一个内存块，存放了相关的数据集合。
> - 对象的本质就是一种数据的组织方式。

4.3 对象和类的概念

人们认识世界的方法，其实就是面向对象的，例如"天使"这个新事物。天使大家没见过，怎样认识呢？最好的办法就是在人们面前摆出n个天使，如图4-1这样的带翅膀的美女，让大家看一看，看完以后，下一次再见到就都能认出天使了。

图4-1 认识天使

在看过10个天使后，人们就需要总结一下，什么样的形象才算天使？天使有无数个，总有没见过的，所以必须总结抽象，以便认识未知事物！**总结的过程就是抽象的过程**。举例来说，小时候，我们学过的自然数是怎么定义的？像1,2,3,4,…这样的数就叫作自然数。因此，通过抽象，我们发现天使有这样一些特征：

- 带翅膀（带翅膀不一定是天使）；
- 女孩；
- 善良；
- 头上有光环。

于是通过图4-1所示的4个天使图片，可以抽象出天使的特征。我们还可以进一步归纳出一个天使类，类就是对对象的抽象。

类可以看作是一个模板或者图纸，系统根据类的定义来造出对象。例如，要造一辆汽车，类就是图纸，它规定了汽车的详细信息，根据图纸就可以将汽车制造出来。

类称为class，对象称为Object或者instance（实例）。以后我们说某个类的对象、某个类的实例，是一个意思。

> **总结**
> - 对象是具体的事物；类是对对象的抽象。
> - 类可以看成是一类对象的模板，对象可以看成该类的一个具体实例。
> - 类是用于描述同一类型对象的一个抽象概念，类中定义了这一类对象所应具有的共同属性和方法。

4.4 类和对象初步

前面做了关于对象的介绍，本节重点介绍类和对象的基本定义，属性和方法的基本使用方式。

4.4.1 第一个类的定义

【示例4-1】类的定义方式
```java
//每一个源文件必须有且只有一个public class,并且类名和文件名保持一致!
public class Car {
}
class Tyre {  //一个Java文件可以同时定义多个class
}
class Engine {
}
class Seat {
}
```

上面的类定义好后，没有任何信息，就像一张图纸上没有任何信息，是一个空类。空类没有实际意义，需要进一步定义类的具体信息。对于一个类来说，一般有三种常见的成员：属性（field）、方法（method）与构造器（constructor）。这三种成员都可以定义零个或多个。

【示例4-2】编写简单的学生类
```java
public class SxtStu {
   //属性(成员变量)
   int id;
   String sname;
   int age;
   //方法
   void study(){
      System.out.println("我正在学习！");
   }
   //构造器
   SxtStu(){
   }
}
```

4.4.2 属性（field成员变量）

属性用于定义类或类对象包含的数据（静态特征）。属性的作用范围是整个类体。在定义成员变量时可以对其进行初始化，如果不对其初始化，Java将使用默认的值对其初始化。成员变量的默认值如表4-2所示。

表4-2 成员变量的默认值

数 据 类 型	默 认 值
整型	0
浮点型	0.0
字符型	'\u0000'
布尔型	false
所有引用类型	null

属性的定义格式为：

[修饰符]　属性类型　属性名 = [默认值] ;

4.4.3 方法

方法用于定义类或类实例的行为特征和功能实现。方法是对类和对象行为特征的抽象。方法类似于面向过程编程中的函数。在面向过程编程中，函数是最基本单位，整个程序由一个个函数调用组成。在面向对象编程中，整个程序的基本单位是类，而方法是从属于类和对象的。

方法的定义格式为：

[修饰符]　方法返回值类型　方法名(形参列表) {
　　//n条语句
}

4.4.4 一个典型类的定义和UML图

【示例4-3】模拟学生使用电脑学习

```java
class Computer {
    String brand;   //品牌
}
public class SxtStu {
    //field
    int id;
    String sname;
    int age;
    Computer comp;
    void study() {
        System.out.println("我正在学习！使用我们的电脑,"+comp.brand);
    }
    SxtStu() {
    }
    public static void main(String[ ] args) {
        SxtStu stu1 = new SxtStu();
        stu1.sname = "张三";
        Computer comp1 = new Computer();
        comp1.brand = "联想";
        stu1.comp = comp1;
        stu1.study();
    }
}
```

执行结果如图4-2所示。

对应的UML图如图4-3所示。

图4-2 示例4-3运行结果

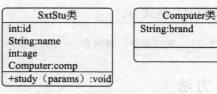
图4-3 SxtStu和Computer的UML类图

4.5 面向对象的内存分析

为了让大家对面向对象编程有更深入的了解，下面要就程序在执行过程中，内存到底发生了什么变化进行剖析，让大家做到"心中有数"，通过更加形象的方式理解程序的执行方式。

> **老鸟建议**
> - 本节是为了让初学者更深入地了解程序底层的执行情况，完整展现内存分析流程，会出现一些新的名词，例如线程、Class对象。此处可以暂时不要求完全理解，后面学了这两个概念后再回来看这里的内存分析，肯定会有更大的收获。
> - 本节内容一定要结合《Java 300集》视频学习。

Java虚拟机的内存可以分为三个区域：栈（stack）、堆（heap）、方法区（method area）。示例4-3的内容分配图如图4-4所示。

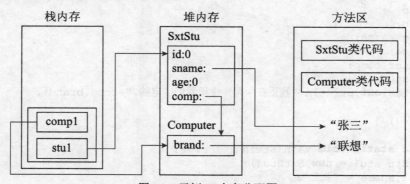

图4-4 示例4-3内存分配图

栈的特点如下：
- 栈描述的是方法执行的内存模型。每个方法被调用时都会创建一个栈帧（存储局部变量、操作数、方法出口等）。
- JVM为每个线程创建一个栈，用于存放该线程执行方法的信息（实际参数、局部变量等）。
- 栈属于线程私有，不能实现线程间的共享。
- 栈的存储特性是"先进后出，后进先出"。
- 栈是由系统自动分配的，运算速度快。栈是一个连续的内存空间。

堆的特点如下：
- 堆用于存储创建好的对象和数组（数组也是对象）。
- JVM只有一个堆，被所有线程共享。
- 堆是一个不连续的内存空间，分配灵活，但运算速度慢。

方法区（又叫静态区）特点如下：
- JVM只有一个方法区，被所有线程共享。
- 方法区实际也是堆，只是专门用来存储类、常量的相关信息。
- 用来存放程序中永远不变或唯一的内容，如类信息（Class对象，反射机制中会重点介绍）、静态变量、字符串常量等。

4.6 对象的使用及内存分析

【示例4-4】编写Person类

```java
public class Person {
    String name;
    int age;
    public void show(){
        System.out.println("姓名:"+name+",年龄:"+age);
    }
}
```

【示例4-5】创建Person类对象并使用

```java
public class TestPerson {
    public static void main(String[] args) {
        //创建p1对象
        Person p1 = new Person();
        p1.age = 24;
        p1.name = "张三";
        p1.show();
        //创建p2对象
        Person p2 = new Person();
        p2.age = 35;
        p2.name = "李四";
        p2.show();
    }
}
```

执行结果如图4-5所示。

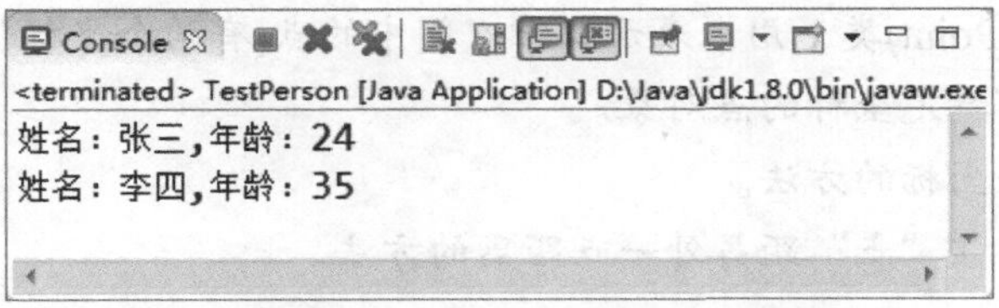

```
<terminated> TestPerson [Java Application] D:\Java\jdk1.8.0\bin\javaw.exe
姓名:张三,年龄:24
姓名:李四,年龄:35
```

图4-5 示例4-5运行结果

示例4-5运行时的内存分配图如图4-6所示。

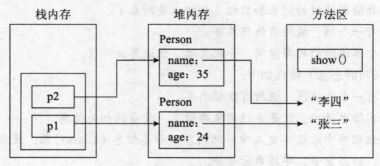

图4-6 示例4-5内存分配图

从图4-6内存分配图可以得出如下结论。
- 同一类的每个对象有不同的成员变量存储空间。
- 同一类的每个对象共享该类的方法。

4.7 构造器

构造器也叫构造方法（constructor），用于对象的初始化。构造器是一个创建对象时被自动调用的特殊方法，用于对象的初始化。构造器的名称应与类的名称一致。**Java通过new关键字来调用构造器，从而返回该类的实例，它是一种特殊的方法。**

构造器声明格式如下：

```
[修饰符]  类名(形参列表) {
    //n条语句
}
```

关于构造器，有以下几个方面要注意：
- Java通过new关键字调用构造器。
- 构造器虽然有返回值，但是不能定义返回值类型（返回值的类型肯定是本类），不能在构造器里使用return返回某个值。
- 如果没有定义构造器，则编译器会自动定义一个无参数的构造函数；如果已定义，则编译器不会自动添加。
- 构造器的方法名必须和类名一致。

课堂练习

定义一个"点"(Point)类，用来表示二维空间中的点(有两个坐标值)。要求如下：
- 可以生成具有特定坐标的点对象。
- 提供可以设置坐标的方法。
- 提供可以计算该"点"距另外一点距离的方法。

此练习参考答案如下:

```java
class Point {
  double x, y;
  public Point(double _x, double _y) {
    x = _x;
    y = _y;
  }
  public double getDistance(Point p) {
    return Math.sqrt((x - p.x) * (x - p.x) + (y - p.y) * (y - p.y));
  }
}
class Test {
  public static void main(String[ ] args) {
    Point p = new Point(3.0, 4.0);
    Point origin = new Point(0.0, 0.0);
    System.out.println(p.getDistance(origin));
  }
}
```

新手雷区

对象的创建完全是由构造器实现的吗?不是。构造器是创建Java对象的重要途径,通过new关键字调用构造器时,构造器也确实返回了该类对象,但这个对象并不是完全由构造器负责创建的。创建一个对象分为如下4步:

(1)分配对象空间,并将对象成员变量初始化为0或空。
(2)执行属性值的显式初始化。
(3)执行构造方法。
(4)返回对象的地址给相关的变量。

4.8 构造器的重载

构造器也是方法,只不过有特殊的作用而已。构造器与普通方法一样,也可以重载。

【示例4-6】构造器重载(创建不同用户对象)

```java
public class User {
  int id;          //id
  String name;     //账户名
  String pwd;      //密码
  public User() {
  }
  public User(int id, String name) {
    super();
    this.id = id;
    this.name = name;
  }
  public User(int id, String name, String pwd) {
    this.id = id;
```

```
        this.name = name;
        this.pwd = pwd;
    }
    public static void main(String[ ] args) {
        User u1 = new User();
        User u2 = new User(101,"高小七");
        User u3 = new User(100,"高淇","123456");
    }
}
```

> **新手雷区**
>
> 如果方法构造中形式参数（形参）名与属性名相同，需要使用this关键字区分属性与形参。如示例4-6所示，this.id 表示属性id；id表示形式参数id。

4.9 垃圾回收机制

Java引入了垃圾回收机制（Garbage Collection），令C++程序员最头疼的内存管理问题迎刃而解，Java程序员可以将更多的精力放到业务逻辑上而不是内存管理上，大大提高了开发效率。

4.9.1 垃圾回收的原理和算法

1. 内存管理

Java的内存管理很大程度上指的就是对象的管理，其中包括对象空间的分配和释放。

- 对象空间的分配：使用new关键字创建对象即可。
- 对象空间的释放：将对象赋值null即可。垃圾回收器将负责回收所有"不可达"对象的内存空间。

2. 垃圾回收过程

任何一种垃圾回收算法一般要做两件基本的工作：
（1）发现无用的对象。
（2）回收无用对象占用的内存空间。

垃圾回收机制可以保证对"无用的对象"进行回收。无用的对象指的是没有任何变量引用的对象。Java的垃圾回收器通过相关算法发现无用对象，并进行清除和整理工作。

3. 垃圾回收相关算法

（1）引用计数法。

堆中的每个对象都对应一个引用计数器，当有引用指向这个对象时，引用计数器加1，而当指向该对象的引用失效时（引用变为null），引用计数器减1，最后如果该对象的引用计算器的值为0时，则Java垃圾回收器会认为该对象是无用对象并对其进行回收。引用计数器的优点是算法简单，缺点是"循环引用的无用对象"无法别识别。

【示例4-7】循环引用演示

```java
public class Student {
    String name;
    Student friend;
    public static void main(String[ ] args) {
        Student s1 = new Student();
        Student s2 = new Student();
        s1.friend = s2;
        s2.friend = s1;
        s1 = null;
        s2 = null;
    }
}
```

s1和s2相互引用，导致它们的引用计数不为0，实际上已经无用，但无法被识别。

（2）引用可达法（根搜索算法）。

程序把所有的引用关系看作是一张图，从一个节点GC ROOT开始，寻找对应的引用节点，找到这个节点以后，继续寻找这个节点的引用节点。当所有的引用节点寻找完毕之后，剩余的节点被认为是没有被引用到的节点，即无用节点。

4.9.2 通用的分代垃圾回收机制

分代垃圾回收机制是基于这样一个事实：不同对象的生命周期是不一样的。因此，不同生命周期的对象可以采取不同的回收算法，以便提高回收效率。我们将对象分为三种状态：年轻代、年老代和持久代。JVM将堆内存划分为 Eden、Survivor和Tenured/Old空间，如图4-7所示。

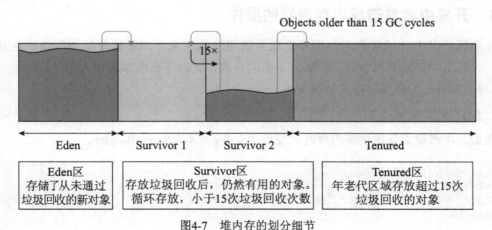

图4-7 堆内存的划分细节

1. 年轻代

所有新生成的对象首先都放在Eden区。年轻代的目标就是尽可能快速地收集掉那些生命周期短的对象，对应的是Minor GC，每次Minor GC会清理年轻代的内存，并采用效率较高的复制算法，频繁操作，但是会浪费内存空间。当"年轻代"区域存放满对象后，就将对象存放到年老代区域。

2. 年老代

在年轻代中经历了N（默认15）次垃圾回收后仍然存活的对象，就会被放到年老代中，因此，可以认为年老代中存放的都是一些生命周期较长的对象。当年老代对象越来越多时，就需要启动Major GC和Full GC（全量回收）来一次大扫除，全面清理年轻代区域和年老代区域。

3. 持久代

持久代用于存放静态文件，如Java类、方法等。持久代对垃圾回收没有显著影响。

- Minor GC：用于清理年轻代区域。Eden区满了就会触发一次Minor GC，清理无用对象，将有用对象复制到"Survivor1""Survivor2"区中。
- Major GC：用于清理老年代区域。
- Full GC：用于清理年轻代、年老代区域，其成本较高，会对系统性能产生影响。

4.9.3 JVM调优和Full GC

在对JVM调优的过程中，很大一部分工作就是对Full GC的调节。有如下原因可能导致调整Full GC：

（1）年老代（Tenured）被写满。
（2）持久代（Perm）被写满。
（3）System.gc()被显式调用。
（4）上一次GC之后Heap的各域分配策略动态变化。

4.9.4 开发中容易造成内存泄露的操作

在实际开发中，经常会遇到程序造成系统崩溃的现象。如下这些操作应该注意其使用场景。大家在学完相关内容后，再温习下面的内容，此时不要求掌握相关细节。

4种最容易造成内存泄露的情况如下。

1. 创建大量无用对象

例如，在需要大量拼接字符串时，使用了String而不是StringBuilder。

```
String str = "";
for (int i = 0; i < 10000; i++) {
  str += i;        //相当于产生了10000个String对象
}
```

2. 静态集合类的使用

像HashMap、Vector、List等最容易出现内存泄露的问题。这些静态变量的生命周期和应用程序一致，所有的对象Object也不能被释放。

3. 各种连接对象（I/O流对象、数据库连接对象、网络连接对象）未关闭

I/O流对象、数据库连接对象、网络连接对象等连接对象属于物理连接，它们和硬盘或者网络连接，不使用的时候一定要关闭。

4. 监听器的使用

释放对象时，没有删除相应的监听器。

> **要点**
> - 程序员无权调用垃圾回收器。
> - 程序员可以调用System.gc()，该方法只是通知JVM，而不是运行垃圾回收器。应该尽量少用，因为会申请启动Full GC，成本高，影响系统性能。
> - finalize方法，是Java提供给程序员用来释放对象或资源的方法，但应尽量少用。

4.10 this关键字

构造器是创建Java对象的重要途径。通过new关键字调用构造器时，构造器也确实返回该类的对象，但这个对象并不完全由构造器负责创建。创建一个对象分为如下4步：

（1）分配对象空间，并将对象成员变量初始化为0或空。
（2）执行属性值的显式初始化。
（3）执行构造器。
（4）返回对象的地址给相关的变量。

this的本质就是"创建好的对象的地址"。由于在构造器调用前，对象已经创建，因此，在构造器中也可以使用this代表"当前对象"。

this最常见的用法如下：

- 在程序中产生二义性之处，应使用this来指明当前对象。普通方法中，this总是指向调用该方法的对象；构造器中，this总是指向正要初始化的对象。
- 使用this关键字调用重载的构造器，避免相同的初始化代码。但只能在构造器中用，并且必须位于构造器的第一句。
- this不能用于static方法中。

【示例4-8】this关键字的使用

```java
public class User {
  int id;          //id
  String name;     //账户名
  String pwd;      //密码
  public User() {
  }
  public User(int id, String name) {
    System.out.println("正在初始化已经创建好的对象:"+this);
    this.id = id;      //不写this,无法区分局部变量id和成员变量id
    this.name = name;
  }
```

```java
    public void login(){
      System.out.println(this.name+",要登录! ");    //不写this效果一样
    }

    public static void main(String[ ] args) {
      User   u3 = new User(101,"高小七");
      System.out.println("打印高小七对象:"+u3);
      u3.login();
    }
}
```

执行结果如图4-8所示。

```
正在初始化已经创建好的对象：cn2.User@15db9742
打印高小七对象：cn2.User@15db9742
高小七,要登录！
```

图4-8 示例4-8运行结果

【示例4-9】this()调用重载构造器

```java
public class TestThis {
  int a,b,c;

  TestThis() {
    System.out.println("正要初始化一个Hello对象");
  }
  TestThis(int a,int b) {
    //TestThis();  //这样是无法调用构造的。
    this();        //调用无参的构造器,并且必须位于第一行
    a = a;         //这里都是指的局部变量而不是成员变量
    //这样就区分了成员变量和局部变量。这种情况占了this使用情况的大多数
    this.a = a;
    this.b = b;
  }
  TestThis(int a,int b,int c) {
    this(a,b); //调用带参的构造器,并且必须位于第一行
    this.c = c;
  }
  void sing() {
  }
  void eat() {
    this.sing(); //调用本类中的sing();
    System.out.println("你妈妈喊你回家吃饭! ");
  }
  public static void main(String[ ] args) {
    TestThis hi = new TestThis(2,3);
    hi.eat();
  }
}
```

4.11 static关键字

在类中，用static声明的成员变量为静态成员变量，也称为类变量。类变量的生命周期和类相同，在整个应用程序执行期间都有效，它有如下特点。

- 类变量是该类的公用变量，属于类，被该类的所有实例共享，在类被载入时显式初始化。
- 对于该类的所有对象来说，static成员变量只有一份，被该类的所有对象共享。
- 一般用"类名.类属性/方法"来调用，也可以通过对象引用或类名（不需要实例化）访问静态成员。
- 在static方法中不可直接访问非static的成员。

【示例4-10】static关键字的使用

```java
public class User {
    int id;                                  //id
    String name;                             //账户名
    String pwd;                              //密码
    static String company = "北京尚学堂";    //公司名称
    public User(int id,String name) {
        this.id = id;
        this.name = name;
    }
    public void login() {
        System.out.println("登录:" + name);
    }
    public static void printCompany() {
        // login();调用非静态成员,编译就会报错
        System.out.println(company);
    }
    public static void main(String[ ] args) {
        User u = new User(101,"高小七");
        User.printCompany();
        User.company = "北京阿里爷爷";
        User.printCompany();
    }
}
```

执行结果如图4-9所示。

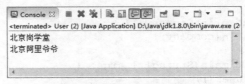

图4-9 示例4-10运行结果

示例4-10运行时的内存分配如图4-10所示。

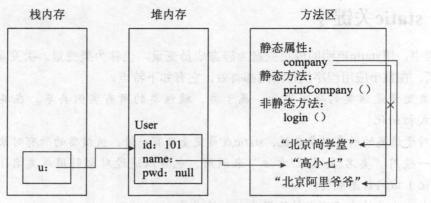

图4-10 示例4-10内存分配图

4.12 静态初始化块

构造器用于对象的初始化。静态初始化块用于类的初始化操作。在静态初始化块中不能直接访问非static成员。

> **注意**
> 静态初始化块执行顺序（学完有关继承的内容后再重看这里）：
> - 上溯到Object类，先执行Object的静态初始化块，再向下执行子类的静态初始化块，直到类的静态初始化块为止。
> - 构造器执行顺序和上面的顺序一样。

【示例4-11】static初始化块

```java
public class User {
    int id;                    //id
    String name;               //账户名
    String pwd;                //密码
    static String company;     //公司名称
    static {
        System.out.println("执行类的初始化工作");
        company = "北京尚学堂";
        printCompany();
    }
    public static void printCompany(){
        System.out.println(company);
    }
    public static void main(String[ ] args) {
        User  u3 = new User();
    }
}
```

执行结果如图4-11所示。

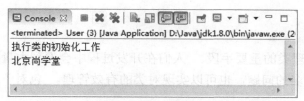

图4-11 示例4-11运行结果

4.13 参数传值机制

在Java的方法中,所有参数都是"值传递",也就是"传递的是值的副本",亦即得到的是原参数的"复印件",而不是"原件"。因此,"复印件"的改变不会影响"原件"。

1. 基本数据类型参数的传值

传递的是值的副本,副本改变不会影响"原件"。

2. 引用数据类型参数的传值

传递的也是值的副本。但是引用类型指的是"对象的地址",因此,副本和原参数都指向了同一个"地址",改变"副本指向地址对象的值,也意味着原参数指向对象的值发生了改变"。

【示例4-12】多个变量指向同一个对象

```java
public class User {
  int id;        //id
  String name;   //账户名
  String pwd;    //密码
  public User(int id,String name) {
    this.id = id;
    this.name = name;
  }
  public static void main(String[ ] args) {
    User u1 = new User(100,"高小七");
    User u3 = u1;
    System.out.println(u1.name);
    u3.name="张三";
    System.out.println(u1.name);
  }
}
```

执行结果如图4-12所示。

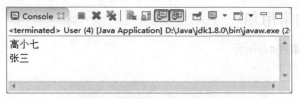

图4-12 示例4-12运行结果

4.14 包

包机制是Java管理类的重要手段。人们在开发过程中会遇到大量的同名类,通过包可以很容易地解决类重名的问题,也可以实现对类的有效管理。包对于类,相当于文件夹对于文件的作用。

4.14.1 package

Package用于对类进行管理。package的使用有两个要点:
(1)它通常是类的第一句非注释性语句。
(2)包名用域名倒着写即可,再加上模块名,这样便于内部管理类。

【示例4-13】package的命名演示

```
com.sun.test;
com.oracle.test;
cn.sxt.gao.test;
cn.sxt.gao.view;
cn.sxt.gao.view.model;
```

注意
- 写项目时都要加包,不要使用默认包。
- com.gao和com.gao.car这两个包没有包含关系,是两个完全独立的包,只是看起来后者像是前者的一部分。

【示例4-14】package的使用

```java
package cn.sxt;
public class Test {
  public static void main(String[ ] args) {
    System.out.println("helloworld");
  }
}
```

在Eclipse项目中新建包:
(1)在src目录上右击,执行new→package命令,如图4-13所示。
(2)在New Java package对话框中输入包名,如图4-14所示,单击Finish按钮即可。
创建包后,就可以进行在包上右击创建新类了。

4.14.2 JDK中的常用包

JDK中的常用包如表4-3所示。

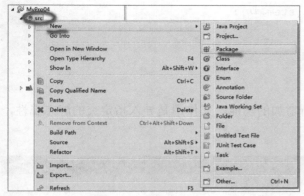

图4-13 创建package

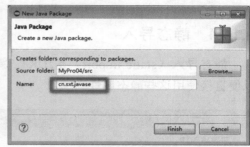

图4-14 指定包名称

表4-3 JDK中的常用包

包　　名	说　　明
java.lang	包含一些Java语言的核心类,如String、Math、Integer、System和Thread,提供常用功能
java.awt	包含了构成抽象窗口工具集(abstract window toolkits)的多个类,这些类被用来构建和管理应用程序的图形用户界面(GUI)
java.net	包含执行与网络相关的操作的类
java.io	包含能提供多种输入/输出功能的类
java.util	包含一些实用工具类,如定义系统特性,使用与日期、日历相关的函数等

4.14.3 导入类

如果要使用其他包的类,需要使用import导入,从而可以在本类中直接通过类名来调用需要的类,否则就需要书写类的完整包名和类名。导入类后,一方面便于编写代码,另一方面也可提高程序的可维护性。

> **注意**
>
> - Java会默认导入java.lang包下所有的类,因此这些类可以直接使用。
> - 如果导入两个同名的类,只能用包名+类名来调用相关类,格式如下:
>
> java.util.Date date = new java.util.Date();

【示例4-15】导入同名类的处理

```
import java.sql.Date;
import java.util.*;//导入该包下所有的类,会降低编译速度,但不会降低运行速度
public class Test{
  public static void main(String[ ] args) {
    //这里指的是java.sql.Date
    Date now;
    //java.util.Date因为和java.sql.Date类同名,需要完整路径
    java.util.Date  now2 = new java.util.Date();
    System.out.println(now2);
    //java.util包的非同名类不需要完整路径
```

```
        Scanner input = new Scanner(System.in);
    }
}
```

4.14.4 静态导入

静态导入(static import)是JDK1.5新增加的功能,其作用是导入指定类的静态属性,以便直接使用这些静态属性。

【示例4-16】静态导入的使用

```java
package cn.sxt;
//以下两种静态导入的方式二选一即可
import static java.lang.Math.*;      //导入Math类的所有静态属性
import static java.lang.Math.PI;     //导入Math类的PI属性
public class Test2{
    public static void main(String [ ] args){
        System.out.println(PI);
        System.out.println(random());
    }
}
```

执行结果如图4-15所示。

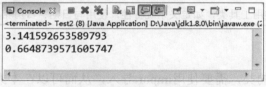

图4-15　示例4-16运行结果

（1）面向对象的方法可以帮助人们从宏观上把握、从整体上分析整个系统,但是具体到微观操作（就是一个个方法）部分的实现,仍需要用面向过程的思路去处理。

（2）类可以看成是一类对象的模板,对象可以看成是该类的一个具体实例。

（3）对于一个类来说,一般有三种常见的成员：属性（field）、方法（method）和构造器（constructor）。

（4）构造器也叫构造方法,用于对象的初始化。构造器是一个创建对象时被自动调用的特殊方法,用于对象的初始化。构造器的名称应与类的名称一致。

（5）Java引入了垃圾回收机制,令C++程序员最头疼的内存管理问题迎刃而解。Java程序员可将更多的精力放到业务逻辑而不是内存管理上,该机制大大提高了开发效率。

（6）this的本质就是"创建好的对象的地址"。this不能用于static方法中。

（7）在类中,用static声明的成员变量为静态成员变量,也称为类变量。类变量的生命周期和类相同，在整个应用程序执行期间都有效。在static方法中不可直接访问非static的成员。

（8）Java方法中所有参数都是"值传递"，也就是"传递的是值的副本"，亦即得到的是"原参数的复印件，而不是原件"。因此，复印件改变不会影响原件。

（9）通过package实现对类的管理。如果要使用其他包的类，需要使用import导入，从而可以在本类中通过类名来直接调用需要的类。

本章作业

一、选择题

1. 以下语句中关于Java构造器的说法错误的是（　　）（选择一项）。
   A. 构造器的作用是为创建对象进行初始化工作，例如给成员变量赋值
   B. 一个Java类可以没有构造器，也可以提供1个或多个构造器
   C. 构造器与类同名，不能书写返回值类型
   D. 构造器的第一条语句如果是super()，则可以省略，该语句作用是调用父类无参数的构造器

2. 在Java中，以下程序编译运行后的输出结果为（　　）（选择一项）。

```java
public class Test {
  int x, y;
  Test(int x, int y) {
    this.x = x;
    this.y = y;
  }
  public static void main(String[ ] args) {
    Test pt1, pt2;
    pt1 = new Test(3, 3);
    pt2 = new Test(4, 4);
    System.out.print(pt1.x + pt2.x);
  }
}
```

　　A. 6　　　　　　　　B. 34　　　　　　　　C. 8　　　　　　　　D. 7

3. 在Java中，以下关于静态方法的说法正确的是（　　）（选择二项）。
   A. 静态方法中不能直接调用非静态方法
   B. 非静态方法中不能直接调用静态方法
   C. 静态方法可以用类名直接调用
   D. 静态方法里可以使用this

4. 下列选项中关于Java中类方法的说法，错误的是（　　）（选择二项）。
   A. 在类方法中可用this来调用本类的类方法
   B. 在类方法中调用本类的类方法时可直接调用
   C. 在类方法中只能调用本类中的类方法

D. 在类方法中调用实例方法需要先创建对象

5. 分析如下的Java程序代码，编译运行后的输出结果是（　　）（选择一项）。

```java
public class Test {
  int count=9;
  public void count1(){
    count=10;
    System.out.print("count1="+count);
  }
  public void count2(){
    System.out.print("count2="+count);
  }
  public static void main(String[ ] args) {
    Test t=new Test();
    t.count1();
    t.count2();
  }
}
```

A. count1=9;　count2=9;　　　　　　B. count1=10;　count2=9;
C. count1=10;　count2=10;　　　　　 D. count1=9;　count2=10;

二、简答题

1. 面向过程思想和面向对象思想的区别。
2. 类和对象的关系。
3. 构造器的作用和特征。
4. this关键字的作用和用法。
5. 简述static关键字的作用。从static可以修饰变量、方法、代码块三方面来回答。

三、编码题

1. 编写Java程序，用于显示人的姓名和年龄。定义一个"人"类——Person，该类中应该有两个私有属性：姓名（name）和年龄（age）；定义构造器用来初始化数据成员，再定义显示（display()）方法将姓名和年龄打印出来；在main方法中创建"人"类的实例，然后将信息显示出来。
2. 定义一个圆类——Circle，在类的内部提供一个属性：半径（r）；同时提供两个方法：计算面积（getArea()）和计算周长（getPerimeter()）。通过两个方法计算圆的周长和面积并且对计算结果进行输出。最后定义一个测试类对Circle类进行使用。
3. 构造器与重载：定义一个网络用户类，信息有用户ID、用户密码、E-mail地址。在建立类的实例时把以上三个信息都作为构造器的参数输入，其中用户ID和用户密码必须缺省时，E-mail地址是用户ID加上字符串"@gameschool.com"。

第5章 Java面向对象编程进阶

本章重点针对面向对象编程的三大特征：继承、封装、多态进行详细讲解，另外还包括抽象类、接口、内部类等概念。很多概念对于初学者来说比较陌生，应先进行语法性质的了解，不要期望通过本章的学习就能够"搞透面向对象编程"。本章只是面向对象编程的起点，后面的所有章节都是对本章内容的应用。

> **老鸟建议**
>
> 建议大家学习本章时莫停留，学完以后，迅速开展后面各章节的学习。可以这么说，后续章节的所有编程都是对"面向对象思想"的应用而已。

5.1 继承

继承（extends）是面向对象编程的三大特征之一，它让人们更加容易实现对已有类的扩展，更加容易实现对现实世界的建模。

5.1.1 继承的实现

继承让人们更加容易实现类的扩展。例如，定义了"人类"，再定义Boy类就只需要扩展"人类"即可。继承实现了代码的重用，不用再重新发明轮子（don't reinvent wheels）。

从英文字面意思理解，extends的意思是扩展。子类是父类的扩展。现实世界中的继承无处不在。以图5-1为例，哺乳动物继承了动物，这意味着动物的特性哺乳动物都有。在编程时，如果新定义一个Student类，发现已经有Person类包含了所需的属性和方法，那么Student类只需要继承Person类即可拥有Person类的属性和方法。

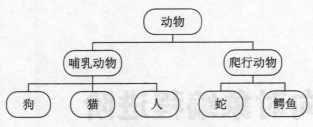

图5-1 现实世界中的继承

【示例5-1】使用extends实现继承

```java
public class Test{
  public static void main(String[ ] args) {
    Student s = new Student("高淇",172,"Java");
    s.rest();
    s.study();
  }
}
class Person {
  String name;
  int height;
  public void rest(){
    System.out.println("休息一会！");
  }
}
class Student extends Person {
  String major;  //专业
  public void study(){
    System.out.println("在尚学堂,学习Java");
  }
  public Student(String name,int height,String major) {
    //天然拥有父类的属性
    this.name = name;
    this.height = height;
    this.major = major;
  }
}
```

执行结果如图5-2所示。

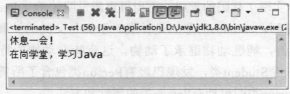

图5-2 示例5-1运行结果

5.1.2 instanceof运算符

instanceof是二元运算符，其左边是对象，右边是类；当对象是右边的类或子类所创建的对象时返回true，否则返回false，如示例5-2所示。

【示例5-2】使用instanceof运算符进行类型判断
```java
public class Test{
  public static void main(String[ ] args) {
    Student s = new Student("高淇",172,"Java");
    System.out.println(s instanceof Person);
    System.out.println(s instanceof Student);
  }
}
```

两条instanceof语句的输出结果都是true。

5.1.3 继承的使用要点

继承的使用要点如下：
（1）父类也称作超类、基类、派生类等。
（2）Java中只有单继承，没有像C++那样的多继承。多继承会引起混乱，使得继承链过于复杂，系统难以维护。
（3）Java中的类没有多继承，接口则有多继承。
（4）子类继承父类，可以得到父类的全部属性和方法（除了父类的构造器），但不见得可以直接访问（例如，父类私有的属性和方法）。
（5）如果定义一个类时，没有调用extends，则它的父类是java.lang.Object。

5.1.4 方法的重写

子类通过重写父类的方法，可以用自身的行为替换父类的行为。方法的重写是实现多态的必要条件。

方法的重写需要符合下面三个要点：
（1）"＝＝"：方法名、形参列表相同。
（2）"≤"：返回值类型和声明异常类型，子类小于等于父类。
（3）"≥"：访问权限，子类大于等于父类。

【示例5-3】方法重写
```java
public class TestOverride {
  public static void main(String[ ] args) {
    Vehicle v1 = new Vehicle();
    Vehicle v2 = new Horse();
    Vehicle v3 = new Plane();
    v1.run();
    v2.run();
    v3.run();
    v2.stop();
    v3.stop();
  }
```

```java
    }
    class Vehicle { //交通工具类
      public void run() {
        System.out.println("跑....");
      }
      public void stop() {
        System.out.println("停止不动");
      }
    }
    class Horse extends Vehicle { //马也是交通工具
      public void run() { //重写父类方法
        System.out.println("四蹄翻飞,嘚嘚嘚...");
      }
    }
    class Plane extends Vehicle {
      public void run() { //重写父类方法
        System.out.println("天上飞！");
      }
      public void stop() {
        System.out.println("空中不能停,坠毁了！");
      }
    }
```

执行结果如图5-3所示。

图5-3 示例5-3运行结果

5.2 Object类

前面学习的所有类及以后要定义的所有类都是Object类的子类，也都具备Object类的所有特性。因此，我们非常有必要掌握Object类的用法。

5.2.1 Object类的基本特性

Object类是所有Java类的根基类，也就意味着所有Java对象都拥有Object类的属性和方法。如果在类的声明中未使用extends关键字指明其父类，则默认继承Object类。

【示例5-4】Object类
```java
public class Person {
  ...
}
```

```
//等价于:
public class Person extends Object {
  ...
}
```

5.2.2 toString方法

Object类中定义有public String toString()方法,其返回值是String类型。Object类中toString方法的源码如下。

```
public String toString() {
  return getClass().getName() + "@" + Integer.toHexString(hashCode());
}
```

根据如上源码得知,默认会返回"类名+@+十六进制的hashcode"。在打印输出或者用字符串连接对象时,会自动调用该对象的toString()方法。

【示例5-5】重写toString()方法

```
class Person {
  String name;
  int age;
  @Override
  public String toString() {
    return name+",年龄:"+age;
  }
}
public class Test {
  public static void main(String[ ] args) {
    Person p=new Person();
    p.age=20;
    p.name="李东";
    System.out.println("info:"+p);

    Test t = new Test();
    System.out.println(t);
  }
}
```

执行结果如图5-4所示。

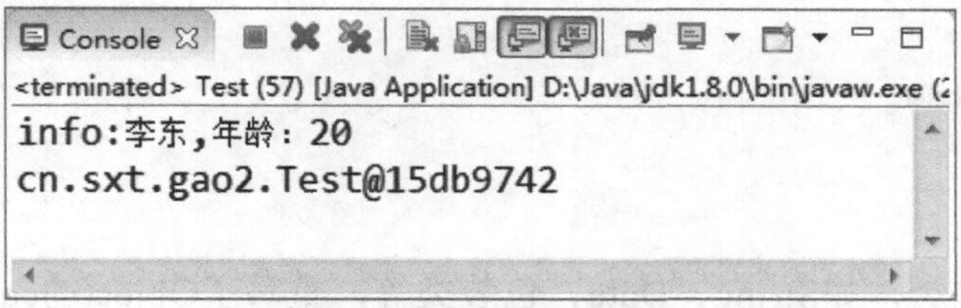

```
info:李东,年龄:20
cn.sxt.gao2.Test@15db9742
```

图5-4 示例5-5运行结果

5.2.3 ==和equals方法

"=="代表比较双方是否相同。如果是基本类型则表示值相等，如果是引用类型则表示地址相等，即是同一个对象。

Object类中定义有：public boolean equals(Object obj)方法，提供定义"对象内容相等"的逻辑。例如，公安系统中认为id相同的人就是同一个人，学籍系统中认为学号相同的人就是同一个人。

Object的equals方法默认就是比较两个对象的hashcode，是同一个对象的引用时返回true否则返回false。但是，也可以根据自己的要求重写equals方法。

【示例5-6】自定义类重写equals()方法

```java
public class TestEquals {
  public static void main(String[ ] args) {
    Person p1 = new Person(123,"高淇");
    Person p2 = new Person(123,"高小七");
    System.out.println(p1==p2);           //false,不是同一个对象
    System.out.println(p1.equals(p2));    //true,id相同则认为两个对象内容相同
    String s1 = new String("尚学堂");
    String s2 = new String("尚学堂");
    System.out.println(s1==s2);           //false,两个字符串不是同一个对象
    System.out.println(s1.equals(s2));    //true,两个字符串内容相同
  }
}
class Person {
  int id;
  String name;
  public Person(int id,String name) {
    this.id=id;
    this.name=name;
  }
  public boolean equals(Object obj) {
    if(obj == null){
      return false;
    }else {
      if(obj instanceof Person) {
        Person c = (Person)obj;
        if(c.id==this.id) {
          return true;
        }
      }
    }
    return false;
  }
}
```

JDK提供的一些类，如String、Date、包装类等，重写了Object的equals方法，调用这些类的equals方法为x.equals(y)，当x和y所引用的对象是同一类对象且属性内容相等时（并不一定是相同对象）返回true，否则返回false。

5.3 super关键字

super是直接父类对象的引用,可以通过super来访问父类中被子类覆盖的方法或属性。使用super调用普通方法,语句没有位置限制,可以在子类中随便调用。

若是构造器的第一行代码没有显式调用super(...)或者this(...),Java都会默认调用super(),含义是调用父类的无参数构造器。这里的super()可以省略。

【示例5-7】super关键字的使用

```java
public class TestSuper01 {
  public static void main(String[ ] args) {
    new ChildClass().f();
  }
}
class FatherClass {
  public int value;
  public void f(){
    value = 100;
    System.out.println ("FatherClass.value="+value);
  }
}
class ChildClass extends FatherClass {
  public int value;
  public void f() {
    super.f();                          //调用父类对象的普通方法
    value = 200;
    System.out.println("ChildClass.value="+value);
    System.out.println(value);
    System.out.println(super.value);  //调用父类对象的成员变量
  }
}
```

执行结果如图5-5所示。

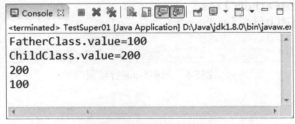

图5-5 示例5-7运行结果

继承树追溯

下面讲解继承树追溯的相关内容。

1. 属性/方法查找顺序(例如查找变量h)

(1)在当前类中查找属性h。

（2）依次上溯每个父类，查看每个父类中是否有h，直到Object为止。
（3）如果没找到，则出现编译错误。
（4）只要找到h变量，则终止这个过程。

2. 构造器调用顺序

构造器的第一句总是super(…)，用来调用与父类对应的构造器。所以，流程就是：先向上追溯到Object，然后再依次向下执行类的初始化块和构造器，直到当前子类为止。

> 注 静态初始化块调用顺序与构造器调用顺序一样，不再重复。

【示例5-8】继承条件下构造器的执行过程

```java
public class TestSuper02 {
  public static void main(String[ ] args) {
    System.out.println("开始创建一个ChildClass对象......");
    new ChildClass();
  }
}
class FatherClass {
  public FatherClass() {
    System.out.println("创建FatherClass");
  }
}
class ChildClass extends FatherClass {
  public ChildClass() {
    System.out.println("创建ChildClass");
  }
}
```

执行结果如图5-6所示。

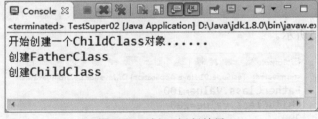

图5-6　示例5-8运行结果

5.4　封装

封装（encapsulation）是面向对象编程的三大特征之一。对于程序的合理封装可让外部调用更加方便，更加利于编程。同时，对于实现者来说也更加容易修正和改版代码。

5.4.1　封装的作用和含义

人们要看电视，只需要按一下开关和换台就可以了，没必要了解电视机的内部结构，也没必要碰显像管。制造厂家为了方便用户使用电视，把复杂的内部构造全部封装起来，只留出简单的接口，例如电源开关。电视节目的播放在内部是如何实现的，不需要用户操心。

需要让用户知道的才暴露出来，不需要让用户知道的全部隐藏起来，这就是封装。用专业语言来表述，封装就是把对象的属性和操作结合为一个独立的整体，并尽可能隐藏对象内部的实现细节。

程序设计要追求"高内聚，低耦合"。 高内聚就是类内部的数据操作细节在其内部完成，不允许外部干涉；低耦合是指仅暴露必要的方法给外部使用，尽量方便外部调用。

在编程中，封装的优点如下。
- 提高代码的安全性。
- 提高代码的复用性。
- 高内聚：封装细节，便于修改内部代码，提高可维护性。
- 低耦合：简化外部调用，便于调用者使用，便于扩展和协作。

【示例5-9】未进行封装的代码演示

```java
class Person {
    String name;
    int age;
    @Override
    public String toString() {
        return "Person [name=" + name + ", age=" + age + "]";
    }
}
public class Test {
    public static void main(String[ ] args) {
        Person p = new Person();
        p.name = "小红";
        p.age = -45;//年龄可以通过这种方式随意赋值,没有任何限制
        System.out.println(p);
    }
}
```

人们都知道，年龄不可能是负数，也不太可能超过130岁，但是如果没有进行封装的话，便可以给年龄赋值任意的整数，这显然不符合正常的逻辑人。执行结果如图5-7所示。

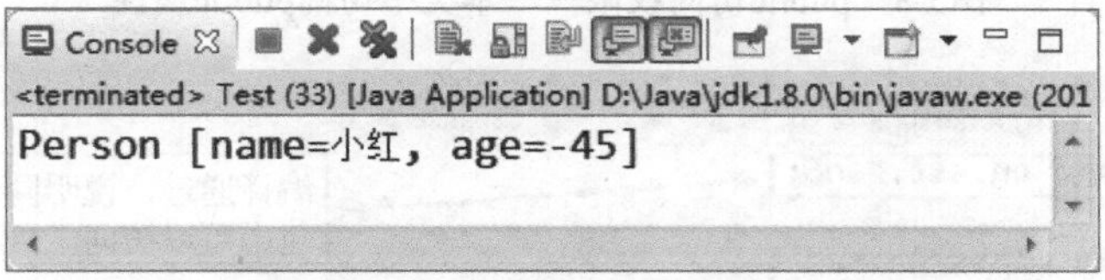

```
Person [name=小红, age=-45]
```

图5-7 示例5-9运行结果

再例如，如果哪天需要将Person类中age的属性修改为String类型，应该怎么办？假如只有一处使用了这个类，还比较幸运，如果有几处甚至上百处都用到了，那么修改的工作量是极大的。而封装恰恰能够解决这样的问题。如果使用了封装，修改时只需要修改Person类的setAge()方法即可，而无须修改使用了该类的客户代码。

5.4.2 封装的实现——使用访问控制符

Java使用访问控制符（访问权限修饰符）来控制哪些细节需要封装，哪些细节需要暴露。Java中有4种访问控制符，分别为private、default、protected和public。它们说明了面向对象的封装性，所以要利用它们尽可能地便访问权限降到最低，从而提高安全性。

下面详细讲述访问控制符的访问权限问题，其访问权限范围如表5-1所示。

表5-1 访问控制符及其权限

修饰符	同一个类	同一个包中	子类	所有类
private	*			
default	*	*		
protected	*	*	*	
public	*	*	*	*

（1）private表示私有，只有自己的类能访问。
（2）default表示没有修饰符修饰，只能访问同一个包的类。
（3）protected表示可以被同一个包的类以及其他包中的子类访问。
（4）public表示可以被该项目的所有包中的所有类访问。

下面进一步说明Java中的4种访问权限修饰符的区别：首先创建4个类：Person类、Student类、Animal类和Computer类，分别比较本类、本包、子类、其他包的区别。

public访问权限修饰符示例，如图5-8～图5-11所示。

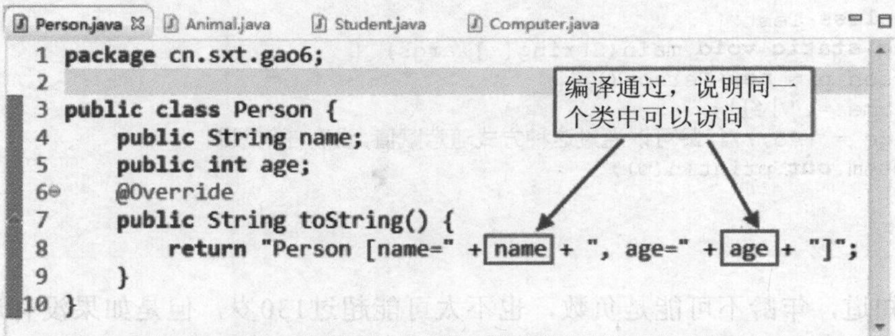

```
1  package cn.sxt.gao6;
2
3  public class Person {
4      public String name;
5      public int age;
6      @Override
7      public String toString() {
8          return "Person [name=" + name + ", age=" + age + "]";
9      }
10 }
```

编译通过，说明同一个类中可以访问

图5-8 public访问权限——本类中访问public属性

```
1  package cn.sxt.gao6;
2
3  public class Animal {
4      public void introduce(){
5          Person p = new Person();
6          System.out.println("姓名：" + p.name + ", 年龄：" + p.age);
7      }
8  }
```

编译通过，说明同一个包中可以访问

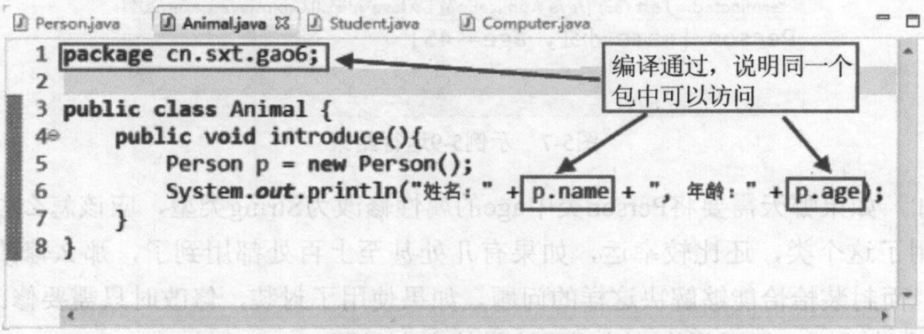

图5-9 public访问权限——本包中访问public属性

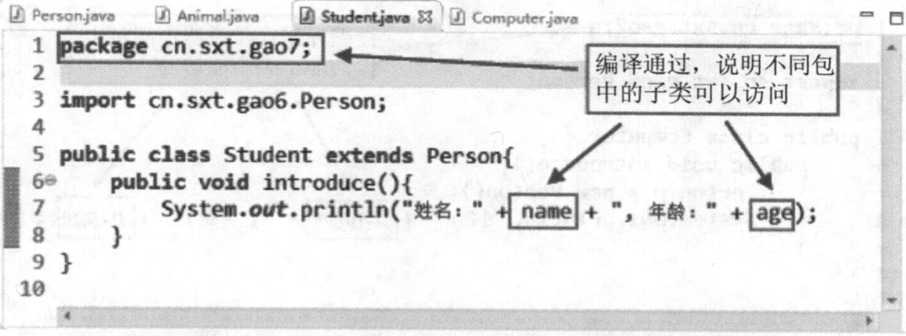

图5-10 public访问权限——不同包中的子类访问public属性

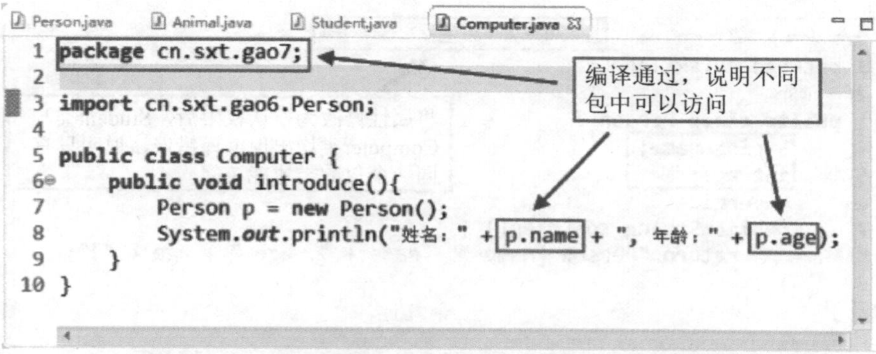

图5-11 public访问权限——不同包中的非子类访问public属性

图5-8～图5-11可以说明public访问控制符的访问权限为：该项目的所有包中的所有类。

protected访问权限修饰符示例：将Person类中的属性改为protected，其他类不修改，如图5-12和图5-13所示。

图5-12和图5-13可以说明protected修饰符的访问权限为：同一个包中的类以及其他包中的子类。

默认访问权限修饰符：将Person类中属性改为默认的，其他类不修改，如图5-14所示。

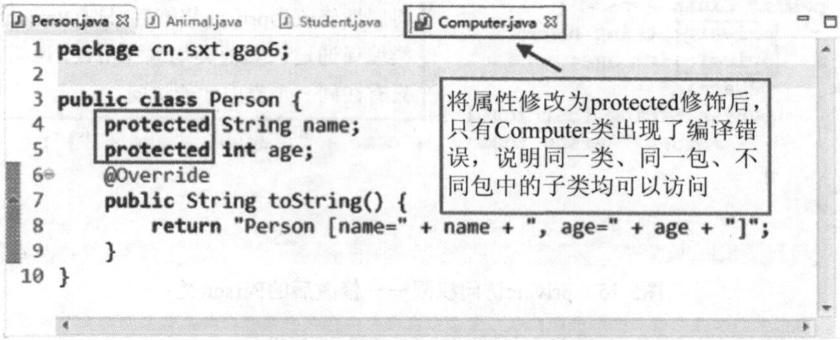

图5-12 protected访问权限——修改后的Person类

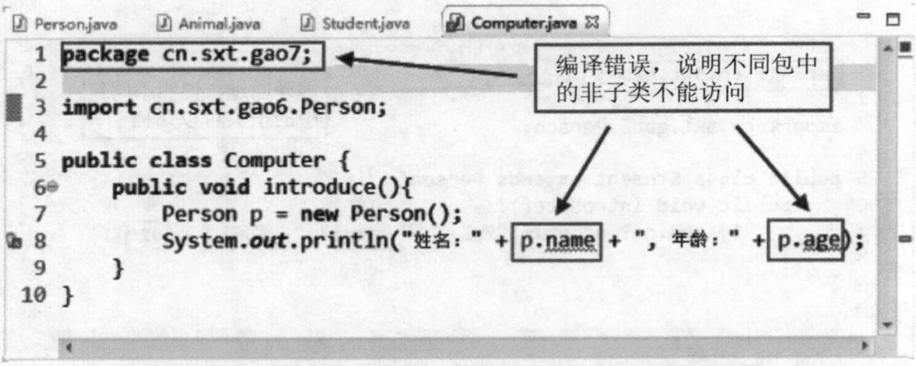

图5-13 protected访问权限——不同包中的非子类不能访问protected属性

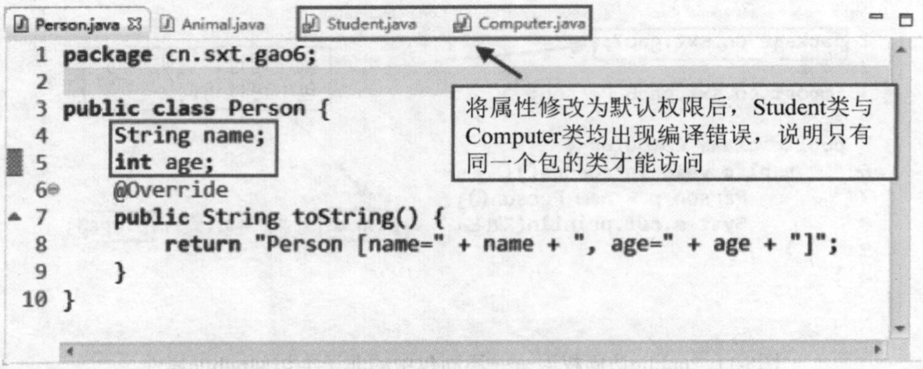

图5-14 默认访问权限——修改后的Person类

图5-14可以说明默认修饰符的访问权限为：同一个包中的类。

private访问权限修饰符：将Person类中的属性改为private，其他类不修改，如图5-15所示。

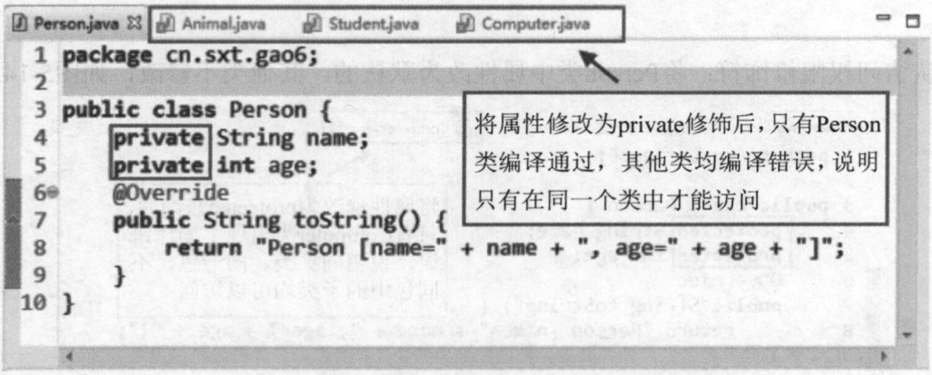

图5-15 private访问权限——修改后的Person类

图5-15可以说明private修饰符的访问权限为：同一个类。

5.4.3 封装的使用细节

类的属性的处理如下:
- 一般使用private访问权限。
- 提供相应的get/set方法来访问相关属性,这些方法通常是public修饰的,以提供对属性的赋值与读取操作(注意:boolean变量的get方法是is开头)。
- 一些只用于本类的辅助性方法可以用private修饰,希望其他类调用的方法用public修饰。

【示例5-10】JavaBean的封装演示

```java
public class Person {
    //属性一般使用private修饰
    private String name;
    private int age;
    private boolean flag;
    //为属性提供public修饰的set/get方法
    public String getName() {
        return name;
    }
    public void setName(String name) {
        this.name = name;
    }
    public int getAge() {
        return age;
    }
    public void setAge(int age) {
        this.age = age;
    }
    public boolean isFlag() {//注意:boolean类型的属性get方法是is开头的
        return flag;
    }
    public void setFlag(boolean flag) {
        this.flag = flag;
    }
}
```

下面使用封装技术来解决5.4.1节中提到的年龄非法赋值问题。

【示例5-11】封装的使用

```java
class Person {
    private String name;
    private int age;
    public Person() {

    }
    public Person(String name, int age) {
        this.name = name;
        //this.age = age;构造器中不能直接赋值,应该调用setAge方法
        setAge(age);
    }
```

```java
    public void setName(String name) {
      this.name = name;
    }
    public String getName() {
      return name;
    }
    public void setAge(int age) {
      //在赋值之前先判断年龄是否合法
      if (age > 130 || age < 0) {
        this.age = 18;//不合法赋默认值18
      } else {
        this.age = age;//合法才能赋值给属性age
      }
    }
    public int getAge() {
      return age;
    }
    @Override
    public String toString() {
      return "Person [name=" + name + ", age=" + age + "]";
    }
}
public class Test2 {
  public static void main(String[ ] args) {
    Person p1 = new Person();
    //p1.name = "小红";   编译错误
    //p1.age = -45;       编译错误
    p1.setName("小红");
    p1.setAge(-45);
    System.out.println(p1);

    Person p2 = new Person("小白", 300);
    System.out.println(p2);
  }
}
```

执行结果如图5-16所示。

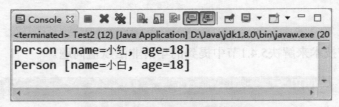

图5-16 示例5-11运行结果

5.5 多态

多态（polymorphism）是指同一个方法调用由于对象的不同可能会产生不同的行为。在现实生活中，同一个方法的具体实现会完全不同。例如，同样是调用人的休息方法，张三是睡觉，李四是旅游，高淇老师是敲代码，数学教授是做数学题；同样是调用人吃饭的方法，中国人用筷子吃饭，英国人用刀叉吃饭，印度人用手吃饭。

关于多态要注意以下3点：

（1）多态是方法的多态，不是属性的多态（多态与属性无关）。

（2）多态的存在要有3个必要条件：继承，方法重写，父类引用指向子类对象。

（3）父类引用指向子类对象后，用该父类引用调用子类重写的方法，此时多态就出现了。

【示例5-12】多态和类型转换

```java
class Animal {
  public void shout() {
    System.out.println("叫了一声！");
  }
}
class Dog extends Animal {
  public void shout() {
    System.out.println("旺旺旺！");
  }
  public void seeDoor() {
    System.out.println("看门中....");
  }
}
class Cat extends Animal {
  public void shout() {
    System.out.println("喵喵喵喵！");
  }
}
public class TestPolym {
  public static void main(String[ ] args) {
    Animal a1 = new Cat(); // 向上可以自动转型
    //传的具体是哪一个类就调用哪一个类的方法。大大提高了程序的可扩展性
    animalCry(a1);
    Animal a2 = new Dog();
    animalCry(a2);//a2为编译类型,Dog对象才是运行时类型
    /*编写程序时,如果想调用运行时类型的方法,只能进行强制类型转换。
       否则通不过编译器的检查。*/
    Dog dog = (Dog)a2;//向下需要强制类型转换
    dog.seeDoor();
  }
  //有了多态,只需要让增加的这个类继承Animal类就可以了
  static void animalCry(Animal a) {
    a.shout();
  }
  
  /* 如果没有多态,我们这里需要写很多重载的方法。
     每增加一种动物,就需要重载一种动物的喊叫方法,非常麻烦。
  static void animalCry(Dog d) {
    d.shout();
  }
  static void animalCry(Cat c) {
    c.shout();
  }*/
}
```

执行结果如图5-17所示。

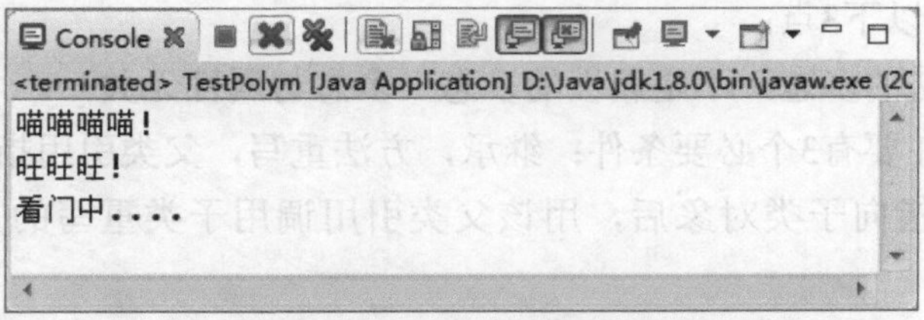

图5-17 示例5-12运行结果

示例5-12展示了多态最为多见的一种用法，即将父类引用做方法的形参，实参可以是任意的子类对象，通过不同的子类对象可实现不同的行为方式。

由此可以看出，多态的主要优势是提高了代码的可扩展性，符合开闭原则。但是多态也有弊端，就是无法调用子类特有的功能，例如，不能使用父类的引用变量调用Dog类特有的seeDoor()方法。

如果只想使用子类特有的功能，可以使用下一节所讲的方法—对象的转型。

5.6 对象的转型

对象的转型（casting）分为向上转型和向下转型。

父类引用指向子类对象，这个过程称为向上转型，属于自动类型转换。

向上转型后的父类引用变量只能调用它编译类型的方法，不能调用它运行时类型的方法，这时就需要进行类型的强制转换，称之为向下转型。

【示例5-13】对象的转型

```java
public class TestCasting {
  public static void main(String[ ] args) {
    Object obj = new String("北京尚学堂");     //向上可以自动转型
    //obj.charAt(0) 无法调用。编译器认为obj是Object类型而不是String类型
    /* 编写程序时,如果想调用运行时类型的方法,只能进行强制类型转换。
       不然通不过编译器的检查。 */
    String str = (String) obj;                //向下转型
    System.out.println(str.charAt(0));        //位于0索引位置的字符
    System.out.println(obj == str);           //true,它们俩运行时是同一个对象
  }
}
```

执行结果如图5-18所示。

图5-18 示例5-13运行结果

在向下转型过程中，必须将引用变量转成真实的子类类型（运行时类型），否则会出现类型转换异常（ClassCastException）问题，如示例5-14所示。

【示例5-14】类型转换异常
```java
public class TestCasting2 {
  public static void main(String[ ] args) {
    Object obj = new String("北京尚学堂");
    //真实的子类类型是String,但是此处向下转型为StringBuffer
    StringBuffer str = (StringBuffer) obj;
    System.out.println(str.charAt(0));
  }
}
```

执行结果如图5-19所示。

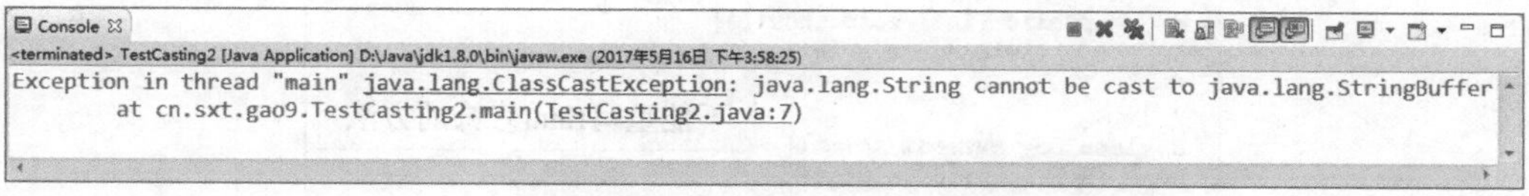

```
Exception in thread "main" java.lang.ClassCastException: java.lang.String cannot be cast to java.lang.StringBuffer
    at cn.sxt.gao9.TestCasting2.main(TestCasting2.java:7)
```

图5-19　示例5-14运行结果

为了避免出现这种异常，可以使用5.1.2节中所学的instanceof运算符进行判断，如示例5-15所示。

【示例5-15】向下转型中使用instanceof
```java
public class TestCasting3 {
  public static void main(String[ ] args) {
    Object obj = new String("北京尚学堂");
    if(obj instanceof String){
      String str = (String)obj;
      System.out.println(str.charAt(0));
    }else if(obj instanceof StringBuffer){
      StringBuffer str = (StringBuffer) obj;
      System.out.println(str.charAt(0));
    }
  }
}
```

```
北
```

图5-20　示例5-15运行结果

5.7　final关键字

final关键字的作用如下：

- 修饰变量：被它修饰的变量不可改变。一旦赋予了初值，就不能被重新赋值。

```
final int MAX_SPEED = 120;
```

- 修饰方法：该方法不可被子类重写，但是可以被重载。

```
 final  void  study(){}
```

- 修饰类：修饰的类不能被继承，如Math、String等。

```
Final class A {}
```

final修饰变量的示例详见第2章示例2-9。

final修饰方法如图5-21所示。

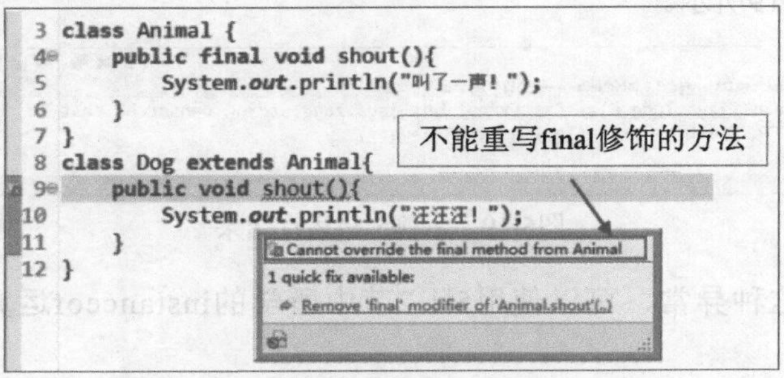

图5-21　final修饰方法

final修饰类如图5-22所示。

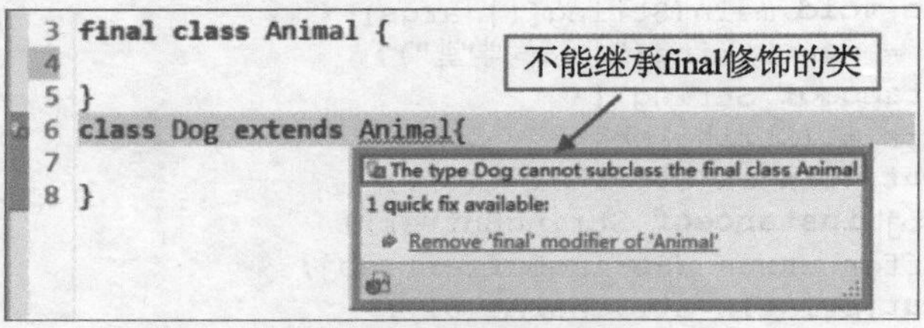

图5-22　final修饰类

5.8　抽象方法和抽象类

1. 抽象方法

使用abstract修饰的方法，没有方法体，只有声明。它定义的是一种"规范"，就是告诉子类必须要给抽象方法提供具体的实现。

2. 抽象类

包含抽象方法的类就是抽象类。抽象类通过abstract方法定义规范，要求子类必须定义具体实现。通过抽象类可以严格限制子类的设计，使子类之间更加通用。

【示例5-16】抽象类和抽象方法的基本用法

```java
//抽象类
abstract class Animal {
    abstract public void shout();    //抽象方法
}
class Dog extends Animal {
    //子类必须实现父类的抽象方法,否则编译错误
    public void shout() {
        System.out.println("汪汪汪! ");
    }
    public void seeDoor(){
        System.out.println("看门中....");
    }
}
//测试抽象类
public class TestAbstractClass {
    public static void main(String[ ] args) {
        Dog a = new Dog();
        a.shout();
        a.seeDoor();
    }
}
```

抽象类的使用要点如下:
(1) 有抽象方法的类只能定义成抽象类。
(2) 抽象类不能实例化,即不能用new来实例化抽象类。
(3) 抽象类可以包含属性、方法和构造器,但是构造器不能用new来实例化,只能用来被子类调用。
(4) 抽象类只能用来被继承。
(5) 抽象方法必须被子类实现。

5.9 接口interface

接口就是规范,它定义的是一组规则,体现了现实世界中"如果你是……则必须能……"的思想。例如,如果你是天使,则必须能飞;如果你是汽车,则必须能跑;如果你是好人,则必须能干掉坏人;如果你是坏人,则必须欺负好人。

接口的本质是契约,就像法律一样,制定好后大家都要遵守。

面向对象的精髓是对对象的抽象,最能体现这一点的就是接口。为什么人们讨论设计模式时都只针对具备了抽象能力的语言(C++、Java、C#等),就是因为设计模式所研究的实际上就是如何合理抽象的问题。

5.9.1 接口的作用

为什么需要接口?接口和抽象类的区别是什么?

接口是比"抽象类"还"抽象"的"抽象类",它可以更加规范地对子类进行约束,

全面、专业地实现了规范和具体实现的分离。

抽象类还提供了某些具体实现，接口不提供任何实现，接口中所有方法都是抽象方法。接口是完全面向规范的，规定了一批类具有的公共方法规范。

从接口实现者的角度看，接口定义了可以向外部提供的服务；从接口调用者的角度看，接口定义了实现者能提供的服务。

接口是两个模块之间通信的标准，是通信的规范。如果能把要设计的模块之间的接口定义好，就相当于完成了系统的设计大纲，剩下的就是添砖加瓦等具体实现了。大家在工作以后，往往就是使用"面向接口"的思想来设计系统的。

接口和实现类不是父子关系，是实现规则的关系。例如，定义一个接口Runnable，Car实现它就能在地上跑，Train实现它也能在地上跑，飞机实现它也能在地上跑。就是说，如果它是交通工具，就一定能跑，但是一定要实现Runnable接口。

普通类、抽象类和接口的区别如下。
- 普通类：具体实现。
- 抽象类：具体实现，规范（抽象方法）。
- 接口：规范。

5.9.2 定义和使用接口

接口的声明格式如下：

```
[访问修饰符] interface 接口名 [extends 父接口1,父接口2…]  {
    常量定义；
    方法定义；
}
```

定义接口的详细说明如下。
- 访问修饰符：只能是public或默认设置。
- 接口名：和类名采用相同的命名机制。
- extends：接口可以多继承。
- 常量：接口中的属性只能是常量，总是以public static final修饰，不写也是。
- 方法：接口中的方法只能是public abstract，即使省略，也还是public abstract。

> **要点**
> - 子类通过implements来实现接口中的规范。
> - 接口不能创建实例，但是可用于声明引用变量类型。
> - 一个类实现了接口，必须实现接口中所有的方法，并且这些方法只能是public的。
> - 在JDK1.7之前的版本中，接口中只能包含静态常量和抽象方法，不能有普通属性、构造器和普通方法。
> - 在JDK1.8之后的版本中，接口中包含普通的静态方法。

【示例5-17】接口的使用

```java
public class TestInterface {
  public static void main(String[ ] args) {
    Volant volant = new Angel();
    volant.fly();
      System.out.println(Volant.FLY_HIGHT);

      Honest honest = new GoodMan();
      honest.helpOther();
    }
}
/*飞行接口*/
interface Volant {
  int FLY_HIGHT = 100;    //总是:public static final类型的
  void fly();             //总是:public abstract void fly();
}
/*善良接口*/
interface Honest {
  void helpOther();
}
/*Angle类实现飞行接口和善良接口*/
class Angel implements Volant, Honest{
  public void fly() {
     System.out.println("我是天使,飞起来啦! ");
  }
  public void helpOther() {
     System.out.println("扶老奶奶过马路! ");
  }
}
class GoodMan implements Honest {
  public void helpOther() {
     System.out.println("扶老奶奶过马路! ");
  }
}
class BirdMan implements Volant {
  public void fly() {
     System.out.println("我是鸟人,正在飞! ");
  }
}
```

执行结果如图5-23所示。

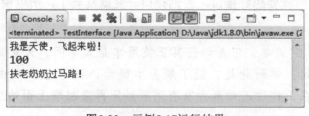

图5-23 示例5-17运行结果

5.9.3 接口的多继承

接口完全支持多继承。接口和类的继承类似,子接口扩展某个父接口,将会获得父接口中所定义的一切。

【示例5-18】接口的多继承

```java
interface A {
  void testa();
}
interface B {
  void testb();
}
/*接口可以多继承:接口C继承接口A和B*/
interface C extends A, B {
  void testc();
}
public class Test implements C {
  public void testc() {
  }
  public void testa() {
  }
  public void testb() {
  }
}
```

5.9.4 面向接口编程

面向接口编程是面向对象编程的一部分。

为什么需要面向接口编程？软件设计中最难处理的就是需求的复杂变化，需求的变化更多地体现在具体实现上。如果编程围绕具体实现来展开就会陷入"复杂变化"的汪洋大海，软件也就不能最终实现。因此，软件设计必须围绕某种稳定的东西来开展，才能以静制动，实现规范的高质量项目。

接口就是规范，就是项目中最稳定的核心。面向接口编程可以把握住真正核心的东西，使实现复杂多变的需求成为可能。

通过面向接口编程，而不是面向实现类编程，可以大大降低程序模块间的耦合性，提高整个系统的可扩展性和可维护性。

面向接口编程的概念比接口本身的概念要大得多。面向接口编程在设计阶段相对困难，因为在没有编写实现前就要想好接口，否则接口一变就乱套了，所以说设计要比实现难。

老鸟建议

接口语法本身非常简单，但是如何真正使用才是大学问，大家需要在后面的项目中反复使用才能体会到。学到此处，能了解基本概念，熟悉基本语法，就是"好学生"了，请继续努力！在工作后，如果大家有闲暇时间再来回顾上面的这段话，相信会有更深入的体会。

5.10 内部类

内部类是一种特殊的类，它指的是定义在一个类的内部的类。在实际开发中，为了方便使用外部类的相关属性和方法，通常需要定义一个内部类。

5.10.1 内部类的概念

一般情况下，人们把类定义成独立的单元，而在有些情况下，则把一个类放在另一个类的内部来定义，称为内部类（innerclasses）。

内部类可以使用public、default、protected 、private以及static来修饰，而外部顶级类（前面接触的类）则只能使用public和default来修饰。

> **注意**
>
> 内部类只是一个编译时的概念，一旦编译成功，就会成为完全不同的两个类。对于一个名为Outer的外部类和其内部定义的名为Inner的内部类。编译完成后会出现Outer.class和Outer$Inner.class两个类的字节码文件。所以内部类是相对独立的一种存在，其成员变量/方法名可以和外部类的相同。

【示例5-19】内部类的展示

```java
/*外部类Outer*/
class Outer {
  private int age = 10;
  public void show(){
    System.out.println(age);//10
  }
  /*内部类Inner*/
  public class Inner {
    //内部类中可以声明与外部类同名的属性与方法
    private int age = 20;
    public void show(){
      System.out.println(age);//20
    }
  }
}
```

示例5-19编译后会产生两个不同的字节码文件，如图5-24所示。

1. 内部类的作用

- 内部类提供了更好的封装，只能由外部类直接访问，而不允许同一个包中的其他类直接访问。
- 内部类可以直接访问外部类的私有属性，内部类被当成其外部类的成员。但外部类不能访问内部类的内部属性。
- 接口只是解决了多重继承的部分问题，而内部类使得多重继承的解决方案变得更加完整。

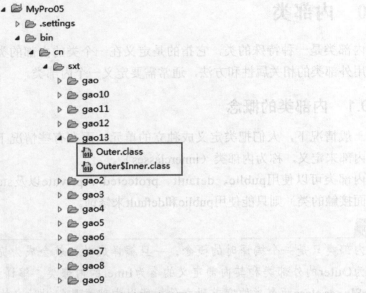

图5-24 内部类编译结果图

2. 内部类的使用场合

- 由于内部类具有更好的封装特性,并且可以很方便地访问外部类的属性,所以,在只为外部类提供服务的情况下可以优先考虑使用内部类。
- 使用内部类间接实现多继承。每个内部类都能独立地继承一个类或者实现某些接口,所以无论外部类是否已经继承了某个类或者实现了某些接口,都对内部类没有任何影响。

5.10.2 内部类的分类

在Java中内部类主要分为成员内部类(非静态内部类和静态内部类)、匿名内部类和局部内部类。

1. 成员内部类

成员内部类可以使用private、default、protected、public进行修饰。 类文件为:外部类$内部类.class。

1)非静态内部类(外部类里使用的非静态内部类和平时使用的其他类没什么不同)

(1)非静态内部类必须寄存在一个外部类对象里。因此,如果有一个非静态内部类对象就一定存在对应的外部类对象。非静态内部类对象单独属于外部类的某个对象。

(2)非静态内部类可以直接访问外部类的成员,但是外部类不能直接访问非静态内部类的成员。

(3)非静态内部类不能有静态方法、静态属性和静态初始化块。

(4)外部类的静态方法、静态代码块不能访问非静态内部类,包括不能使用非静态内部类定义变量,创建实例。

（5）成员变量访问要点如下。
- 内部类里的方法的局部变量：变量名。
- 内部类属性：this.变量名。
- 外部类属性：外部类名.this.变量名。

（6）内部类的访问要点如下。
- 在外部类中定义内部类：new Inner()。
- 在外部类以外的地方使用非静态内部类：Outer.Inner varname = new Outer().new Inner()。

【示例5-20】在内部类中访问成员变量

```java
class Outer {
  private int age = 10;
  class Inner {
    int age = 20;
    public void show() {
      int age = 30;
      System.out.println("内部类方法里的局部变量age:" + age);         //30
      System.out.println("内部类的成员变量age:" + this.age);          //20
      System.out.println("外部类的成员变量age:" + Outer.this.age);//10
    }
  }
}
```

【示例5-21】内部类的访问

```java
public class TestInnerClass {
  public static void main(String[ ] args) {
    //先创建外部类实例,然后使用该外部类实例创建内部类实例
    Outer.Inner inner = new Outer().new Inner();
    inner.show();
    Outer outer = new Outer();
    Outer.Inner inn = outer.new Inner();
    inn.show();
  }
}
```

执行结果如图5-25所示。

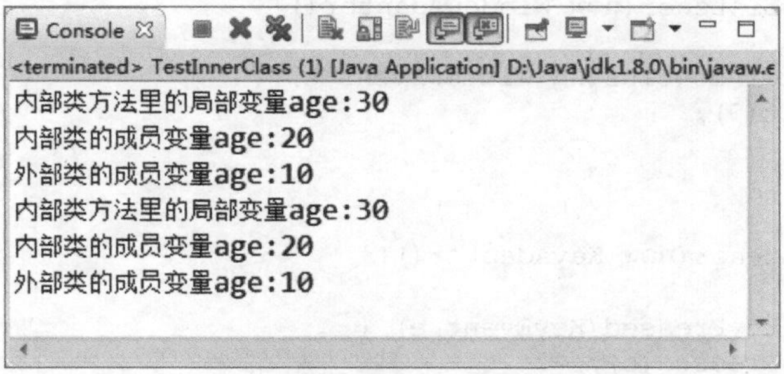

```
内部类方法里的局部变量age:30
内部类的成员变量age:20
外部类的成员变量age:10
内部类方法里的局部变量age:30
内部类的成员变量age:20
外部类的成员变量age:10
```

图5-25　示例5-21运行结果

2)静态内部类

(1)静态内部类的定义方式为:

```
Static class ClassName {
//类体
}
```

(2)静态内部类的使用要点如下。
- 一个静态内部类对象存在,并不一定存在对应的外部类对象,因此,静态内部类的实例方法不能直接访问外部类的实例方法。
- 静态内部类可看做是外部类的一个静态成员,因此,外部类的方法中可以通过"静态内部类.名字"的方式访问静态内部类的静态成员,通过new静态内部类()访问静态内部类的实例。

【示例5-22】静态内部类的访问

```java
class Outer{
    //相当于外部类的一个静态成员
    static class Inner{
    }
}
public class TestStaticInnerClass {
    public static void main(String[ ] args) {
        //通过 new 外部类名.内部类名() 来创建内部类对象
        Outer.Inner inner =new Outer.Inner();
    }
}
```

2. 匿名内部类

匿名内部类适合那种只需要使用一次的类,例如键盘监听操作等。

匿名内部类的语法格式如下:

```
new 父类构造器(实参类表) \实现接口 () {
    //匿名内部类类体!
}
```

【示例5-23】匿名内部类的使用

```java
this.addWindowListener(new WindowAdapter(){
    @Override
    public void windowClosing(WindowEvent e) {
        System.exit(0);
    }
}
);
this.addKeyListener(new KeyAdapter(){
    @Override
    public void keyPressed(KeyEvent e) {
        myTank.keyPressed(e);
    }
```

```
    @Override
    public void keyReleased(KeyEvent e) {
      myTank.keyReleased(e);
    }
  }
);
```

> **注意**
> - 匿名内部类没有访问修饰符。
> - 匿名内部类没有构造器。因为它连名字都没有又何来构造器呢。

3. 局部内部类

局部内部类定义在方法内部，作用域只限于本方法。

局部内部类主要是用来解决比较复杂的问题。例如想创建一个类来辅助解决问题，而又不希望这个类是公共可用的，于是就产生了局部内部类。局部内部类和成员内部类一样被编译，只是它的作用域发生了改变，只能在该方法中被使用，离开该方法就会失效。

局部内部类在实际开发中很少应用。

【示例5-24】方法中的内部类

```java
public class Test2 {
  public void show() {
    //作用域仅限于该方法
    class Inner {
      public void fun() {
        System.out.println("helloworld");
      }
    }
    new Inner().fun();
  }
  public static void main(String[ ] args) {
    new Test2().show();
  }
}
```

执行结果如图5-26所示。

图5-26 示例5-24运行结果

5.11 字符串String

String是开发中最常用的类，我们不仅要掌握String类常见的方法，对于String的底层实现也需要掌握好，不然在工作开发中很容易犯错。

5.11.1 String基础

String类又称为不可变字符序列。String位于java.lang包中，Java程序默认导入java.lang包下的所有类。

Java字符串是Unicode字符序列，例如字符串"Java"是由4个Unicode字符"J""a""v""a"组成的。Java没有内置的字符串类型，而是在标准Java类库中提供了一个预定义的类String，每个用双引号括起来的字符串都是String类的一个实例。

【示例5-25】String类的简单使用

```java
String e = "";  //空字符串
String greeting = " Hello World ";
```

Java允许使用"+"符号把两个字符串连接起来。

【示例5-26】字符串连接

```java
String s1 = "Hello";
String s2 = "World! ";
String s = s1 + s2;  //HelloWorld!
```

示例5-26中，"+"符号把两个字符串按给定的顺序连接在一起，并且是完全按照给定的形式。当"+"运算符两侧的操作数中有一个是字符串（String）类型，系统会自动将另一个操作数转换为字符串然后再进行连接。

【示例5-27】"+"连接符的应用

```java
int age = 18;
String str = "age is" + age;  //str赋值为"age is 18"
//这种特性通常被用在输出语句中
System.out.println("age is" + age);
```

5.11.2 String类和常量池

在Java的内存分析中，我们经常会听到关于"常量池"的描述，实际上常量池分为以下三种。

1. 全局字符串常量池（String Pool）

全局字符串常量池中存放的内容是在类加载完成后存到String Pool中的，在每个VM中只有一份，存放的是字符串常量的引用值（在堆中生成字符串对象实例）。

2. class文件常量池（Class Constant Pool）

class常量池是在编译时每个class都有的，在编译阶段，它存放的是常量（文本字符串、final常量等）和符号引用。

3. 运行时常量池（Runtime Constant Pool）

运行时常量池是在类加载完成之后，将每个class常量池中的符号引用值转存到运行时常量池中。也就是说，每个class都有一个运行时常量池，类在解析之后，将符号引用替换成直接引用，与全局常量池中的引用值保持一致。

【示例5-28】常量池

```java
String str1 = "abc";
String str2 = new String("def");
String str3 = "abc";
String str4 = str2.intern();
String str5 = "def";
System.out.println(str1 == str3);//true
System.out.println(str2 == str4);//false
System.out.println(str4 == str5);//true
```

示例5-28经过编译后，在该类的class常量池中存放一些符号引用；当类加载之后，将class常量池中存放的符号引用转存到运行时常量池中；然后经过验证、准备阶段之后，在堆中生成驻留字符串的实例对象（也就是str1所指向的"abc"实例对象）；再将这个对象的引用存到全局String Pool中，也就是String Pool中；最后在解析阶段，要把运行时常量池中的符号引用替换成直接引用，于是直接查询String Pool，保证String Pool里的引用值与运行时常量池中的引用值一致。

回顾示例5-28，现在就很容易解释整个程序的内存分配过程了。首先，在堆中会有一个"abc"实例，全局String Pool中存放着"abc"的一个引用值。在运行第二句的时候会生成两个实例，一个是"def"的实例对象，并且在String Pool中存储一个"def"的引用值，还有一个是new出来的一个"def"的实例对象，与上面那个是不同的实例。在解析str3时查找String Pool，里面有"abc"的全局驻留字符串引用，所以str3的引用地址与之前的那个已存在的相同。str4是在运行的时候调用intern()函数，返回String Pool中"def"的引用值，如果没有就将str2的引用值添加进去。在这里，String Pool中已经有"def"的引用值了，所以返回上面在new str2的时候添加到String Pool中的"def"引用值。最后，str5在解析时就也是指向存在于String Pool中的"def"的引用值。经过这样一分析，示例5-28的运行结果也就容易理解了。

5.11.3 阅读API文档

1. 下载API文档

（1）进入下载地址http://www.oracle.com/technetwork/java/javase/documentation/jdk8-doc-downloads-2133158.html，下载API文档，如图5-27所示。

（2）下载成功后，解压下载的压缩文件，然后打开docs、api目录下的index.html文件即可，如图5-28所示。

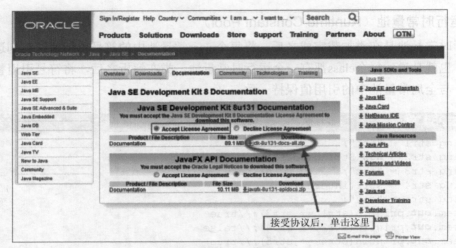

图5-27 API下载界面

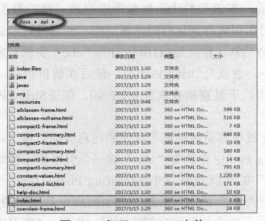

图5-28 打开index.html文件

2. 阅读API文档

打开的API文档如图5-29所示。

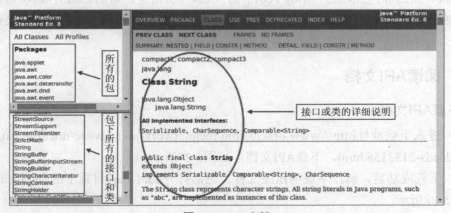

图5-29 API文档

在Eclipse窗口中将鼠标放在类或方法上，即可看到相关的注释说明，再按F2键即可将注释窗口固定，如图5-30所示。

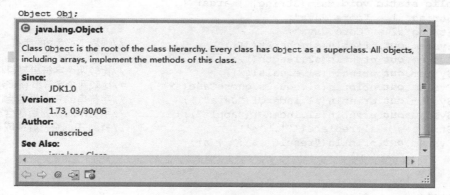

图5-30　Eclipse中的注释说明

5.11.4　String类的常用方法

String类是最常使用的类，程序员必须非常熟悉字符串类的方法。表5-2列出了String常用的方法。

表5-2　String类的常用方法

方　　法	解　释　说　明
char charAt(int index)	返回字符串中第index个字符
boolean equals(String other)	如果字符串与other相等，返回true；否则，返回false
boolean equalsIgnoreCase(String other)	如果字符串与other相等（忽略大小写），则返回true；否则，返回false
int indexOf(String str)	返回从头开始查找第一个子字符串str在字符串中的索引位置，如果未找到子字符串str，则返回-1
lastIndexOf()	返回从末尾开始查找第一个子字符串str在字符串中的索引位置，如果未找到子字符串str，则返回-1
int length()	返回字符串的长度
String replace(char oldChar, char newChar)	返回一个新串，它是通过用 newChar 替换此字符串中出现的所有oldChar而生成的
boolean startsWith(String prefix)	如果字符串以prefix开始，则返回true
boolean endsWith(String prefix)	如果字符串以prefix结尾，则返回true
String substring(int beginIndex)	返回一个新字符串，该串包含从原始字符串beginIndex到串尾
String substring(int beginIndex, int endIndex)	返回一个新字符串，该串包含从原始字符串beginIndex到串尾或endIndex-1的所有字符
String toLowerCase()	返回一个新字符串，该串将原始字符串中的所有大写字母改成小写字母
String toUpperCase()	返回一个新字符串，该串将原始字符串中的所有小写字母改成大写字母
String trim()	返回一个新字符串，该串删除了原始字符串头部和尾部的空格

【示例5-29】String类常用方法一

```java
public class StringTest1 {
  public static void main(String[ ] args) {
    String s1 = "core Java";
    String s2 = "Core Java";
    System.out.println(s1.charAt(3));              //提取下标为3的字符
    System.out.println(s2.length());               //字符串的长度
    System.out.println(s1.equals(s2));             //比较两个字符串是否相等
    System.out.println(s1.equalsIgnoreCase(s2));   //比较两个字符串(忽略大小写)
    System.out.println(s1.indexOf("Java"));        //字符串s1中是否包含Java
    System.out.println(s1.indexOf("apple"));       //字符串s1中是否包含apple
    String s = s1.replace(' ', '&');               //将s1中的空格替换成&
    System.out.println("result is :" + s);
  }
}
```

执行结果如图5-31所示。

```
e
9
false
true
5
-1
result is :core&Java
```

图5-31　示例5-29运行结果

【示例5-30】String类常用方法二

```java
public class StringTest2 {
  public static void main(String[ ] args) {
    String s = "";
    String s1 = "How are you?";
    System.out.println(s1.startsWith("How"));   //是否以How开头
    System.out.println(s1.endsWith("you"));     //是否以you结尾
    s = s1.substring(4);                        //提取子字符串:从下标为4的开始到字
                                                //  符串结尾为止

    System.out.println(s);
    s = s1.substring(4, 7);                     //提取子字符串:下标[4,7) 不包括7
    System.out.println(s);
    s = s1.toLowerCase();                       //转小写
    System.out.println(s);
    s = s1.toUpperCase();                       //转大写
    System.out.println(s);
    String s2 = "  How old are you!! ";
    s = s2.trim();                              //去除字符串首尾的空格。注意:中间
                                                //  的空格不能去除

    System.out.println(s);
    System.out.println(s2);                     //因为String是不可变字符串,所以
                                                //  s2不变
  }
}
```

执行结果如图5-32所示。

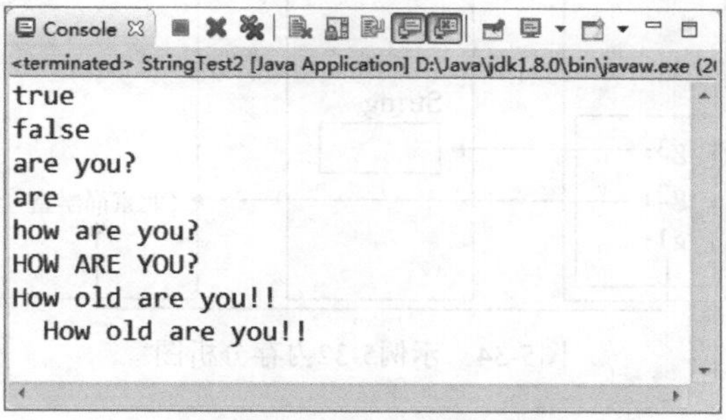

图5-32 示例5-30运行结果

5.11.5 字符串相等的判断

equals方法用来检测两个字符串的内容是否相等。如果字符串s和t内容相等，则s.equals(t)返回true，否则返回false。

要测试两个字符串除了大小写不同外是否相等，需要使用equalsIgnoreCase方法。

判断字符串是否相等不要使用"=="。

【示例5-31】忽略大小写的字符串比较

```java
"Hello".equalsIgnoreCase("hellO");//true
```

【示例5-32】字符串的比较——"= ="与equals()方法

```java
public class TestStringEquals {
  public static void main(String[ ] args) {
    String g1 = "北京尚学堂";
    String g2 = "北京尚学堂";
    String g3 = new String("北京尚学堂");
    System.out.println(g1 == g2);        //true,指向同样的字符串常量对象
    System.out.println(g1 == g3);        //false,g3是新创建的对象
    System.out.println(g1.equals(g3));   //true,g1和g3里的字符串内容是一样的
  }
}
```

执行结果如图5-33所示。

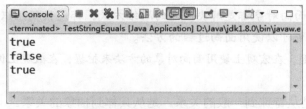

图5-33 示例5-32运行结果

示例5-32的内存分析如图5-34所示。

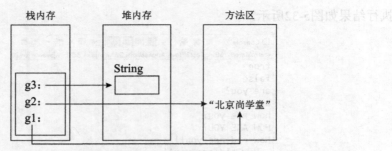

图5-34　示例5-32内存分析图

5.12　设计模式相关知识

面向对象基本概念学完后，大多数初学者只有一些基本的概念。如果想加深对这些概念的理解，大家可以学习一点常用的设计模式知识，体验一下面向对象编程思维和面向接口编程思维。设计模式有23种，一般只学习在工作中最常用的几种即可。

5.12.1　开闭原则

开闭原则（Open-Closed Principle）就是指让设计的系统对扩展开放，对修改封闭。
- 对扩展开放是指应对需求变化要灵活，在增加新功能时不需要修改已有的代码，增加新代码即可。
- 对修改关闭是指核心部分经过精心设计后，不再因为需求变化而改变。

在实际开发中，我们虽无法完全做到，但应尽量遵守开闭原则。

5.12.2　相关设计模式

学完本章，优秀的同学可以开展第18章核心设计模式的学习，进一步体验设计的快乐，同时加深对面向对象、面向接口编程的理解。

本章总结

（1）高级语言可分为面向过程和面向对象两大类。
- 面向过程与面向对象都是解决问题的思维方式，都是代码组织的方式。
- 解决简单问题可以使用面向过程的方法。
- 解决复杂问题，在宏观上使用面向对象的方法来把握，在微观上仍使用面向过程的处理方法。

（2）对象和类是从特殊到一般的关系，是从具体到抽象的关系。

（3）栈内存：
- 每个线程私有，不能实现线程间的共享。

- 局部变量放置于栈中。
- 栈由系统自动分配，速度快。栈是一个连续的内存空间。

（4）堆内存：
- 用于放置new出来的对象。
- 堆是一个不连续的内存空间，分配灵活，但速度慢。

（5）方法区：
- 被所有线程所共享。
- 用来存放程序中永远不变或唯一的内容（如类代码信息、静态变量、字符串常量）。

（6）属性用于定义该类或该类对象包含的数据或者静态属性。属性的作用范围是整个类体，Java使用默认的值对其初始化。

（7）方法用于定义该类或该类实例的行为特征和功能实现。方法是对类和对象行为特征的抽象。

（8）构造器又叫作构造方法，用于构造该类的实例。Java通过new关键字来调用构造器，从而返回该类的实例，是一种特殊的方法。

（9）垃圾回收机制：
- 程序员无权调用垃圾回收器。
- 程序员可以通过System.gc()通知垃圾回收器（Garbage Collection，GC）运行，但是Java规范并不能保证立刻运行。
- finalize方法是Java用来释放对象或资源的方法，但是应尽量少用。

（10）方法的重载是指一个类中可以定义有相同名称但参数不同的多个方法，调用时，会根据不同的参数表选择对应的方法。

（11）this关键字的作用：
- 让类中的一个方法访问该类的另一个方法或属性。
- 使用this关键字调用重载构造器，可以避免相同的初始化代码。this关键字只能在构造器中用，并且必须位于构造器的第一句。

（12）static关键字：
- 在类中，用static声明的成员变量为静态成员变量，也称为类变量。
- 用static声明的方法为静态方法。
- 可以通过对象引用或类名（不需要实例化）访问静态成员。

（13）package的作用：
- 可以解决类之间的重名问题。
- 便于管理类，令合适的类位于合适的包中。

（14）import的作用：
通过import可以导入其他包中的类，从而在本类中直接通过类名来调用这些类。

（15）super关键字的作用：
super是直接对父类对象的引用，可以通过super来访问父类中被子类覆盖的方法或属性。

（16）面向对象的三大特征为继承、封装和多态。

（17）Object类是所有Java类的根基类。

（18）访问权限控制符：范围由小到大分别是private、default、protected和public。

（19）"引用变量名 instanceof 类名"可用来判断该引用类型变量所"指向"的对象是否属于该类或该类的子类。

（20）final关键字可以修饰变量、方法和类。

（21）抽象类是一种模板模式。抽象类为所有子类提供了一个通用模板，子类可以在这个模板基础上进行扩展，使用abstract修饰。

（22）使用abstract修饰的方法为抽象方法，必须被子类实现，除非子类也是抽象类。

（23）使用interface声明接口时：

- 从接口的实现者角度看，接口定义了可以向外部提供的服务。
- 从接口的调用者角度看，接口定义了实现者能提供的服务。

（24）内部类分为成员内部类、匿名内部类和局部内部类。

（25）String位于java.lang包中，Java程序默认导入java.lang包。

（26）字符串的比较："=="与equals()方法的区别。

本章作业

一、选择题

1. 使用权限修饰符（　　）修饰的类的成员变量和成员方法，可以被当前包中所有类访问，也可以被它的子类（同一个包以及不同包中的子类）访问（选择一项）。

    A. public　　　　　　　　　　　B. protected
    C. Default　　　　　　　　　　　D. Private

2. 以下关于继承条件下构造器执行过程的代码的执行结果是（　　）（选择一项）。

```java
class Person {
  public Person() {
    System.out.println("execute Person()");
  }
}
class Student extends Person {
  public Student() {
    System.out.println("execute Student() ");
  }
}
class PostGraduate extends Student {
  public PostGraduate() {
    System.out.println("execute PostGraduate()");
  }
}
public class TestInherit {
  public static void main(String[ ] args) {
```

```
        new PostGraduate();
    }
}
```

  A. execute Person()

   execute Student()

   execute PostGraduate()

  B. execute PostGraduate()

  C. execute PostGraduate()

   execute Student()

   execute Person()

  D. 没有结果输出

3. 编译运行如下Java代码，输出结果是（　　）（选择一项）。

```java
class Base {
    public void method(){
        System.out.print ("Base method");
    }
}
class Child extends Base{
    public void methodB(){
        System.out.print ("Child methodB");
    }
}
class Sample {
    public static void main(String[ ] args) {
        Base base= new Child();
        base.methodB();
    }
}
```

  A. Base method

  B. Child methodB

  C. Base method

   Child methodB

  D. 编译错误

4. 在Java中，以下哪些关于abstract关键字的说法是正确的？（　　）（选择两项）

  A. abstract类中可以没有抽象方法　　　　B. abstract类的子类也可以是抽象类

  C. abstract方法可以有方法体　　　　　　D. abstract类可以创建对象

5. 在Java接口中，下列选项中属于有效方法声明的是（　　）（选择二项）。

  A. public void aMethod();　　　　　　　B. final void aMethod();

  C. void aMethod();　　　　　　　　　　D. private void aMethod();

二、简答题

1. private、default、protected、public四个权限修饰符的作用。

2. 继承条件下子类构造器的执行过程。

3. 什么是向上转型和向下转型。

4. final和abstract关键字的作用。

5. ==和equals()的联系和区别。

三、编码题

1. 编写应用程序，创建类的对象，分别设置圆的半径、圆柱体的高，计算并分别显示圆半径、圆面积、圆周长、圆柱体的体积。

实现思路及关键代码：

（1）编写一个圆类Circle，使该类拥有：

- 一个成员变量；

```
radius(私有,浮点型);              //存放圆的半径
```

- 两个构造器（无参、有参）；
- 三个成员方法。

```
double getArea()                 //获取圆的面积
double getPerimeter()            //获取圆的周长
void show()                      //将圆的半径、周长、面积输出到屏幕
```

（2）编写一个圆柱体类Cylinder，它继承于上面的Circle类，并拥有：

- 一个成员变量；

```
double hight(私有,浮点型);        //圆柱体的高;
```

- 构造器；
- 成员方法。

```
double getVolume()               //获取圆柱体的体积
void showVolume()                //将圆柱体的体积输出到屏幕
```

2. 编写程序实现乐手弹奏乐器。乐手可以弹奏不同的乐器从而发出不同的声音，弹奏的乐器包括二胡、钢琴和琵琶。

实现思路：

（1）定义乐器类Instrument，包括方法makeSound()。

（2）定义乐器类的子类：二胡Erhu、钢琴Piano和小提琴Violin。

（3）定义乐手类Musician，可以弹奏各种乐器play(Instrument i)。

（4）定义测试类，给乐手不同的乐器让他弹奏。

3. 编写程序描述影、视、歌三栖艺人。需求说明：请使用面向对象的思想，设计自定义类，描述影、视、歌三栖艺人。

实现思路：

（1）分析影、视、歌三栖艺人的特性：可以演电影，可以演电视剧，可以唱歌。

(2) 定义多个接口描述特性：
- 演电影的接口，方法——演电影；
- 演电视剧的接口，方法——演电视剧；
- 唱歌的接口，方法——唱歌。

(3) 定义艺人类实现多个接口。

程序运行结果如图5-35所示。

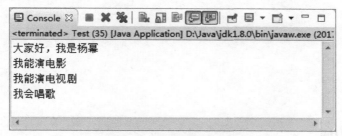

图5-35　编码题3运行结果

第6章 异常机制

6.1 导引问题

在实际工作中，我们可能会遇到各种不完美的情况。例如：你写的某个模块，用户的输入不一定符合你的要求；你的程序要打开某个文件，而这个文件可能不存在或者文件格式不对；你要读取数据库的数据，数据可能是空的；你的程序在运行着，而内存或硬盘可能没空间了等等。

软件程序在运行过程中，非常可能遇到上面提到的这些问题，这类问题称之为异常（Exception，例外）。遇到这些异常时，如何才能让写出的程序做合理处理，安全退出，而不至于使程序崩溃呢？本章就要介绍对这类问题的处理方法。

如果需要复制一个文件，在没有异常机制的情况下，编写程序需要考虑各种异常情况，伪代码如下。

【示例6-1】伪代码——使用if处理程序中可能出现的各种情况

```
public class Test1 {
  public static void main(String[ ] args) {
    //将d:/a.txt复制到e:/a.txt
    if("d:/a.txt"这个文件存在){
      if(e盘的空间大于a.txt文件长度){
        if(文件复制一半I/O流断掉){
          停止copy,输出:I/O流出问题!
        }else{
          copyFile("d:/a.txt","e:/a.txt");
        }
      }else{
        System.out.println("e盘空间不够存放a.txt! ");
      }
    }else{
      System.out.println("a.txt不存在! ");
    }
  }
}
```

上面这种编写方式，有两个坏处：

（1）逻辑代码和错误处理代码放在了一起。
（2）程序员本身需要考虑的例外情况较复杂，对程序员自身能力要求较高。

那么，如何应对这种异常情况呢？Java的异常机制提供了方便的处理方法。如上情况，如果使用Java的异常机制来处理，示意代码如下（仅作示意，不能运行）。

```
try {
    copyFile("d:/a.txt","e:/a.txt");
} catch (Exception e) {
    e.printStackTrace();
}
```

异常机制的本质是，当程序出现错误，令程序安全退出的机制。

6.2 异常的概念

异常（Exception）指程序运行过程中出现的非正常现象，例如用户输入错误、除数为0、需要处理的文件不存在、数组下标越界等。

在Java的异常处理机制中，引进了很多用来描述和处理异常的类，称为异常类。异常类定义中包含了该类异常的信息和对异常进行处理的方法。

所谓异常处理，就是指程序在出现问题时依然可以正确执行完。

下面是一个除数为0的异常现象，我们分析一下异常机制是如何工作的。

【示例6-2】异常的分析

```
public class Test2 {
    public static void main(String[ ] args) {
        int i=1/0;    //除数为0
        System.out.println(i);
    }
}
```

执行结果如图6-1所示。

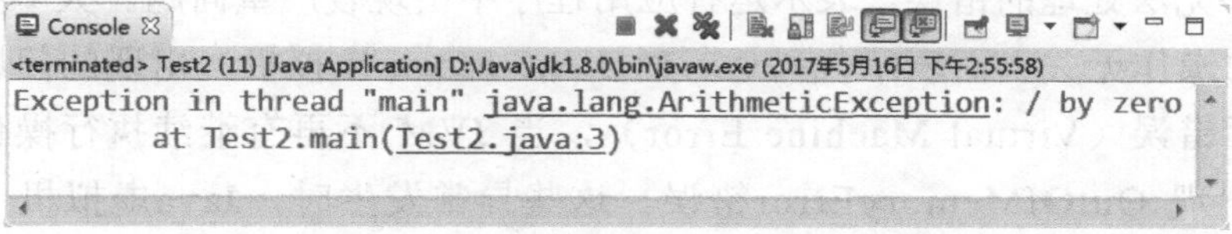

```
Exception in thread "main" java.lang.ArithmeticException: / by zero
    at Test2.main(Test2.java:3)
```

图6-1 示例6-2运行结果

Java是采用面向对象的方式来处理异常的，在处理过程中：
- 抛出异常：指在执行一个方法时，如果发生异常，则这个方法生成代表该异常的一个对象，停止当前执行路径，并把异常对象提交给JRE。

■ 捕获异常：JRE得到该异常后，寻找相应的代码来处理该异常。JRE在方法的调用栈中查找，从生成异常的方法开始回溯，直到找到相应的异常处理代码为止。

6.3 异常的分类

JDK中定义了很多异常类，这些类对应了各种各样可能出现的异常事件，所有异常对象都是派生于Throwable类的一个实例。如果内置的异常类不能够满足需要，还可以创建自己的异常类。

Java对异常进行了分类，不同类型的异常分别用不同的Java类表示，所有异常的根类为java.lang.Throwable。Throwable下面又派生了两个子类：Error和Exception。Java异常类的层次结构如图6-2所示。

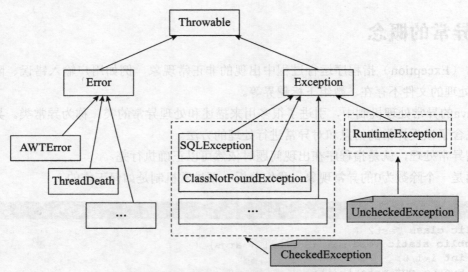

图6-2　Java异常类层次结构示意图

6.3.1 Error

Error是程序无法处理的错误，表示运行应用程序中出现较严重问题。大多数错误与代码编写者执行的操作无关，而表示代码运行时 JVM（Java 虚拟机）出现的问题。例如，Java虚拟机运行错误（Virtual Machine Error），当 JVM 不再有继续执行操作所需的内存资源时，将出现 OutOfMemoryError错误。这些异常发生时，Java虚拟机一般会选择线程终止。

Error表明系统JVM已经处于不可恢复的崩溃状态中。Error异常不需要程序员理会。图6-3所示为java.lang包中Error的类。

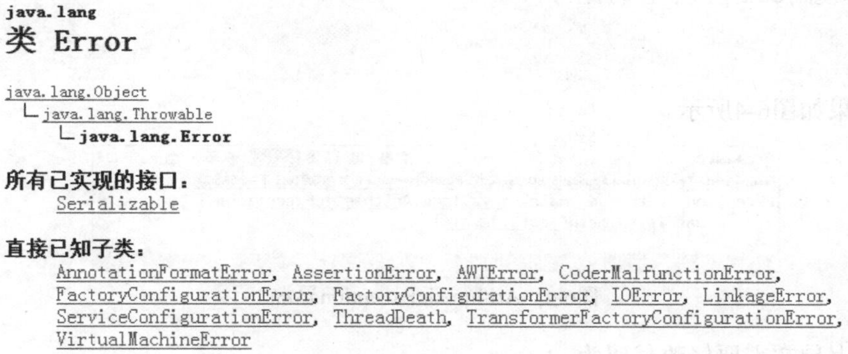

```
java.lang
类 Error

java.lang.Object
    └java.lang.Throwable
        └java.lang.Error
```

所有已实现的接口：
   Serializable

直接已知子类：
   AnnotationFormatError, AssertionError, AWTError, CoderMalfunctionError,
   FactoryConfigurationError, FactoryConfigurationError, IOError, LinkageError,
   ServiceConfigurationError, ThreadDeath, TransformerFactoryConfigurationError,
   VirtualMachineError

图6-3　java.lang包中Error的类

Error与Exception的区别

举例来说，司机开着车行驶在路上，一头猪冲到路中间，司机刹车，这叫异常。司机开着车行驶在路上，发动机坏了，司机停车，这叫错误。此时系统处于不可恢复的崩溃状态。发动机什么时候坏？普通司机能控制吗？不能。发动机什么时候坏是汽车厂发动机制造商的事。

6.3.2　Exception

Exception是程序本身能够处理的异常，如空指针异常（NullPointerException）、数组下标越界异常（ArrayIndexOutOfBoundsException）、类型转换异常（ClassCastException）、算术异常（ArithmeticException）等。

Exception类是所有异常类的父类，其子类对应了各种各样可能出现的异常事件。通常Java的异常可分为：RuntimeException（运行时异常）和CheckedException（已检查异常）。

6.3.3　RuntimeException——运行时异常

派生于RuntimeException的异常，如除以0、数组下标越界、空指针等，其产生比较频繁，处理麻烦，如果显式地声明或捕获将会对程序可读性和运行效率影响很大，因此由系统自动检测并将它们交给缺省的异常处理程序（用户可不必对其处理）是更理想的方法。

这类异常通常是由编程错误导致的，所以在编写程序时，并不要求必须使用异常处理机制来处理这类异常，而经常需要通过增加"逻辑处理来避免这些异常"。

1. 算术异常

【示例6-3】 ArithmeticException异常——试图除以0

```java
public class Test3 {
    public static void main(String[ ] args) {
        int b=0;
```

```
      System.out.println(1/b);
    }
}
```

执行结果如图6-4所示。

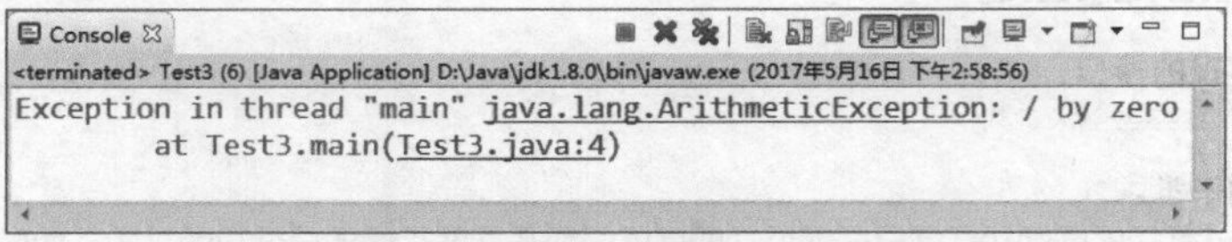

```
Console 
<terminated> Test3 (6) [Java Application] D:\Java\jdk1.8.0\bin\javaw.exe (2017年5月16日 下午2:58:56)
Exception in thread "main" java.lang.ArithmeticException: / by zero
        at Test3.main(Test3.java:4)
```

图6-4 ArithmeticException异常

解决如上异常需要修改代码为：

```java
public class Test3 {
  public static void main(String[ ] args) {
    int b=0;
    if(b!=0){
      System.out.println(1/b);
    }
  }
}
```

2. 空指针异常

当程序访问一个空对象的成员变量或方法，或者访问一个空数组的成员时会发生空指针异常（NullPointerException）。

【示例6-4】NullPointerException异常

```java
public class Test4 {
  public static void main(String[ ] args) {
    String str=null;
    System.out.println(str.charAt(0));
  }
}
```

执行结果如图6-5所示。

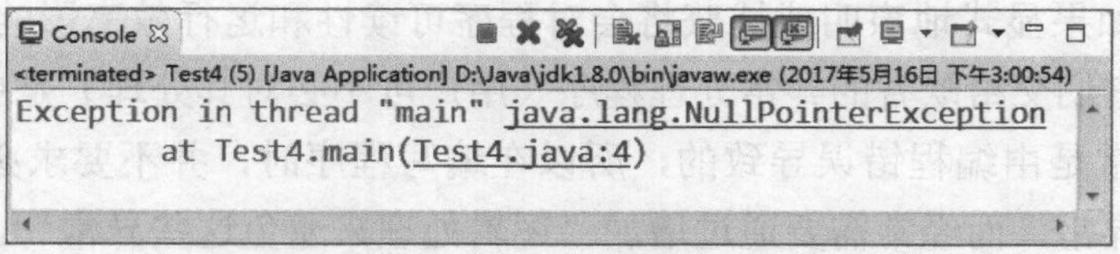

```
Console 
<terminated> Test4 (5) [Java Application] D:\Java\jdk1.8.0\bin\javaw.exe (2017年5月16日 下午3:00:54)
Exception in thread "main" java.lang.NullPointerException
        at Test4.main(Test4.java:4)
```

图6-5 NullPointerException异常

解决空指针异常问题，通常是增加非空判断，代码如下：

```java
public class Test4 {
  public static void main(String[ ] args) {
    String str=null;
    if(str!=null){
```

```
      System.out.println(str.charAt(0));
    }
  }
}
```

3. 类型转换异常

在引用数据类型转换时，有可能发生类型转换异常（ClassCastException）。

【示例6-5】ClassCastException异常

```
class Animal{

}
class Dog extends Animal{

}
class Cat extends Animal{

}
public class Test5 {
  public static void main(String[ ] args) {
    Animal a=new Dog();
    Cat c=(Cat)a;
  }
}
```

执行结果如图6-6所示。

图6-6　ClassCastException异常

解决以上ClassCastException异常的典型方法是将代码修改为：

```
public class Test5 {
  public static void main(String[ ] args) {
    Animal a = new Dog();
    if(a instanceof Cat) {
      Cat c = (Cat) a;
    }
  }
}
```

4. 下标越界异常

当程序访问一个数组的某个元素时，如果这个元素的索引超出了0～数组长度-1这个范围，则会出现数组下标越界异常（ArrayIndexOutOfBoundsException）。

【示例6-6】ArrayIndexOutOfBoundsException异常

```
public class Test6 {
```

```java
    public static void main(String[ ] args) {
        int[ ] arr = new int[5];
        System.out.println(arr[5]);
    }
}
```

执行结果如图6-7所示。

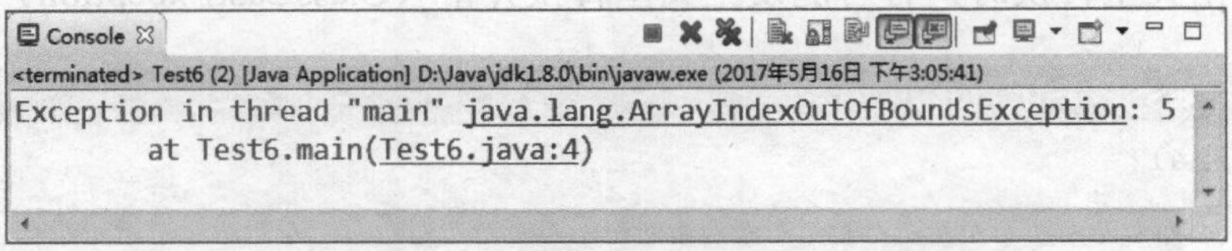

图6-7 ArrayIndexOutOfBoundsException异常

解决数组索引越界异常的方法是增加关于边界的判断：

```java
public class Test6 {
    public static void main(String[ ] args) {
        int[ ] arr = new int[5];
        int a = 5;
        if (a < arr.length) {
            System.out.println(arr[a]);
        }
    }
}
```

5. 数字格式异常

在使用包装类将字符串转换成基本数据类型时，如果字符串的格式不正确，则会出现数字格式异常（NumberFormatException）。

【示例6-7】 NumberFormatException异常

```java
public class Test7 {
    public static void main(String[ ] args) {
        String str = "1234abcf";
        System.out.println(Integer.parseInt(str));
    }
}
```

执行结果如图6-8所示。

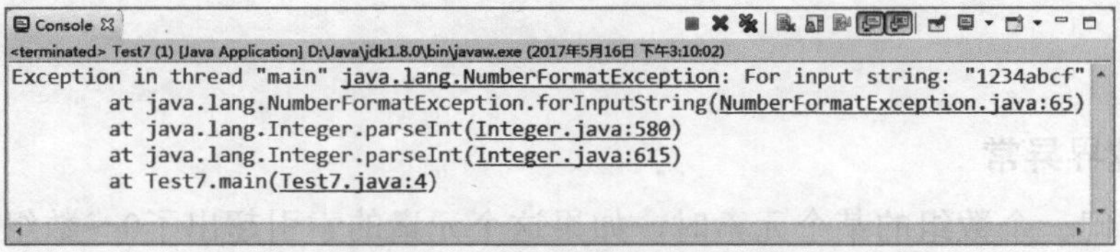

图6-8 NumberFormatException异常

数字格式化异常时，可以通过引入正则表达式来判断其是否为数字来解决这个问题，代码如下：

```java
import java.util.regex.Matcher;
import java.util.regex.Pattern;
public class Test7 {
  public static void main(String[ ] args) {
    String str = "1234abcf";
    Pattern p = Pattern.compile("^\\d+$");
    Matcher m = p.matcher(str);
    if (m.matches()) { // 如果str匹配代表数字的正则表达式,才会转换
      System.out.println(Integer.parseInt(str));
    }
  }
}
```

> **注意**
> - 在方法抛出异常之后,运行时系统将转为寻找合适的异常处理器(exception handler)。潜在的异常处理器是异常发生时依次存留在调用栈中的方法的集合。当异常处理器所能处理的异常类型与方法抛出的异常类型相符时,即为合适的异常处理器。
> - 运行时系统从发生异常的方法开始,依次回查调用栈中的方法,直至找到含有合适异常处理器的方法并执行。当运行时系统遍历调用栈而未找到合适的异常处理器,则运行时系统终止。同时,也意味着Java程序的终止。

6.3.4 CheckedException——已检查异常

所有不是RuntimeException的异常,统称为CheckedException,即"已检查异常",如IOException、SQLException等,以及用户自定义的Exception异常。这类异常在编译时就必须做出处理,否则无法通过编译。图6-9所示为一个CheckedException异常。

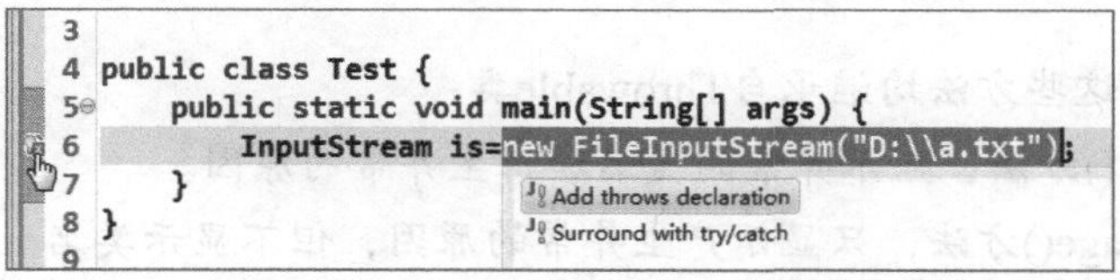

```
3
4  public class Test {
5      public static void main(String[] args) {
6          InputStream is=new FileInputStream("D:\\a.txt");
7      }
8  }
9
```
      图6-9 CheckedException异常

如图6-9所示,异常的处理方式有两种:使用try/catch捕获异常和使用throws声明异常。

6.4 异常的处理方式之一:捕获异常

捕获异常是通过3个关键词来实现的:try-catch-finally。用try来执行一段程序,如果出现异常,系统将抛出一个异常,可以通过它的类型来捕捉(catch)并处理它,最后一步是通过finally语句为异常处理提供一个统一的出口,finally所指定的代码都要被执行(catch语句可有多条,finally语句最多只能有一条,根据实际需要可有可无),如图6-10所示。

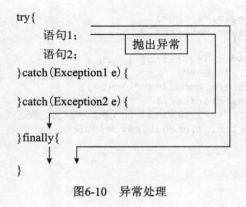

图6-10 异常处理

1. try-catch-finally处理过程解析

1）try

try语句指定了一段代码，该段代码就是异常捕获并处理的范围。在执行过程中，当任意一条语句产生异常时，就会跳过该条语句后面的代码。代码中可能会产生并抛出一种或几种类型的异常对象，它后面的catch语句要分别对这些异常做相应的处理。

一个try语句必须带有至少一个catch语句块或一个finally语句块。

> **注意**
> 当异常处理的代码执行结束以后，不会回到try语句去执行尚未执行的代码。

2）catch
- 每个try语句块可以伴随一个或多个catch语句，用于处理可能产生的不同类型的异常对象。
- 常用方法，这些方法均继承自Throwable类：
  - toString()方法，显示异常的类名和产生异常的原因。
  - getMessage()方法，只显示产生异常的原因，但不显示类名。
  - printStackTrace()方法，用来跟踪异常事件发生时堆栈的内容。
- catch捕获异常时的捕获顺序：如果异常类之间有继承关系，在顺序安排上需注意。越是顶层的类，越放在下面，或者直接把多余的catch省略掉。也就是先捕获子类异常再捕获父类异常。

3）finally
- 如果有些语句不管是否发生了异常，都必须要执行，那么就可以把这样的语句放到finally语句块中。
- 通常在finally中关闭程序块已打开的资源，例如关闭文件流，释放数据库连接等。

2. try-catch-finally语句块的执行过程

try-catch-finally程序块的执行流程以及执行结果比较复杂，基本执行过程如下。

程序首先执行可能发生异常的try语句块。如果try语句没有出现异常，则执行完后跳至

finally语句块执行；如果try语句出现异常，则中断执行并根据发生的异常类型跳至相应的catch语句块执行处理。catch语句块可以有多个，分别捕获不同类型的异常。catch语句块执行完后，程序会继续执行finally语句块。finally语句是可选的，如果有的话，则不管是否发生异常，finally语句都会被执行。

> **注意**
> - 即使try和catch块中存在return语句，finally语句也会执行，只是在执行完finally语句后再通过return退出。
> - finally语句块只有一种情况是不会执行的，即执行finally之前遇到了System.exit(0)结束程序运行。

【示例6-8】异常处理的典型代码（捕获异常）

```java
import java.io.FileNotFoundException;
import java.io.FileReader;
import java.io.IOException;
public class Test8 {
  public static void main(String[ ] args) {
    FileReader reader = null;
    try {
      reader = new FileReader("d:/a.txt");
      char c = (char) reader.read();
      char c2 = (char) reader.read();
      System.out.println("" + c + c2);
    } catch (FileNotFoundException e) {
      e.printStackTrace();
    } catch (IOException e) {
      e.printStackTrace();
    } finally {
      try {
        if (reader != null) {
          reader.close();
        }
      } catch (Exception e) {
        e.printStackTrace();
      }
    }
  }
}
```

6.5 异常的处理方式之二：声明异常（throws子句）

当CheckedException发生时，不一定需要立刻处理它，可以再把异常"声明"（throws）出去。

在方法中使用try-catch-finally是因为要用这个方法来处理异常。但是某些情况下，当前方法并不需要处理发生的异常，而是向上传递给调用它的方法来处理。

如果一个方法中可能产生某种异常，但是并不能确定如何处理这种异常，则应根据异常规范，在方法的首部声明该方法可能抛出的异常。

如果一个方法抛出多个已检查异常，就必须在方法的首部列出所有的异常，之间以逗号隔开。

【示例6-9】异常处理的典型代码（声明异常抛出throws）

```java
import java.io.FileNotFoundException;
import java.io.FileReader;
import java.io.IOException;
public class Test9 {
  public static void main(String[ ] args) {
    try {
      readFile("joke.txt");
    } catch (FileNotFoundException e) {
      System.out.println("所需文件不存在！");
    } catch (IOException e) {
      System.out.println("文件读写错误！");
    }
  }
  public static void readFile(String fileName) throws FileNotFoundException, IOException {
    FileReader in = new FileReader(fileName);
    int tem = 0;
    try {
      tem = in.read();
      while (tem != -1) {
        System.out.print((char) tem);
        tem = in.read();
      }
    } finally {
      in.close();
    }
  }
}
```

> **注意**
>
> 方法重写中声明异常原则：子类重写父类方法时，如果父类方法有异常声明，那么子类声明的异常范围不能超过父类声明的范围。

6.6 自定义异常

在程序中，可能会遇到JDK提供的任何标准异常类都无法充分描述清楚用户想要表达的问题，这种情况下可以创建自己的异常类，即自定义异常类。

自定义异常类只需从Exception类或者它的子类派生一个子类即可。

自定义异常类如果继承Exception类，则为受检查异常，必须对其进行处理；如果不想处理，可以让自定义异常类继承RuntimeException（运行时异常）类。

通常，自定义异常类应该包含两个构造器：一个是默认的构造器；另一个是带有详细信息的构造器。

【示例6-10】自定义异常类

```java
/*IllegalAgeException:非法年龄异常,继承Exception类*/
class IllegalAgeException extends Exception {
    //默认构造器
    public IllegalAgeException() {
    }
    //带有详细信息的构造器,信息存储在message中
    public IllegalAgeException(String message) {
        super(message);
    }
}
```

【示例6-11】自定义异常类的使用

```java
class Person {
    private String name;
    private int age;
    public void setName(String name) {
        this.name = name;
    }
    public void setAge(int age) throws IllegalAgeException {
        if (age < 0) {
            throw new IllegalAgeException("人的年龄不应该为负数");
        }
        this.age = age;
    }

    public String toString() {
        return "name is " + name + " and age is " + age;
    }
}
public class TestMyException {
    public static void main(String[ ] args) {
        Person p = new Person();
        try {
            p.setName("Lincoln");
            p.setAge(-1);
        } catch (IllegalAgeException e) {
            e.printStackTrace();
            System.exit(-1);
        }
        System.out.println(p);
    }
}
```

执行结果如图6-11所示。

```
IllegalAgeException: 人的年龄不应该为负数
        at Person.setAge(TestMyException.java:24)
        at TestMyException.main(TestMyException.java:38)
```

图6-11 示例6-11运行结果

使用异常机制的建议

- 要避免用异常处理来代替错误处理,这样会降低程序的清晰性,并且效率低下。
- 处理异常不可以代替简单测试,只在异常情况下使用异常机制。
- 不要进行小粒度的异常处理,应该将整个任务包装在一个try语句块中。
- 异常往往在高层处理(此处先了解,在后面的项目案例中会详述)。

6.7 如何利用百度解决异常问题

在正常的学习和开发过程中,我们经常会遇到各种异常。在遇到异常时,需要遵循下面四步来解决。

(1)仔细查看异常信息,确定异常种类和相关Java代码行号。
(2)复制异常信息到百度,查看相关帖子,寻找解决思路。
(3)前两步无法解决,再问同学或同事。
(4)前三步无法解决,请示领导。

很多同学碰到异常一下就慌了,立刻请教别人,搬救兵,殊不知这样做有两大坏处:第一,太不尊重别人,把别人当苦力;第二,失去自我提高的机会,自己解决一个异常,就意味着有能力解决一类异常,解决一类异常能大大提高自身的能力。

本章总结

(1) Error与Exception都继承自Throwable类。
(2) Error类层次描述了Java运行时系统内部错误和资源耗尽错误。
(3) Exception类是所有异常类的父类,其子类对应了各种各样可能出现的异常事件。
(4) 常见的异常类型:

- ArithmeticException;
- NullPointerException;
- ClassCastException;
- ArrayIndexOutOfBoundsException;
- NumberFormatException。

(5) 方法重写中声明异常的原则是,子类声明的异常范围不能超过父类声明的范围。
(6) 异常处理的方式:

- 捕获异常:try-catch-finally;
- 声明异常:throws。

(7) 自定义异常类只须从Exception类或者它的子类派生一个子类即可。

本章作业

一、选择题

1. 以下关于异常的代码的执行结果是（　　）（选择一项）。

```java
public class Test {
  public static void main(String args[ ]) {
    try {
      System.out.print("try");
      return;
    } catch(Exception e){
      System.out.print("catch");
    }finally {
      System.out.print("finally");
    }
  }
}
```

A. try catch finally   B. catch finally

C. try finally   D. try

2. 在异常处理中，如释放资源、关闭文件等由（　　）来完成（选择一项）。

A. try子句   B. catch子句

C. finally子句   D. throw子句

3. 阅读如下Java代码，其中错误的行是（　　）（选择二项）。

```java
public class Student {
  private String stuId;
  public void setStuId(String stuId) throw Exception {     //1
    if (stuId.length() != 4) {                             //2
      throws new Exception("学号必须为4位!");              //3
    } else {
      this.stuId = stuId;                                  //4
    }
  }
}
```

A. 1   B. 2

C. 3   D. 全部正确

4. 下面选项中属于运行时异常的是（　　）（选择二项）。

A. Exception和SexException

B. NullPointerException和InputMismatchException

C. ArithmeticException和ArrayIndexOutOfBoundsException

D. ClassNotFoundException和ClassCastException

5. 阅读如下Java代码，在控制台输入"-1"，执行结果是（　　）（选择一项）。

```java
public class Demo {
  public static void main(String[ ] args) {
```

```
            Scanner input = new Scanner(System.in);
            System.out.print("请输入数字:");
            try {
              int num = input.nextInt();
              if (num < 1 || num > 4) {
                  throw new Exception("必须在1～4之间！");
              }
            } catch (InputMismatchException e) {
              System.out.println("InputMismatchException");
            } catch (Exception e) {
              System.out.println(e.getMessage());
            }
          }
        }
```

  A. 输出：InputMismatchException   B. 输出：必须在1～4之间！
  C. 什么也没输出   D. 编译错误

二、简答题

1. Error和Exception的区别。
2. Checked异常和Runtime异常的区别。
3. 在Java异常处理中，关键字try、catch、finally、throw、throws分别代表什么含义？
4. throws和throw的区别。

三、编码题

1. 编写程序接收用户输入的分数信息，如果分数在0～100之间，输出成绩；如果成绩不在该范围内，则抛出异常信息，提示分数必须在0～100之间。
   要求：使用自定义异常实现。
2. 写一个方法void isTriangle(int a,int b,int c)，判断三个参数是否能构成一个三角形。 如果不能，则抛出异常IllegalArgumentException，显示异常信息："a，b，c不能构成三角形"；如果可以构成，则显示三角形的三个边长。在主方法中得到命令行输入的三个整数，调用此方法，并捕获异常。
3. 编写一个计算N个学生平均分数的程序。程序应该提示用户输入N的值，如何必须输入N个学生的分数。如果用户输入的分数是一个负数，则应该抛出一个异常并捕获，提示"分数必须是正数或者0"，并提示用户再次输入分数。

第 7 章 数组

7.1 数组概述

数组是相同类型数据的有序集合。数组描述的是相同类型的若干个数据，按照一定的先后次序排列组合而成的集合。其中，每一个数据称作一个元素，每个元素可以通过一个索引（下标）来访问它们。数组的三个基本特点是：

（1）长度是确定的。数组一旦被创建，它的大小就是不可改变的。
（2）每个元素必须是相同类型，不允许出现混合类型。
（3）数组类型可以是任何数据类型，包括基本类型和引用类型。
（4）数组变量属于引用类型。

老鸟建议

数组变量属于引用类型，数组也可以看成是对象，数组中的每个元素相当于该对象的成员变量。数组本身就是对象，由于Java中的对象是在堆中存储的，因此数组无论保存原始类型还是其他对象类型，数组对象本身是在堆中存储的。

7.2 创建数组和初始化

数组的创建和初始化是数组使用的第一步，通过内存分析可以更深入地了解数组。同时，通过内存分析可以更加清楚地知道数组的本质其实还是对象。

7.2.1 数组声明

【示例7-1】数组的声明方式（以一维数组为例）

```
type[ ] arr_name;  //方式一(推荐使用这种方式)
type arr_name[ ];  //方式二
```

> **注意**
> - 声明数组的时候并没有实例化任何对象,只有在实例化数组对象时,JVM才分配空间,这时才与长度有关。
> - 声明一个数组的时候并没有真正创建数组。
> - 构造一个数组,必须指定长度。

【示例7-2】创建基本类型一维数组

```java
public class Test {
  public static void main(String args[ ]) {
    int[ ] s = null;              //声明数组
    s = new int[10];              //给数组分配空间
    for (int i = 0; i < 10; i++) {
      s[i] = 2 * i + 1;           //给数组元素赋值
      System.out.println(s[i]);
    }
  }
}
```

图7-1所示为基本类型数组的内存分配示意图。

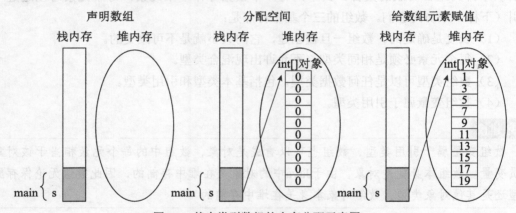

图7-1 基本类型数组的内存分配示意图

【示例7-3】创建引用类型一维数组

```java
class Man{
  private int age;
  private int id;
  public Man(int id,int age) {
    super();
    this.age = age;
    this.id = id;
  }
}
public class AppMain {
  public static void main(String[ ] args) {
    Man[ ] mans;             //声明引用类型数组
```

```
        mans = new Man[10];    //给引用类型数组分配空间
        Man m1 = new Man(1,11);
        Man m2 = new Man(2,22);
        mans[0]=m1;             //给引用类型数组元素赋值
        mans[1]=m2;             //给引用类型数组元素赋值
    }
}
```

图7-2所示为引用类型数组内存分配示意图。

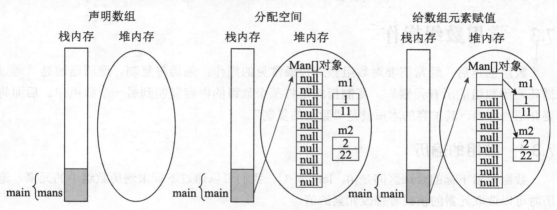

图7-2 引用类型数组内存分配图

7.2.2 初始化

数组的初始化方式共有三种：静态初始化、动态初始化和默认初始化。下面针对这三种方式分别讲解。

1. 静态初始化

除了用new关键字来产生数组以外，还可以直接在定义数组的同时就为数组元素分配空间并赋值。

【示例7-4】数组的静态初始化

```
int [ ] a = { 1,2,3 };                              //静态初始化基本类型数组
Man[ ] mans = { new Man(1,1),new Man(2,2) };//静态初始化引用类型数组
```

2. 动态初始化

动态初始化是指，数组定义与为数组元素分配空间并赋值的操作分开进行。

【示例7-5】数组的动态初始化

```
int[ ] a1 = new int[2];//动态初始化数组,先分配空间
a1[0]=1;               //给数组元素赋值
a1[1]=2;               //给数组元素赋值
```

3. 数组的默认初始化

数组是引用类型，它的元素相当于类的实例变量，因此数组一经分配空间，其中的每个元素也被按照与实例变量相同的方式隐式初始化。

【示例7-6】数组的默认初始化

```java
int a2[ ] = new int[2];              //默认值:0,0
boolean[ ] b = new boolean[2];       //默认值:false,false
String[ ] s = new String[2];         //默认值:null, null
```

7.3 常用数组操作

数组创建后，经常需要对数组做两种最常见的操作：遍历与复制。遍历指的是"通过循环遍历数组的所有元素"。复制指的是将某个数组的内容复制到另一个数组中。后面将要介绍的容器，其扩容的本质就是"数组的复制"。

7.3.1 数组的遍历

数组元素下标的合法区间是[0，length-1]。我们可以通过下标来遍历数组中的元素，遍历时可以读取元素的值或者修改元素的值。

【示例7-7】使用循环初始化和遍历数组

```java
public class Test {
  public static void main(String[ ] args) {
    int[ ] a = new int[4];
    //初始化数组元素的值
    for(int i=0;i<a.length;i++){
      a[i] = 100*i;
    }
    //读取元素的值
    for(int i=0;i<a.length;i++){
      System.out.println(a[i]);
    }
  }
}
```

执行结果如图7-3所示。

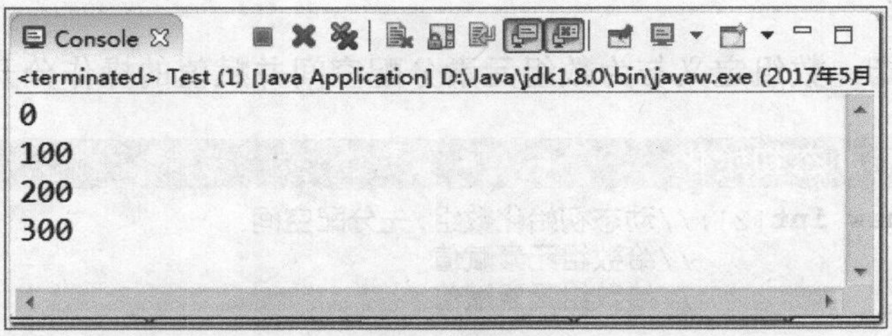

```
0
100
200
300
```

图7-3 示例7-7运行结果

7.3.2 for-each循环

增强for循环for-each是JDK 1.5新增加的功能，专门用于读取数组或集合中所有的元素，即对数组进行遍历。

【示例7-8】使用增强for循环遍历数组

```java
public class Test {
  public static void main(String[ ] args) {
    String[ ] ss = {"aa","bbb","ccc","ddd" };
    for(String temp : ss) {
      System.out.println(temp);
    }
  }
}
```

执行结果如图7-4所示。

图7-4　示例7-8运行结果

> **注意**
> - for-each增强for循环在遍历数组过程中不能修改数组中某元素的值。
> - for-each仅适用于遍历，不涉及有关索引（下标）的操作。

7.3.3 数组的复制

System类里也包含了一个static void arraycopy(object src,int srcpos,object dest,int destpos,int length)方法，该方法可以将src数组里的元素值赋给dest数组的元素，其中参数srcpos用于指定从src数组的第几个元素开始赋值，参数length指定将src数组的多少个元素赋给dest数组的元素。

【示例7-9】数组的复制

```java
public class Test {
  public static void main(String args[ ]) {
    String[ ] s = {"阿里","尚学堂","京东","搜狐","网易"};
    String[ ] sBak = new String[6];
    System.arraycopy(s,0,sBak,0,s.length);
    for (int i = 0; i < sBak.length; i++) {
      System.out.print(sBak[i]+ "\t");
```

```
      }
    }
}
```

执行结果如图7-5所示。

图7-5 示例7-9运行结果

7.3.4 java.util.Arrays类

JDK提供的java.util.Arrays类包含了常用的数组操作,为日常开发提供了方便。Arrays类包含了排序、查找、填充、打印内容等常见的操作。

【示例7-10】使用Arrays类输出数组中的元素

```java
import java.util.Arrays;
public class Test {
  public static void main(String args[ ]) {
    int[ ] a = { 1, 2 };
    System.out.println(a);                       //打印数组引用的值
    System.out.println(Arrays.toString(a));      //打印数组元素的值
  }
}
```

执行结果如图7-6所示。

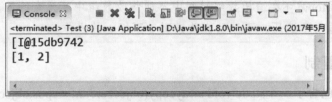

图7-6 示例7-10运行结果

菜鸟雷区

此处的Arrays.toString()方法是Arrays类的静态方法,不是前面讲的Object的toString()方法。

【示例7-11】使用Arrays类对数组元素进行排序一

```java
import java.util.Arrays;
public class Test {
  public static void main(String args[ ]) {
    int[ ] a = {1,2,323,23,543,12,59};
```

```
      System.out.println(Arrays.toString(a));
      Arrays.sort(a);
      System.out.println(Arrays.toString(a));
   }
}
```

执行结果如图7-7所示。

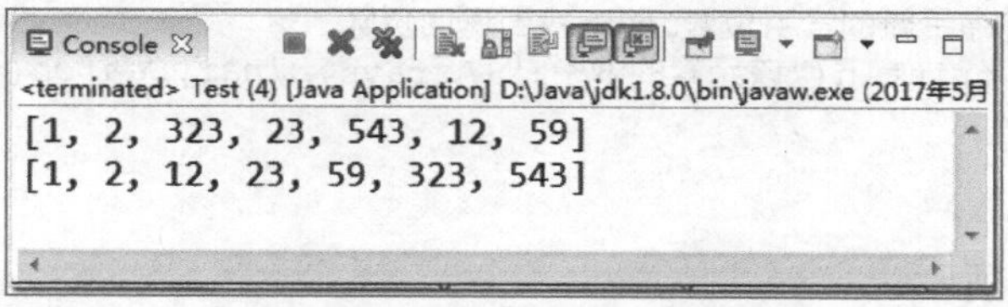

```
[1, 2, 323, 23, 543, 12, 59]
[1, 2, 12, 23, 59, 323, 543]
```

图7-7　示例7-11运行结果

【示例7-12】 使用Arrays类对数组元素进行排序二（Comparable接口的应用）

```
import java.util.Arrays;
public class Test {
  public static void main(String[ ] args) {
    Man[ ] msMans = { new Man(3, "a"), new Man(60, "b"), new Man(2, "c") };
    Arrays.sort(msMans);
    System.out.println(Arrays.toString(msMans));
  }
}
class Man implements Comparable {
  int age;
  int id;
  String name;

  public Man(int age, String name) {
    super();
    this.age = age;
    this.name = name;
  }
  public String toString() {
    return this.name;
  }
  public int compareTo(Object o) {
    Man man = (Man) o;
    if (this.age < man.age) {
      return -1;
    }
    if (this.age > man.age) {
      return 1;
    }
    return 0;
  }
}
```

【示例7-13】使用Arrays类实现二分法查找法

```java
import java.util.Arrays;
public class Test {
  public static void main(String[ ] args) {
    int[ ] a = {1,2,323,23,543,12,59};
    System.out.println(Arrays.toString(a));
    Arrays.sort(a);    //使用二分法查找,必须先对数组进行排序
    System.out.println(Arrays.toString(a));
        //返回排序后新的索引位置,若未找到返回负数
    System.out.println("该元素的索引:"+Arrays.binarySearch(a, 12));
  }
}
```

执行结果如图7-8所示。

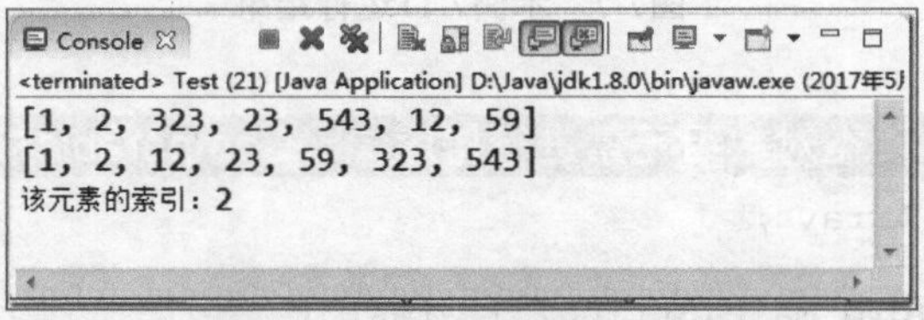

```
[1, 2, 323, 23, 543, 12, 59]
[1, 2, 12, 23, 59, 323, 543]
该元素的索引：2
```

图7-8　示例7-13运行结果

【示例7-14】使用Arrays类对数组进行填充

```java
import java.util.Arrays;
public class Test {
  public static void main(String[ ] args) {
    int[ ] a= {1,2,323,23,543,12,59};
    System.out.println(Arrays.toString(a));
    Arrays.fill(a, 2, 4, 100);   //将2到4索引的元素替换为100
    System.out.println(Arrays.toString(a));
  }
}
```

执行结果如图7-9所示。

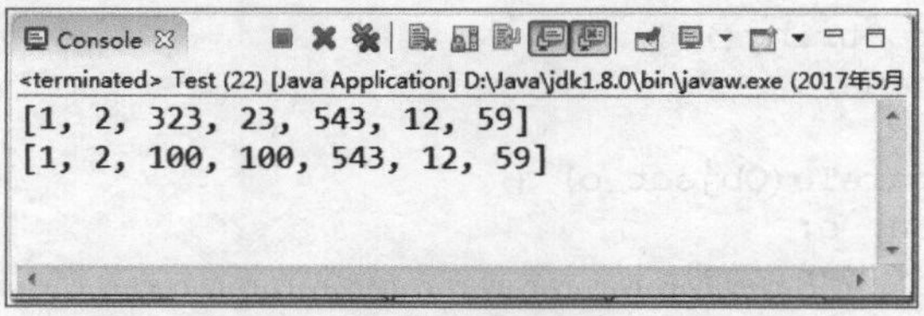

```
[1, 2, 323, 23, 543, 12, 59]
[1, 2, 100, 100, 543, 12, 59]
```

图7-9　示例7-14运行结果

7.4　多维数组

多维数组可以看成以数组为元素的数组。它可以有二维、三维,甚至更多维数组,但是在实际开发中用得非常少,最多用到二维数组(学会使用容器后,一般使用容器,二维数组都很少使用)。

【示例7-15】二维数组的声明

```java
public class Test {
    public static void main(String[ ] args) {
        //Java中多维数组的声明和初始化应按从低维到高维的顺序进行
        int[ ][ ] a = new int[3][ ];
        a[0] = new int[2];
        a[1] = new int[4];
        a[2] = new int[3];
        // int a1[ ][ ]=new int[ ][4];非法
    }
}
```

【示例7-16】二维数组的静态初始化

```java
public class Test {
    public static void main(String[ ] args) {
        int[ ][ ] a = { { 1, 2, 3 }, { 3, 4 }, { 3, 5, 6, 7 } };
        System.out.println(a[2][3]);
    }
}
```

图7-10所示为示例7-16的内存分配示意图。

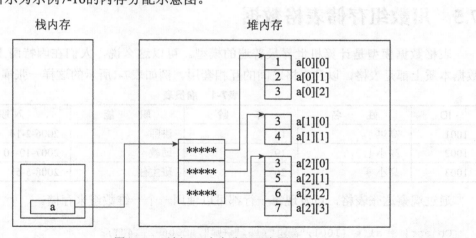

图7-10 示例7-16内存分配示意图

【示例7-17】二维数组的动态初始化

```java
import java.util.Arrays;
public class Test {
    public static void main(String[ ] args) {
        int[ ][ ] a = new int[3][ ];
        // a[0] = {1,2,5}; 错误,没有声明类型就初始化
        a[0] = new int[ ] { 1, 2 };
        a[1] = new int[ ] { 2, 2 };
        a[2] = new int[ ] { 2, 2, 3, 4 };
        System.out.println(a[2][3]);
        System.out.println(Arrays.toString(a[0]));
        System.out.println(Arrays.toString(a[1]));
```

```
        System.out.println(Arrays.toString(a[2]));
    }
}
```

执行结果如图7-11所示。

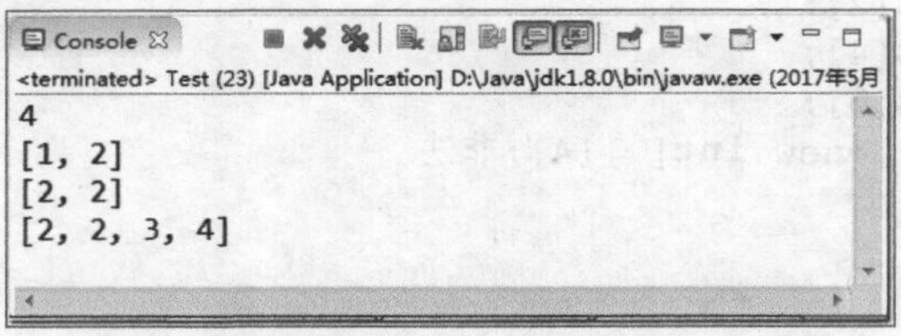

图7-11 示例7-17运行结果

【示例7-18】获取数组长度

```
//获取的二维数组第一维数组的长度
System.out.println(a.length);
//获取第二维第一个数组长度
System.out.println(a[0].length);
```

7.5 用数组存储表格数据

表格数据模型是计算机世界最普遍的模型。可以这么说，人们在因特网上看到的所有数据本质上都是表格，以及表格之间的互相套用。例如表7-1所示的这样一张雇员表。

表7-1 雇员表

ID	姓　　名	年　　龄	职　　能	入 职 日 期
1001	高淇	18	讲师	2006-2-14
1002	高小七	19	助教	2007-10-10
1003	高小琴	20	班主任	2008-5-5

通过观察这张表格，可发现每一行都可以使用一个一维数组来存储。

```
Object[ ] a1 = {1001,"高淇",18,"讲师","2006-2-14"};
Object[ ] a2 = {1002,"高小七",19,"助教","2007-10-10"};
Object[ ] a3 = {1003,"高小琴",20,"班主任","2008-5-5"};
```

> **注意**
>
> 此处基本数据类型"1001"本质不是Object对象。Java编译器会把基本数据类型"自动装箱"成包装类对象。下一章将介绍包装类的相关知识。

这样只需要再定义一个二维数组，将上面3个数组放入即可：

```
Object[ ][ ]  emps = new Object[3][ ];
emps[0] = a1;
emps[1] = a2;
emps[2] = a3;
```

【示例7-19】使用二维数组保存表格数据

```java
import java.util.Arrays;
public class Test {
    public static void main(String[] args) {
        Object[] a1 = {1001,"高淇",18,"讲师","2006-2-14"};
        Object[] a2 = {1002,"高小七",19,"助教","2007-10-10"};
        Object[] a3 = {1003,"高小琴",20,"班主任","2008-5-5"};
        Object[][] emps = new Object[3][];
        emps[0] = a1;
        emps[1] = a2;
        emps[2] = a3;
        System.out.println(Arrays.toString(emps[0]));
        System.out.println(Arrays.toString(emps[1]));
        System.out.println(Arrays.toString(emps[2]));
    }
}
```

执行结果如图7-12所示。

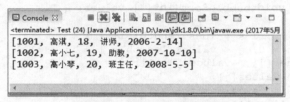

图7-12　示例7-19运行结果

7.6　冒泡排序算法

冒泡排序是最常用的排序算法，在笔试中也很常见，能手写出冒泡排序算法可以说是基本的编程素养。本节将讲解冒泡排序的基础算法和优化算法，一方面提高大家编写算法的能力，另一方面也可以从容面对应聘时的Java笔试题目。

7.6.1　冒泡排序的基础算法

冒泡排序算法的原理是：重复地访问要排序的数列，一次比较两个元素，如果它们的顺序错误就把它们交换过来，这样越大的元素会经由交换慢慢"浮"到数列的顶端。

冒泡排序算法的运作步骤如下：

（1）比较相邻的元素。如果第一个比第二个大，就交换二者。

（2）对每一对相邻元素做同样的工作，从开始的第一对到结尾的最后一对。完成这一步，最后的元素应该是最大的数。

（3）针对所有的元素重复以上的步骤，除了最后一个。

（4）持续对越来越少的元素重复上面的步骤，直到没有任何一对数字需要比较。

大家可以用如上思想，将图7-13所示的人按照身高从低到高重新排列。

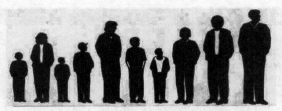

图7-13　身高图

【示例7-20】冒泡排序的基础算法

```java
import java.util.Arrays;
public class Test {
    public static void main(String[] args) {
        int[] values = { 3, 1, 6, 2, 9, 0, 7, 4, 5, 8 };
        bubbleSort(values);
        System.out.println(Arrays.toString(values));
    }
    public static void bubbleSort(int[] values) {
        int temp;
        for (int i = 0; i < values.length; i++) {
            for (int j = 0; j < values.length - 1 - i; j++) {
                if (values[j] > values[j + 1]) {
                    temp = values[j];
                    values[j] = values[j + 1];
                    values[j + 1] = temp;
                }
            }
        }
    }
}
```

执行结果如图7-14所示。

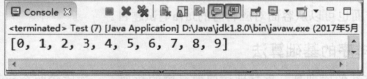

图7-14　示例7-20运行结果

7.6.2　冒泡排序的优化算法

将7.6.1节的冒泡排序算法优化一下，可以看到冒泡排序有如下特点。

（1）整个数列分成两部分，前面是无序数列，后面是有序数列。

（2）初始状态下，整个数列都是无序的，有序数列是空。

（3）每一次循环可以让无序数列中最大的数排到最后（有序数列的元素个数增加1），也就是不用再去顾及有序序列。

（4）每一次循环都从数列的第一个元素开始进行比较，依次比较相邻的两个元素，比较到无序数列的末尾即可(而不是数列的末尾)。如果前一个元素的值大于后一个,则两者交换。

(5)每一次判断数组元素是否发生了交换,如果没有发生,则说明此时数组已经有序,无需再进行后续比较了,此时可以中止比较。

【示例7-21】冒泡排序的优化算法

```java
import java.util.Arrays;
public class Test1 {
  public static void main(String[ ] args) {
    int[ ] values = { 3, 1, 6, 2, 9, 0, 7, 4, 5, 8 };
    bubbleSort(values);
    System.out.println(Arrays.toString(values));
  }
  public static void bubbleSort(int[ ] values) {
    int temp;
    int i;
    //外层循环:n个元素排序,则至多需要n-1次循环
    for(i = 0; i < values.length - 1; i++) {
      //定义一个布尔类型的变量,标记数组是否已达到有序状态
      boolean flag = true;
      /*内层循环:每一次循环都从数列的前两个元素开始进行比较,比较到无序数组的最后*/
      for(int j = 0; j < values.length - 1 - i; j++) {
        //如果前一个元素大于后一个元素,则交换两元素的值
        if(values[j] > values[j + 1]) {
          temp = values[j];
          values[j] = values[j + 1];
          values[j + 1] = temp;
          //本次发生了交换,表明该数组在本次循环处于无序状态,需要继续比较
          flag = false;
        }
      }
      //根据标记量的值判断数组是否有序,如果有序,则退出;无序,则继续循环
      if(flag) {
        break;
      }
    }
  }
}
```

执行结果如图7-15所示。

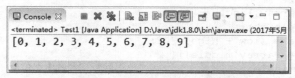

图7-15 示例7-21运行结果

7.7 二分法检索

二分法检索(binary search)又称折半检索。二分法检索的基本思想是假设数组中的元

素从小到大有序地存放在数组（array）中，首先将给定值key与数组中间位置上元素的关键码（key）进行比较，如果相等，则检索成功；否则，若key小则在数组的前半部分中继续进行二分法检索；若key大，则在数组的后半部分中继续进行二分法检索。

这样，经过一次比较就缩小了一半的检索区间，如此进行下去，直到检索成功或检索失败。

二分法检索是一种效率较高的检索方法。例如，要在数组[7，8，9，10，12，20，30，40，50，80，100]中查询值为10的元素，检索过程如图7-16所示。

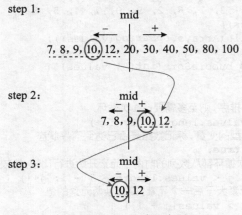

图7-16　二分法示意图

【示例7-22】二分法检索的基本算法

```java
import java.util.Arrays;
public class Test {
    public static void main(String[ ] args) {
        int[ ] arr = { 30,20,50,10,80,9,7,12,100,40,8};
        int searchWord = 20;                    //所要查找的数
        Arrays.sort(arr);                       //二分法检索之前,一定要对数组元素排序
        System.out.println(Arrays.toString(arr));
        System.out.println(searchWord+"元素的索引:"+binarySearch(arr, searchWord));
    }
    public static int binarySearch(int[ ] array, int value){
        int low = 0;
        int high = array.length - 1;
        while(low <= high){
            int middle = (low + high) / 2;
            if(value == array[middle]){
                return middle;                  //返回查询到的索引位置
            }
            if(value > array[middle]){
                low = middle + 1;
            }
            if(value < array[middle]){
                high = middle - 1;
            }
```

```
    }
    return -1;                    //上面的循环完毕,说明未找到,返回-1
  }
}
```

执行结果如图7-17所示。

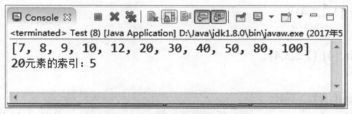

图7-17　示例7-22运行结果

（1）数组是相同类型数据的有序集合。
（2）数组的四个基本特点：
- 其长度是确定的；
- 其元素必须是相同类型；
- 可以存储基本数据类型和引用数据类型；
- 数组变量属于引用类型。

（3）一维数组的声明方式：
- type[ ] arr_name；（推荐使用这种方式)
- type arr_name[ ]。

（4）数组的初始化：静态初始化、动态初始化和默认初始化。
（5）数组的长度：数组名.length，下标的合法区间[0，数组名.length-1]。
（6）数组的复制，使用System类中的static void arraycopy(object src,int srcpos,object dest, int destpos,int length)方法。
（7）java.util.Arrays类包括的常用数组操作：
- 数组打印：Arrays.toString(数组名)；
- 数组排序：Arrays.sort(数组名)；
- 二分法检索：Arrays.binarySearch(数组名，查找的元素)。

（8）二维数组的声明方式：
- type[ ][ ]arr_name=new type[length][ ]；
- type arr_name[ ][ ]=new type[length][length]。

本章作业

一、选择题

1. 在Java中，以下程序段能正确为数组赋值的是（　　）（选择二项）。
   A. int a[ ]={1,2,3,4};
   B. int b[4]={1,2,3,4};
   C. int c[ ];
      c=new int[4] {1,2,3,4};
   D. int d[ ];
      d=new int[ ]{1,2,3,4};

2. 已知表达式int [ ] m={0,1,2,3,4,5,6};，下面（　　）表达式的值与数组最大下标数相等（选择一项）。
   A. m.length()　　　　　　　　　　　B. m.length-1
   C. m.length()+1　　　　　　　　　　D. m.length+1

3. 在Java中，以下定义数组的语句中正确的是（　　）（选择二项）。
   A. int t[10]=new int[ ];　　　　　　B. char [ ]a=new char[ ];
   C. String [ ] s=new String [10];　　　D. double[ ] d [ ]=new double [4][ ];

4. 分析下面的Java源程序，编译后的运行结果是（　　）（选择一项）。

```java
import java.util.*;
public class Test {
  public static void main(String[ ] args) {
    int [ ] numbers=new int[ ]{1,2,3};
    System.out.println(Arrays.binarySearch(numbers, 2));
  }
}
```

   A. 输出：0　　　　　　　　　　　　B. 输出：1
   C. 输出：2　　　　　　　　　　　　D. 输出：3

5. 以下选项中能够正确创建一个数组的是（　　）（选择二项）。
   A. float [ ]f[ ] = new float[6][6];　　　B. float f[ ][ ] = new float[ ][ ];
   C. float [6][ ]f = new float[6][6];　　　D. float [ ][ ]f = new float[6][ ];

二、简答题

1. 数组的特点。
2. 数组的优缺点。
3. 冒泡排序的算法。
4. 数组的三种初始化方式是什么？

三、编码题

1. 数组查找操作。定义一个长度为10 的一维字符串数组，在每一个元素中存放一个单词；在运行时从命令行输入一个单词，程序判断数组中是否包含这个单词，包含这个单词就打印出"Yes"，不包含则打印出"No"。

2. 获取数组中的最大值和最小值。利用Java中Math类的random()方法，编写函数得到0~n之间的随机数，n是参数。在50个随机数中找出最大与最小的数，并统计大余等于60的数有多少个。

提示：使用 int num=(int) (n*Math.random())获取随机数。

3. 数组逆序操作。定义长度为10的数组，将数组元素对调并输出对调前后的结果。

思路：把0索引和arr.length-1的元素交换，把1索引和arr.length-2的元素交换……只要交换到arr.length/2的时候即可。

第 8 章 常用类

8.1 基本数据类型的包装类

前面学习的八种基本数据类型并不是对象,为了实现基本数据类型和对象之间的互相转化,JDK为每个基本数据类型都提供了相应的包装类。

8.1.1 包装类的基本知识

Java是面向对象的语言,但并不是"纯面向对象"的,因为经常用到的基本数据类型就不是对象。在实际应用中,为了便于操作,经常需要将基本数据转化成对象,例如将基本数据类型存储到Object[ ]数组或集合中的操作等。

为了解决这个不足,Java在设计类时为每个基本数据类型设计了一个与之对应的类,这8个和基本数据类型对应的类统称为包装类(Wrapper Class)。

包装类均位于java.lang包,8种包装类和基本数据类型的对应关系如表8-1所示。

表8-1 基本数据类型对应的包装类

基本数据类型	包 装 类
byte	Byte
boolean	Boolean
short	Short
char	**Character**
int	**Integer**
long	Long
float	Float
double	Double

这8个类的类名,除Integer和Character类以外,其他6个类的类名和基本数据类型一致,只有类名的第一个字母是大写而已。

在这8个类中,除Character和Boolean类以外,其他类都是"数字型","数字型"都是

java.lang.Number的子类;由于Number类是抽象类,因此它的所有子类必须实现它的抽象方法。Number类提供的抽象方法有intValue()、longValue()、floatValue()、doubleValue(),这意味着所有"数字型"的包装类都可以互相转型,如图8-1和图8-2所示。

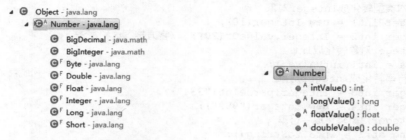

图8-1　Number类的子类　　　　　　图8-2　Number类的抽象方法

下面通过一个简单的示例认识一下包装类。

【示例8-1】初识包装类

```java
public class WrapperClassTest {
  public static void main(String[ ] args) {
    Integer i = new Integer(10);
    Integer j = new Integer(50);
  }
}
```

示例8-1的内存分析如图8-3所示。

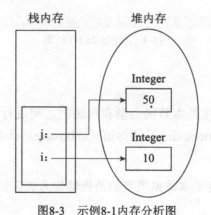

图8-3　示例8-1内存分析图

8.1.2　包装类的用途

对于包装类来说,其主要用途包括两种:

(1)作为和基本数据类型对应的类型存在,方便涉及到对象的操作,如Object[ ]、集合等。

(2)包含每种基本数据类型的相关属性,如最大值和最小值等,以及相关的操作方法。这些操作方法的作用是在基本数据类型、包装类对象、字符串之间相互转化。

【示例8-2】包装类的使用

```java
public class Test {
    /*测试Integer的用法,其他包装类与Integer类似*/
    void testInteger() {
        //基本类型转化成Integer对象
        Integer int1 = new Integer(10);
        Integer int2 = Integer.valueOf(20); //官方推荐这种写法
        //Integer对象转化成int
        int a = int1.intValue();
        //字符串转化成Integer对象
        Integer int3 = Integer.parseInt("334");
        Integer int4 = new Integer("999");
        //Integer对象转化成字符串
        String str1 = int3.toString();
        //一些常见int类型相关的常量
        System.out.println("int能表示的最大整数:" + Integer.MAX_VALUE);
    }
    public static void main(String[] args) {
        Test test = new Test();
        test.testInteger();
    }
}
```

执行结果如图8-4所示。

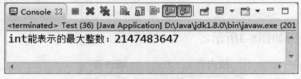

图8-4 示例8-2运行结果

8.1.3 自动装箱和拆箱

自动装箱和拆箱就是指在基本数据类型和包装类之间进行自动地转换。在JDK1.5版本后,Java引入了自动装箱(autoboxing)和拆箱(unboxing)概念。

1. 自动装箱

自动装箱是指Java自动将基本数据类型的数据转化为相应的包装类对象,而不需要手动转换。

以Integer为例:在JDK1.5以前,像代码 Integer i = 5这种写法是错误的,必须要通过像Integer i = new Integer(5) 这样的语句来实现将基本数据类型转换成包装类的过程;而在JDK1.5以后,Java提供了自动装箱功能,因此只须像Integer i = 5这样的语句就能将基本数据类型转换成包装类,这是因为JVM自动执行了Integer i = Integer.valueOf(5)这样的操作,这就是Java的自动装箱机制。

2. 自动拆箱

自动装箱的反过程,相应的包装类对象自动转化为基本数据类型的数据,而不需要手动转换。如"Integer i = 5; int j = i;"这样的过程就是自动拆箱。

用一句话总结自动装箱/拆箱就是，自动装箱过程是通过调用包装类的valueOf()方法来实现的，而自动拆箱过程则是通过调用包装类的×××Value()方法实现的（×××代表对应的基本数据类型，如intValue()、doubleValue()等）。

自动装箱与拆箱的功能事实上是借助编译器来实现的，编译器在编译时根据程序员编写的语法，决定是否进行装箱或拆箱动作，如示例8-3与示例8-4所示。

【示例8-3】自动装箱

```
Integer i = 100;//自动装箱
//相当于编译器自动为用户做以下的语法编译
Integer i = Integer.valueOf(100);
//调用的是valueOf(100),而不是new Integer(100)
```

【示例8-4】自动拆箱

```
Integer i = 100;
int j = i;//自动拆箱
//相当于编译器自动为用户做以下的语法编译
int j = i.intValue();
```

自动装箱与拆箱的功能就是所谓的"编译器蜜糖"（Compiler Sugar），这个功能虽然很方便，但在程序运行阶段需要程序员了解Java的语义。例如示例8-5所示的程序是可以编译通过的。

【示例8-5】包装类空指针异常问题

```
public class Test1 {
  public static void main(String[ ] args) {
    Integer i = null;
    int j = i;
  }
}
```

执行结果如图8-5所示。

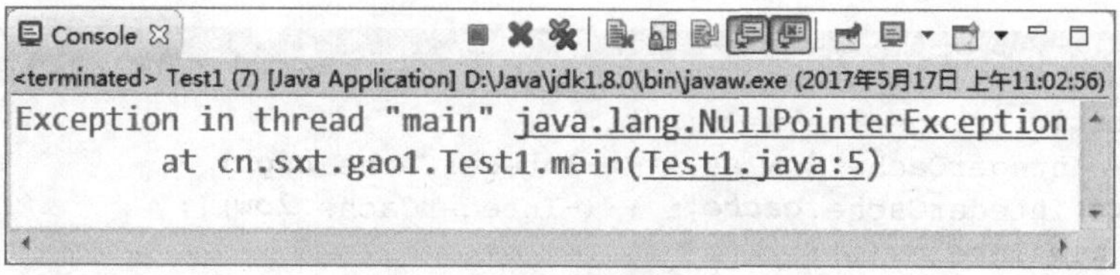

图8-5　示例8-5运行结果

示例8-5的运行结果之所以会出现空指针异常，是因为示例8-5中的代码相当于如下代码。

```
public class Test1 {
  public static void main(String[ ] args) {
    /*示例8-5的代码在编译期间是合法的,但是在运行期间会有错误因为其相当于下面两行
    代码*/
```

```
    Integer i = null;
    int j = i.intValue();
  }
}
```

null表示i没有指向任何对象的实体,但作为对象名称是合法的(不管这个对象名称是否指向了某个对象的实体)。由于实际上i并没有指向任何对象的实体,所以也就不可能操作intValue()方法,因此上面的写法在运行时就会出现NullPointerException错误。

【示例8-6】自动装箱与拆箱

```java
public class Test2 {
  /*
   * 测试自动装箱和拆箱  结论:虽然很方便,但是如果不熟悉特殊情况,可能会出错
   */
  public static void main(String[ ] args) {
    Integer b = 23;                    //自动装箱
    int a = new Integer(20);           //自动拆箱
    //下面的问题需要注意
    Integer c = null;
    int d = c;                         //此处其实就是:c.intValue(),因此抛空指针异常
  }
}
```

8.1.4 包装类的缓存问题

整型、char类型所对应的包装类在自动装箱时,对于-128~127之间的值会进行缓存处理,其目的是提高效率。

缓存处理的原理为:如果数据在-128~127这个区间,那么在类加载时就已经为该区间的每个数值创建了对象,并将这256个对象存放到一个名为cache的数组中。每当自动装箱过程发生时(或者手动调用valueOf()时),就会先判断数据是否在该区间,如果在则直接获取数组中对应的包装类对象的引用;如果不在该区间,则会通过new调用包装类的构造器来创建对象。

下面以Integer类为例,看一看Java提供的源码,以加深对缓存技术的理解。

【示例8-7】Integer类相关源码

```java
public static Integer valueOf(int i) {
  if(i >= IntegerCache.low && i <= IntegerCache.high)
    return IntegerCache.cache[i + (-IntegerCache.low)];
  return new Integer(i);
}
```

在这段代码中,需要解释下面两个问题:

(1)IntegerCache类为Integer类的一个静态内部类,仅供Integer类使用。

(2)一般情况下,IntegerCache.low为-128,IntegerCache.high为127,IntegerCache.cache为内部类的一个静态属性,如示例8-8所示。

【示例8-8】IntegerCache类相关源码

```java
private static class IntegerCache {
    static final int low = -128;
    static final int high;
    static final Integer cache[ ];
    static {
        //high value may be configured by property
        int h = 127;
        String integerCacheHighPropValue =
            sun.misc.VM.getSavedProperty("java.lang.Integer.IntegerCache.high");
        if (integerCacheHighPropValue != null) {
            try {
                int i = parseInt(integerCacheHighPropValue);
                i = Math.max(i, 127);
                //Maximum array size is Integer.MAX_VALUE
                h = Math.min(i, Integer.MAX_VALUE - (-low) -1);
            } catch( NumberFormatException nfe) {
                //If the property cannot be parsed into an int, ignore it.
            }
        }
        high = h;
        cache = new Integer[(high - low) + 1];
        int j = low;
        for(int k = 0; k < cache.length; k++)
            cache[k] = new Integer(j++);
        //range [-128, 127] must be interned (JLS7 5.1.7)
        assert IntegerCache.high >= 127;
    }
    private IntegerCache() {}
}
```

由上面的源码可以看到，静态代码块的目的是初始化数组cache，这个过程会在类加载时完成。

下面进行包装类的缓存测试。

【示例8-9】包装类的缓存测试

```java
public class Test3 {
    public static void main(String[ ] args) {
        Integer in1 = -128;
        Integer in2 = -128;
        System.out.println(in1 == in2);        //true,因为123在缓存范围内
        System.out.println(in1.equals(in2));//true
        Integer in3 = 1234;
        Integer in4 = 1234;
        System.out.println(in3 == in4);        //false,因为1234不在缓存范围内
        System.out.println(in3.equals(in4));//true
    }
}
```

执行结果如图8-6所示。

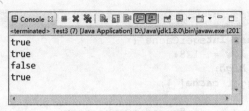

图8-6 示例8-9运行结果

示例8-9的内存分析如图8-7所示。

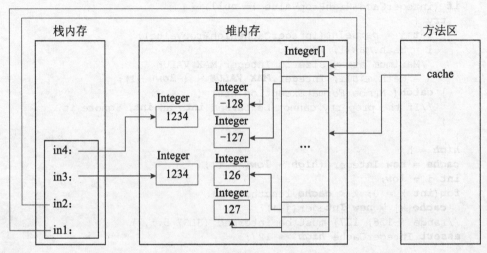

图8-7 示例8-9的内存分析图

> **注意**
> - JDK1.5以后的版本增加了自动装箱与拆箱功能，如：
>   Integer i = 100; int j = new Integer(100);
> - 自动装箱调用的是valueOf()方法，而不是new Integer()方法。
> - 自动拆箱调用的是xxxValue()方法。
> - 包装类在自动装箱时为了提高效率，对于-128~127之间的值会进行缓存处理。超过此范围后，对象之间不能再使用==进行数值比较，而应使用equals方法。

8.2 字符串相关类

String类、StringBuilder类、StringBuffer类是三个与字符串相关的类。String类对象代表不可变的字符序列，StringBuilder类和StringBuffer类代表可变字符序列。关于这三个类的详细用法，在笔试、面试以及实际开发中经常用到，必须掌握好它们。

8.2.1 String类

String类对象代表不可变的Unicode字符序列，因此可以将String对象称为"不可变对象"。不可变对象内部的成员变量的值无法改变。String类的源代码如图8-8所示。

```
public final class String
    implements java.io.Serializable, Comparable<String>, CharSequence
{
    /** The value is used for character storage. */
    private final char value[];

    /** The offset is the first index of the storage that is used. */
    private final int offset;

    /** The count is the number of characters in the String. */
    private final int count;
}
```

图8-8　String类的部分源码

由上述代码可知，字符串内容全部存储到value[ ]数组中，而变量value是final类型的，也就是常量（即只能被赋值一次），这就是"不可变对象"的典型定义方式。

在前面学习的String类的某些方法，例如substring()是对字符串的截取操作，但本质是读取原字符串内容并生成新字符串，测试代码如下。

【示例8-10】String类的简单使用

```java
public class TestString1 {
  public static void main(String[ ] args) {
    String s1 = new String("abcdef");
    String s2 = s1.substring(2, 4);
    //打印:ab199863
    System.out.println(Integer.toHexString(s1.hashCode()));
    //打印:c61，显然s1和s2不是同一个对象
    System.out.println(Integer.toHexString(s2.hashCode()));
  }
}
```

执行结果如图8-9所示。

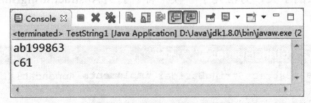

图8-9　示例8-10运行结果

在遇到字符串常量之间的拼接时，编译器会做出优化，即在编译期间就会完成字符串的拼接，因此在使用==进行String对象之间的比较时要特别注意。

【示例8-11】字符串常量拼接时的优化

```java
public class TestString2 {
  public static void main(String[ ] args) {
    //编译器做了优化,直接在编译的时候将字符串进行拼接
    String str1 = "hello" + " java";    //相当于str1 = "hello java"
    String str2 = "hello java";
```

```
        System.out.println(str1 == str2);   //true
        String str3 = "hello";
        String str4 = " java";
        //编译的时候不知道变量中存储的是什么,所以没办法在编译的时候优化
        String str5 = str3 + str4;
        System.out.println(str2 == str5);   //false
    }
}
```

执行结果如图8-10所示。

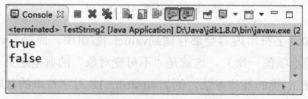

图8-10 示例8-11运行结果

String类常用的方法如下（5.11.4节中已讲过，此处不赘述）。

- 创建并返回一个新String对象的方法：concat()、replace()、substring()、toLowerCase()、toUpperCase()、trim()。
- 提供查找功能的方法：endsWith()、startsWith()、indexOf()、lastIndexOf()。
- 提供比较功能的方法：equals()、equalsIgnoreCase()、compareTo()。
- 其他方法：charAt()、length()。

8.2.2 StringBuffer和StringBuilder

StringBuffer和StringBuilder非常类似，均代表可变的字符序列。这两个类都是抽象类AbstractStringBuilder的子类，方法几乎一模一样。打开AbstractStringBuilder的源码，如示例8-12所示。

【示例8-12】AbstractStringBuilder 部分源码

```
abstract class AbstractStringBuilder implements Appendable, CharSequence {
    /*
     * The value is used for character storage.
     */
    char value[ ];
    //以下代码省略
}
```

显然，该源码内部也是一个字符数组，但这个字符数组没有用final修饰，随时可以修改。因此，StringBuilder和StringBuffer称之为"可变字符序列"，两者的区别如下。

- StringBuffer：JDK1.0版本提供的类，线程安全，做线程同步检查，效率较低。
- StringBuilder：JDK1.5版本提供的类，线程不安全，不做线程同步检查，因此效率较高，建议采用该类。

常用方法：
- 重载的public StringBuilder append(…)方法，可以为该StringBuilder对象添加字符序列，仍然返回自身对象。
- 方法public StringBuilder delete(int start,int end)，可以删除从start开始到end-1为止的一段字符序列，仍然返回自身对象。
- 方法public StringBuilder deleteCharAt(int index)，移除此序列指定位置上的char，仍然返回自身对象。
- 重载的public StringBuilder insert(…)方法，可以为该StringBuilder对象在指定位置插入字符序列，仍然返回自身对象。
- 方法public StringBuilder reverse()，用于将字符序列逆序，仍然返回自身对象。
- 方法public String toString()，返回此序列中数据的字符串表示形式。
- 和String类含义类似的方法有：

public int indexOf(String str)

public int indexOf(String str,int fromIndex)

public String substring(int start)

public String substring(int start,int end)

public int length( )

char charAt(int index)

【示例8-13】StringBuffer/StringBuilder基本用法

```java
public class TestStringBufferAndBuilder{
  public static void main(String[ ] args) {
    /*StringBuilder*/
    StringBuilder sb = new StringBuilder();
    for (int i = 0; i < 7; i++) {
      sb.append((char) ('a' + i));          //追加单个字符
    }
    System.out.println(sb.toString());       //转换成String输出
    sb.append(", I can sing my abc!");
    System.out.println(sb.toString());
    /*StringBuffer*/
    StringBuffer sb2 = new StringBuffer("北京尚学堂");
    sb2.insert(0, "爱").insert(0, "我");      //插入字符串
    System.out.println(sb2);
    sb2.delete(0, 2);                         //删除子字符串
    System.out.println(sb2);
    sb2.deleteCharAt(0).deleteCharAt(0);      //删除某个字符
    System.out.println(sb2.charAt(0));        //获取某个字符
    System.out.println(sb2.reverse());        //字符串逆序
  }
}
```

执行结果如图8-11所示。

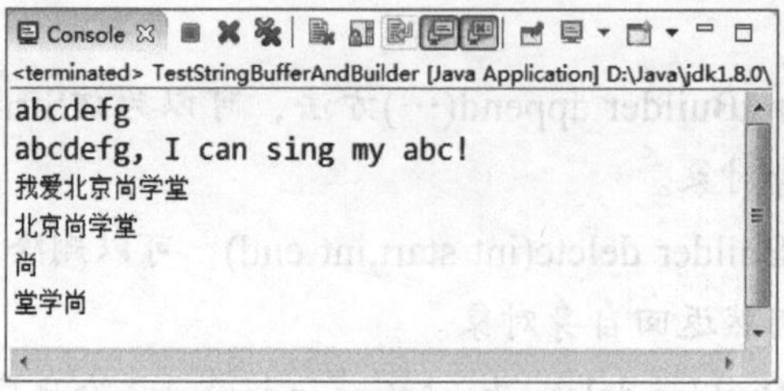

图8-11 示例8-13运行结果

8.2.3 不可变和可变字符序列使用陷阱

String一经初始化，就不会再改变其内容了。对String字符串的操作实际上是对其副本（原始拷贝）的操作，原来的字符串一点都没有改变。

例如String s ="a"创建了一个字符串，s= s+"b"实际上将原来的"a"字符串对象丢弃，现在又产生了另一个字符串s+"b"（也就是"ab"）。如果多次执行这些改变串内容的操作，会导致大量副本字符串对象存留在内存中，降低效率。如果将这样的操作放到循环中，会极大地影响程序的时间和空间性能，甚至会造成服务器的崩溃。

相反，StringBuilder和StringBuffer类是对原字符串本身操作的，可以对字符串进行修改而不产生副本或者产生少量的副本，因此可以在循环中使用。

【示例8-14】String和StringBuilder在字符串频繁修改时的效率测试

```java
public class Test {
    public static void main(String[ ] args) {
        /*使用String进行字符串的拼接*/
        String str8 = "";
        //本质上使用StringBuilder拼接,但是每次循环都会生成一个StringBuilder对象
        long num1 = Runtime.getRuntime().freeMemory();   //获取系统剩余内存空间
        long time1 = System.currentTimeMillis();          //获取系统的当前时间
        for(int i = 0; i < 5000; i++) {
            str8 = str8 + i;                              //相当于产生了10000个对象
        }
        long num2 = Runtime.getRuntime().freeMemory();
        long time2 = System.currentTimeMillis();
        System.out.println("String占用内存 : " + (num1 - num2));
        System.out.println("String占用时间 : " + (time2 - time1));
        /*使用StringBuilder进行字符串的拼接*/
        StringBuilder sb1 = new StringBuilder("");
        long num3 = Runtime.getRuntime().freeMemory();
        long time3 = System.currentTimeMillis();
        for (int i = 0; i < 5000; i++) {
            sb1.append(i);
        }
        long num4 = Runtime.getRuntime().freeMemory();
        long time4 = System.currentTimeMillis();
        System.out.println("StringBuilder占用内存 : " + (num3 - num4));
        System.out.println("StringBuilder占用时间 : " + (time4 - time3));
    }
}
```

执行结果如图8-12所示。

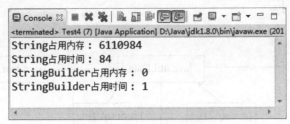

图8-12 示例8-14运行结果

> **要点**
> - String：不可变字符序列。
> - StringBuffer：可变字符序列，并且线程安全，但是效率低。
> - StringBuilder：可变字符序列，线程不安全，但是效率高（一般用它）。

8.3 时间处理相关类

时间是单向并且是一维的，所以需要一把刻度尺来表达和度量时间。在计算机世界，人们把1970年1月1日00：00：00定为基准时间，每个度量单位是毫秒（1秒的千分之一），如图8-13所示。

图8-13 计算机的时间概念

Java用long类型的变量来表示时间，从基准时间往前几亿年，往后几亿年都能表示。如果想获得现在时刻的"时刻数值"，可以使用下面的格式：

```
long now = System.currentTimeMillis();
```

这个"时刻数值"是所有时间类的核心值，年、月、日都是根据这个"数值"计算出来的。在工作学习中涉及到与时间相关的类如图8-14所示。

8.3.1 Date时间类（java.util.Date）

在标准Java类库中包含一个Date类（java.util.Date），它的对象表示一个特定的瞬间，精确到毫秒。

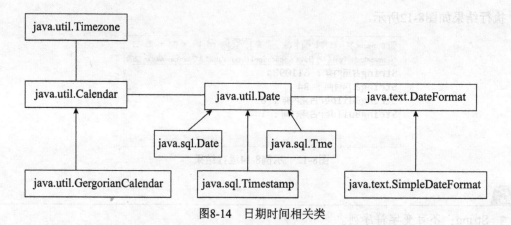

图8-14 日期时间相关类

- Date()：分配一个Date对象，并初始化此对象为系统当前的日期和时间，可以精确到毫秒。
- Date(long date)：分配 Date 对象并初始化此对象，以表示自从基准时间（称为"历元"（epoch），即1970年1月1日00:00:00 GMT）以来的指定毫秒数。
- boolean after(Date when)：测试此日期是否在指定日期之后。
- booleanbefore(Date when)：测试此日期是否在指定日期之前。
- boolean equals(Object obj)：比较两个日期的相等性。
- long getTime( )：返回自1970年1月1日00:00:00 GMT以来，此Date对象表示的毫秒数。
- String toString( )：把此Date对象转换为dow mon dd hh:mm:ss zzz yyyy形式的 String，其中dow是一周中的某一天（Sun、Mon、Tue、Wed、Thu、Fri、Sat）。

【示例8-15】Date类的使用

```java
import java.util.Date;
public class TestDate {
  public static void main(String[ ] args) {
    Date date1 = new Date();
    System.out.println(date1.toString());
    long i = date1.getTime();
    Date date2 = new Date(i - 1000);
    Date date3 = new Date(i + 1000);
    System.out.println(date1.after(date2));
    System.out.println(date1.before(date2));
    System.out.println(date1.equals(date2));
    System.out.println(date1.after(date3));
    System.out.println(date1.before(date3));
    System.out.println(date1.equals(date3));
    System.out.println(new Date(1000L * 60 * 60 * 24 * 365 * 39L).
          toString());
  }
}
```

执行结果如图8-15所示。

```
Console
<terminated> TestDate [Java Application] D:\Java\jdk1.8.0\bin\javaw.exe (201
Wed May 17 17:35:02 CST 2017
true
false
false
false
true
false
Mon Dec 22 08:00:00 CST 2008
```

图8-15 示例8-15运行结果

查看API文档可以看到,其实Date类中的很多方法都已经过时了。JDK1.1版本之前的Date包括日期操作、字符串转化成时间对象等操作。在JDK1.1版本之后,日期操作一般使用Calendar类,而字符串的转化使用DateFormat类。

8.3.2 DateFormat类和SimpleDateFormat类

DateFormat类的作用是把时间对象转化成指定格式的字符串。反之,则把指定格式的字符串转化成时间对象。

DateFormat是一个抽象类,一般使用它的子类SimpleDateFormat类来实现。

【示例8-16】 DateFormat类和SimpleDateFormat类的使用

```java
import java.text.ParseException;
import java.text.SimpleDateFormat;
import java.util.Date;
public class TestDateFormat {
  public static void main(String[ ] args) throws ParseException {
    //new出SimpleDateFormat对象
    SimpleDateFormat s1 = new SimpleDateFormat("yyyy-MM-dd hh:mm:ss");
    SimpleDateFormat s2 = new SimpleDateFormat("yyyy-MM-dd");
    //将时间对象转换成字符串
    String daytime = s1.format(new Date());
    System.out.println(daytime);
    System.out.println(s2.format(new Date()));
    System.out.println(new SimpleDateFormat("hh:mm:ss").format(new Date()));
    //将符合指定格式的字符串转换成时间对象,字符串格式需要和指定格式一致
    String time = "2007-10-7";
    Date date = s2.parse(time);
    System.out.println("date1: " + date);
    time = "2007-10-7 20:15:30";
    date = s1.parse(time);
    System.out.println("date2: " + date);
  }
}
```

执行结果如图8-16所示。

```
Console
<terminated> TestDateFormat [Java Application] D:\Java\jdk1.8.0\bin\javaw.e
2017-05-17 05:43:00
2017-05-17
05:43:00
date1: Sun Oct 07 00:00:00 CST 2007
date2: Sun Oct 07 20:15:30 CST 2007
```

图8-16　示例8-16运行结果

代码中格式化字符的具体含义，如表8-2所示。

表8-2　格式化字符的含义

字母	日期或时间元素	表示	示例
G	Era 标志符	Text	AD
y	年	Year	1996；96
M	年中的月份	Month	July；Jul；07
w	年中的周数	Number	27
W	月份中的周数	Number	2
D	年中的天数	Number	189
d	月份中的天数	Number	10
F	月份中的星期	Number	2
E	星期中的天数	Text	Tuesday；Tue
a	Am/pm 标记	Text	PM
H	一天中的小时数（0～23）	Number	0
k	一天中的小时数（1～24）	Number	24
K	am/pm 中的小时数（0～11）	Number	0
h	am/pm 中的小时数（1～12）	Number	12
m	小时中的分钟数	Number	30
s	分钟中的秒数	Number	55
S	毫秒数	Number	978
z	时区	General time zone	Pacific Standard Time；PST；GMT-08：00
Z	时区	RFC 822 time zone	0800

时间格式字符也可以为人们提供其他便利，例如获得当前时间是今年的第几天，代码如示例8-17所示。

【示例8-17】时间格式字符的使用

```java
import java.text.SimpleDateFormat;
import java.util.Date;
public class TestDateFormat2 {
    public static void main(String[ ] args) {
        SimpleDateFormat s1 = new SimpleDateFormat("D");
        String daytime = s1.format(new Date());
```

```
        System.out.println(daytime);
    }
}
```

执行结果如图8-17所示。

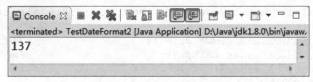

图8-17　示例8-17运行结果

8.3.3　Calendar日历类

Calendar类是一个抽象类，为人们提供了关于日期计算的相关功能，例如年、月、日、时、分、秒的展示和计算。

GregorianCalendar是Calendar的一个具体子类，提供了世界上大多数国家或地区使用的标准日历系统。

菜鸟雷区

注意月份的表示，一月是0，二月是1，依此类推，12月是11。由于大多数人习惯使用单词而不是使用数字来表示月份，这样的程序也许更易读，即父类Calendar使用常量来表示月份：JANUARY、FEBRUARY等。

【示例8-18】 GregorianCalendar类和Calendar类的使用

```java
import java.util.*;
public class TestCalendar {
  public static void main(String[ ] args) {
    //得到相关日期元素
    GregorianCalendar calendar = new GregorianCalendar(2999, 10, 9, 22, 10, 50);
    int year = calendar.get(Calendar.YEAR);           //打印:1999
    int month = calendar.get(Calendar.MONTH);         //打印:10
    int day = calendar.get(Calendar.DAY_OF_MONTH);    //打印:9
    int day2 = calendar.get(Calendar.DATE);           //打印:9
    //日:Calendar.DATE和Calendar.DAY_OF_MONTH同义
    int date = calendar.get(Calendar.DAY_OF_WEEK);    //打印:3
    //星期几 这里是:1-7.周日是1,周一是2,……周六是7
    System.out.println(year);
    System.out.println(month);
    System.out.println(day);
    System.out.println(day2);
    System.out.println(date);
    //设置日期
    GregorianCalendar calendar2 = new GregorianCalendar();
    calendar2.set(Calendar.YEAR, 2999);
    calendar2.set(Calendar.MONTH, Calendar.FEBRUARY);  //月份数:0-11
```

```
        calendar2.set(Calendar.DATE, 3);
        calendar2.set(Calendar.HOUR_OF_DAY, 10);
        calendar2.set(Calendar.MINUTE, 20);
        calendar2.set(Calendar.SECOND, 23);
        printCalendar(calendar2);
        //日期计算
        GregorianCalendar calendar3 = new GregorianCalendar(2999, 10, 9,
            22, 10, 50);
        calendar3.add(Calendar.MONTH, -7);                    //月份减7
        calendar3.add(Calendar.DATE, 7);                      //增加7天
        printCalendar(calendar3);
        //日历对象和时间对象转化
        Date d = calendar3.getTime();
        GregorianCalendar calendar4 = new GregorianCalendar();
        calendar4.setTime(new Date());
        long g = System.currentTimeMillis();
    }
    static void printCalendar(Calendar calendar) {
        int year = calendar.get(Calendar.YEAR);
        int month = calendar.get(Calendar.MONTH) + 1;
        int day = calendar.get(Calendar.DAY_OF_MONTH);
        int date = calendar.get(Calendar.DAY_OF_WEEK) - 1; //星期几
        String week = "" + ((date == 0) ? "日" : date);
        int hour = calendar.get(Calendar.HOUR);
        int minute = calendar.get(Calendar.MINUTE);
        int second = calendar.get(Calendar.SECOND);
        System.out.printf("%d年%d月%d日,星期%s %d:%d:%d\n", year, month, day,
                    week, hour, minute, second);
    }
}
```

执行结果如图8-18所示。

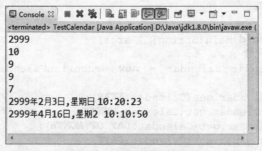

图8-18　示例8-18运行结果

利用GregorianCalendar类打印当前月份的日历，代码如示例8-19所示。假如今天的日期是2017-05-18，则今日所在月份的日历如图8-19所示。

【示例8-19】可视化日历的编写

```
import java.text.ParseException;
import java.util.Calendar;
import java.util.GregorianCalendar;
import java.util.Scanner;
public class TestCalendar2 {
```

```java
public static void main(String[ ] args) throws ParseException {
    System.out.println("请输入日期(格式为:2010-3-3):");
    Scanner scanner = new Scanner(System.in);
    String dateString = scanner.nextLine(); // 2010-3-1
    //将输入的字符串转化成日期类
    System.out.println("您刚刚输入的日期是:" + dateString);
    String[ ] str = dateString.split("-");
    int year = Integer.parseInt(str[0]);
    int month = new Integer(str[1]);
    int day = new Integer(str[2]);
    Calendar c = new GregorianCalendar(year, month - 1, day); //Month:0-11
    //大家自己补充另一种方式:将字符串通过SImpleDateFormat转化成Date对象
    //再将Date对象转化成日期类
    // SimpleDateFormat sdfDateFormat = new SimpleDateFormat("yyyy-MM-dd");
    // Date date = sdfDateFormat.parse(dateString);
    // Calendar c = new GregorianCalendar();
    // c.setTime(date);
    // int day = c.get(Calendar.DATE);
    c.set(Calendar.DATE, 1);
    int dow = c.get(Calendar.DAY_OF_WEEK); //week:1-7 日一二三四五六
    System.out.println("日\t一\t二\t三\t四\t五\t六");
    for(int i = 0; i < dow - 1; i++) {
        System.out.print("\t");
    }
    int maxDate = c.getActualMaximum(Calendar.DATE);
    //System.out.println("maxDate:"+maxDate);
    for(int i = 1; i <= maxDate; i++) {
        StringBuilder sBuilder = new StringBuilder();
        if(c.get(Calendar.DATE) == day) {
            sBuilder.append(c.get(Calendar.DATE) + "*\t");
        } else {
            sBuilder.append(c.get(Calendar.DATE) + "\t");
        }
        System.out.print(sBuilder);
        //System.out.print(c.get(Calendar.DATE)+
        //                ((c.get(Calendar.DATE)==day)?"*":"")+"\t");

        if(c.get(Calendar.DAY_OF_WEEK) == Calendar.SATURDAY) {
            System.out.print("\n");
        }
        c.add(Calendar.DATE, 1);
    }
}
```

图8-19 示例8-19运行结果

8.4 Math类

java.lang.Math提供了一系列用于科学计算的静态方法,其方法的参数和返回值类型一般为double型。当需要更加强大的数学运算能力时,如计算高等数学中的相关内容,可以使用apache commons下面的Math类库。

Math类的常用方法如下。

- abs:绝对值。
- acos、asin、atan、cos、sin、tan:三角函数。
- sqrt:平方根。
- pow(double a,double b):a的b次幂。
- max(double a,double b):取大值。
- min(double a,double b):取小值。
- ceil(double a):大于a的最小整数。
- floor(double a):小于a的最大整数。
- random():返回0.0到1.0的随机数。
- long round(double a):double型的数据a转换为long型(四舍五入)。
- toDegrees(double angrad):弧度转换为角度。
- toRadians(double angdeg):角度转换为弧度。

【示例8-20】Math类的常用方法

```java
public class TestMath {
  public static void main(String[ ] args) {
    //取整相关操作
    System.out.println(Math.ceil(3.2));
    System.out.println(Math.floor(3.2));
    System.out.println(Math.round(3.2));
    System.out.println(Math.round(3.8));
    //绝对值、开方、a的b次幂等操作
    System.out.println(Math.abs(-45));
    System.out.println(Math.sqrt(64));
    System.out.println(Math.pow(5, 2));
    System.out.println(Math.pow(2, 5));
    //Math类中常用的常量
    System.out.println(Math.PI);
    System.out.println(Math.E);
    //随机数
    System.out.println(Math.random());// [0,1)
  }
}
```

执行结果如图8-20所示。

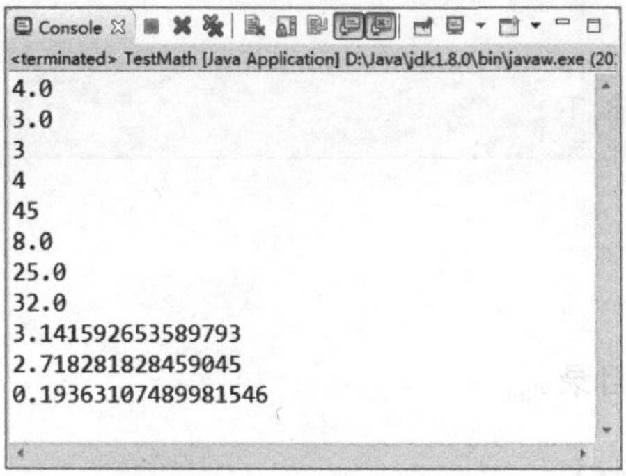
Console
<terminated> TestMath [Java Application] D:\Java\jdk1.8.0\bin\javaw.exe (20
4.0
3.0
3
4
45
8.0
25.0
32.0
3.141592653589793
2.718281828459045
0.19363107489981546

图8-20 示例8-20运行结果

Math类虽然提供了产生随机数的方法Math.random()，但是通常需要的随机数范围并不是[0，1)之间的double类型数据，这就需要对其进行一些复杂的运算。如果使用Math.random()计算过于复杂的话，可以使用另外一种方式得到随机数，即Random类。这个类是专门用来生成随机数的，并且Math.random()底层调用的就是Random的nextDouble()方法。

【示例8-21】Random类的常用方法

```
import java.util.Random;
public class TestRandom {
  public static void main(String[ ] args) {
    Random rand = new Random();
    //随机生成[0,1)之间的double类型的数据
    System.out.println(rand.nextDouble());
    //随机生成int类型允许范围之内的整型数据
    System.out.println(rand.nextInt());
    //随机生成[0,1)之间的float类型的数据
    System.out.println(rand.nextFloat());
    //随机生成false或者true
    System.out.println(rand.nextBoolean());
    //随机生成[0,10)之间的int类型的数据
    System.out.print(rand.nextInt(10));
    //随机生成[20,30)之间的int类型的数据
    System.out.print(20 + rand.nextInt(10));
    //随机生成[20,30)之间的int类型的数据(此种方法计算较为复杂)
    System.out.print(20 + (int) (rand.nextDouble() * 10));
  }
}
```

执行结果如图8-21所示。

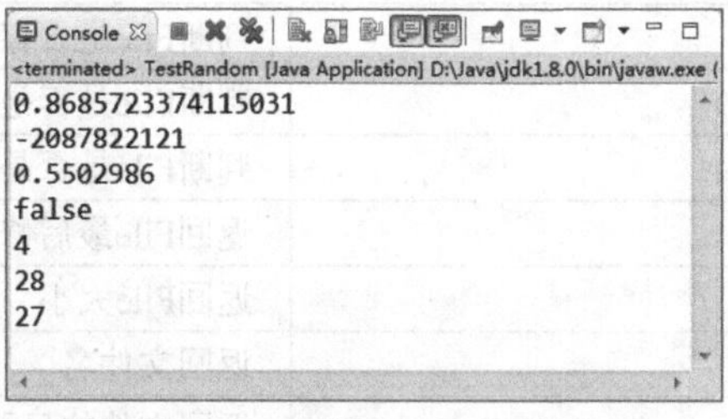
Console
<terminated> TestRandom [Java Application] D:\Java\jdk1.8.0\bin\javaw.exe (
0.8685723374115031
-2087822121
0.5502986
false
4
28
27

图8-21 示例8-21运行结果

> **注意**
>
> Random类位于java.util包下。

8.5　File类

File类用来代表文件和目录。

8.5.1　File类的基本用法

java.io.File类代表文件和目录。在开发中读取文件、生成文件、删除文件、修改文件的属性时经常会用到该类。

File类的常见构造器为：public File(String pathname)

假设以pathname为路径创建File对象，如果pathname是相对路径，则当前路径是指在系统属性user.dir所指定的路径，如示例8-22所示。

【示例8-22】使用File类创建文件

```java
import java.io.File;
public class TestFile1 {
  public static void main(String[ ] args) throws Exception {
    System.out.println(System.getProperty("user.dir"));
    File f = new File("a.txt");          //相对路径:默认放到user.dir目录下面
    f.createNewFile();                   //创建文件
    File f2 = new File("d:/b.txt");      //绝对路径
    f2.createNewFile();
  }
}
```

在Eclipse项目开发中，user.dir就是本项目的目录。因此，执行完毕后，在本项目和D盘下都生成了新的文件（如果是Eclipse下，一定要按F5键刷新目录结构才能看到新文件），如图8-22所示。

图8-22　本项目目录中新增文件效果

通过File对象可以访问文件的属性。表8-3所示为File类访问属性的方法列表。

表8-3　File类访问属性的方法列表

方　　法	说　　明
public boolean exists()	判断File是否存在
public boolean isDirectory()	判断File是否是目录
public boolean isFile()	判断File是否是文件
public long lastModified()	返回File最后修改时间
public long length()	返回File大小
public String getName()	返回文件名
public String getPath()	返回文件的目录路径

【示例8-23】使用File类访问文件或目录属性

```java
import java.io.File;
import java.util.Date;
public class TestFile2 {
  public static void main(String[ ] args) throws Exception {
    File f = new File("d:/b.txt");
    System.out.println("File是否存在:"+f.exists());
    System.out.println("File是否是目录:"+f.isDirectory());
    System.out.println("File是否是文件:"+f.isFile());
    System.out.println("File最后修改时间:"+new Date(f.lastModified()));
    System.out.println("File的大小:"+f.length());
    System.out.println("File的文件名:"+f.getName());
    System.out.println("File的目录路径:"+f.getPath());
  }
}
```

执行结果如图8-23所示。

图8-23　示例8-23运行结果

通过File对象创建空文件或目录（在该对象所指的文件或目录不存在的情况下）。表8-4 所示为File类创建文件或目录的方法。

表8-4　File类创建文件或目录的方法列表

方　　法	说　　明
createNewFile()	创建新的File
delete()	删除File对应的文件
mkdir()	创建一个目录；中间某个目录缺失，则创建失败
mkdirs()	创建多个目录；中间某个目录缺失，则创建该缺失目录

【示例8-24】使用mkdir创建目录

```java
import java.io.File;
public class TestFile3 {
  public static void main(String[ ] args) throws Exception {
    File f = new File("d:/c.txt");
    f.createNewFile();           //会在d盘下面生成c.txt文件
    f.delete();                  //将该文件或目录从硬盘上删除
    File f2 = new File("d:/电影/华语/大陆");
    boolean flag = f2.mkdir();   //目录结构中有一个结构不存在,则不会创建整个目录树
```

```
        System.out.println(flag);    //创建失败
    }
}
```

执行结果如图8-24所示。

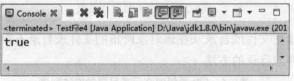

图8-24　示例8-24运行结果

【示例8-25】使用mkdirs创建目录

```
import java.io.File;
public class TestFile4 {
  public static void main(String[ ] args) throws Exception {
    File f = new File("d:/c.txt");
    f.createNewFile();              //会在d盘下面生成c.txt文件
    f.delete();                     //将该文件或目录从硬盘上删除
    File f2 = new File("d:/电影/华语/大陆");
    boolean flag = f2.mkdirs();     //目录结构中即使有一个结构不存在,也会创建整个目录树
    System.out.println(flag);       //创建成功
  }
}
```

执行结果如图8-25所示。

图8-25　示例8-25运行结果

【示例8-26】File类的综合应用

```
import java.io.File;
import java.io.IOException;
public class TestFile5 {
  public static void main(String[ ] args) {
    //指定一个文件
    File file = new File("d:/sxt/b.txt");
    //判断该文件是否存在
    boolean flag= file.exists();
    //如果存在就删除,如果不存在就创建
    if(flag){
      //删除
      boolean flagd = file.delete();
      if(flagd){
        System.out.println("删除成功");
      }else{
        System.out.println("删除失败");
```

```
    }
  }else{
    //创建
    boolean flagn = true;
    try {
      //如果目录不存在,先创建目录
      File dir = file.getParentFile();
      dir.mkdirs();
      //创建文件
      flagn = file.createNewFile();
      System.out.println("创建成功");
    } catch (IOException e) {
      System.out.println("创建失败");
      e.printStackTrace();
    }
  }
  //文件重命名(同学可以自己测试一下)
  //file.renameTo(new File("d:/readme.txt"));
  }
}
```

第一次执行结果如图8-26所示。

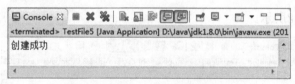

图8-26 示例8-26第一次运行结果

第二次执行结果如图8-27所示。

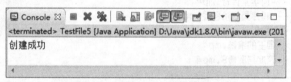

图8-27 示例8-26第二次运行结果

8.5.2 递归遍历目录结构和树状展现

本节结合前面介绍的递归算法来展示目录结构。大家可以先建立一个目录,在下面增加几个用于测试的子文件夹或者文件。

【示例8-27】使用递归算法,以树状结构展示目录树

```
import java.io.File;
public class TestFile6 {
  public static void main(String[ ] args) {
    File f = new File("d:/电影");
    printFile(f, 0);
  }
```

```
/*
 * 打印文件信息
 * @param file 文件名称
 * @param level 层次数(实际就是第几次递归调用)
 */
static void printFile(File file, int level) {
    //输出层次数
    for(int i = 0; i < level; i++) {
        System.out.print("-");
    }
    //输出文件名
    System.out.println(file.getName());
    //如果file是目录,则获取子文件列表,并对每个子文件进行相同的操作
    if(file.isDirectory()) {
        File[ ] files = file.listFiles();
        for(File temp : files) {
            //递归调用该方法:注意等+1
            printFile(temp, level + 1);
        }
    }
}
```

执行结果如图8-28所示。

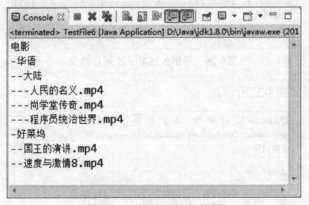

图8-28 示例8-27运行结果

8.6 枚举

JDK 1.5引入了枚举类型。枚举类型的定义包括枚举声明和枚举体,枚举声明格式如下。

```
enum  枚举名 {
      枚举体(常量列表)
}
```

枚举体中主要是放置一些常量。下面来创建第1个枚举类型,如示例8-28所示。

【示例8-28】创建枚举类型

```
enum Season {
    SPRING, SUMMER, AUTUMN, WINDER
}
```

所有的枚举类型隐性地继承自java.lang.Enum。枚举实质上还是类，而每个被枚举的成员实质就是一个枚举类型的实例，它们默认都是由public static final修饰的，可以直接通过枚举类型名使用它们。

老鸟建议

- 当需要定义一组常量时，可以使用枚举类型。
- 尽量不要使用枚举的高级特性，事实上高级特性都可以使用普通类来实现，没有必要引入枚举来增加程序的复杂性。

【示例8-29】枚举的使用

```java
import java.util.Random;
public class TestEnum {
    public static void main(String[ ] args) {
        //枚举遍历
        for(Week k : Week.values()) {
            System.out.println(k);
        }
        //switch语句中使用枚举
        int a = new Random().nextInt(4); //生成0,1,2,3的随机数
        switch(Season.values()[a]) {
        case SPRING:
            System.out.println("春天");
            break;
        case SUMMER:
            System.out.println("夏天");
            break;
        case AUTUMN:
            System.out.println("秋天");
            break;
        case WINDTER:
            System.out.println("冬天");
            break;
        }
    }
}
/*季节*/
enum Season {
    SPRING, SUMMER, AUTUMN, WINDTER
}
/*星期*/
enum Week {
    星期一, 星期二, 星期三, 星期四, 星期五, 星期六, 星期日
}
```

本章总结

（1）每一个基本数据类型对应一个包装类。

（2）包装类的用途：
- 作为和基本数据类型对应的引用类型存在，方便涉及到对象的操作。
- 包含每种基本数据类型的相关属性如最大值、最小值以及相关的操作方法。

（3）JDK1.5后在Java中引入了自动装箱和拆箱。

（4）字符串相关的类有String、StringBuffer与StringBuilder。
- String：不可变字符序列。
- StringBuffer：可变字符序列，线程安全，但是效率低。
- StringBuilder：可变字符序列，线程不安全，但是效率高（一般用它）。

（5）日期与时间类有Date、DateFormat、SimpleDateFormat、Calendar和GregorianCalendar。

（6）Math类的常用方法：
- pow(double a,double b)
- max(double a,double b)
- min(double a,double b)
- random()
- long round(double a)

（7）与操作文件相关的File类。

（8）当需要定义一组常量时，可使用枚举类型。

本章作业

一、选择题

1. 以下选项中关于int和Integer的说法错误的是（　　）（选择二项）。

    A. int是基本数据类型，Integer是int的包装类，是引用数据类型

    B. int的默认值是0，Integer的默认值也是0

    C. Integer可以封装属性和方法提供更多的功能

    D. Integer i=5;语句在JDK1.5之后可以正确执行，使用了自动拆箱功能

2. 分析如下Java代码，该程序编译后的运行结果是（　　）（选择一项）。

```java
public static void main(String[ ] args) {
    String str="123";
    str.concat("abc");
    str.concat("def");
    System.out.println(str);
}
```

A. 123　　　　　　　　　　　　B. 123abcdef
C. 编译错误　　　　　　　　　　D. 运行时出现NullPointerException异常

3. 以下关于String类的代码的执行结果是（　　　）（选择一项）。

```java
public class Test2 {
  public static void main(String args[ ]) {
    String s1 = new String("bjsxt");
    String s2 = new String("bjsxt");
    if(s1 == s2)
      System.out.println("s1 == s2");
    if(s1.equals(s2))
      System.out.println("s1.equals(s2)");
  }
}
```

A. s1 == s2

B. s1.equals(s2)

C. s1 == s2
   s1.equals(s2)

D. 以上都不对

4. 在Java中，以下File类的方法中（　　　）用来判断是否是目录（选择一项）。

A. isFile()　　　　　　　　　　B. getFile()

C. isDirectory()　　　　　　　　D. getPath()

5. 分析下面代码的结果（　　　）（选择一项）。

```java
public static void main(String args[ ]) {
  String s = "abc";
  String ss = "abc";
  String s3 = "abc" + "def";
  String s4 = "abcdef";
  String s5 = ss + "def";
  String s2 = new String("abc");
  System.out.println(s == ss);
  System.out.println(s3 == s4);
  System.out.println(s4 == s5);
  System.out.println(s4.equals(s5));
}
```

A. true　true　false　true　　　　B. true　true　true　false

C. true　false　true　true　　　　D. false　true　false　true

二、简答题

1. 什么是自动装箱和自动拆箱？
2. String、StringBuffer和StringBuilder的区别与联系。
3. String str="bjsxt"和String str= new String("bjsxt")的区别。
4. File类的方法mkdir跟mkdirs有什么区别？
5. 简述枚举的使用。

三、编码题

1. 验证键盘输入的用户名不能为空,长度大于6,不能有数字。

   提示:使用字符串String类的相关方法完成。可以使用Scanner的nextLine()方法,该方法可以接收空的字符串。

2. 接收从键盘输入的字符串格式的年龄,分数和入学时间,转换为整数、浮点数、日期类型并在控制台输出。

   提示:使用包装类Integer、Double和日期转换类DateFormat实现。

3. 根据交通信号灯颜色决定汽车的停车、行驶和慢行。

   提示:使用枚举实现。

第9章 容器

在开发和学习中时刻需要和数据打交道，如何组织这些数据就成为人们编程中的重要内容。在开发中一般使用"容器"来容纳和管理数据。那什么是"容器"呢？生活中的容器不难理解，是用来容纳物体的，如锅碗瓢盆、箱子和包等，程序中的"容器"也有类似的功能，只不过用来容纳和管理数据。

事实上，第7章介绍的数组就是一种容器，可以在其中放置对象或基本类型数据。

- 数组的优势：它是一种简单的线性序列，可以快速地访问数组元素，效率高。如果从效率和类型检查的角度来看，数组是最好的。
- 数组的劣势：不灵活。容量需要事先定义，不能随着需求的变化而扩容。例如，在一个用户管理系统中，要把今天注册的所有用户取出来，可是这样的用户有多少个？这在写程序时是无法确定的，因此这里就不能使用数组。

由于数组并不能满足人们对于"管理和组织数据的需求"，所以需要一种更强大、更灵活、可随时扩容的容器来装载对象，这就是本章要介绍的容器，也称作集合（Collection）。图9-1所示为容器的接口层次结构图。

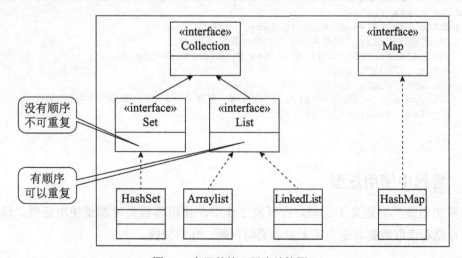

图9-1 容器的接口层次结构图

为了能够更好地理解容器，首先学习一个泛型的概念。

9.1 泛型

泛型（Generics）是JDK1.5版本之后增加的，用于建立类型安全的集合。在使用了泛型的集合中，遍历时不必进行强制类型转换。JDK提供了支持泛型的编译器，将运行时的类型检查提前到编译时执行，提高了代码的可读性和安全性。

泛型的本质就是"数据类型的参数化"。可以把"泛型"理解为数据类型的一个占位符（形式参数），即告诉编译器，在调用泛型时必须传入实际类型。

9.1.1 自定义泛型

在类的声明处可以增加泛型列表，如<T,E,V>。说明：可以使用任意字符标识泛型，但一般采用这3个字母。

【示例9-1】泛型的声明

```java
class MyCollection<E> {                    //E:表示泛型
  Object[ ] objs = new Object[5];
  public E get(int index) {                //E:表示泛
    return (E) objs[index];
  }
  public void set(E e, int index) {        //E:表示泛型
    objs[index] = e;
  }
}
```

泛型E像一个占位符一样表示"未知的某个数据类型"，在真正调用的时候将传入这个"数据类型"。

【示例9-2】泛型的应用

```java
public class TestGenerics {
  public static void main(String[ ] args) {
    //这里的"String"就是实际传入的数据类型
    MyCollection<String> mc = new MyCollection<String>();
    mc.set("aaa", 0);
    mc.set("bbb", 1);
    String str = mc.get(1); //加了泛型,直接返回String类型,不用强制转换
    System.out.println(str);
  }
}
```

9.1.2 容器中使用泛型

容器的相关类都定义了泛型，在开发工作中，使用容器类时都要使用泛型。这样，在容器中存储和读取数据时避免了大量的类型判断，非常便捷。

【示例9-3】泛型在集合中的使用

```
public class Test {
  public static void main(String[ ] args) {
    //以下代码中List、Set、Map、Iterator都是与容器相关的接口
    List<String> list = new ArrayList<String>();
    Set<Man> mans = new HashSet<Man>();
    Map<Integer, Man> maps = new HashMap<Integer, Man>();
    Iterator<Man> iterator = mans.iterator();
  }
}
```

通过阅读源码可以发现，在Collection、List、Set、Map、Iterator接口都定义了泛型，如图9-2所示。

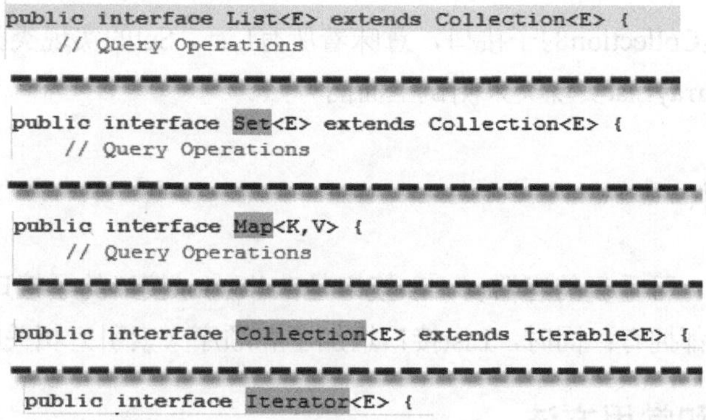

```
public interface List<E> extends Collection<E> {
    // Query Operations

public interface Set<E> extends Collection<E> {
    // Query Operations

public interface Map<K,V> {
    // Query Operations

public interface Collection<E> extends Iterable<E> {

public interface Iterator<E> {
```

图9-2 容器的泛型定义

因此，在使用这些接口及其实现类时，都要使用泛型。

菜鸟雷区

本书只是强烈建议使用泛型。事实上，不使用泛型编译器也不会报错。

9.2 Collection接口

Collection表示一组对象，它是集中或收集的意思。Collection接口的两个子接口是List与Set接口。

表9-1 Collection接口中定义的方法

方　　法	说　　明
boolean add(Object element)	增加元素到容器中
boolean remove(Object element)	从容器中移除元素
boolean contains(Object element)	容器中是否包含该元素
int size()	容器中元素的数量

方　　法	说　　明
boolean isEmpty()	容器是否为空
void clear()	清空容器中所有元素
Iterator iterator()	获得迭代器，用于遍历所有元素
boolean containsAll(Collection c)	本容器是否包含c容器中的所有元素
boolean addAll(Collection c)	将容器c中所有元素增加到本容器
boolean removeAll(Collection c)	移除本容器和容器c中都包含的元素
boolean retainAll(Collection c)	取本容器和容器c中都包含的元素，移除非交集元素
Object[ ] toArray()	转化成Object数组

由于List、Set是Collection的子接口，意味着所有List、Set的实现类都有上面的方法。在下一节中，将通过ArrayList实现类来测试上面的方法。

9.3　List接口

List是指有顺序、可重复的容器。List接口是Collection接口的子接口，因此Collection接口中的方法List接口都拥有；同时，List接口增加了和顺序（索引）相关的方法。

9.3.1　List特点和常用方法

List容器最重要的特点就是有序和可重复。

- 有序：List中的每个元素都有索引标记，可以根据元素的索引标记（在List中的位置）来访问元素，从而精确控制这些元素。
- 可重复：List允许加入重复的元素。更确切地讲，List通常允许满足e1.equals(e2)的元素重复加入容器。

除了Collection接口中的方法，List还增加了跟顺序（索引）相关的方法，参见表9-2。

表9-2　List接口中定义的方法

方　　法	说　　明
void add (int index, Object element)	在指定位置插入元素，以前元素全部后移一位
Object set (int index, Object element)	修改指定位置的元素
Object get (int index)	返回指定位置的元素
Object remove (int index)	删除指定位置的元素，后面元素全部前移一位
int indexOf (Object o)	返回第一个匹配元素的索引，如果没有该元素，返回-1
int lastIndexOf (Object o)	返回最后一个匹配元素的索引，如果没有该元素，返回-1

List接口常用的实现类有3个：ArrayList、LinkedList和Vector。

【示例9-4】List的常用方法

```java
public class TestList {
  /*
   * 测试add/remove/size/isEmpty/contains/clear/toArrays等方法
   */
  public static void test01() {
    List<String> list = new ArrayList<String>();
    System.out.println(list.isEmpty()); //true,容器里面没有元素
    list.add("高淇");
    System.out.println(list.isEmpty()); //false,容器里面有元素
    list.add("高小七");
    list.add("高小八");
    System.out.println(list);
    System.out.println("list的大小:" + list.size());
    System.out.println("是否包含指定元素:" + list.contains("高小七"));
    list.remove("高淇");
    System.out.println(list);
    Object[ ] objs = list.toArray();
    System.out.println("转化成Object数组:" + Arrays.toString(objs));
    list.clear();
    System.out.println("清空所有元素:" + list);
  }
  public static void main(String[ ] args) {
    test01();
  }
}
```

执行结果如图9-3所示。

```
true
false
[高淇，高小七，高小八]
list的大小：3
是否包含指定元素：true
[高小七，高小八]
转化成Object数组：[高小七，高小八]
清空所有元素：[]
```

图9-3 示例9-4运行结果

【示例9-5】两个List之间的元素处理

```java
public class TestList {
  public static void main(String[ ] args) {
    test02();
  }
  /*
   * 测试两个容器之间元素处理
   */
  public static void test02() {
    List<String> list = new ArrayList<String>();
```

```java
        list.add("高淇");
        list.add("高小七");
        list.add("高小八");

        List<String> list2 = new ArrayList<String>();
        list2.add("高淇");
        list2.add("张三");
        list2.add("李四");
        System.out.println(list.containsAll(list2));
                                            //false list是否包含list2中所有元素
        System.out.println(list);
        list.addAll(list2);                 //将list2中所有元素都添加到list中
        System.out.println(list);
        list.removeAll(list2);              //从list中删除同时在list和list2中存在的元素
        System.out.println(list);
        list.retainAll(list2);              //取list和list2的交集
        System.out.println(list);
    }
}
```

执行结果如图9-4所示。

```
false
[高淇, 高小七, 高小八]
[高淇, 高小七, 高小八, 高淇, 张三, 李四]
[高小七, 高小八]
[]
```

图9-4 示例9-5运行结果

【示例9-6】List中操作索引的常用方法

```java
public class TestList {
    public static void main(String[ ] args) {
        test03();
    }
    /*
     * 测试List中关于索引操作的方法
     */
    public static void test03() {
        List<String> list = new ArrayList<String>();
        list.add("A");
        list.add("B");
        list.add("C");
        list.add("D");
        System.out.println(list);           //[A, B, C, D]
        list.add(2, "高");
        System.out.println(list);           //[A, B, 高, C, D]
        list.remove(2);
        System.out.println(list);           //[A, B, C, D]
        list.set(2, "c");
```

```
        System.out.println(list);                    //[A, B, c, D]
        System.out.println(list.get(1));             //返回:B
        list.add("B");
        System.out.println(list);                    //[A, B, c, D, B]
        System.out.println(list.indexOf("B"));       //1从头到尾找到第一个"B"
        System.out.println(list.lastIndexOf("B"));   //4从尾到头找到第一个"B"
    }
}
```

执行结果如图9-5所示。

图9-5 示例9-6运行结果

9.3.2 ArrayList的特点和底层实现

ArrayList的底层是用数组实现存储的，其特点是查询效率高，增删效率低，线程不安全。在List的多个实现类中一般使用数组来处理业务，ArrayList源码如图9-6所示。

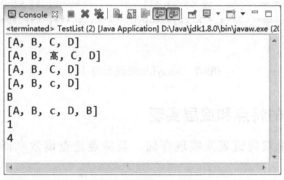

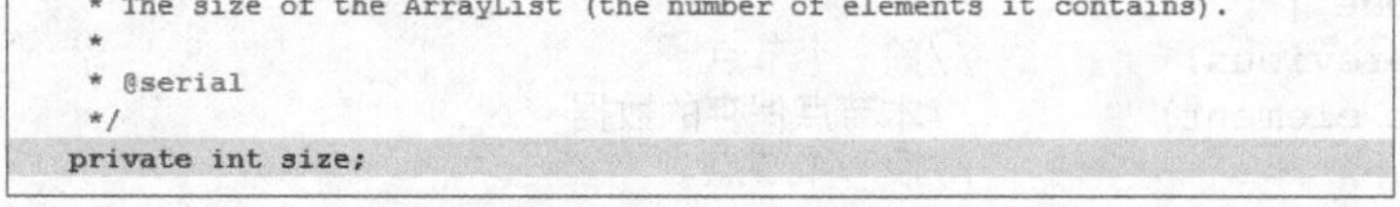

图9-6 ArrayList底层源码（1）

从图9-6中可以看出，ArrayList的底层使用Object数组来存储元素数据。所有的方法都围绕这个核心的Object数组来开展。

众所周知，数组的长度是有限的，而ArrayList可以存放任意数量的对象，长度不受限制，那么它是怎么实现的呢？本质上，ArrayList是通过定义新的更大数组，并将旧数组中的内容复制到新数组来实现扩容的。ArrayList的Object数组初始化长度为10，如果存储满了这个数组，需要存储第11个对象时就会定义一个长度更大的新数组，并将原数组中的内容和新元素一起加入到新数组中，源码如图9-7所示。

```
public void ensureCapacity(int minCapacity) {
    modCount++;
    int oldCapacity = elementData.length;
    if (minCapacity > oldCapacity) {
        Object oldData[] = elementData;
        int newCapacity = (oldCapacity * 3)/2 + 1;
        if (newCapacity < minCapacity)
            newCapacity = minCapacity;
        // minCapacity is usually close to size, so this is a win:
        elementData = Arrays.copyOf(elementData, newCapacity);
    }
}
```

图9-7　ArrayList底层源码（2）

9.3.3　LinkedList的特点和底层实现

LinkedList底层用双向链表来实现存储，其特点是查询效率低，增删效率高，但线程不安全。

双向链表也叫双链表，是链表的一种，它的每个数据节点中都有两个指针，分别指向前一个节点和后一个节点。因此，从双向链表中的任意一个节点都可以很方便地找到所有节点，如图9-8所示。

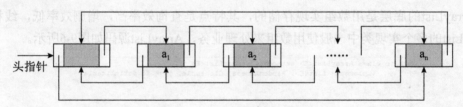

图9-8　LinkedList的存储结构图

双链表的每个节点都应该有3部分内容：

```
class Node {
    Node previous;        //前一个节点
    Object element;       //本节点保存的数据
    Node next;            //后一个节点
}
```

查看LinkedList的源码，可以看到里面包含了双向链表的相关代码，如图9-9所示。

> **注意**
>
> entry在英文中表示"进入、词条、条目"的意思。在计算机英语中一般表示"项、条目"的含义。

```
public class LinkedList<E>
    extends AbstractSequentialList<E>
    implements List<E>, Deque<E>, Cloneable, java.io.Serializable
{
    private transient Entry<E> header = new Entry<E>(null, null, null);
    private transient int size = 0;

    /**
     * Constructs an empty list.
     */
    public LinkedList() {
        header.next = header.previous = header;
    }

    private static class Entry<E> {
        E element;
        Entry<E> next;
        Entry<E> previous;

        Entry(E element, Entry<E> next, Entry<E> previous) {
            this.element = element;
            this.next = next;
            this.previous = previous;
        }
```

图9-9　LinkedList的底层源码

9.3.4　Vector向量

Vector底层是一个长度可以动态增长的对象数组，它的相关方法都进行了线程同步，因此"线程安全，效率低"。例如，indexOf方法就增加了synchronized同步标记，如图9-10所示。

```
public synchronized int indexOf(Object o, int index) {
    //代码省略
}
```

图9-10　Vector的底层源码

老鸟建议

如何选用ArrayList、LinkedList和Vector？
- 需要线程安全时，用Vector。
- 不存在线程安全问题并且查找较多时，用ArrayList（一般使用它）。
- 不存在线程安全问题，但增加或删除元素较多时，用LinkedList。

9.4　Map接口

在现实生活中，经常需要成对存储信息，例如使用微信时，一个手机号只能对应一个微信账户，这就是一种成对存储的关系。

Map就是用来存储"键（key）-值（value）"对的。Map类中存储的"键值对"通过键来标识，所以"键对象"不能重复。

Map 接口的实现类有HashMap、TreeMap、HashTable和Properties等。

表9-3 Map接口中常用的方法

方　　法	说　　明
Object put(Object key, Object value)	存放键值对
Object get(Object key)	通过键对象查找得到值对象
Object remove(Object key)	删除键对象对应的键值对
boolean containsKey(Object key)	Map容器中是否包含键对象对应的键值对
boolean containsValue(Object value)	Map容器中是否包含值对象对应的键值对
int size()	包含键值对的数量
boolean isEmpty()	Map是否为空
void putAll(Map t)	将t的所有键值对存放到本Map对象
void clear()	清空本Map对象的所有键值对

9.4.1　HashMap和HashTable

HashMap采用散列算法来实现，它是Map接口最常用的实现类。 由于底层采用哈希表来存储数据，因此要求键不能重复，如果发生重复，新的键值对会替换旧的键值对。HashMap在查找、删除、修改方面的效率都非常高。

【示例9-7】Map接口中的常用方法

```java
public class TestMap {
  public static void main(String[ ] args) {
    Map<Integer, String> m1 = new HashMap<Integer, String>();
    Map<Integer, String> m2 = new HashMap<Integer, String>();
    m1.put(1, "one");
    m1.put(2, "two");
    m1.put(3, "three");
    m2.put(1, "一");
    m2.put(2, "二");
    System.out.println(m1.size());
    System.out.println(m1.containsKey(1));
    System.out.println(m2.containsValue("two"));
    m1.put(3, "third"); //键重复了,会替换旧的键值对
    Map<Integer, String> m3 = new HashMap<Integer, String>();
    m3.putAll(m1);
    m3.putAll(m2);
    System.out.println("m1:" + m1);
    System.out.println("m2:" + m2);
    System.out.println("m3:" + m3);
  }
}
```

执行结果如图9-11所示。

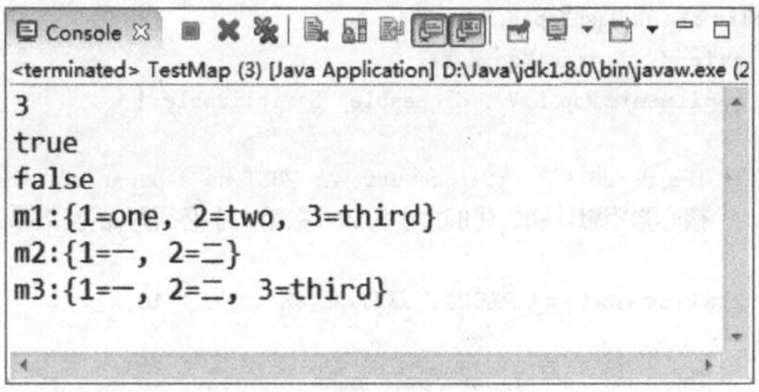

```
<terminated> TestMap (3) [Java Application] D:\Java\jdk1.8.0\bin\javaw.exe (2
3
true
false
m1:{1=one, 2=two, 3=third}
m2:{1=一, 2=二}
m3:{1=一, 2=二, 3=third}
```

图9-11　示例9-7运行结果

HashTable类和HashMap用法几乎一样，底层实现也几乎一样，只是HashTable的方法添加了synchronized关键字以确保线程同步检查，效率较低。

HashMap与HashTable的区别

- HashMap：线程不安全，效率高。允许key或value为null。
- HashTable：线程安全，效率低。不允许key或value为null。

9.4.2　HashMap底层实现详解

HashMap底层实现采用了哈希表，这是一种非常重要的数据结构，对于以后很多技术的理解都非常有帮助（例如redis数据库的核心技术和HashMap一样），因此，非常有必要让大家了解哈希表。

数据结构中由数组和链表来实现对数据的存储，它们的特点如下。

- 数组：占用空间连续；寻址容易，查询速度快。但是，增加和删除效率非常低。
- 链表：占用空间不连续；寻址困难，查询速度慢。但是，增加和删除效率非常高。

那么，能不能将数组和链表的优点结合起来（查询快，增删效率高）呢？可以，就是使用"哈希表"。哈希表的本质就是"数组+链表"。

老鸟建议

对于本章中频繁出现的"底层实现"这一概念，建议有余力的同学将它彻底弄明白。刚入门的同学如果觉得有难度，可以暂时跳过。入门期间，掌握如何使用即可，底层原理需要扎实的内功，掌握了有利于应对一些大型企业的笔试和面试。

1. HashMap基本结构讲解

哈希表的基本结构是"数组+链表"。打开HashMap源码（参见图9-12），可以发现有如下两个核心内容。

其中，Entry[ ] table是HashMap的核心数组结构，被称为"位桶数组"。继续看Entry，其源码如图9-13所示。

```java
public class HashMap<K,V>
    extends AbstractMap<K,V>
    implements Map<K,V>, Cloneable, Serializable {
    /**
     * The default initial capacity - MUST be a power of two.
     * 核心数组默认初始化的大小为16（数组大小必须为2的整数幂）
     */
    static final int DEFAULT_INITIAL_CAPACITY = 16;
    /**
     * The load factor used when none specified in constructor.
     * 负载因子（核心数组被占用超过0.75，则开始启动扩容）
     */
    static final float DEFAULT_LOAD_FACTOR = 0.75f;
    /**
     * The table, resized as necessary. Length MUST Always be a power
     * of two.  核心数组（根据需要可以扩容）。数组长度必须始终为2的整
     数幂。
     */
    transient Entry[] table;
    //以下代码省略
```

图9-12　HashMap底层源码（1）

```java
static class Entry<K,V> implements Map.Entry<K,V>{
    final K key;
    V value;
    Entry<K,V> next;
    final int hash;
    /**
     * Creates new entry.
     */
    Entry(int h, K k, V v, Entry<K,V> n) {
        value = v;
        next = n;
        key = k;
        hash = h;
    }
    //以下代码省略
}
```

图9-13　HashMap底层源码（2）

一个Entry对象存储了如下四部分内容。

- hash：键对象的hash值。
- key：键对象。
- value：值对象。
- next：下一个节点。

显然每一个Entry对象就是一个单向链表结构，典型的Entry对象如图9-14所示。

| hash | key | value | next | → | hash | key | value | next | → | hash | key | value | next |

图9-14　Entry对象存储结构图

Entry[ ]数组的结构（这也是HashMap的结构）如图9-15所示。

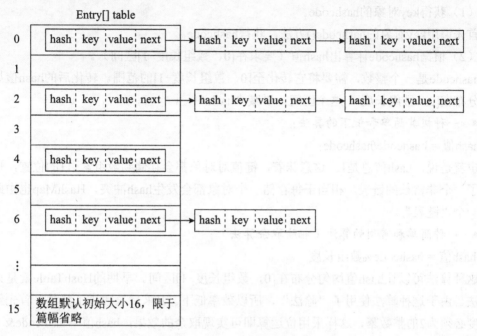

图9-15　Entry数组存储结构图

2. 存储数据过程put(key,value)

在了解了HashMap的基本结构后，继续深入学习HashMap如何存储数据。此处的核心是如何产生hash值，该值用来对应数组的存储位置，如图9-16所示。

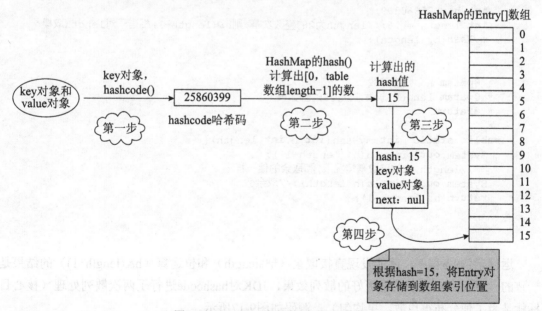

图9-16　HashMap存储数据过程示意图

要将"key-value两个对象"成对存放到HashMap的Entry[ ]数组中，步骤如下。

（1）获得key对象的hashcode。

首先调用key对象的hashcode()方法，获得hashcode。

（2）根据hashcode计算出hash值（要求在[0，数组长度-1]区间）。

hashcode是一个整数，需要将它转化至[0，数组长度-1]的范围。转化后的hash值尽量均匀地分布在[0，数组长度-1]这个区间，以减少hash冲突。

- 一种极其简单和低下的算法：

hash值 = hashcode/hashcode；

也就是说，hash值总是1。这意味着，键值对对象都会存储到数组索引1的位置，这样就形成了一个非常长的链表。相当于每存储一个对象都会发生hash冲突，HashMap也由此退化成了一个"链表"。

- 一种简单和常用的算法（相除取余算法）：

hash值 = hashcode%数组长度

这种算法可以让hash值均匀分布在[0，数组长度-1]区间。早期的HashTable就是采用这种算法。由于这种算法使用了"除法"，所以效率低下。JDK后来改进了算法，首先约定数组长度必须为2的整数幂，这样采用位运算即可实现取余的效果：hash值 = hashcode&（数组长度-1）。

如下为本书测试简单的hash算法。

【示例9-8】测试hash算法

```java
public class Test {
  public static void main(String[ ] args) {
    int h = 25860399;
    int length = 16;//length为2的整数次幂,则h&(length-1)相当于对length取模
    myHash(h, length);
  }
  /*
   * @param h   任意整数
   * @param length  长度必须为2的整数幂
   * @return
   */
  public static  int myHash(int h,int length){
    System.out.println(h&(length-1));
      //length为2的整数幂情况下,和取余的值一样
    System.out.println(h%length);//取余数
    return h&(length-1);
  }
}
```

运行示例9-8程序，就能发现直接取余（h%length）和位运算（h&(length-1)）的结果是一致的。事实上，为了获得更好的散列效果，JDK对hashcode进行了两次散列处理（核心目标就是为了使分布得更散，更均匀），源码如图9-17所示。

```
static int hash(int h) {
    // This function ensures that hashCodes that differ only by
    // constant multiples at each bit position have a bounded
    // number of collisions (approximately 8 at default load factor).
    h ^= (h >>> 20) ^ (h >>> 12);
    return h ^ (h >>> 7) ^ (h >>> 4);
}
static int indexFor(int h, int length) {
    return h & (length-1);
}
```

图9-17　hash算法源码

（3）生成Entry对象。

如前所述，一个Entry对象包含四部分：key对象、value对象、hash值，以及指向下一个Entry对象的引用。我们现在已算出了hash值，下一个Entry对象的引用为null。

（4）将Entry对象放到table数组中。

如果本Entry对象对应的数组索引位置还没有放Entry对象，则直接将Entry对象存储进数组；如果对应索引位置已经有Entry对象，则将已有Entry对象的next指向本Entry对象，形成链表。

总结如上过程：当添加一个元素（key-value）时，首先计算key的hash值，以此确定插入数组中的位置。但是可能存在同一hash值的元素已经被放在数组同一位置的情况，这时就要将其添加到同一hash值的元素后面，它们在数组的同一位置就形成了链表，同一个链表上的hash值是相同的，所以说数组存放的是链表。JDK8中，当链表长度大于8时，链表就转换为红黑树，这样又大大提高了查找的效率。

3. 读取数据过程get(key)

通过key对象可获得"键值对"对象，进而返回value对象。这样，在理解了存储数据的过程后，读取数据就比较简单了，其步骤如下。

（1）获得key的hashcode，通过hash()散列算法得到hash值，进而定位到数组的位置。

（2）在链表上逐个比较key对象。调用equals()方法，将key对象和链表上所有节点的key对象进行比较，直到碰到返回true的节点对象为止。

（3）返回equals()为true的节点对象的value对象。

明白了存取数据的过程，再来看一下hashcode()和equals方法的关系。

Java规定，两个内容相同（equals()为true）的对象必须具有相等的hashcode。因为如果equals()为true而两个对象的hashcode不同，那么在整个存储过程中就形成了悖论。

4. 扩容问题

HashMap的位桶数组，初始大小为16。在实际使用中，其大小显然是可变的。如果位桶数组中的元素个数达到0.75*数组的length时，就调整数组大小至原来的2倍。

扩容很耗时。扩容的本质是定义更大的新数组，并将旧数组中的内容逐个复制到新数组中。

5. JDK8将大于8的链表变为红黑二叉树

JDK8中，HashMap在存储一个元素时，当对应链表长度大于8时，链表就转换为红黑树，这样就大大提高了查找的效率。

下一节将简单介绍二叉树，同时也便于大家理解TreeMap的底层结构。

9.4.3 二叉树和红黑二叉树

1. 二叉树的定义

二叉树（BinaryTree）是树形结构的一个重要类型。许多实际问题抽象出来的数据结构往往是二叉树的形式，即使是一般的树也能简单地转换为二叉树，而且二叉树的存储结构及其算法都较为简单，因此理解二叉树显得特别重要。

二叉树由一个节点及两棵互不相交的、分别称作这个根的左子树和右子树的二叉树组成。图9-18中展现了五种不同基本形态的二叉树。

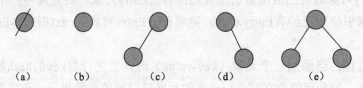

图9-18 二叉树五种基本形态示意图

其中：

（a）空树。
（b）仅有一个节点的二叉树。
（c）仅有左子树而右子树为空的二叉树。
（d）仅有右子树而左子树为空的二叉树。
（e）左、右子树均非空的二叉树。

> **注意**
> 二叉树的左子树和右子树是严格区分并且不能随意颠倒的，图（c）与图（d）分别是两棵不同的二叉树。

2. 排序二叉树的特性

对于排序二叉树，其左子树上所有节点的值均小于它的根节点的值，右子树上所有节点的值均大于它的根节点的值。

例如要将数据（14,12,23,4,16,13,8,3）存储到排序二叉树中，则其存储示意图如图9-19所示。

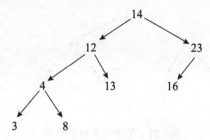

图9-19　排序二叉树示意图（1）

排序二叉树本身实现了排序功能，可以快速检索。如果插入的节点集本身是有序的，要么是由小到大排列，要么是由大到小排列，那么最后得到的排序二叉树将变成普通的链表，其检索效率就会很差。例如上面的数据（14,12,23,4,16,13,8,3），先进行排序变成（3,4,8,12,13,14,16,23），然后存储到排序二叉树中，结果就变成了链表，如图9-20所示。

图9-20　排序二叉树示意图（2）

3. 平衡二叉树（AVL）

为了避免出现图9-20所示的一边倒的存储结果，科学家提出了"平衡二叉树"的概念。

在平衡二叉树中任意节点的两个子树的最大高度差为1，它也被称为高度平衡树。增加和删除节点可能需要通过一次或多次的树旋转来重新平衡这个树。

节点的平衡因子是它的左子树的高度减去它的右子树的高度（有时相反）。带有平衡因子1、0或-1的节点被认为是平衡的。带有平衡因子-2或2的节点被认为是不平衡的，并需要重新平衡这个树。

例如，已经存储并排序的数据（3,4,8,12,13,14,16,23），增加节点后如果出现不平衡，则通过节点的左旋或右旋重新平衡树结构，最终的平衡二叉树如图9-21所示。

平衡二叉树追求绝对平衡，实现起来比较麻烦，每次插入新节点需要做的旋转次数不能预知。

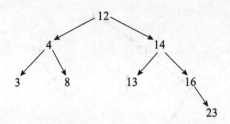

图9-21 平衡二叉树示意图

4. 红黑二叉树

红黑二叉树简称红黑树,它不仅是一棵二叉树,而且还是一棵自平衡的排序二叉树。
红黑树在原有的排序二叉树基础上增加了如下几个要求(参见图9-22)。

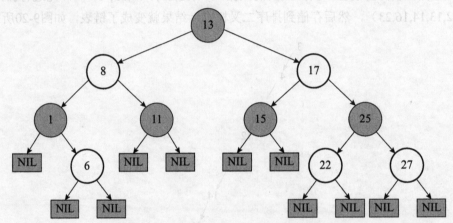

图9-22 一个典型的红黑树(考虑书本印刷问题,浅色表示红色,深色表示黑色)

- 每个节点要么是红色,要么是黑色。
- 根节点永远是黑色的。
- 所有的叶节点都是空节点(即null),并且是黑色的。
- 每个红色节点的两个叶子节点都是黑色。从每个叶子到根的路径上不会有两个连续的红色节点。
- 从任一节点到其子树中每个叶子节点的路径都包含相同数量的黑色节点。

这些约束强化了红黑树的关键性质:从根到叶子的最长的可能路径不多于最短的可能路径的两倍,这样就让树大致上是平衡的。

红黑树是一个更高效的检索二叉树,JDK 提供的集合类TreeMap、TreeSet本身就是一个红黑树的实现。

红黑树的基本操作包括插入、删除、左旋、右旋和着色。每插入或者删除一个节点,可能会导致树不再符合红黑树的特征,需要进行修复,通过左旋、右旋或着色操作,使树继续保持红黑树的特性。

> **老鸟建议**
>
> 本节关于二叉树的介绍，仅限于了解。在实际开发中，直接用到的概率非常低，普通企业的面试也较少涉及，不过极有可能出现在BAT等企业的笔试中。建议想进入BAT等名企的同学，专门准备一下数据结构的相关知识。

9.4.4 TreeMap的使用和底层实现

TreeMap是红黑二叉树的典型实现。打开TreeMap的源码，可发现里面有一行核心代码：

```
private transient Entry<K,V> root = null;
```

其中，root用来存储整个树的根节点。继续跟踪Entry（TreeMap的内部类）的代码，如图9-23所示。

```
static final class Entry<K,V> implements Map.Entry<K,V>{
    K key;
    V value;
    Entry<K,V> left = null;
    Entry<K,V> right = null;
    Entry<K,V> parent;
    boolean color = BLACK;
}
```

图9-23　Entry底层源码

从中可以看到，Entry里面存储了Key、Value、左节点、右节点、父节点以及节点颜色。TreeMap的put()/remove()方法大量使用了红黑树的理论。本书限于篇幅不再展开，需要深入了解的读者可以参考数据结构的有关书籍。

TreeMap和HashMap实现了同样的接口Map，因此，用法对于调用者来说没有区别。HashMap效率高于TreeMap；在需要Map中Key按照自然顺序排序时才选用TreeMap。

9.5　Set接口

Set接口继承自Collection，Set接口中没有新增方法，方法和Collection保持完全一致，前面通过List学习到的方法，在Set中仍然适用。因此，学习Set的使用将没有任何难度。

Set容器的特点是无序、不可重复。无序指Set中的元素没有索引，只能通过遍历方式查找；不可重复指不允许加入重复的元素。更确切地讲，新元素如果和Set中某个元素通过equals()方法对比的值为true，则不能加入；甚至，Set中也只能放入一个null元素，不能放入多个。

Set常用的实现类有HashSet和TreeSet等，一般使用HashSet。

9.5.1　HashSet的基本应用

在做下面的练习时，读者要重点体会"Set的无序与不可重复"的核心特点。

【示例9-9】 HashSet的使用

```java
public class Test {
    public static void main(String[ ] args) {
        Set<String> s = new HashSet<String>();
        s.add("hello");
        s.add("world");
        System.out.println(s);
        s.add("hello"); //相同的元素不会被加入
        System.out.println(s);
        s.add(null);
        System.out.println(s);
        s.add(null);
        System.out.println(s);
    }
}
```

执行结果如图9-24所示。

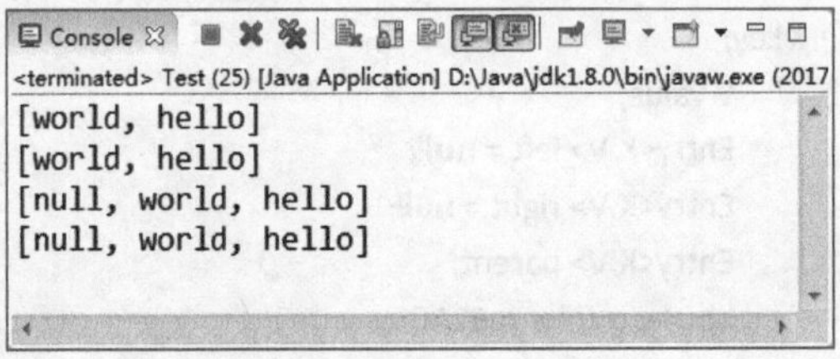

```
[world, hello]
[world, hello]
[null, world, hello]
[null, world, hello]
```

图9-24 示例9-9运行结果

9.5.2 HashSet的底层实现

HashSet底层其实是用HashMap实现的（HashSet的本质就是一个简化版的HashMap），因此查询效率和增删效率都比较高。HashSet的源码如图9-25所示。

```java
public class HashSet<E>    implements Set<E>, Cloneable, java.io.Serializable {
    private transient HashMap<E, Object> map;
    private static final Object PRESENT = new Object();
    public HashSet() {
        map = new HashMap<E, Object>();
    }
    public boolean add(E e) {
        return map.put(e, PRESENT) == null;
    }
    //以下代码省略
}
```

图9-25 HashSet底层源码

HashSet源码中的map属性就是HashSet的核心秘密。再看其中的add()方法，可发现增加一个元素其实就是在map中增加一个键值对，键对象就是这个元素，值对象是名为PRESENT的Object对象。其实就是往set中加入元素，本质就是把这个元素作为key加入到内部的map中。

由于map中的key都是不可重复的，因此，Set天然具有不可重复的特性。

9.5.3 TreeSet的使用和底层实现

TreeSet的底层用TreeMap实现，其内部维持了一个简化版的TreeMap，并通过key来存储Set的元素。TreeSet内部需要对存储的元素进行排序，因此，对应的类需要实现Comparable接口。这样，才能根据compareTo()方法来比较对象的大小，并进行内部排序。

【示例9-10】TreeSet和Comparable接口的使用

```java
public class Test {
  public static void main(String[ ] args) {
    User u1 = new User(1001,"高淇",18);
    User u2 = new User(2001,"高希希",5);
    Set<User> set = new TreeSet<User>();
    set.add(u1);
    set.add(u2);
  }
}

class User implements Comparable<User> {
  int id;
  String uname;
  int age;

  public User(int id,String uname,int age) {
    this.id = id;
    this.uname = uname;
    this.age = age;
  }
  /*
   * 返回0 表示 this == obj;返回正数表示 this > obj;返回负数表示 this < obj
   */
  @Override
  public int compareTo(User o) {
    if (this.id > o.id) {
      return 1;
    } else if (this.id < o.id) {
      return -1;
    } else {
      return 0;
    }
  }
}
```

使用TreeSet应注意以下两点：

（1）由于TreeSet底层是一种二叉查找树（红黑树），需要对元素做内部排序。如果要放入TreeSet中的类没有实现Comparable接口，则会抛出异常java.lang.ClassCastException。

（2）TreeSet中不能放入null元素。

9.6　Iterator接口

Iterator接口可以让开发者实现对容器中对象的遍历。

9.6.1　迭代器介绍

所有实现了Collection接口的容器类都有一个Iterator方法用以返回一个实现了Iterator接口的对象。

Iterator对象被称作迭代器，可用于方便地实现对容器内元素的遍历，如图9-26所示。

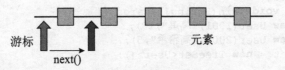

图9-26　迭代器示意图

Iterator接口定义了如下方法。

- boolean hasNext()：判断游标当前位置的下一个位置是否还有元素没有被遍历。
- Object next()：返回游标当前位置的下一个元素并将游标移动到下一个位置。
- void remove()：删除游标当前位置的元素，在执行完next后该操作只能执行一次。

9.6.2　使用Iterator迭代器遍历容器元素（List/Set/Map）

迭代器提供了统一的遍历容器的方式，参见示例9-11。

【示例9-11】迭代器遍历List

```java
public class Test {
  public static void main(String[ ] args) {
    List<String> aList = new ArrayList<String>();
    for(int i = 0; i < 5; i++) {
      aList.add("a" + i);
    }
    System.out.println(aList);
    for(Iterator<String> iter = aList.iterator(); iter.hasNext();) {
      String temp = iter.next();
      System.out.print(temp + "\t");
      if(temp.endsWith("3")) {// 删除3结尾的字符串
        iter.remove();
      }
    }
    System.out.println();
    System.out.println(aList);
  }
}
```

执行结果如图9-27所示。

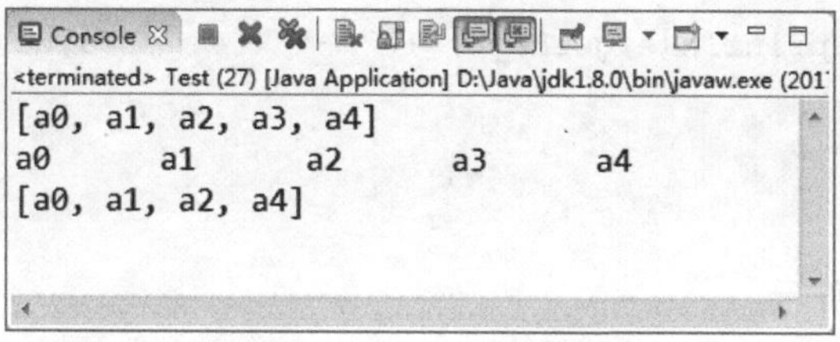

```
[a0, a1, a2, a3, a4]
a0          a1          a2          a3          a4
[a0, a1, a2, a4]
```

图9-27　示例9-11运行结果

老鸟建议

如果遇到在遍历容器时需要同时指定删除元素的情况，应使用迭代器遍历。

【示例9-12】迭代器遍历Set

```java
public class Test {
  public static void main(String[ ] args) {
    Set<String> set = new HashSet<String>();
    for(int i = 0; i < 5; i++) {
      set.add("a" + i);
    }
    System.out.println(set);
    for(Iterator<String> iter = set.iterator(); iter.hasNext();) {
      String temp = iter.next();
      System.out.print(temp + "\t");
    }
    System.out.println();
    System.out.println(set);
  }
}
```

执行结果如图9-28所示。

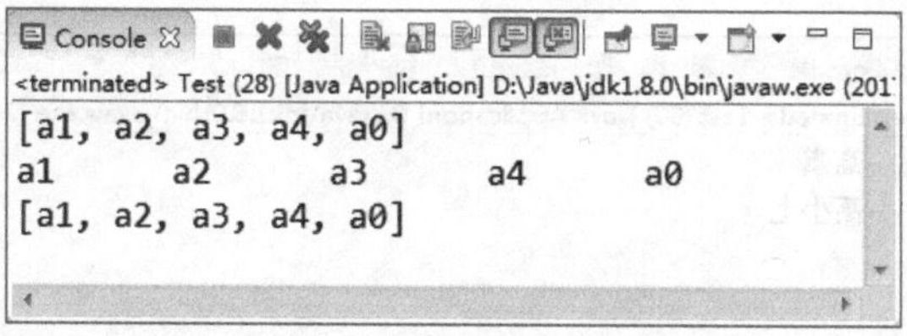

```
[a1, a2, a3, a4, a0]
a1          a2          a3          a4          a0
[a1, a2, a3, a4, a0]
```

图9-28　示例9-12运行结果

【示例9-13】迭代器遍历Map（一）

```java
public class Test {
  public static void main(String[ ] args) {
    Map<String, String> map = new HashMap<String, String>();
    map.put("A", "高淇");
    map.put("B", "高小七");
    Set<Entry<String, String>> ss = map.entrySet();
    for(Iterator<Entry<String, String>> iterator = ss.iterator();
    iterator.hasNext();) {
      Entry<String, String> e = iterator.next();
```

```
            System.out.println(e.getKey() + "--" + e.getValue());
        }
    }
}
```

执行结果如图9-29所示。

图9-29 示例9-13运行结果

开发者还可以通过map的keySet()、valueSet()方法获得key和value的集合,从而遍历它们。

【示例9-14】迭代器遍历Map(二)
```
public class Test {
    public static void main(String[ ] args) {
        Map<String, String> map = new HashMap<String, String>();
        map.put("A", "高淇");
        map.put("B", "高小七");
        Set<String> ss = map.keySet();
        for(Iterator<String> iterator = ss.iterator();iterator.hasNext();) {
            String key = iterator.next();
            System.out.println(key + "--" + map.get(key));
        }
    }
}
```

执行结果如图9-30所示。

图9-30 示例9-14运行结果

9.7 遍历集合的方法总结

【示例9-15】遍历List方法一——普通for循环
```
for(int i=0;i<list.size();i++){//list为集合的对象名
    String temp = (String)list.get(i);
    System.out.println(temp);
}
```

【示例9-16】遍历List方法二——增强for循环（使用泛型）

```java
for (String temp :list) {
System.out.println(temp);
}
```

【示例9-17】遍历List方法三——使用Iterator迭代器（1）

```java
for(Iterator iter= list.iterator();iter.hasNext();){
  String temp = (String)iter.next();
  System.out.println(temp);
}
```

【示例9-18】遍历List方法四——使用Iterator迭代器（2）

```java
Iterator iter =list.iterator();
while(iter.hasNext()){
  Object obj = iter.next();
  iter.remove();//如果遍历时,要删除集合中的元素,建议使用这种方式
  System.out.println(obj);
}
```

【示例9-19】遍历Set方法一——增强for循环

```java
for(String temp:set){
System.out.println(temp);
}
```

【示例9-20】遍历Set方法二——使用Iterator迭代器

```java
for(Iterator iter = set.iterator();iter.hasNext();){
  String temp = (String)iter.next();
  System.out.println(temp);
}
```

【示例9-21】遍历Map方法一——根据key获取value

```java
Map<Integer,Man> maps = new HashMap<Integer,Man>();
Set<Integer> keySet = maps.keySet();
for(Integer id :keySet){
  System.out.println(maps.get(id).name);
}
```

【示例9-22】遍历Map方法二——使用entrySet

```java
Set<Entry<Integer,Man>> ss = maps.entrySet();
for (Iterator iterator = ss.iterator();iterator.hasNext();) {
  Entry e = (Entry) iterator.next();
  System.out.println(e.getKey()+"--"+e.getValue());
}
```

9.8 Collections工具类

java.util.Collections类提供了对Set、List、Map进行排序、填充、查找元素的辅助方法。

- void sort(List)：对List容器内的元素排序，排序的规则是按照升序排序。
- void shuffle(List)：对List容器内的元素进行随机排列。
- void reverse(List)：对List容器内的元素进行逆序排列。
- void fill(List,Object)：用一个特定的对象重写整个List容器。
- int binarySearch(List,Object)：对于顺序的List容器，采用折半查找方法来查找特定对象。

【示例9-23】 Collections工具类的常用方法

```java
public class Test {
  public static void main(String[ ] args) {
    List<String> aList = new ArrayList<String>();
    for(int i = 0; i < 5; i++){
      aList.add("a" + i);
    }
    System.out.println(aList);
    Collections.shuffle(aList);          //随机排列
    System.out.println(aList);
    Collections.reverse(aList);          //逆序
    System.out.println(aList);
    Collections.sort(aList);             //排序
    System.out.println(aList);
    System.out.println(Collections.binarySearch(aList, "a2"));
    Collections.fill(aList, "hello");
    System.out.println(aList);
  }
}
```

执行结果如图9-31所示。

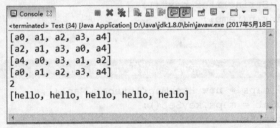

图9-31　示例9-23运行结果

本章总结

（1）Collection 表示一组对象，它有集中与收集的意思，就是把一些数据收集起来。

（2）Collection接口的两个子接口——List与Set：

- List中的元素有顺序，可重复。常用的实现类有ArrayList、LinkedList和vector。
  - ArrayList特点：查询效率高，增删效率低，线程不安全。
  - LinkedList特点：查询效率低，增删效率高，线程不安全。
  - vector特点：线程安全，效率低，其他特征类似于ArrayList。

- Set中的元素没有顺序，不可重复。常用的实现类有HashSet和TreeSet。
  - HashSet特点：采用散列算法实现，查询效率和增删效率都比较高。
  - TreeSet特点：内部需要对存储的元素进行排序。因此，对应的类需要实现Comparable接口，这样，才能根据compareTo()方法比较对象的大小，并进行内部排序。

（3）实现Map接口的类用来存储键（key）-值（value）对。Map接口的实现类有HashMap和TreeMap等。Map类中存储的键-值对通过键来标识，所以键值不能重复。

（4）Iterator对象被称作迭代器，用于方便地实现对容器内元素的遍历。

（5）java.util.Collections类提供了对Set、List、Map操作的工具方法。

（6）遇到如下情况，可能需要重写equals/hashCode方法：
- 要将自定义的对象放入HashSet中处理。
- 要将自定义的对象作为HashMap的key处理。
- 放入Collection容器中的自定义对象，当调用remove、contains等方法时。

（7）JDK1.5版本以后增加了泛型。泛型的优点如下。
- 向集合添加数据时保证数据安全。
- 遍历集合元素时不需要强制转换。

本章作业

一、选择题

1. 以下选项中关于Java集合的说法错误的是（　　）（选择二项）。

   A. List接口和Set接口是Collections接口的两个子接口

   B. List接口中存放的元素具有有序、不唯一的特点

   C. Set接口中存放的元素具有无序、不唯一的特点

   D. Map接口存放的是映射信息，每个元素都是一个键值对

2. 如下Java代码，输出的运行结果是（　　）（选择一项）。

```java
public class Test {
  public static void main(String[ ] args) {
    List<String> list=new ArrayList<String>();
    list.add("str1");
    list.add(2, "str2");
    String s=list.get(1);
    System.out.println(s);
  }
}
```

A. 运行时出现异常　　　　　　　　B. 正确运行，输出str1

C. 正确运行，输出str2　　　　　　D. 编译时出现异常

3. 在Java中，下列集合类型可以存储无序、不重复数据的是（　　）（选择一项）。
   A. ArrayList　　　　　　　　　　B. LinkedList
   C. TreeSet　　　　　　　　　　　D. HashSet

4. 以下代码的执行结果是(　　)。（选择一项）

```java
Set<String> s=new HashSet<String>();
s.add("abc");
s.add("abc");
s.add("abcd");
s.add("ABC");
System.out.println(s.size());
```

   A. 1　　　　　　B. 2　　　　　　C. 3　　　　　　D. 4

5. 给定如下Java代码，编译运行的结果是（　　）（选择一项）。

```java
public class Test {
    public static void main(String[ ] args) {
        Map<String, String> map = new HashMap<String, String>();
        String s = "code";
        map.put(s, "1");
        map.put(s, "2");
        System.out.println(map.size());
    }
}
```

   A. 编译时发生错误　　　　　　　B. 运行时引发异常
   C. 正确运行，输出1　　　　　　　D. 正确运行，输出2

二、简答题

1. 集合和数组的比较。
2. 简述List、Set、Collection、Map的区别和联系。
3. 简述ArrayList和LinkedList的区别和联系。它们的底层分别是用什么实现的？
4. HashSet采用了哈希表作为存储结构，请说明哈希表的特点和实现原理。
   提示：结合Object类的hashCode()和equals()说明其原理。
5. 使用泛型有什么好处？

三、编码题

1. 使用List和Map存放多个图书信息，遍历并输出，其中商品属性包括编号、名称、单价、出版社，使用商品编号作为Map中的key。
2. 使用HashSet和TreeSet存储多个商品信息，遍历并输出，其中商品属性包括编号、名称、单价、出版社，要求向其中添加多个相同的商品，验证集合中元素的唯一性。
   提示：向HashSet中添加自定义类的对象信息，需要重写hashCode和equals()。向TreeSet中添加自定义类的对象信息，需要实现Comparable接口，指定比较规则。
3. 实现List和Map数据的转换，具体要求如下。
   功能1：定义方法public void listToMap(){ }，将List中的Student元素封装到Map中。

①使用构造器Student(int id，String name，int age，String sex)创建多个学生信息并加入List。

②遍历List，输出每个Student信息。

③将List中的数据放入Map，使用Student的id属性作为key，使用Student对象信息作为value。

④遍历Map，输出每个Entry的key和value。

功能2：定义方法public void mapToList(){ }，将Map中的Student映射信息封装到List。

①创建实体类StudentEntry，用于存储Map中每个Entry的信息。

②使用构造器Student(int id，String name，int age，String sex)创建多个学生信息，并使用Student的id属性作为key，并存入Map。

③创建List对象，每个元素的类型是StudentEntry。

④将Map中的每个Entry信息放入List对象。

功能3：说明Comparable接口的作用，并通过分数来对学生进行排序。

第10章
输入与输出技术

对于任何程序设计语言而言,输入/输出(Input/Output)系统都是非常核心的功能。程序运行需要数据,而数据的获取往往需要跟外部系统通信,外部系统可能是文件、数据库、其他程序、网络、I/O设备等。外部系统比较复杂多变,有必要通过某种手段进行抽象,屏蔽外部的差异,从而实现更加便捷的编程。

输入(Input)是指让程序从外部系统获取数据(核心含义是"读",读取外部数据)。输入的常见应用:

- 将硬盘上的文件读取到程序。例如,用播放器打开一个视频文件,用Word打开一个.doc文件。
- 将网络上某个位置的内容读取到程序。例如,在浏览器中输入网址后,打开该网址对应的网页内容;下载网络上某个网址的文件。
- 将数据库系统中的数据读取到程序。
- 将某些硬件系统数据读取到程序。例如,车载电脑将雷达扫描信息读取到程序;温控系统将温度信息读取到程序等。

输出(Output)指的是程序将数据输出到外部系统从而可以操作外部系统(核心含义是"写",将数据写出到外部系统)。输出的常见应用有:

- 将数据写到硬盘中。例如,编辑完一个Word文档后,将内容写到硬盘上进行保存。
- 将数据写到数据库系统中。例如,注册一个网站会员,实际就是后台程序向数据库中写入一条记录。
- 将数据写到某些硬件系统中。例如,导弹的导航程序将新路径输出到飞控子系统,飞控子系统根据数据修正飞行路径。

java.io包提供了相关的API,可实现对所有外部系统的输入/输出操作,这就是本章要介绍的技术。

10.1 基本概念和I/O入门

在使用I/O相关类编程前,需要对基本概念作一个了解。本节讲解基本的I/O概念、Java语言I/O流体系的设计和细分。

10.1.1 数据源

数据源(data source)是提供数据的原始媒介。常见的数据源有数据库、文件、其他程序、内存、网络连接、I/O设备等,如图10-1所示。

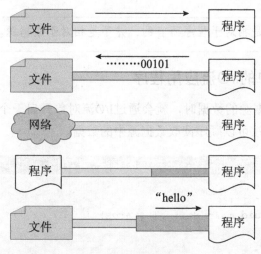

图10-1 数据源示意图

数据源分为源设备和目标设备。
- 源设备:为程序提供数据,一般对应输入流。
- 目标设备:程序数据的目的地,一般对应输出流。

10.1.2 流的概念

Java中对文件的操作是以流的方式进行的。流是Java内存中的一组有序数据序列。Java将数据从源(文件、内存、键盘、网络)读入到内存中,形成了流,然后将这些流还可以写到另外的目的地(文件、内存、控制台、网络)。之所以称为流,是因为这个数据序列在不同时刻所操作的是源的不同部分。

对于输入流而言,数据源就像水箱,流(stream)就像水管中流动着的水流,程序就是最终的用户。我们通过流(A stream)将数据源(source)中的数据(information)输送到程序(Program)中。

对于输出流而言,目标数据源就是目的地(dest),通过流(A Stream)将程序(Program)中的数据(information)输送到目的数据源(dest)中,如图10-2所示。

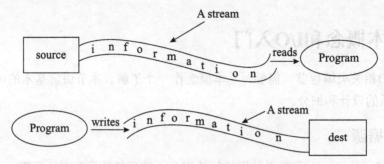

图10-2 流与源数据源和目标数据源之间的关系

菜鸟雷区

输入/输出流的划分是相对于程序而言的,并不是相对于数据源。

10.1.3 第一个简单的I/O流应用程序

当程序需要读取数据源的数据时,就会通过I/O流对象开启一个通向数据源的流,通过这个I/O流对象的相关方法可以顺序读取数据源中的数据。

【示例10-1】使用流读取文件内容(不规范的写法,仅用于测试)

```java
import java.io.*;
public class TestIO1 {
  public static void main(String[ ] args) {
    try {
      //创建输入流
      FileInputStream fis = new FileInputStream("d:/a.txt");
                              //文件内容是:abc
      //一个字节一个字节地读取数据
      int s1 = fis.read();           //打印输入字符a对应的ascii码值97
      int s2 = fis.read();           //打印输入字符b对应的ascii码值98
      int s3 = fis.read();           //打印输入字符c对应的ascii码值99
      int s4 = fis.read();           //由于文件内容已经读取完毕,返回-1
      System.out.println(s1);
      System.out.println(s2);
      System.out.println(s3);
      System.out.println(s4);
      //流对象使用完,必须关闭,不然总是用系统资源,最终会造成系统崩溃
        fis.close();
    } catch (Exception e) {
      e.printStackTrace();
    }
  }
}
```

执行结果如图10-3所示。

第10章 输入与输出技术 | 229

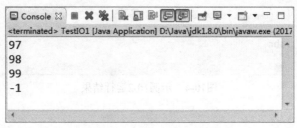

图10-3 示例10-1运行结果

通过对例10-1的解读，可以发现以下两点：

（1）示例10-1中读取的文件内容是已知的，因此可以使用固定次数的"int s= fis.read();"语句读取内容，但是在实际开发中通常根本不知道文件的内容，因此在读取的时候需要配合while循环语句使用。

（2）为了保证出现异常后流的正常关闭，通常要将流的关闭语句放到finally语句块中，并且要判断流是不是null。

I/O流的经典写法如示例10-2所示。

【示例10-2】使用流读取文件内容（经典代码，一定要掌握）

```java
import java.io.*;
public class TestIO2 {
  public static void main(String[ ] args) {
    FileInputStream fis = null;
    try {
      fis = new FileInputStream("d:/a.txt"); //内容是:abc
      StringBuilder sb = new StringBuilder();
      int temp = 0;
      //当temp等于-1时,表示已经到了文件结尾,停止读取
      while ((temp = fis.read()) != -1) {
        sb.append((char) temp);
      }
      System.out.println(sb);
    } catch(Exception e) {
      e.printStackTrace();
    } finally {
      try {
        //这种写法,保证了即使遇到异常情况,也会关闭流对象
        fis.close();
      } catch (IOException e) {
        e.printStackTrace();
      }
    }
  }
}
```

执行结果如图10-4所示。

图10-4　示例10-2运行结果

> **老鸟建议**
>
> 示例10-2中的代码是一段非常典型的I/O流代码,其他流对象的使用也基本基于同样的模式。

10.1.4　Java中流的概念细分

1. 按流的方向分类

- 输入流:数据流向是数据源到程序(以InputStream、Reader结尾的流)。
- 输出流:数据流向是程序到目的地(以OutPutStream、Writer结尾的流),如图10-5所示。

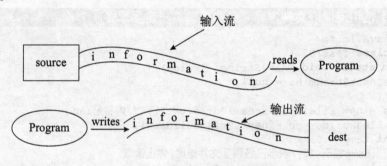

图10-5　输入/输出流示意图

2. 按处理的数据单元分类

- 字节流:以字节为单位获取数据,命名上以Stream结尾的流一般是字节流,如FileInputStream、FileOutputStream。
- 字符流:以字符为单位获取数据,命名上以Reader/Writer结尾的流一般是字符流,如FileReader、FileWriter。

3. 按处理对象不同分类

- 节点流:可以直接从数据源或目的地读写数据,如FileInputStream、FileReader、DataInputStream等。
- 处理流:不直接连接到数据源或目的地,是"处理流的流"。通过对其他流的处理提高程序的性能,如BufferedInputStream、BufferedReader等。处理流也叫包装流。

节点流处于I/O操作的第一线,所有操作必须通过它们进行;处理流可以对节点流进行包装,提高性能或提高程序的灵活性,如图10-6所示。

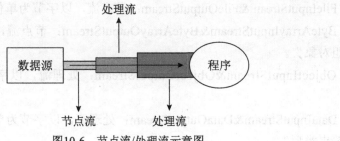

图10-6 节点流/处理流示意图

10.1.5 Java中I/O流类的体系

Java提供了多种多样的I/O流，在程序中可以根据不同的功能及性能要求挑选合适的I/O流。图10-7所示为Java中I/O流类的体系。

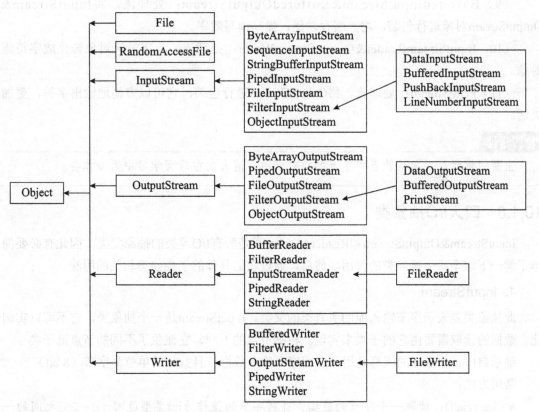

图10-7 Java中的I/O流体系

> 注 这里只列出了常用类，详情可以参考JDK API文档。

从图10-7可发现，很多流都是成对出现的，例如FileInputStream&FileOutputStream，显然是用于对文件做输入和输出操作的。下面对I/O流体系做简单总结：

（1）InputStream&OutputStream：字节流的抽象类。

（2）Reader&Writer：字符流的抽象类。

（3）FileInputStream&FileOutputStream：节点流，以字节为单位直接操作"文件"。

（4）ByteArrayInputStream&ByteArrayOutputStream：节点流，以字节为单位直接操作"字节数组对象"。

（5）ObjectInputStream&ObjectOutputStream：处理流，以字节为单位直接操作"对象"。

（6）DataInputStream&DataOutputStream：处理流，以字节为单位直接操作"基本数据类型与字符串类型"。

（7）FileReader&FileWriter：节点流，以字符为单位直接操作"文本文件"（注意：只能读写文本文件）。

（8）BufferedReader&BufferedWriter：处理流，将Reader/Writer对象进行包装，增加缓存功能，提高读写效率。

（9）BufferedInputStream&BufferedOutputStream：处理流，将InputStream&OutputStream对象进行包装，增加缓存功能，提高读写效率。

（10）InputStreamReader&OutputStreamWriter：处理流，将字节流对象转化成字符流对象。

（11）PrintStream：处理流，将OutputStream进行包装，它可以方便地输出字符，更加灵活。

> **老鸟建议**
>
> 上面的解释，一句话就点中了流的核心作用。请大家在后面学习中用心体会。

10.1.6 四大I/O抽象类

InputStream&OutputStream和Reader&Writer类是所有I/O流类的抽象父类，因此有必要简单了解一下这个四个抽象类的作用。然后，通过它们具体的子类熟悉相关的用法。

1. InputStream

此抽象类是表示字节输入流的所有类的父类。InputStream是一个抽象类，它不可以实例化。数据的读取需要由它的子类来实现。根据节点的不同，它派生了不同的节点流子类。

继承自InputStream的流都是用于向程序中输入数据，且数据的单位为字节（8 bit）。

常用方法：

- int read()：读取一个字节的数据，并将字节的值作为int类型返回（0~255之间的一个值）。如果未读出字节则返回-1（返回值为-1表示读取结束）。
- void close()：关闭输入流对象，释放相关系统资源。

2. OutputStream

此抽象类是表示字节输出流的所有类的父类。输出流接收输出字节并将这些字节发送到某个目的地。

常用方法：
- void write(int n)：向目的地中写入一个字节。
- void close()：关闭输出流对象，释放相关系统资源。

3. Reader

Reader用于读取的字符流抽象类，数据单位为字符。
- int read()：读取一个字符的数据，并将字符的值作为int类型返回（0～65535之间的一个值，即Unicode值）。如果未读出字符则返回-1（返回值为-1表示读取结束）。
- void close()：关闭流对象，释放相关系统资源。

4. Writer

Writer用于写入的字符流抽象类，数据单位为字符。
- void writer(int n)：向输出流中写入一个字符。
- void close()：关闭输出流对象，释放相关系统资源。

10.2 常用流详解

Java的I/O流体系相关的类非常多，我们需要进行合理分类才能更深入地理解整个I/O流体系。本节将相关的流成对放到一起进行学习和测试，让大家更容易理解。

10.2.1 文件字节流

FileInputStream通过字节的方式读取文件，适合读取所有类型的文件（如图像、视频、文本文件等）。Java也提供了FileReader专门读取文本文件。

FileOutputStream 通过字节的方式写数据到文件中，适合所有类型的文件。Java也提供了FileWriter专门写入文本文件。

【示例10-3】将文件内容读取到程序中

参考【示例10-2】即可。

【示例10-4】将字符串/字节数组的内容写入到文件中

```java
import java.io.FileOutputStream;
import java.io.IOException;
public class TestFileOutputStream {
  public static void main(String[ ] args) {
    FileOutputStream fos = null;
    String string = "北京尚学堂欢迎您！";
    try {
      //true表示内容会追加到文件末尾;false表示重写整个文件内容
      fos = new FileOutputStream("d:/a.txt", true);
      //该方法是直接将一个字节数组写入文件中；而write(int n)是写入一个字节
      fos.write(string.getBytes());
    } catch (Exception e) {
      e.printStackTrace();
```

```
        } finally {
          try {
            if(fos != null) {
              fos.close();
            }
          } catch (IOException e) {
            e.printStackTrace();
          }
        }
      }
```

在示例10-4中，用到了一个write方法void write(byte[ ] b)，该方法不再一个字节一个字节地写入，而是直接写入一个字节数组；另外还有一个重载的方法void write(byte[ ] b, int off, int length)，这个方法也是写入一个字节数组，但是程序员可以指定从字节数组的哪个位置开始写入，写入的长度是多少。

执行结果如图10-8所示。

图10-8 示例10-4运行后a.txt文件内容

前面已经学习了使用文件字节流分别实现文件的读取与写入，接下来将学习两种功能的综合运用，这样就可以轻松实现文件的复制。

【示例10-5】利用文件流实现文件的复制

```java
import java.io.FileInputStream;
import java.io.FileOutputStream;
import java.io.IOException;
public class TestFileCopy {
    public static void main(String[ ] args) {
        //将a.txt内容复制到b.txt
        copyFile("d:/a.txt", "d:/b.txt");
    }
    /*
     * 将src文件的内容复制到dec文件
     * @param src 源文件
     * @param dec 目标文件
     */
    static void copyFile(String src, String dec) {
        FileInputStream fis = null;
        FileOutputStream fos = null;
        //为了提高效率,设置缓存数组（读取的字节数据会暂存放到该字节数组中）
        byte[ ] buffer = new byte[1024];
        int temp = 0;
        try {
            fis = new FileInputStream(src);
```

```
            fos = new FileOutputStream(dec);
            //边读边写
            //temp指的是本次读取的真实长度,temp等于-1时表示读取结束
            while ((temp = fis.read(buffer)) != -1) {
              /*将缓存数组中的数据写入文件中,注意:写入的是读取的真实长度,
                 如果使用fos.write(buffer)方法,那么写入的长度将会是1024,
                 即缓存数组的长度*/
              fos.write(buffer, 0, temp);
            }
        } catch (Exception e) {
            e.printStackTrace();
        } finally {
            //两个流需要分别关闭
            try {
              if (fos != null) {
                fos.close();
              }
            } catch(IOException e) {
              e.printStackTrace();
            }
            try {
              if(fis != null) {
                fis.close();
              }
            } catch(IOException e) {
              e.printStackTrace();
            }
        }
    }
}
```

执行结果如图10-9和图10-10所示。

图10-9　示例10-5运行后d盘的部分目录

图10-10　b.txt文件的内容

> **注意**
>
> 在使用文件字节流时,需要注意以下两点:
> - 为了减少对硬盘的读写次数,提高效率,通常设置缓存数组。相应地,读取时使用的方法为read(byte[ ] b);写入时的方法为write(byte[ ] b, int off, int length)。
> - 程序中如果遇到多个流,每个流都要单独关闭,防止其中一个流出现异常后导致其他流无法关闭的情况。

10.2.2　文件字符流

前面介绍的文件字节流可以处理所有的文件,但是字节流不能很好地处理Unicode字

符，经常会出现"乱码"现象。所以，处理文本文件时一般可以使用文件字符流，它以字符为单位进行操作。

【示例10-6】 使用FileReader与FileWriter实现文本文件的复制

```java
import java.io.FileNotFoundException;
import java.io.FileReader;
import java.io.FileWriter;
import java.io.IOException;
public class TestFileCopy2 {
    public static void main(String[ ] args) {
        //写法和使用Stream基本一样,只不过,读取时读取的是字符
        FileReader fr = null;
        FileWriter fw = null;
        int len = 0;
        try {
            fr = new FileReader("d:/a.txt");
            fw = new FileWriter("d:/d.txt");
            //为了提高效率,创建缓冲用的字符数组
            char[ ] buffer = new char[1024];
            //边读边写
            while ((len = fr.read(buffer)) != -1) {
                fw.write(buffer, 0, len);
            }

        } catch (FileNotFoundException e) {
            e.printStackTrace();
        } catch (IOException e) {
            e.printStackTrace();
        } finally {
            try {
                if(fw != null) {
                    fw.close();
                }
            } catch(IOException e) {
                e.printStackTrace();
            }
            try {
                if(fr != null) {
                    fr.close();
                }
            } catch (IOException e) {
                e.printStackTrace();
            }
        }
    }
}
```

执行结果如图10-11和图10-12所示。

名称	修改日期	类型	大小
a.txt	2017/5/19 14:32	文本文档	1 KB
b.txt	2017/5/19 14:51	文本文档	1 KB
d.txt	2017/5/19 15:19	文本文档	1 KB

图10-11 示例10-6运行后d盘的部分目录

图10-12　d.txt文件的内容

10.2.3　缓冲字节流

Java缓冲流本身并不具有I/O流的读取与写入功能，只是在其他的流（节点流或其他处理流）上加上缓冲功能以提高效率，就像是把其他的流包装起来一样，因此缓冲流是一种处理流（包装流）。

当对文件或者其他数据源进行频繁读写时，效率比较低，这时如果使用缓冲流就能够更高效地读写信息。缓冲流先将数据缓存起来，然后当缓存区存满或者手动刷新时再一次性将数据读取到程序或写入目的地。

注意在I/O操作时使用缓冲流可以提升性能。

BufferedInputStream和BufferedOutputStream这两个流是缓冲字节流，通过内部缓存数组来提高操作流的效率。

下面通过两种方式（普通文件字节流与缓冲文件字节流）复制一个视频文件，来体会一下缓冲流的好处。

【示例10-7】使用缓冲流实现文件的高效率复制

```java
import java.io.BufferedInputStream;
import java.io.BufferedOutputStream;
import java.io.FileInputStream;
import java.io.FileOutputStream;
import java.io.IOException;
public class TestBufferedFileCopy1 {
    public static void main(String[ ] args) {
        //使用缓冲字节流实现复制
        long time1 = System.currentTimeMillis();
        copyFile1("D:/电影/华语/大陆/尚学堂传奇.mp4", "D:/电影/华语/大陆/尚学堂越"
                +"来越传奇.mp4");
        long time2 = System.currentTimeMillis();
        System.out.println("缓冲字节流花费的时间为:" + (time2 - time1));
        //使用普通字节流实现复制
        long time3 = System.currentTimeMillis();
        copyFile2("D:/电影/华语/大陆/尚学堂传奇.mp4", "D:/电影/华语/大陆/尚学堂越"
                +"来越传奇2.mp4");
        long time4 = System.currentTimeMillis();
        System.out.println("普通字节流花费的时间为:" + (time4 - time3));
    }
    /*缓冲字节流实现的文件复制的方法*/
    static void copyFile1(String src, String dec) {
        FileInputStream fis = null;
        BufferedInputStream bis = null;
```

```java
        FileOutputStream fos = null;
        BufferedOutputStream bos = null;
        int temp = 0;
        try {
            fis = new FileInputStream(src);
            fos = new FileOutputStream(dec);
            //使用缓冲字节流包装文件字节流,增加缓冲功能,提高效率
            //缓存区的大小(缓存数组的长度)默认是8192,也可以自己指定大小
            bis = new BufferedInputStream(fis);
            bos = new BufferedOutputStream(fos);
            while ((temp = bis.read()) != -1) {
                bos.write(temp);
            }
        } catch (Exception e) {
            e.printStackTrace();
        } finally {
            //注意:增加处理流后,注意流的关闭顺序,"后开的先关闭。"
            try {
                if(bos != null) {
                    bos.close();
                }
            } catch(IOException e) {
                e.printStackTrace();
            }
            try {
                if(bis != null) {
                    bis.close();
                }
            } catch(IOException e) {
                e.printStackTrace();
            }
            try {
                if(fos != null) {
                    fos.close();
                }
            } catch(IOException e) {
                e.printStackTrace();
            }
            try {
                if(fis != null) {
                    fis.close();
                }
            } catch(IOException e) {
                e.printStackTrace();
            }
        }
    }
    /*普通节流实现的文件复制的方法*/
    static void copyFile2(String src, String dec) {
        FileInputStream fis = null;
        FileOutputStream fos = null;
        int temp = 0;
        try {
            fis = new FileInputStream(src);
            fos = new FileOutputStream(dec);
```

```
          while((temp = fis.read()) != -1) {
            fos.write(temp);
          }
        } catch(Exception e) {
          e.printStackTrace();
        } finally {
          try {
            if(fos != null) {
              fos.close();
            }
          } catch(IOException e) {
            e.printStackTrace();
          }
          try {
            if(fis != null) {
              fis.close();
            }
          } catch(IOException e) {
            e.printStackTrace();
          }
        }
      }
    }
```

执行结果如图10-13所示。

图10-13　示例10-7运行结果

> **注意**
> - 在关闭流时，应该先关闭最外层的包装流，即"后开启的先关闭"。
> - 缓存区的默认大小是8192字节，也可以使用其他的构造器来指定大小。

10.2.4 缓冲字符流

BufferedReader和BufferedWriter增加了缓存机制，大大提高了读写文本文件的效率，同时，提供了更方便的按行读取的方法readLine()。在处理文本时，可以使用缓冲字符流。

【示例10-8】使用BufferedReader与BufferedWriter实现文本文件的复制

```java
import java.io.BufferedReader;
import java.io.BufferedWriter;
import java.io.FileNotFoundException;
import java.io.FileReader;
import java.io.FileWriter;
import java.io.IOException;
public class TestBufferedFileCopy2 {
  public static void main(String[ ] args) {
```

```java
        //注:在实际开发中可以用如下写法,处理文本文件,简单又高效
        FileReader fr = null;
        FileWriter fw = null;
        BufferedReader br = null;
        BufferedWriter bw = null;
        String tempString = "";
        try {
            fr = new FileReader("d:/a.txt");
            fw = new FileWriter("d:/d.txt");
            //使用缓冲字符流进行包装
            br = new BufferedReader(fr);
            bw = new BufferedWriter(fw);
            //BufferedReader提供了更方便的readLine()方法,直接按行读取文本
            //br.readLine()方法的返回值是一个字符串对象,即文本中的一行内容
            while ((tempString = br.readLine()) != null) {
                //将读取的一行字符串写入文件中
                bw.write(tempString);
                //下次写入之前先换行,否则会在上一行后边继续追加,而不是另起一行
                bw.newLine();
            }
        } catch (FileNotFoundException e) {
            e.printStackTrace();
        } catch (IOException e) {
            e.printStackTrace();
        } finally {
            try {
                if(bw != null) {
                    bw.close();
                }
            } catch(IOException e1) {
                e1.printStackTrace();
            }
            try {
                if(br != null) {
                    br.close();
                }
            } catch(IOException e1) {
                e1.printStackTrace();
            }
            try {
                if(fw != null) {
                    fw.close();
                }
            } catch(IOException e) {
                e.printStackTrace();
            }
            try {
                if(fr != null) {
                    fr.close();
                }
            } catch(IOException e) {
                e.printStackTrace();
            }
        }
    }
}
```

> **注意**
> - readLine()方法是BufferedReader特有的方法,可以对文本文件进行更加方便的读取操作。
> - 写入一行后要记得使用newLine()方法换行。

10.2.5 字节数组流

ByteArrayInputStream和ByteArrayOutputStream经常用在需要流和数组之间转化的情况,FileInputStream把文件当作数据源,而ByteArrayInputStream则是把内存中的"某个字节数组对象"当作数据源。

【示例10-9】 简单测试ByteArrayInputStream 的使用

```java
import java.io.ByteArrayInputStream;
import java.io.IOException;

public class TestByteArray {
    public static void main(String[] args) {
        //将字符串转变成字节数组
        byte[] b = "abcdefg".getBytes();
        test(b);
    }
    public static void test(byte[] b) {
        ByteArrayInputStream bais = null;
        StringBuilder sb = new StringBuilder();
        int temp = 0;
        //用于保存读取的字节数
        int num = 0;
        try {
            //该构造器的参数是一个字节数组,这个字节数组就是数据源
            bais = new ByteArrayInputStream(b);
            while ((temp = bais.read()) != -1) {
                sb.append((char) temp);
                num++;
            }
            System.out.println(sb);
            System.out.println("读取的字节数:" + num);
        } finally {
            try {
                if (bais != null) {
                    bais.close();
                }
            } catch (IOException e) {
                e.printStackTrace();
            }
        }
    }
}
```

执行结果如图10-14所示。

图10-14　示例10-9运行结果

10.2.6　数据流

　　数据流将"基本数据类型与字符串类型"作为数据源，从而允许程序以与机器无关的方式从底层输入/输出流中操作Java基本数据类型与字符串类型。

　　DataInputStream和DataOutputStream提供了可以存取与机器无关的所有Java基础类型数据（如：int、double、String等）的方法。

　　DataInputStream和DataOutputStream是处理流，可以对其他节点流或处理流进行包装，增加一些更灵活、更高效的功能。

【示例10-10】DataInputStream和DataOutputStream的使用

```java
import java.io.BufferedInputStream;
import java.io.BufferedOutputStream;
import java.io.DataInputStream;
import java.io.DataOutputStream;
import java.io.FileInputStream;
import java.io.FileOutputStream;
import java.io.IOException;
public class TestDataStream {
    public static void main(String[] args) {
        DataOutputStream dos = null;
        DataInputStream dis = null;
        FileOutputStream fos = null;
        FileInputStream fis = null;
        try {
            fos = new FileOutputStream("D:/data.txt");
            fis = new FileInputStream("D:/data.txt");
            //使用数据流对缓冲流进行包装,新增缓冲功能
            dos = new DataOutputStream(new BufferedOutputStream(fos));
            dis = new DataInputStream(new BufferedInputStream(fis));
            //将如下数据写入到文件中
            dos.writeChar('a');
            dos.writeInt(10);
            dos.writeDouble(Math.random());
            dos.writeBoolean(true);
            dos.writeUTF("北京尚学堂");
            //手动刷新缓冲区:将流中数据写入到文件中
            dos.flush();
            //直接读取数据:读取的顺序要与写入的顺序一致,否则不能正确读取数据
            System.out.println("char: " + dis.readChar());
            System.out.println("int: " + dis.readInt());
            System.out.println("double: " + dis.readDouble());
            System.out.println("boolean: " + dis.readBoolean());
```

```
            System.out.println("String: " + dis.readUTF());
        } catch (IOException e) {
            e.printStackTrace();
        } finally {
            try {
                if(dos!=null){
                    dos.close();
                }
            } catch (IOException e) {
                e.printStackTrace();
            }
            try {
                if(dis!=null){
                    dis.close();
                }
            } catch (IOException e) {
                e.printStackTrace();
            }
            try {
                if(fos!=null){
                    fos.close();
                }
            } catch (IOException e) {
                e.printStackTrace();
            }
            try {
                if(fis!=null){
                    fis.close();
                }
            } catch (IOException e) {
                e.printStackTrace();
            }
        }
    }
}
```

执行结果如图10-15所示。

图10-15　示例10-10运行结果

菜鸟雷区

使用数据流时，读取顺序一定要与写入顺序一致，否则不能正确读取数据。

10.2.7 对象流

前边介绍的数据流只能实现对基本数据类型和字符串类型的读写,并不能读取对象(字符串除外)。如果要对某个对象进行读写操作,需要学习一对新的处理流:ObjectInputStream和ObjectOutputStream。

ObjectInputStream和ObjectOutputStream是以"对象"为数据源,但是必须对传输的对象进行序列化与反序列化操作。

序列化与反序列化的具体内容将在10.3节中详细介绍,示例10-11仅演示对象流的简单应用。

【示例10-11】 ObjectInputStream和ObjectOutputStream的使用

```java
import java.io.BufferedInputStream;
import java.io.BufferedOutputStream;
import java.io.File;
import java.io.FileInputStream;
import java.io.FileOutputStream;
import java.io.IOException;
import java.io.InputStream;
import java.io.ObjectInputStream;
import java.io.ObjectOutputStream;
import java.io.OutputStream;
import java.util.Date;
public class TestObjectStream {
    public static void main(String[ ] args) throws IOException,
    ClassNotFoundException {
        write();
        read();
    }
    /*使用对象输出流将数据写入文件*/
    public static void write(){
        //创建Object输出流,并包装缓冲流,增加缓冲功能
        OutputStream os = null;
        BufferedOutputStream bos = null;
        ObjectOutputStream oos = null;
        try {
            os = new FileOutputStream(new File("d:/bjsxt.txt"));
            bos = new BufferedOutputStream(os);
            oos = new ObjectOutputStream(bos);
            //使用Object输出流
            //对象流也可以对基本数据类型进行读写操作
            oos.writeInt(12);
            oos.writeDouble(3.14);
            oos.writeChar('A');
            oos.writeBoolean(true);
            oos.writeUTF("北京尚学堂");
            //对象流能够对对象数据类型进行读写操作
            //Date是系统提供的类,已经实现了序列化接口
            //如果是自定义类,则需要自己实现序列化接口
            oos.writeObject(new Date());
        } catch (IOException e) {
```

```java
        e.printStackTrace();
    } finally {
        //关闭输出流
        if(oos != null){
          try {
            oos.close();
          } catch (IOException e) {
            e.printStackTrace();
          }
        }
        if(bos != null){
          try {
            bos.close();
          } catch (IOException e) {
            e.printStackTrace();
          }
        }
        if(os != null){
          try {
            os.close();
          } catch (IOException e) {
            e.printStackTrace();
          }
        }
    }
}
/*使用对象输入流将数据读入程序*/
public static void read() {
    //创建Object输入流
    InputStream is = null;
    BufferedInputStream bis = null;
    ObjectInputStream ois = null;
    try {
        is = new FileInputStream(new File("d:/bjsxt.txt"));
        bis = new BufferedInputStream(is);
        ois = new ObjectInputStream(bis);
        //使用Object输入流按照写入顺序读取
        System.out.println(ois.readInt());
        System.out.println(ois.readDouble());
        System.out.println(ois.readChar());
        System.out.println(ois.readBoolean());
        System.out.println(ois.readUTF());
        System.out.println(ois.readObject().toString());
    } catch (ClassNotFoundException e) {
        e.printStackTrace();
    } catch (IOException e) {
        e.printStackTrace();
    } finally {
        //关闭Object输入流
        if(ois != null){
          try {
            ois.close();
          } catch (IOException e) {
            e.printStackTrace();
          }
```

```
            }
            if(bis != null){
                try {
                    bis.close();
                } catch (IOException e) {
                    e.printStackTrace();
                }
            }
            if(is != null){
                try {
                    is.close();
                } catch (IOException e) {
                    e.printStackTrace();
                }
            }
        }
    }
}
```

执行结果如图10-16所示。

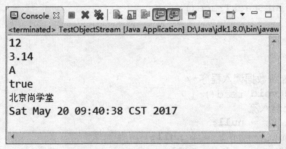

图10-16 示例10-11运行结果

> **注意**
> - 对象流不仅可以读写对象，还可以读写基本数据类型。
> - 使用对象流读写对象时，该对象必须经过序列化与反序列化，参见10.3节。
> - 系统提供的类（如Date等）已经实现了序列化接口，自定义类必须手动实现序列化接口。

10.2.8 转换流

InputStreamReader与OutputStreamWriter用来实现将字节流转化成字符流。例如下面的场景：

System.in是字节流对象，代表键盘的输入，如果按行接收用户的输入，就必须用到缓冲字符流BufferedReader特有的方法readLine()。经过观察会发现，创建BufferedReader的构造器的参数必须是一个Reader对象，这时转换流InputStreamReader就派上用场了。

System.out也是字节流对象，代表输出到显示器。按行读取用户的输入，并且将读取的一行字符串直接显示到控制台时，就需要用到字符流的write(String str)方法，所以要使用

OutputStreamWriter将字节流转化为字符流。

【示例10-12】 使用InputStreamReader接收用户的输入，并输出到控制台

```java
import java.io.BufferedReader;
import java.io.BufferedWriter;
import java.io.IOException;
import java.io.InputStreamReader;
import java.io.OutputStreamWriter;
public class TestConvertStream {
  public static void main(String[ ] args) {
    //创建字符输入和输出流:使用转换流将字节流转换成字符流
    BufferedReader br = null;
    BufferedWriter bw = null;
    try {
      br = new BufferedReader(new InputStreamReader(System.in));
      bw = new BufferedWriter(new OutputStreamWriter(System.out));
      //使用字符输入和输出流
      String str = br.readLine();
      //一直读取,直到用户输入了exit为止
      while (!"exit".equals(str)) {
        //写到控制台
        bw.write(str);
        bw.newLine();       //写一行后换行
        bw.flush();         //手动刷新
        //再读一行
        str = br.readLine();
      }
    } catch (IOException e) {
      e.printStackTrace();
    } finally {
      //关闭字符输入和输出流
      if (br != null) {
        try {
          br.close();
        } catch (IOException e) {
          e.printStackTrace();
        }
      }
      if(bw != null) {
        try {
          bw.close();
        } catch (IOException e) {
          e.printStackTrace();
        }
      }
    }
  }
}
```

执行结果如图10-17所示。

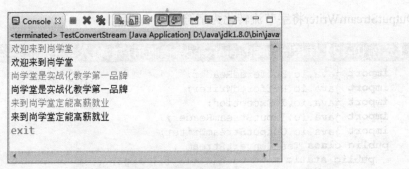

图10-17 示例10-12运行结果

10.2.9 随意访问文件流

RandomAccessFile可以实现两个作用：

（1）实现对一个文件的读和写操作。

（2）可以访问文件的任意位置，不像其他流只能按照先后顺序读取。

在开发某些客户端软件时，经常用到RandomAccessFile这个功能强大且可以"任意操作文件内容"的类。例如软件的使用次数和日期，可以通过此类来访问文件中用于保存次数和日期的地方，并进行比对和修改。由于 Java很少用于开发客户端软件，所以这个类用得相对较少。

学习这个流需掌握三个核心方法：

（1）RandomAccessFile(String name, String mode)name用于确定文件，mode取r（读）或rw（可读写），通过mode可以确定流对文件的访问权限。

（2）seek(long a)用于定位流对象读写文件的位置，a确定读写位置距离文件开头的字节数。

（3）getFilePointer()用于获得流的当前读写位置。

【示例10-13】RandomAccessFile的应用

```java
import java.io.IOException;
import java.io.RandomAccessFile;
public class TestRandomStream {
  public static void main(String[ ] args) {
    RandomAccessFile raf = null;
    try {
      //将若干数据写入到a.txt文件
      int[ ] data = { 10, 20, 30, 40, 50, 60, 70, 80, 90, 100 };
      raf = new RandomAccessFile("d:/a.txt", "rw");
      for(int i = 0; i < data.length; i++) {
        raf.writeInt(data[i]);
      }
      //直接从a.txt中读取数据,位置为从第36字节开始
      raf.seek(4);
      System.out.println(raf.readInt()); // 读取4个字节（int为4个字节）
      //直接从a.txt中读取数据,隔一个读一个数据
```

```java
        for(int i = 0; i < 10; i += 2) {
            raf.seek(i * 4);
            System.out.print(raf.readInt() + "\t");
        }
        System.out.println(); // 换行
        //在第8字节处插入一个新数据45,替换以前的数据30
        raf.seek(8);
        raf.writeInt(45);
        for(int i = 0; i < 10; i++) {
            raf.seek(i * 4);
            System.out.print(raf.readInt() + "\t");
        }
    } catch(IOException e) {
        e.printStackTrace();
    } finally {
        if(raf != null) {
            try {
                raf.close();
            } catch(IOException e) {
                e.printStackTrace();
            }
        }
    }
}
```

执行结果如图10-18所示。

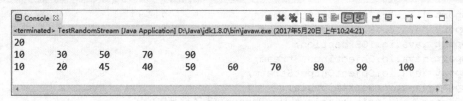

图10-18　示例10-13运行结果

10.3　Java对象的序列化和反序列化

对象的本质是用于组织和存储数据，对象本身也是数据。能不能将对象存储到硬盘的文件中呢？能不能将对象通过网络传输到另一台电脑呢？通过序列化和反序列化即可实现这些需求。

10.3.1　序列化和反序列化是什么

当两个进程进行远程通信时，可能会发送各种类型的数据，无论是何种类型的数据，都是以二进制序列的形式在网络上传送。例如，可以通过HTTP协议发送字符串信息，也可以在网络上直接发送Java对象。发送方需要把这个Java对象转换为字节序列才能在网络上传送，接收方则需要把字节序列再恢复为Java对象才能正常读取。

将Java对象转换为字节序列的过程称为对象的序列化。将字节序列恢复为Java对象的过程称为对象的反序列化。

对象序列化的作用如下。
- 持久化：把对象的字节序列永久地保存到硬盘上，通常存放在一个文件中，例如休眠的实现、服务器session的持久化、hibernate持久化对象等。
- 网络通信：在网络上传送对象的字节序列，例如服务器之间的数据通信、对象传递等。

10.3.2　序列化涉及的类和接口

ObjectOutputStream代表对象输出流，它的writeObject(Object obj)方法可对参数指定的obj对象进行序列化，把得到的字节序列写到一个目标输出流中。

ObjectInputStream代表对象输入流，它的readObject()方法可以从一个源输入流中读取字节序列，再将其反序列化为一个对象并返回。

只有实现了Serializable接口的类的对象才能被序列化。Serializable接口是一个空接口，只起标记作用。

10.3.3　序列化与反序列化的步骤和实例

【示例10-14】将Person类的实例进行序列化和反序列化

```java
import java.io.FileInputStream;
import java.io.FileOutputStream;
import java.io.IOException;
import java.io.ObjectInputStream;
import java.io.ObjectOutputStream;
import java.io.Serializable;
//Person类实现Serializable接口后,Person对象才能被序列化
class Person implements Serializable {
    //添加序列化ID,它决定着是否能够成功反序列化
    private static final long serialVersionUID = 1L;
    int age;
    boolean isMan;
    String name;
    public Person(int age, boolean isMan, String name) {
        super();
        this.age = age;
        this.isMan = isMan;
        this.name = name;
    }
    @Override
    public String toString() {
        return "Person [age=" + age + ", isMan=" + isMan + ", name=" + name + "]";
    }
}
public class TestSerializable {
```

```java
    public static void main(String[ ] args) {
        FileOutputStream fos = null;
        ObjectOutputStream oos = null;
        ObjectInputStream ois = null;
        FileInputStream fis = null;
        try {
            //通过ObjectOutputStream将Person对象的数据写入到文件中,即序列化
            Person person = new Person(18, true, "高淇");
            //序列化
            fos = new FileOutputStream("d:/c.txt");
            oos = new ObjectOutputStream(fos);
            oos.writeObject(person);
            oos.flush();
            //反序列化
            fis = new FileInputStream("d:/c.txt");
            //通过ObjectInputStream将文件中的二进制数据反序列化成Person对象
            ois = new ObjectInputStream(fis);
            Person p = (Person) ois.readObject();
            System.out.println(p);
        } catch (ClassNotFoundException e) {
            e.printStackTrace();
        } catch (IOException e) {
            e.printStackTrace();
        } finally {
            if (oos != null) {
                try {
                    oos.close();
                } catch (IOException e) {
                    e.printStackTrace();
                }
            }
            if (fos != null) {
                try {
                    fos.close();
                } catch (IOException e) {
                    e.printStackTrace();
                }
            }
            if (ois != null) {
                try {
                    ois.close();
                } catch (IOException e) {
                    e.printStackTrace();
                }
            }
            if (fis != null) {
                try {
                    fis.close();
                } catch (IOException e) {
                    e.printStackTrace();
                }
            }
        }
    }
}
```

执行结果如图10-19所示。

```
Person [age=18, isMan=true, name=高淇]
```

图10-19　示例10-14运行结果

> **注意**
> - static属性不参与序列化。
> - 对象中的某些属性如果不想被序列化，不能使用static，而应使用transient修饰。
> - 为了防止读和写的序列化ID不一致，一般指定一个固定的序列化ID。

10.4　装饰器模式构建I/O流体系

大家已经对I/O流体系掌握得差不多了，由于I/O流的相关类也是基于面向对象原则设计的，我们希望读者既学习I/O流知识，也可以重温面向对象的相关内容，从而加深对面向对象的理解。"温故而知新，知新而温故"是学习的重要方法。

10.4.1　装饰器模式简介

装饰器模式是GoF的23种设计模式中较为常用的一种模式，它可以对原有的类进行包装和装饰，使新的类具有更强的功能。

例如，给智能手机iPhone加装投影组件，可实现对原手机功能的扩展，这就是一种"装饰器模式"，如图10-20所示。在未来给普通人加装"外骨骼"装饰，可使普通人具有力扛千斤的能力，这也是一种装饰器模式。

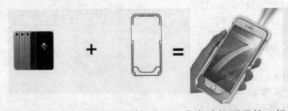

图10-20　手机经过投影套件"装饰后"，成为功能更强的"投影手机"

【示例10-15】装饰器模式演示

```java
class Iphone {
  private String name;
  public Iphone(String name) {
    this.name = name;
  }
  public void show() {
    System.out.println("我是" + name + ",可以在屏幕上显示");
  }
}
```

```java
}
class TouyingPhone {
  public Iphone phone;
  public TouyingPhone(Iphone p) {
    this.phone = p;
  }
  // 功能更强的方法
  public void show() {
    phone.show();
    System.out.println("还可以投影,在墙壁上显示");
  }
}
public class TestDecoration {
  public static void main(String[ ] args) {
    Iphone phone = new Iphone("iphone30");
    phone.show();
    System.out.println("===============装饰后");
    TouyingPhone typhone = new TouyingPhone(phone);
    typhone.show();
  }
}
```

执行结果如图10-21所示。

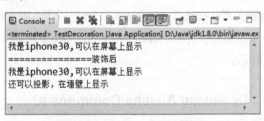

图10-21　示例10-15运行结果

10.4.2　I/O流体系中的装饰器模式

I/O流体系中大量使用了装饰器模式,让流具有更强的功能以及更强的灵活性。例如:

```java
FileInputStream   fis = new FileInputStream(src);
BufferedInputStream   bis = new BufferedInputStream(fis);
```

显然,BufferedInputStream装饰了原有的FileInputStream,使普通的FileInputStream也具有了缓存功能,提高了效率。举一反三,大家可以翻看本章的示例代码,看看还有哪些地方使用了装饰器模式。

10.5　Apache IOUtils和FileUtils的使用

在JDK中提供的与文件操作相关的类,其功能都非常基础,完成复杂的操作就需要做大量的编程工作。在实际开发中往往需要程序员动手编写相关的代码,尤其在遍历目录文件时,经常要编写递归程序,非常烦琐。Apache-commons工具包提供了IOUtils/FileUtils,它可以非常方便地对文件和目录进行操作。本节帮助读者全面认识IOUtils/FileUtils类，便于以后开发与文件和目录相关的功能。

Apache IOUtils和FileUtils类库提供了更加简单、功能也更强大的文件与I/O流操作功能，非常值得学习和使用。

10.5.1 Apache基金会介绍

Apache软件基金会（Apache Software Foundation，ASF）是专门为支持开源软件项目而创办的一个非盈利性组织。在ASF所支持的Apache项目与子项目中，它所发行的软件产品都遵循Apache许可证（Apache License），其官方网址为www.apache.org。

很多著名的Java开源项目都来源于这个组织，例如commons、kafka、lucene、maven、shiro、struts等技术，以及大数据技术中的hadoop（大数据第一技术）、hbase、spark、storm、mahout等。

10.5.2 FileUtils的妙用

1. jar包的下载和介绍

首先下载与FileUtils相关的Apache-commons-io jar包以及API文档。FileUtils类库的下载页面是 http://commons.apache.org/proper/commons-io/download_io.cgi。

下载页面如图10-22所示。

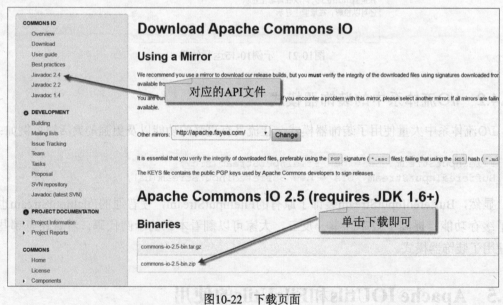

图10-22 下载页面

API文档的页面是 http://commons.apache.org/proper/commons-io/javadocs/api-2.5/index.html。

本示例采用最新的2.5版作为测试与示范版本。

2. 在Eclipse项目中导入外部的jar包

01 在Eclipse项目下新建lib文件夹。

02 解压下载后的文件，找到commons-io-2.5.jar包并将其复制到lib文件夹下，如图10-23所示。

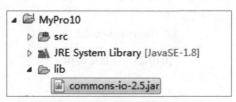

图10-23　在Eclipse项目中导入jar包

03 设置jar包，进入项目的classpath（环境变量）中。在项目名上右击，执行Build Path→Configure Build Path…命令；在打开的对话框中选择Libraries选项卡，再单击右边的Add JARs…按钮；在打开的对话框中，依次展开本项目的项目和lib文件夹，然后选择刚复制到项目中的jar包，再单击Apply按钮使刚才的操作生效，单击OK按钮关闭对话框，如图10-24所示。

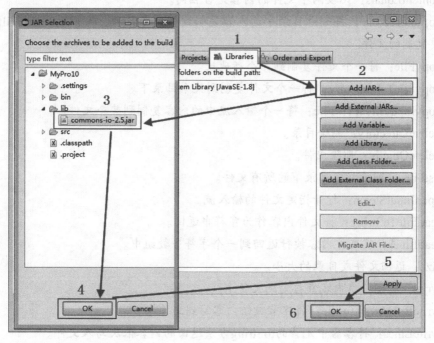

图10-24　配置路径

此时项目结构如图10-25所示。

图10-25　项目结构图

新手雷区

很多初学者会忘记配置项目的classpath，从而导致项目找不到相关的jar包。大家可以在此处多配置几次，直到熟练。

3. FileUtils类的常用方法介绍

打开FileUtils的API文档，下面列出了在工作中比较常用的方法，并进行总结和讲解。

- cleanDirectory：清空目录，但不删除目录。
- contentEquals：比较两个文件的内容是否相同。
- copyDirectory：将一个目录中的内容复制到另一个目录，可以通过FileFilter过滤需要复制的文件。
- copyFile：将一个文件复制到一个新地址。
- copyFileToDirectory：将一个文件复制到某个目录下。
- copyInputStreamToFile：将一个输入流中的内容复制到某个文件。
- deleteDirectory：删除目录。
- deleteQuietly：删除文件。
- listFiles：列出指定目录下的所有文件。
- openInputSteam：打开指定文件的输入流。
- readFileToString：将文件内容作为字符串返回。
- readLines：将文件内容按行返回到一个字符串数组中。
- size：返回文件或目录的大小。
- write：将字符串内容直接写到文件中。
- writeByteArrayToFile：将字节数组内容写到文件中。
- writeLines：将容器中元素的toString方法返回的内容依次写入文件。
- writeStringToFile：将字符串内容写到文件中。

4. 代码演示

【示例10-16】读取文件内容，并输出到控制台上（只需一行代码）

```java
import java.io.File;
```

```
import org.apache.commons.io.FileUtils;
public class TestUtils1 {
  public static void main(String[ ] args) throws Exception {
    String content = FileUtils.readFileToString(new File("d:/a.txt"),
    "gbk");
    System.out.println(content);
  }
}
```

执行结果如图10-26所示。

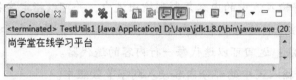

图10-26　示例10-16运行结果

【示例10-17】复制目录，并使用FileFilter过滤目录和以html结尾的文件

```
import java.io.File;
import java.io.FileFilter;
import org.apache.commons.io.FileUtils;
public class TestUtils2 {
  public static void main(String[ ] args) throws Exception {
    FileUtils.copyDirectory(new File("d:/aaa"), new File("d:/bbb"), new
    FileFilter() {
      @Override
      public boolean accept(File pathname) {
        //使用FileFilter过滤目录和以html结尾的文件
        if (pathname.isDirectory() || pathname.getName().endsWith("html")) {
          return true;
        } else {
          return false;
        }
      }
    });
  }
}
```

执行结果如图10-27所示。

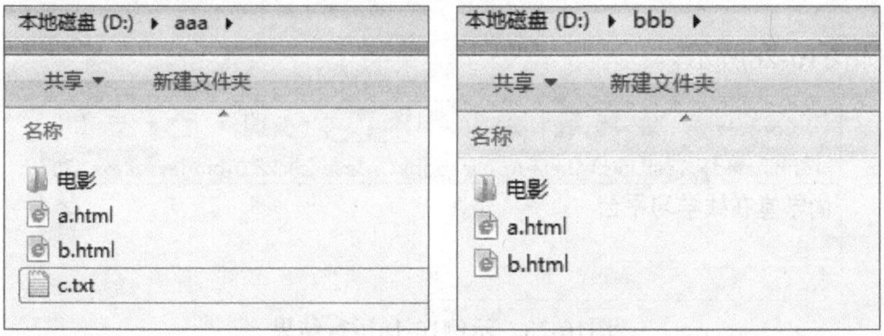

图10-27　示例10-17运行结果

10.5.3 IOUtils的妙用

打开IOUtils的API文档，可以发现它的方法大部分都是重载的，所以，理解它的方法并不是难事。这些方法的用法总结如下：

- buffer方法：将传入的流进行包装，变成缓冲流，并可以通过参数指定缓冲大小。
- closeQueitly方法：关闭流。
- contentEquals方法：比较两个流中的内容是否一致。
- copy方法：将输入流中的内容复制到输出流中，并可以指定字符编码。
- copyLarge方法：将输入流中的内容复制到输出流中，适合大于2GB内容的复制。
- lineIterator方法：返回可以迭代每一行内容的迭代器。
- read方法：将输入流中的部分内容读入到字节数组中。
- readFully方法：将输入流中的所有内容读入到字节数组中。
- readLine方法：读取输入流内容中的一行。
- toBufferedInputStream, toBufferedReader：将输入转为带缓存的输入流。
- toByteArray, toCharArray：将输入流的内容转为字节数组、字符数组。
- toString：将输入流或数组中的内容转化为字符串。
- write方法：向流里面写入内容。
- writeLine方法：向流里面写入一行内容。

我们没有必要对每个方法进行测试，下面只演示将d:/a.txt文件内容读入程序并转成String对象，然后打印出来的过程。

【示例10-18】IOUtils的方法

```java
import java.io.*;
import org.apache.commons.io.IOUtils;
public class TestUtils3 {
  public static void main(String[] args) throws Exception {
    String content = IOUtils.toString(new FileInputStream("d:/a.txt"),"gbk");
    System.out.println(content);
  }
}
```

执行结果如图10-28所示。

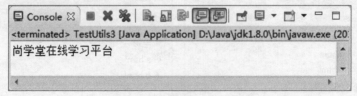

图10-28　示例10-18运行结果

本章总结

（1）按流的方向分类。
- 输入流：数据源到程序（用InputStream、Reader读进来）。
- 输出流：程序到目的地（用OutPutStream、Writer写出去）。

（2）按流的处理数据单元分类。
- 字节流：按照字节读写数据（InputStream、OutputStream）。
- 字符流：按照字符读写数据（Reader、Writer）。

（3）按流的功能分类。
- 节点流：可以直接从数据源或目的地读写数据。
- 处理流：不直接连接到数据源或目的地，是处理流的流。通过对其他流的处理可提高程序的性能。

（4）I/O的四个基本抽象类：InputStream、OutputStream、Reader和Writer。

（5）InputStream的实现类：
- FileInputStream
- ByteArrayInutStream
- BufferedInputStream
- DataInputStream
- ObjectInputStream

（6）OutputStream的实现类：
- FileOutputStream
- ByteArrayOutputStream
- BufferedOutputStream
- DataOutputStream
- ObjectOutputStream
- PrintStream

（7）Reader的实现类
- FileReader
- BufferedReader
- InputStreamReader

（8）Writer的实现类
- FileWriter
- BufferedWriter
- OutputStreamWriter

（9）把Java对象转换为字节序列的过程称为对象的序列化。

（10）把字节序列恢复为Java对象的过程称为对象的反序列化。

本章作业

一、选择题

1. 使用Java I/O流实现对文本文件的读写过程中，需要处理下列（　　）异常（选择一项）。
   A. ClassNotFoundException　　　　B. IOException
   C. SQLException　　　　　　　　　D. RemoteException

2. 在Java的I/O操作中，（　　）方法可以用来刷新流的缓冲（选择两项）。
   A. void release()　　　　　　　　　B. void close()
   C. void remove()　　　　　　　　　D. void flush()

3. 在Java中，下列关于读写文件的描述错误的是（　　）（选择一项）。
   A. Reader类的read()方法用来从源中读取一个字符的数据
   B. Reader类的read(int n)方法用来从源中读取一个字符的数据
   C. Writer类的write(int n)方法用来向输出流写入单个字符
   D. Writer类的write(String str)方法用来向输出流写入一个字符串

4. 阅读下列文件写入的Java代码，共有（　　）处错误（选择一项）。

```java
import java.io.*;
public class TestIO {
  public static void main(String [ ]args){
    String str ="文件写入练习";
    FileWriter fw = null;                        //1
    try{
      fw = new FileWriter("c:\mytext.txt");      //2
      fw.writerToEnd(str);                       //3
    }catch(IOException e){                       //4
      e.printStackTrace();
    }finally{
      //此处省略关闭流
    }
  }
}
```

　　A. 0　　　　　　　　　　　　　　B. 1
　　C. 2　　　　　　　　　　　　　　D. 3

5. 分析如下Java代码，在标注的四行代码中有错误的是第（　　）处。（选择一项）

```java
import java.io.FileWriter;
import java.io.IOException;
public class Test {
  public static void main(String[ ] args) {
    String str = "Hello World";
    FileWriter fw = null;
    try {
      fw = new FileWriter("c:\\hello.txt");  // 1
      fw.write(str);                          // 2
    } catch (IOException e) {
```

```
        e.printStackTrace();                    // 3
    } finally {
        fw.close();                             // 4
    }
  }
}
```

A. 1   B. 2
C. 3   D. 4

二、简答题
1. 说出本章最基本的四个抽象类及它们的区别。
2. 读入读出流的数据必须是按顺序依次读出的吗？如果想读取某个文件的指定位置，如何实现？
3. 想复制一个文本数据，使用哪些流？如果考虑效率问题，使用哪些流更好？
4. 对象的序列化接口的特点。
5. 想把一个字节流转化成字符流，使用什么流？

三、编码题
1. 实现字节数组和任何基本类型与引用类型之间的相互转换。
   提示：使用ByteArrayInutStream和ByteArrayOutputStream。
2. 将文件夹d:/sxtjava中的所有文件和子文件夹的内容复制到d:/sxtjava2文件夹中。
   提示：本题涉及单个文件的复制、目录的创建与递归的使用。
3. 使用输入/输出包中的类读取D盘中的exam.txt文本文件内容，每次读取一行，将每行作为一个输入放入ArrayList的泛型集合中，并将集合的内容使用加强for进行输出显示。

第11章 多线程技术

多线程是Java语言的重要特性，大量应用于网络编程与服务器端程序的开发。最常见的UI界面底层原理、操作系统底层原理都大量使用了多线程技术。

用户之所以能流畅地点击软件或者游戏中的各种按钮，其实就是多线程在底层的应用。当UI界面的主线程绘制界面时，如果有一个耗时的操作发生就会启动一个新线程，完全不影响主线程的工作。当这个线程工作完毕后，再更新到主界面上。

例如成千上万人同时访问某个网站，这也是基于网站服务器的多线程来实现的。如果没有多线程技术，服务器的处理速度会极大降低。

多线程应用于计算机的各个方面，但是对于初学者，只须掌握基本的概念即可。在入门阶段，暂时没有必要深入钻研。

11.1 基本概念

为了更好地理解多线程，首先必须了解什么是程序，什么是进程。这些概念的理解了将对深入掌握多线程很有意义。

11.1.1 程序

程序（Program）是一个静态概念，一般对应于操作系统中的一个可执行文件，例如，用于听音乐的酷狗的可执行文件。双击酷狗可执行文件，将会加载该程序到内存中并开始执行它，于是就产生了"进程"。

11.1.2 进程

执行中的程序叫作进程（Process），这是一个动态的概念。现代的操作系统都可以同时启动多个进程，例如用酷狗听音乐时，也可以使用Eclipse写代码，同时还可以用浏览器查看网页。进程的特点如下：

- 进程是程序的一次动态执行过程，占用特定的地址空间。
- 每个进程由3部分组成：CPU、Data、Code。每个进程都是独立的，保有自己的CPU时间、代码和数据。即便用同一份程序产生好几个进程，它们之间还是拥有自己的这3样东西，这造成的缺点是浪费内存，CPU的负担较重。
- 多任务（Multitasking）操作系统将CPU时间动态地划分给每个进程，操作系统同时执行多个进程，每个进程独立运行。以进程的观点来看，它会以为自己独占CPU的使用权。
- 进程的查看方法如下。
  - 对于Windows系统，按快捷键 Ctrl+Alt+Del启动任务管理器即可查看所有进程，如图11-1所示。
  - 对于Unix系统，可使用 ps 或 top命令。

图11-1　在Windows下查看进程

11.1.3　线程

一个进程可以产生多个线程。线程与多个进程可以共享操作系统的某些资源一样，同一进程的多个线程也可以共享此进程的某些资源（例如代码和数据），所以线程又被称为轻量级进程（Lightweight Process）。线程的特点如下。

- 一个进程内部的一个执行单元，它是程序中的一个单一的顺序控制流程。
- 一个进程可拥有多个并行的（concurrent）线程，如图11-2所示。
- 一个进程中的多个线程共享相同的内存单元/内存地址空间，可以访问相同的变量和对象，而且它们从同一个堆中分配对象并进行通信、数据交换和同步操作。

- 由于线程间的通信是在同一地址空间上进行的,所以不需要额外的通信机制,这就使得通信更简便而且信息的传递速度也更快。
- 线程的启动、中断和消亡所消耗的资源非常少。

图11-2　线程共享资源示意图

11.1.4　线程和进程的区别

- 每个进程都有独立的代码和数据空间(进程上下文),进程间的切换会有较大的开销。
- 线程可以看成是轻量级的进程,属于同一进程的线程共享代码和数据空间,每个线程有独立的运行栈和程序计数器(PC),线程切换的开销小。
- 线程和进程最根本的区别在于:进程是资源分配的单位,线程是调度和执行的单位。
- 多进程:在操作系统中能同时运行多个任务(程序)。
- 多线程:在同一应用程序中有多个顺序流同时执行。
- 线程是进程的一部分,所以线程有时候被称为轻量级进程。
- 一个没有线程的进程是可以被看作单线程的。如果一个进程内拥有多个线程,进程的执行过程不是一条线(线程),而是多条线(线程)共同完成的。
- 系统在运行的时候会为每个进程分配不同的内存区域,但是不会为线程分配内存(线程所使用的资源是它所属的进程的资源),线程组只能共享资源。就是说,除了CPU之外(线程在运行的时候要占用CPU资源),计算机内部的软硬件资源的分配与线程无关,线程只能共享它所属进程的资源。

11.1.5　进程与程序的区别

程序是一组指令的集合,它是静态的实体,没有执行的含义,而进程是一个动态的实体,有自己的生命周期。一般说来,一个进程肯定与一个程序相对应,并且只有一个,但是一个程序可以有多个进程,或者一个进程都没有。除此之外,进程还有并发性和交往性。简单地说,进程是程序的一部分,程序运行的时候会产生进程。

11.2　Java中如何实现多线程

在Java中使用多线程非常简单。下面先来学习如何创建和使用线程,然后再结合案例深入剖析线程的特性。

11.2.1 通过继承Thread类实现多线程

继承Thread类实现多线程的步骤如下：

（1）在Java中负责实现线程功能的类是java.lang.Thread类。

（2）可以通过创建Thread的实例来创建新的线程。

（3）每个线程都是通过某个特定的Thread对象所对应的方法run()来完成其操作的，方法run()称为线程体。

（4）通过调用Thread类的start()方法来启动一个线程。

【示例11-1】 通过继承Thread类实现多线程

```java
public class TestThread extends Thread {//自定义类继承Thread类
   //run()方法里是线程体
   public void run() {
      for(int i = 0; i < 10; i++) {
        System.out.println(this.getName() + ":" + i);//getName()方法用于返回线程名称
      }
   }
   public static void main(String[ ] args) {
      TestThread thread1 = new TestThread();   //创建线程对象
      thread1.start();                          //启动线程
      TestThread thread2 = new TestThread();
      thread2.start();
   }
}
```

执行结果如图11-3所示。

图11-3　示例11-1运行结果

这种方式的缺点是：如果类已经继承了一个类（例如小程序必须继承自Applet类），则无法再继承Thread类。

11.2.2 通过Runnable接口实现多线程

在开发中,更多的是通过Runnable接口实现多线程。这种方式克服了11.2.1节中实现线程类的缺点,即在实现Runnable接口的同时还可以继承某个类。所以实现Runnable接口的方式要通用一些。

【示例11-2】通过Runnable接口实现多线程

```java
public class TestThread2 implements Runnable {//自定义类实现Runnable接口
    //run()方法里是线程体
    public void run() {
        for(int i = 0; i < 10; i++) {
            System.out.println(Thread.currentThread().getName() + ":" + i);
        }
    }
    public static void main(String[ ] args) {
        //创建线程对象,把实现了Runnable接口的对象作为参数传入
        Thread thread1 = new Thread(new TestThread2());
        thread1.start();//启动线程
        Thread thread2 = new Thread(new TestThread2());
        thread2.start();
    }
}
```

执行结果与图11-3类似。

11.3 线程状态和生命周期

线程创建后,我们必须掌握线程生命周期知识以及相关状态的切换方法,这样才能解决实际开发中与有关线程的问题。

11.3.1 线程状态

一个线程对象在它的生命周期内,需要经历5个状态,如图11-4所示。

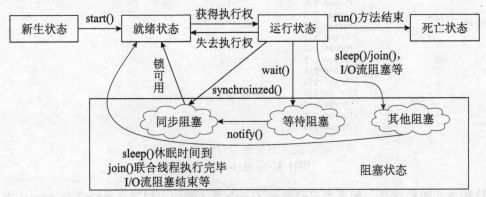

图11-4 线程生命周期图

1. 新生状态（New）

用new关键字建立一个线程对象后，该线程对象就处于新生状态。处于新生状态的线程有自己的内存空间，通过调用start方法进入就绪状态。

2. 就绪状态（Runnable）

处于就绪状态的线程已经具备了运行条件，但是还没有被分配到CPU，处于"线程就绪队列"，等待系统为其分配CPU。就绪状态并不是执行状态，当系统选定一个等待执行的Thread对象后，它就会进入执行状态。一旦获得CPU，线程就进入运行状态并自动调用其的run方法。下列4种原因会导致线程进入就绪状态。

（1）新建线程：调用start()方法，进入就绪状态。
（2）阻塞线程：阻塞解除，进入就绪状态。
（3）运行线程：调用yield()方法，直接进入就绪状态。
（4）运行线程：JVM将CPU资源从本线程切换到其他线程。

3. 运行状态（Running）

在运行状态的线程执行其run方法中的代码，直到因调用其他方法而终止，或等待某资源产生阻塞或完成任务死亡。如果在给定的时间片内没有执行结束，线程就会被系统换下来并回到就绪状态，也可能由于某些"导致阻塞的事件"而进入阻塞状态。

4. 阻塞状态（Blocked）

阻塞是指暂停一个线程的执行以等待某个条件发生（如某资源就绪）。有4种原因会导致阻塞：

- 执行sleep（int millsecond）方法，使当前线程休眠，进入阻塞状态。当指定的时间到了之后，线程进入就绪状态。
- 执行wait()方法，使当前线程进入阻塞状态。当使用nofity()方法唤醒这个线程后，它进入就绪状态。
- 当线程运行时，某个操作进入阻塞状态，例如执行I/O流操作（read()/write()方法本身就是阻塞的方法）。只有当引起该操作阻塞的原因消失后，线程才进入就绪状态。
- join()线程联合：当某个线程等待另一个线程执行结束并能继续执行时，使用join()方法。

5. 死亡状态（Terminated）

死亡状态是线程生命周期中的最后一个阶段。线程死亡的原因有两个：一个是正常运行的线程完成了它run()方法内的全部工作；另一个是线程被强制终止，如通过执行stop()或destroy()方法来终止一个线程（注：stop()/destroy()方法已经被JDK废弃，不推荐使用）。

当一个线程进入死亡状态以后，就不能再回到其他状态了。

11.3.2 终止线程的典型方式

终止线程一般不使用JDK提供的stop()/destroy()方法（它们本身也被JDK废弃了）。通常的做法是提供一个boolean型的终止变量,当这个变量置为false时,终止线程的运行。

【示例11-3】终止线程的典型方法(重要)

```java
public class TestThreadCiycle implements Runnable {
  String name;
  boolean live = true;//标记变量,表示线程是否可中止
  public TestThreadCiycle(String name) {
    super();
    this.name = name;
  }
  public void run() {
    int i = 0;
    //当live的值是true时,继续线程体;是false时则结束循环,继而终止线程体
    while (live) {
      System.out.println(name + (i++));
    }
  }
  public void terminate() {
    live = false;
  }
  public static void main(String[ ] args) {
    TestThreadCiycle ttc = new TestThreadCiycle("线程A:");
    Thread t1 = new Thread(ttc);   //新生状态
    t1.start();                    //就绪状态
    for(int i = 0; i < 100; i++) {
      System.out.println("主线程" + i);
    }
    ttc.terminate();
    System.out.println("ttc stop!");
  }
}
```

执行结果如图11-5所示。

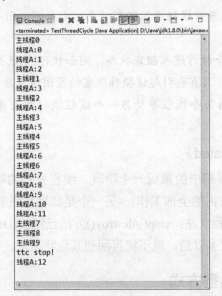

图11-5 示例11-3运行结果(因为是多线程,故每次运行结果不一定一致)

11.3.3 暂停线程执行的常用方法

暂停线程执行的常用方法有sleep()和yield()，这两个方法的区别如下。

- sleep()方法可以让正在运行的线程进入阻塞状态，直到休眠时间满了，进入就绪状态。
- yield()方法可以让正在运行的线程直接进入就绪状态，让出CPU的使用权。

【示例11-4】暂停线程的方法——sleep()

```java
public class TestThreadState {
  public static void main(String[ ] args) {
    StateThread thread1 = new StateThread();
    thread1.start();
    StateThread thread2 = new StateThread();
    thread2.start();
  }
}
//使用继承方式实现多线程
class StateThread extends Thread {
  public void run() {
    for(int i = 0; i < 100; i++) {
      System.out.println(this.getName() + ":" + i);
      try {
        Thread.sleep(2000);//调用线程的sleep()方法
      } catch(InterruptedException e) {
        e.printStackTrace();
      }
    }
  }
}
```

执行结果如图11-6所示（注：图11-6只显示了部分结果。在代码运行时可以感受到每条结果输出之前的延迟，这是因为Thread.sleep(2000)语句在起作用）。

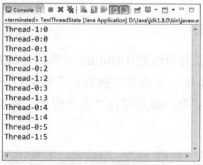

图11-6 示例11-4运行结果

【示例11-5】暂停线程的方法——yield()

```java
public class TestThreadState {
  public static void main(String[ ] args) {
    StateThread thread1 = new StateThread();
```

```java
    thread1.start();
    StateThread thread2 = new StateThread();
    thread2.start();
  }
}
//使用继承方式实现多线程
class StateThread extends Thread {
  public void run() {
    for(int i = 0; i < 100; i++) {
      System.out.println(this.getName() + ":" + i);
      Thread.yield();//调用线程的yield()方法
    }
  }
}
```

执行结果如图11-7所示（注：图11-7只显示了部分结果。代码执行可以引起线程的切换，但运行没有明显延迟）。

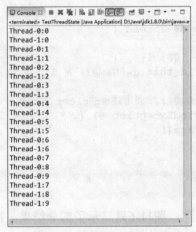

图11-7 示例11-5运行结果

11.3.4 联合线程的方法

线程A在运行期间，可以调用线程B的join()方法，让线程B和线程A联合。这样，线程A就必须等待线程B执行完毕，才能继续执行。在示例11-6中，"爸爸线程"要抽烟，于是联合了"儿子线程"去买烟，必须等待"儿子线程"买烟完毕，"爸爸线程"才能继续抽烟。

【示例11-6】线程的联合-join()

```java
public class TestThreadState {
  public static void main(String[ ] args) {
    System.out.println("爸爸和儿子买烟的故事");
    Thread father = new Thread(new FatherThread());
    father.start();
  }
}
```

```java
class FatherThread implements Runnable {
  public void run() {
    System.out.println("爸爸想抽烟,发现烟抽完了");
    System.out.println("爸爸让儿子去买包红塔山");
    Thread son = new Thread(new SonThread());
    son.start();
    System.out.println("爸爸等儿子买烟回来");
    try {
      son.join();
    } catch (InterruptedException e) {
      e.printStackTrace();
      System.out.println("爸爸出门去找儿子跑哪去了");
        //结束JVM。如果是0则表示正常结束;如果是非0则表示非正常结束
      System.exit(1);
    }
    System.out.println("爸爸高兴地接过烟开始抽,并把零钱给了儿子");
  }
}
class SonThread implements Runnable {
  public void run() {
    System.out.println("儿子出门去买烟");
    System.out.println("儿子买烟需要10分钟");
    try {
      for(int i = 1; i <= 10; i++) {
        System.out.println("第" + i + "分钟");
        Thread.sleep(1000);
      }
    } catch(InterruptedException e) {
      e.printStackTrace();
    }
    System.out.println("儿子买烟回来了");
  }
}
```

执行结果如图11-8所示。

图11-8 示例11-6运行结果

11.4 线程的基本信息和优先级别

线程也是对象，系统为线程定义了很多方法、优先级、名字等，以便对多线程进行有效地管理。

11.4.1 获取线程基本信息的方法

获取线程的常用方法如表11-1所示。

表11-1 线程的常用方法

方法	功能
isAlive()	判断线程是否还"活"着，即线程是否还未终止
getPriority()	获得线程的优先级数值
setPriority()	设置线程的优先级数值
setName()	给线程一个名字
getName()	取得线程的名字
currentThread()	取得当前正在运行的线程对象，也就是取得自己本身

【示例11-7】线程的常用方法一

```java
public class TestThread {
  public static void main(String[ ] argc) throws Exception {
    Runnable r = new MyThread();
    Thread t = new Thread(r, "Name test");      //定义线程对象,并传入参数
    t.start();                                   //启动线程
    System.out.println("name is: " + t.getName());  //输出线程名称
    Thread.currentThread().sleep(5000);         //线程暂停5分钟
    System.out.println(t.isAlive());            //判断线程还在运行吗
    System.out.println("over!");
  }
}
class MyThread implements Runnable {
  //线程体
  public void run() {
    for(int i = 0; i < 10; i++)
      System.out.println(i);
  }
}
```

执行结果如图11-9所示。

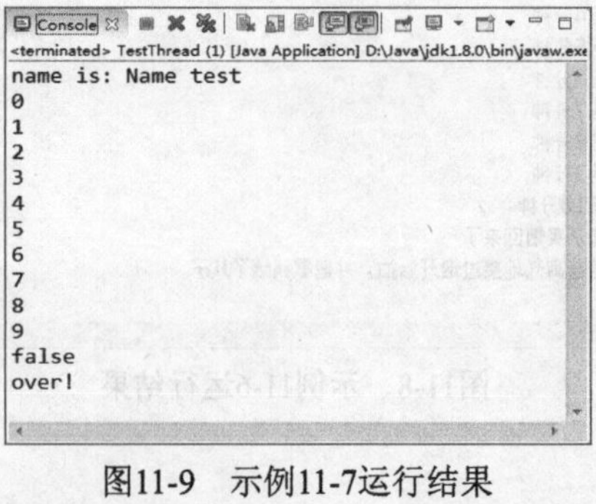

```
name is: Name test
0
1
2
3
4
5
6
7
8
9
false
over!
```

图11-9 示例11-7运行结果

11.4.2　线程的优先级

处于就绪状态的线程，会进入“就绪队列”等待JVM来挑选。

线程的优先级用数字表示，范围从1～10，一个线程的默认优先级是5。

使用下列方法可获得或设置线程对象的优先级：

- int getPriority()
- void setPriority(int newPriority)

注意

优先级低只是意味着获得调度的概率低，并不是绝对先调用优先级高的线程后调用优先级低的线程。

【示例11-8】线程的常用方法二

```
public class TestThread {
  public static void main(String[ ] args) {
    Thread t1 = new Thread(new MyThread(), "t1");
    Thread t2 = new Thread(new MyThread(), "t2");
    t1.setPriority(1);
    t2.setPriority(10);
    t1.start();
    t2.start();
  }
}
class MyThread extends Thread {
  public void run() {
    for (int i = 0; i < 10; i++) {
        System.out.println(Thread.currentThread().getName() + ": " + i);
    }
  }
}
```

执行结果如图11-10所示。

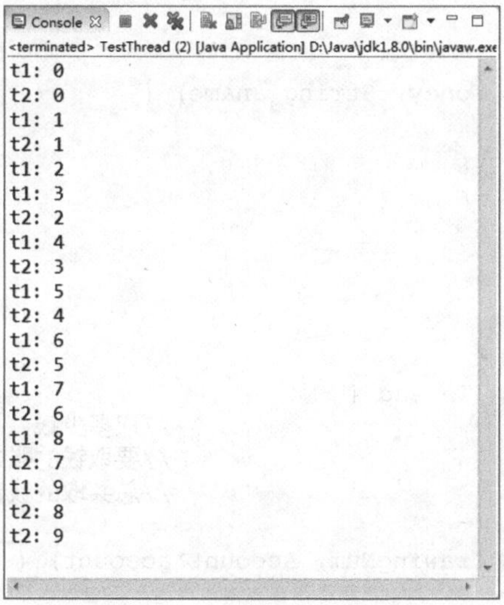
Console
<terminated> TestThread (2) [Java Application] D:\Java\jdk1.8.0\bin\javaw.exe
t1: 0
t2: 0
t1: 1
t2: 1
t1: 2
t1: 3
t2: 2
t1: 4
t2: 3
t1: 5
t2: 4
t1: 6
t2: 5
t1: 7
t2: 6
t1: 8
t2: 7
t1: 9
t2: 8
t2: 9

图11-10　示例11-8运行结果

11.5 线程同步

在处理多线程问题时,如果多个线程同时访问同一个对象,并且某些线程还想修改这个对象时,就需要用到"线程同步"机制。

11.5.1 什么是线程同步

1. 同步问题的提出

在现实生活中,人们会遇到"同一个资源,多个人都想同时使用"的问题。例如,教室里只有一台电脑,很多人都想使用。天然的解决办法就是,大家在电脑旁边排队,前一个人使用完了,后一个人再使用。

2. 线程同步的概念

线程同步其实就是一种等待机制,多个需要同时访问此对象的线程进入这个对象的等待池形成队列,等待前面的线程使用完毕后,下一个线程再使用。

【示例11-9】多线程操作同一个对象(未使用线程同步)

```java
public class TestSync {
  public static void main(String[ ] args) {
    Account a1 = new Account(100, "高");
    Drawing draw1 = new Drawing(80, a1);     //定义取钱线程对象
    Drawing draw2 = new Drawing(80, a1);     //定义取钱线程对象
    draw1.start();                            //你取钱
    draw2.start();                            //你老婆取钱
  }
}
/*
 * 简单表示银行账户
 */
class Account {
  int money;
  String aname;

  public Account(int money, String aname) {
    super();
    this.money = money;
    this.aname = aname;
  }
}
/*
 * 模拟提款操作
 */
class Drawing extends Thread {
  int drawingNum;                            //取多少钱
  Account account;                           //要取钱的账户
  int expenseTotal;                          //总共取的钱数

  public Drawing(int drawingNum, Account account) {
```

```java
    super();
    this.drawingNum = drawingNum;
    this.account = account;
}
@Override
public void run() {
    if(account.money - drawingNum < 0) {
        return;
    }
    try {
        Thread.sleep(1000);                //判断完后阻塞。其他线程开始运行
    } catch(InterruptedException e) {
        e.printStackTrace();
    }
    account.money -= drawingNum;
    expenseTotal += drawingNum;
    System.out.println(this.getName() + "--账户余额:" + account.money);
    System.out.println(this.getName() + "--总共取了:" + expenseTotal);
}
}
```

执行结果如图11-11所示。

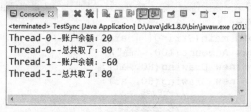

图11-11　示例11-9运行结果

示例11-9中由于没有线程同步机制，导致两个线程同时操作同一个账户对象，竟然从只有100元的账户中轻松取出80×2=160元，使得账户余额成了-60元。这么大的问题，银行显然是不会答应的。

11.5.2　实现线程同步

由于同一进程的多个线程共享同一块存储空间，这在带来方便的同时，也带来了访问冲突问题。Java语言提供了专门机制来解决这种冲突，有效避免了同一个数据对象被多个线程同时访问造成的问题。

由于人们可以通过 private 关键字来保证数据对象只能被方法访问，所以只需针对方法提出一套机制即可。这套机制就是使用synchronized关键字，它包括两种用法：synchronized方法和 synchronized 块。

1. synchronized 方法

通过在方法声明中加入 synchronized关键字来声明此方法，语法格式如下：

```
public synchronized void accessVal(int newVal);
```

synchronized 方法控制对"对象的类成员变量"的访问:每个对象对应一把锁,每个 synchronized 方法都必须获得调用该方法的对象的锁方能执行,否则所属线程阻塞。方法一旦执行,就独占该锁,直到从该方法返回时才将锁释放,此后被阻塞的线程方能获得该锁,重新进入可执行状态。

2. synchronized块

synchronized方法的缺陷是,若将一个大的方法声明为synchronized将会大大影响程序的工作效率。

为此,Java提供了更好的解决办法,就是使用 synchronized 块。synchronized 块可以让人们精确地控制具体的"成员变量",缩小同步的范围,提高效率。

通过synchronized关键字可声明synchronized 块,语法格式如下:

```
synchronized(syncObject)
{
//允许访问控制的代码
}
```

【示例11-10】多线程操作同一个对象(使用线程同步)

```java
public class TestSync {
    public static void main(String[ ] args) {
        Account a1 = new Account(100, "高");
        Drawing draw1 = new Drawing(80, a1);
        Drawing draw2 = new Drawing(80, a1);
        draw1.start();          //你取钱
        draw2.start();          //你老婆取钱
    }
}
/*
 * 简单地表示银行账户
 */
class Account {
    int money;
    String aname;
    public Account(int money, String aname) {
        super();
        this.money = money;
        this.aname = aname;
    }
}
/*
 * 模拟提款操作
 *
 * @author Administrator
 *
 */
class Drawing extends Thread {
    int drawingNum;                 //取多少钱
    Account account;                //要取钱的账户
    int expenseTotal;               //总共取的钱数

    public Drawing(int drawingNum, Account account) {
```

```java
    super();
    this.drawingNum = drawingNum;
    this.account = account;
}

@Override
public void run() {
    draw();
}

void draw() {
    synchronized (account) {
        if (account.money - drawingNum < 0) {
            System.out.println(this.getName() + "取款,余额不足! ");
            return;
        }
        try {
            Thread.sleep(1000); //判断完后阻塞。其他线程开始运行
        } catch (InterruptedException e) {
            e.printStackTrace();
        }
        account.money -= drawingNum;
        expenseTotal += drawingNum;
    }
    System.out.println(this.getName() + "--账户余额:" + account.money);
    System.out.println(this.getName() + "--总共取了:" + expenseTotal);
}
```

执行结果如图11-12和图11-13所示。

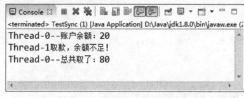

图11-12 示例11-10运行结果1

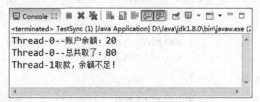

图11-13 示例11-10运行结果2

synchronized(account) 意味着线程需要获得account对象的"锁"才有资格运行同步块中的代码。Account对象的"锁"也称为"互斥锁",在同一时刻只能被一个线程使用。A线程拥有锁,则可以调用"同步块"中的代码;B线程没有锁,则进入account对象的"锁池队列"等待,直到A线程使用完毕释放了account对象的锁,B线程得到锁才可以调用"同步块"中的代码。

11.5.3 死锁及解决方案

1. 死锁的概念

"死锁"指的是多个线程各自占有一些共享资源,并且互相等待得到其他线程占有的资源后才能继续,从而导致两个或者多个线程都在等待对方释放资源,停止执行的情形。

因此，某一个同步块需要同时拥有"两个以上对象的锁"时，就可能会发生"死锁"的问题。下面的案例中，"化妆线程"需要同时拥有"镜子对象"和"口红对象"才能运行同步块。在实际运行时，"小丫的化妆线程"拥有了"镜子对象"，"大丫的化妆线程"拥有了"口红对象"，都在互相等待对方释放资源后才能化妆。这样，两个线程就形成了互相等待，无法继续运行的"死锁状态"。

【示例11-11】死锁问题演示

```java
class Lipstick {//口红类

}
class Mirror {//镜子类
}
class Makeup extends Thread {//化妆类继承了Thread类
  int flag;
  String girl;
  static Lipstick lipstick = new Lipstick();
  static Mirror mirror = new Mirror();

  @Override
  public void run() {
    //TODO Auto-generated method stub
    doMakeup();
  }

  void doMakeup() {
    if(flag == 0) {
      synchronized(lipstick) {//需要得到口红的"锁"
        System.out.println(girl + "拿着口红！");
        try {
          Thread.sleep(1000);
        } catch(InterruptedException e) {
          e.printStackTrace();
        }

        synchronized (mirror) {//需要得到镜子的"锁"
          System.out.println(girl + "拿着镜子！");
        }
      }
    } else {
      synchronized(mirror) {
        System.out.println(girl + "拿着镜子！");
        try {
          Thread.sleep(2000);
        } catch(InterruptedException e) {
          e.printStackTrace();
        }
        synchronized(lipstick) {
          System.out.println(girl + "拿着口红！");
        }
      }
    }
  }
}
```

```java
    }
}
public class TestDeadLock {
    public static void main(String[ ] args) {
        Makeup m1 = new Makeup();//大丫的化妆线程
        m1.girl = "大丫";
        m1.flag = 0;
        Makeup m2 = new Makeup();//小丫的化妆线程
        m2.girl = "小丫";
        m2.flag = 1;
        m1.start();
        m2.start();
    }
}
```

执行结果如图11-14所示(两个线程都在等对方的资源,都处于停滞状态)。

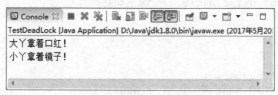

图11-14 示例11-11运行结果

2. 死锁的解决方法

死锁是由于"同步块需要同时持有多个对象锁"造成的。要解决这个问题,思路很简单,就是同一个代码块不要同时持有两个对象锁。如上面的死锁案例,可修改成示例11-12所示的代码。

【示例11-12】死锁问题的解决

```java
class Lipstick {//口红类
}
class Mirror {    //镜子类
}
class Makeup extends Thread {//化妆类继承了Thread类
    int flag;
    String girl;
    static Lipstick lipstick = new Lipstick();
    static Mirror mirror = new Mirror();
    @Override
    public void run() {
        //TODO Auto-generated method stub
        doMakeup();
    }
    void doMakeup() {
        if(flag == 0) {
            synchronized(lipstick) {
                System.out.println(girl + "拿着口红! ");
                try {
```

```java
          Thread.sleep(1000);
        } catch(InterruptedException e) {
          e.printStackTrace();
        }
      }
      synchronized(mirror) {
        System.out.println(girl + "拿着镜子！");
      }
    } else {
      synchronized(mirror) {
        System.out.println(girl + "拿着镜子！");
        try {
          Thread.sleep(2000);
        } catch(InterruptedException e) {
          e.printStackTrace();
        }
        synchronized(lipstick) {
          System.out.println(girl + "拿着口红！");
        }
      }
    }
  }
}
public class TestDeadLock {
  public static void main(String[ ] args) {
    Makeup m1 = new Makeup();//大丫的化妆线程
    m1.girl = "大丫";
    m1.flag = 0;
    Makeup m2 = new Makeup();//小丫的化妆线程
    m2.girl = "小丫";
    m2.flag = 1;
    m1.start();
    m2.start();
  }
}
```

执行结果如图11-15和图11-16所示（两线程都可以得到需要的资源，程序正常运行结束）。

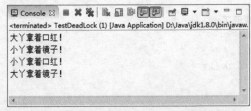

图11-15　示例11-12运行结果1

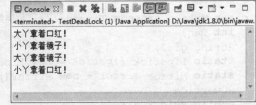

图11-16　示例11-12运行结果2

11.6　线程并发协作（生产者-消费者模式）

多线程环境下，经常需要多个线程能够并发和协作。这时，就需要了解一个重要的多线程并发协作模型"生产者-消费者模式",如图11-17所示。
- 什么是生产者。生产者指的是负责生产数据的模块(这里的模块指的可能是方法、对象、线程、进程等)。
- 什么是消费者。消费者指的是负责处理数据的模块(这里的模块指的可能是方法、对象、线程、进程等)。
- 什么是缓冲区。消费者不能直接使用生产者的数据,它们之间有个"缓冲区"。生产者将生产好的数据放入"缓冲区",消费者从"缓冲区"拿出要处理的数据。

图11-17 "生产者-消费者模式"示意图

缓冲区是实现并发操作的核心。缓冲区的设置有3个好处:
- 实现线程的并发协作。有了缓冲区以后,生产者线程只需要往缓冲区里面放置数据,而不需要管消费者消费的情况;同样,消费者只需要从缓冲区拿出数据处理即可,不需要考虑生产者生产的情况。这样,就从逻辑上实现了"生产者线程"和"消费者线程"的分离。
- 解耦了生产者和消费者。生产者不需要和消费者直接打交道。
- 解决忙闲不均,提高效率。生产者生产数据慢时,但在缓冲区仍有数据,不影响消费者消费;消费者处理数据慢时,生产者仍然可以继续往缓冲区里面放置数据。

【示例11-13】生产者与消费者模式

```java
public class TestProduce {
  public static void main(String[ ] args) {
    SyncStack sStack = new SyncStack();        //定义缓冲区对象
    Shengchan sc = new Shengchan(sStack);       //定义生产线程
    Xiaofei xf = new Xiaofei(sStack);           //定义消费线程
    sc.start();
    xf.start();
  }
}
class Mantou {                                  //馒头
  int id;

  Mantou(int id) {
    this.id = id;
  }
}
class SyncStack {                               //缓冲区(相当于:馒头筐)
  int index = 0;
  Mantou[ ] ms = new Mantou[10];
  public synchronized void push(Mantou m) {
    while (index == ms.length) {                //说明馒头筐满了
      try {
        //wait后,线程会将持有的锁释放,进入阻塞状态
```

```java
                //这样其他需要锁的线程就可以获得锁
                this.wait();
                //这里的含义是执行此方法的线程暂停,进入阻塞状态
                //等消费者消费了馒头后再生产
            } catch (InterruptedException e) {
                e.printStackTrace();
            }
        }
        //唤醒在当前对象等待池中等待的第一个线程
        //notifyAll叫醒所有在当前对象等待池中等待的所有线程
        this.notify();
        //如果不唤醒的话，以后这两个线程都会进入等待线程,没有人唤醒
        ms[index] = m;
        index++;
    }
    public synchronized Mantou pop() {
        while (index == 0) {//如果馒头筐是空的
            try {
                //如果馒头筐是空的,就暂停此消费线程（因为没什么可消费的）
                this.wait();                                    //等生产线程生产完再来消费
            } catch (InterruptedException e) {
                e.printStackTrace();
            }
        }
        this.notify();
        index--;
        return ms[index];
    }
}
class Shengchan extends Thread {// 生产者线程
    SyncStack ss = null;

    public Shengchan(SyncStack ss) {
        this.ss = ss;
    }
    @Override
    public void run() {
        for (int i = 0; i < 10; i++) {
            System.out.println("生产馒头:" + i);
            Mantou m = new Mantou(i);
            ss.push(m);
        }
    }
}
class Xiaofei extends Thread {// 消费者线程
    SyncStack ss = null;

    public Xiaofei(SyncStack ss) {
        this.ss = ss;
    }
    @Override
    public void run() {
        for (int i = 0; i < 10; i++) {
            Mantou m = ss.pop();
```

```
        System.out.println("消费馒头:" + i);
      }
   }
}
```

执行结果如图11-18所示。

图11-18　示例11-13运行结果

线程并发协作（也叫线程通信）通常用于生产者-消费者模式，情景如下：

（1）生产者和消费者共享同一个资源，并且生产者和消费者之间相互依赖，互为条件。

（2）对于生产者，没有生产产品之前，消费者要进入等待状态。而生产了产品之后，又需要马上通知消费者消费。

（3）对于消费者，在消费之后，要通知生产者已经消费结束，需要继续生产新产品以供消费。

（4）在生产者-消费者问题中，仅使用synchronized是不够的。synchronized可阻止并发更新同一个共享资源，虽然实现了同步，但它不能用来实现不同线程之间的消息传递（通信）。

线程通过如表11-2所示的方法进行消息传递（通信）。

表11-2　线程通信常用方法

方 法 名	作　用
final void wait()	表示线程一直等待，直到得到其他线程通知
void wait(long timeout)	线程等待指定毫秒参数的时间
final void wait(long timeout,int nanos)	线程等待指定毫秒、微秒的时间
final void notify()	唤醒一个处于等待状态的线程
final void notifyAll()	唤醒同一个对象上所有调用wait()方法的线程，优先级别高的线程优先运行

以上方法均是java.lang.Object类的方法，只能在同步方法或者同步代码块中使用，否则会抛出异常。

> **老鸟建议**
>
> 在实际开发中，尤其是"架构设计"中会大量使用"生产者-消费者"模式。初学者在此处作到了解即可，如果想晋升到中高级开发人员，这是必须要掌握的内容。

11.7 任务定时调度

任务定时调度在项目开发中也经常用到。例如我们需要在每天晚上12:00启动数据备份功能；如家连锁酒店每天23:45停止所有收支服务，统一开始启动核算程序进行全公司当日财务核算等。

在实际项目开发中可以使用quanz任务框架来开发，也可以使用本节介绍的Timer和Timertask类来实现同样的功能。

通过Timer和Timetask类可以实现定时启动某个线程，并通过线程执行某个任务的功能。

1. java.util.Timer

在这种实现方式中，Timer类的作用类似于闹钟的功能，也就是定时或者每隔一定时间触发一次线程。其实，Timer是JDK中提供的一个定时器工具。使用的时候会在主线程之外起一个单独的线程执行指定的计划任务，可以指定执行一次或者反复执行多次，起到类似闹钟的作用。

2. java.util.TimerTask

TimerTask类是一个抽象类，该类实现了Runnable接口，所以该类具备多线程的能力。

在这种实现方式中，通过继承TimerTask使该类获得多线程的能力，将需要多线程执行的代码书写在run方法内部，然后通过Timer类启动线程的执行。

【示例11-14】 java.util.Timer的使用

```java
public class TestTimer {
  public static void main(String[ ] args) {
    Timer t1 = new Timer();                    //定义计时器
    MyTask task1 = new MyTask();               //定义任务
    t1.schedule(task1,3000);                   //3秒后执行
    //t1.schedule(task1,5000,1000);   //5秒以后每隔1秒执行一次
    //GregorianCalendar calendar1 = new GregorianCalendar(2010,0,5,14,36,57)
    //t1.schedule(task1,calendar1.getTime());  //指定时间定时执行
  }
}
class MyTask extends TimerTask {//自定义线程类继承TimerTask类
  public void run() {
    for(int i=0;i<10;i++){
      System.out.println("任务1:"+i);
    }
  }
}
```

执行结果如图11-19所示。

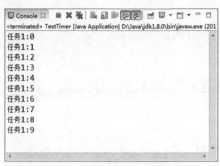

图11-19　示例11-14运行结果

运行以上程序时，可以感觉到在输出之前有明显延迟（大概3秒）。

在实际使用时，一个Timer可以启动任意多个TimerTask实现的线程，但是多个线程之间会存在阻塞。所以如果多个线程之间需要完全独立的话，最好还是一个Timer启动一个TimerTask。

老鸟建议

实际开发中，人们可以使用开源框架quanz更加方便地实现任务的定时调度。实际上，quanz底层原理就是本节介绍的内容。

本章总结

（1）程序。Java源程序和字节码文件被称为程序（Program），这是一个静态的概念。

（2）进程。执行中的程序叫作进程（Process），它是一个动态的概念。每个进程由3部分组成，cpu、data和code。

（3）线程。线程是进程中一个"单一的连续控制流程（a single sequential flow of control）"。

（4）在Java中实现多线程的方式如下：

- 继承Thread类实现多线程；
- 实现Runnable接口实现多线程。

（5）线程的状态有以下几种：

- 新生状态；
- 就绪状态；
- 运行状态；
- 死亡状态；
- 阻塞状态。

（6）暂停线程执行的方法为：

- sleep();

- yield();
- join()。

(7) 实现线程同步的两种方式。
- synchronized方法：

```
public synchronized void accessVal(int newVal);
```

- synchronized 块：

```
synchronized(syncObject)
{
    //允许访问控制的代码
}
```

(8) 同步解决问题的另一种典型方式：生产者—消费者模式。
(9) 线程通信的方法有：
- wait();
- notify();
- notifyAll()。

以上都是Object类的方法，只能在同步方法和同步代码块中使用。

本章作业

一、选择题
1. 以下选项中可以填写到横线处，让代码正确编译和运行的是（　　）（选择一项）。

```
public class Test implements Runnable {
  public static void main(String[ ] args) {
    _____
    t.start();
    System.out.println("main");
  }
  public void run() {
    System.out.println("thread1!");
  }
}
```

　　A. Thread t = new Thread(new Test());　　B. Test t = new Test();
　　C. Thread t = new Test();　　D. Thread t = new Thread();
2. 当线程调用start()后，其所处状态为（　　）（选择一项）。
　　A. 阻塞状态　　B. 运行状态
　　C. 就绪状态　　D. 新建状态
3. 以下选项中关于Java中线程控制方法的说法正确的是（　　）（选择二项）。
　　A. t.join () 的作用是阻塞指定线程，等到另一个线程完成以后再继续执行

B. sleep()的作用是让当前正在执行线程暂停，线程将转入就绪状态

C. yield()的作用是使线程停止运行一段时间，线程将处于阻塞状态

D. setDaemon()的作用是将指定的线程设置成后台线程

4. Java中线程安全问题是通过关键字（　　）解决的（选择一项）。

  A. finally   B. wait()

  C. synchronized   D. notify()

5. 以下说法中关于线程通信的说法错误的是（　　）（选择一项）。

  A. 可以调用wait()、notify()、notifyAll()三个方法实现线程通信

  B. wait()、notify()、notifyAll()必须在synchronized方法或者代码块中使用

  C. wait()有多个重载的方法，可以指定等待的时间

  D. wait()、notify()、notifyAll()是Object类提供的方法，子类可以重写

二、简答题

1. 简述程序、进程和线程的联系和区别。
2. 创建线程的两种方式分别是什么？各有什么优缺点。
3. sleep、yield和join方法的区别？
4. synchronize修饰的语句块，如下面的代码，是表示该代码块运行时必须获得account对象的锁。如果没有获得，会有什么情况发生？

```
synchronized (account) {
  if(account.money-drawingNum<0){
    return;
  }
}
```

5. Java中实现线程通信的三个方法及其作用。

三、编码题

1. 设计一个多线程的程序——火车售票模拟程序。假如火车站有100张火车票要卖出，现在有5个售票点同时售票，用5个线程模拟这5个售票点的售票情况。

2. 编写两个线程，一个线程打印1～52的整数，另一个线程打印字母A～Z。打印顺序为12A34B56C…5152Z。按照整数和字母的顺序从小到大打印，每打印两个整数后打印一个字母，交替循环，直到打印到整数52和字母Z结束。

要求：

（1）编写打印类Printer，声明私有属性index，初始值为1，用来表示是第几次打印。

（2）在打印类Printer中编写打印数字的方法print(int i)，3的倍数就使用wait()方法等待，否则就输出i，使用notifyAll()唤醒其他线程。

（3）在打印类Printer中编写打印字母的方法print(char c)，如果不是3的倍数就等待，否则就打印输出字母c，使用notifyAll()唤醒其他线程。

（4）编写打印数字的线程NumberPrinter继承Thread类，声明私有属性private Printer p;在

构造器中进行赋值,实现父类的run方法,调用Printer类中的输出数字的方法。

(5) 编写打印字母的线程LetterPrinter继承Thread类,声明私有属性private Printer p;在构造器中进行赋值,实现父类的run方法,调用Printer类中的输出字母的方法。

(6) 编写测试类Test,创建打印类对象,创建两个线程类对象,启动线程。

3. 编写多线程程序,模拟完成多个人通过一个山洞的过程。这个山洞每次只能通过一个人,每个人通过山洞的时间为5秒,有10个人准备过此山洞,依次显示通过山洞的人的姓名和顺序。

第12章 网络编程

如今，计算机已经成为人们学习、工作、生活必不可少的工具。人们利用计算机可以和亲朋好友在网上聊天，玩网游或发邮件等，这些功能的实现都离不开计算机网络。计算机网络实现了不同计算机之间的通信，而这必须依靠人们编写网络程序来实现。本章将教大家如何编写网络程序。

在进入编程之前，首先要了解关于网络通信的一些概念。

12.1 基本概念

本节介绍一些在网络编程中涉及到的基本概念。了解这些概念有助于大家建立起网络编程的基本认知体系。当然，特别细节的内容在这里暂时不需要深钻，例如通信协议的具体内容、数据封装和解封的细节等。本节讲解这些概念，是希望大家建立网络编程的整体认知而不是深钻细节。

12.1.1 计算机网络

计算机网络是指将地理位置不同的具有独立功能的多台计算机及其外部设备，通过通信线路连接起来，在网络操作系统、网络管理软件及网络通信协议的管理和协调下，实现资源共享和信息传递的计算机系统。

从其中可以提取到以下内容：

（1）计算机网络的作用是资源共享和信息传递。
（2）计算机网络的组成包括：
- 计算机硬件：计算机（大中小型服务器、台式机、笔记本等）、外部设备（路由器、交换机等）、通信线路（双绞线、光纤等）。
- 计算机软件：网络操作系统（Windows 2000 Server/Advance Server、UNIX、Linux等）、网络管理软件（WorkWin、SugarNMS等）、网络通信协议（如TCP/IP协议栈等）。

（3）计算机网络中的多台计算机是具有独立功能的，而不是脱离网络就无法存在的。

12.1.2 网络通信协议

1. 网络通信协议

通过计算机网络可以实现不同计算机之间的连接与通信，但是在计算机网络中实现通信必须遵守一些约定，即通信协议，对速率、传输代码、代码结构、传输控制步骤、出错控制等制定了标准。就像两个人想要顺利沟通就必须使用同一种语言一样，如果一个人只懂英语而另外一个人只懂中文，这样就会因没有共同语言而无法沟通。

国际标准化组织（International Organization for Standardization，ISO）定义了网络通信协议的基本框架，被称为开放系统互联（Open System Interconnect，OSI）模型。要制定通信规则，涉及的内容会很多，例如要考虑A计算机如何找到B计算机，A计算机在发送信息给B计算机时是否需要B计算机进行反馈，A计算机传送给B计算机的数据格式等等，内容太多太杂。所以OSI模型将这些通信标准按层次进行划分，每一个层次解决一个类别的问题，这样就使得标准的制定没那么复杂。OSI模型制定的七层标准模型，分别是应用层、表示层、会话层、传输层、网络层、数据链路层和物理层。

OSI的七层协议模型如图12-1所示。

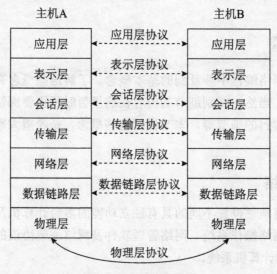

图12-1　七层协议模型

虽然国际标准化组织制定了这样一个网络通信协议的模型，但是实际上互联网通信使用最多的还是TCP/IP网络通信协议。

TCP/IP 是一个协议族，按照层次划分为四层，分别是应用层、传输层、互连网络层和网络接口层（物理+数据链路层）。

那么TCP/IP协议和OSI模型有什么区别呢？OSI网络通信协议模型是一个参考模型，而TCP/IP协议是事实上的标准。TCP/IP协议参考了OSI 模型，但是并没有严格按照OSI规定的七层标准去划分，而只划分了四层，这样会更简单，当划分太多层次时，人们很难区分某个协议是属于哪个层次的。TCP/IP协议和OSI模型也并不冲突，TCP/IP协议中的应用层对应于OSI中的应用层、表示层、会话层。就像以前有工业部和信息产业部，现在实行大部制后只有工业和信息化部一个部门，但是这个部门还是要做以前两个部门一样多的工作，本质上没有多大的差别。TCP/IP中有两个重要的协议，传输层的TCP协议和互连网络层的IP协议，因此就拿这两个协议来命名整个协议族，TCP/IP协议就是指整个协议族。

2．网络协议的分层

由于网络节点之间的联系很复杂，因此协议把复杂的内容分解为简单的内容，再将它们复合起来。最常用的复合方式是层次方式，即同层间可以通信，上一层可以调用下一层，而与再下一层不发生关系。

用户应用程序为最高层，物理通信线路为最低层，其间的协议处理分为若干层并规定每层处理的任务，也规定每层的接口标准。

OSI模型与TCP/IP模型的对应关系如图12-2所示。

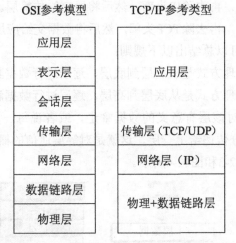

图12-2　OSI参考模型与TCP/IP参考模型对比

12.1.3　数据封装与解封

由于用户传输的数据一般都比较大，甚至以兆字节计算，一次性发送出去十分困难，因此就需要把数据分成很多片段，再按照一定的次序发送出去。这个过程就需要对数据进行封装。

数据封装（Data Encapsulation）是指将协议数据单元（PDU）封装在一组协议头和协议尾中的过程。在OSI七层参考模型中，每层主要负责与其他机器上的对等层进行通信。该过程是在协议数据单元（PDU）中实现的，其中每层的PDU一般由本层的协议头、协议尾和数据封装构成。

1. 数据发送处理过程

（1）应用层将数据转交给传输层，传输层添加上TCP的控制信息（称为TCP头部），这个数据单元称为段（Segment），加入控制信息的过程称为封装。然后，将段交给网络层。

（2）网络层接收到段，再添加上IP头部，这个数据单元称为包（Packet）。然后，将包交给数据链路层。

（3）数据链路层接收到包，再添加上MAC头部和尾部，这个数据单元称为帧（Frame）。然后，将帧交给物理层。

（4）物理层将接收到的数据转化为比特流，然后在网线中传送。

2. 数据接收处理过程

（1）物理层接收到比特流，经过处理后将数据交给数据链路层。

（2）数据链路层将接收到的数据转化为数据帧，再去除MAC头部和尾部，这个去除控制信息的过程称为解封，然后将包交给网络层。

（3）网络层接收到包，再去除IP头部，然后将段交给传输层。

（4）传输层接收到段，再去除TCP头部，然后将数据交给应用层。

从以上传输过程中，可以总结出以下规则：

（1）发送方的数据处理方式是从高层到底层，逐层进行数据封装。

（2）接收方的数据处理方式是从底层到高层，逐层进行数据解封装。

接收方的每一层只把对该层有意义的数据拿走，或者说每一层只能处理发送方同等层的数据，然后把其余的部分传递给上一层，这就是对等层通信的概念。

数据封装与解封如图12-3和图12-4所示。

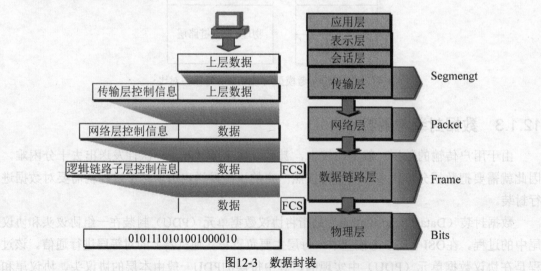

图12-3 数据封装

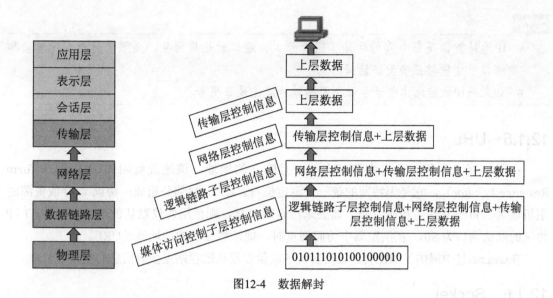

图12-4　数据解封

12.1.4　IP地址与端口

1. IP地址

IP地址用来标识网络中的一个通信实体的地址。通信实体可以是计算机、路由器等。例如，互联网的每个服务器都要有自己的IP地址，而局域网的每台计算机要进行通信也要配置IP地址。路由器是连接两个或多个网络的网络设备。

目前主流IP地址使用的是IPv4协议，但是随着网络规模的不断扩大，采用IPv4协议的可用地址数量面临着枯竭的危险，所以推出了IPv6协议。

IPv4协议采用32位地址，并以8位为一个单位，分成4部分，以点分十进制表示，如192.168.0.1。因为8位二进制的计数范围是00000000～11111111，对应十进制的0～255，所以-4.278.4.1是错误的IPv4地址。

IPv6协议为128位地址（16字节），写成8个16位的无符号整数，每个整数用4个十六进制位表示，每个数之间用冒号（:）分开，如3ffe:3201:1401:1280:c8ff:fe4d:db39:1984。

> **注意**
> - 127.0.0.1为本机地址。
> - 192.168.0.0～192.168.255.255为私有地址，属于非注册地址，专门为组织机构内部使用。

2. 端口

IP地址用来标识一台计算机，但是一台计算机上可能提供多种网络应用程序，如何来区分这些不同的程序呢？这就要用到端口。

端口是虚拟的概念，并不是在主机上真的有若干个端口。通过端口，可以在一台主机上运行多个网络应用程序。端口用一个16位的二进制整数表示，对应十进制的范围是0～65535。

Oracle、MySQL、Tomcat、QQ、Msn、迅雷、电驴、360等网络程序都有自己的端口。

> **总结**
> - IP地址就像是每个人的住址（门牌号），端口就是房间号。必须同时指定IP地址和端口号才能够正确发送数据。
> - 如果将IP地址比作电话号码，而端口号就像是分机号。

12.1.5 URL

在因特网上，每一信息资源都有统一且唯一的地址，该地址就叫作URL（Uniform Resource Locator），它是因特网的统一资源定位符。URL由4部分组成：协议、存放资源的主机域名、资源文件名和端口号。如果未指定端口号，则使用协议默认的端口。例如HTTP协议的默认端口为80。在浏览器中访问网页时，地址栏显示的地址就是URL。

在java.net包中提供了URL类，该类封装了大量涉及从远程站点获取信息的复杂细节。

12.1.6 Socket

人们开发的网络应用程序位于应用层，TCP和UDP属于传输层协议，在应用层如何使用传输层的服务呢？在应用层和传输层之间，使用套接字Socket来进行分离。

套接字就像是传输层为应用层打开的一个小窗口，应用程序通过这个小窗口向远程发送数据，或者接收远程发来的数据；当数据进入这个口之后，或者数据从这个口出来之前，外界不知道也不需要知道的，更不会关心它如何传输，这属于网络其他层的工作。

Socket实际是传输层供给应用层的编程接口。Socket就是应用层与传输层之间的桥梁，如图12-5所示。使用Socket编程可以开发客户机和服务器应用程序，可以在本地网络上进行通信，也可通过Internet在全球范围内通信。

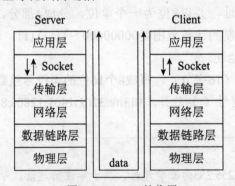

图12-5 Socket的作用

12.1.7 TCP协议和UDP协议

1. 联系和区别

TCP协议和UDP协议是传输层的两种协议。Socket是传输层提供给应用层的编程接口，所以Socket编程就分为TCP编程和UDP编程两类。

在网络通信中，TCP方式就类似于拨打电话，使用该方式进行网络通信时，需要建立专门的虚拟连接，然后进行可靠的数据传输，如果数据发送失败，则客户端会自动重发该数据。而UDP方式就类似于发送短信，使用这种方式进行网络通信时，不需要建立专门的虚拟连接，传输也不是很可靠，如果发送失败则客户端无法获得数据。

这两种传输方式都在实际的网络编程中使用，重要的数据一般使用TCP方式进行数据传输，而大量的非核心数据则可以通过UDP方式进行传输，在一些程序中甚至结合使用这两种方式进行数据传输。

由于TCP需要建立专用的虚拟连接并确认传输是否正确，所以使用TCP方式的传输速度稍微慢一些，而且传输时产生的数据量也要比UDP大。

总结

- TCP是面向连接的，传输数据安全、稳定，效率相对较低。
- UDP是面向无连接的，传输数据不安全，但效率较高。

2. TCP协议

TCP（Transfer Control Protocol）协议是面向连接的，所谓面向连接，就是当计算机双方通信时必须经过先建立连接，然后传送数据，最后拆除连接三个过程。

TCP在建立连接时又分为三步：

（1）请求端（客户端）发送一个包含SYN即同步（Synchronize）标志的TCP报文，SYN同步报文会指明客户端使用的端口以及TCP连接的初始序号。

（2）服务器在收到客户端的SYN报文后，将返回一个SYN+ACK报文，表示客户端的请求被接受。同时TCP序号被加1，ACK即确认（Acknowledgement）。

（3）客户端返回一个确认报文ACK给服务器端，同样TCP序列号被加1，至此一个TCP连接完成。然后才开始通信的第二步，数据处理。

以上就是常说的TCP的三次握手（Three-way Handshake）。

3. UDP协议

基于TCP协议可以建立稳定连接的点对点通信。这种通信方式实时、快速、安全性高，但是很占用系统的资源。

在网络传输方式上，还有另一种基于UDP协议的通信方式，称为数据报通信方式。在这种方式中，每个数据发送单元被统一封装成数据报包的方式，发送方将数据报包发送到网络，数据报包在网络中去寻找它的目的地。

12.2　Java网络编程中的常用类

Java为了可移植性，不允许直接调用操作系统，而是由java.net包来提供网络功能。Java虚拟机负责提供与操作系统的实际连接，下面介绍几个java.net包中的常用类。

12.2.1 InetAddress

1. 作用

InetAddress用于封装计算机的IP地址和DNS（没有端口信息）。

> 注 DNS是Domain Name System，域名系统。

2. 特点

InetAddress类没有构造器。如果要得到对象，只能通过静态方法getLocalHost()、getByName()、 getAllByName()、 getAddress()和getHostName()实现。

【示例12-1】使用getLocalHost方法创建InetAddress对象

```java
import java.net.InetAddress;
import java.net.UnknownHostException;
public class Test1 {
  public static void main(String[ ] args) throws UnknownHostException {
    InetAddress addr = InetAddress.getLocalHost();
    //返回IP地址:192.168.1.110
    System.out.println(addr.getHostAddress());
    //输出计算机名:gaoqi
    System.out.println(addr.getHostName());
  }
}
```

【示例12-2】根据域名得到InetAddress对象

```java
import java.net.InetAddress;
import java.net.UnknownHostException;
public class Test2 {
  public static void main(String[ ] args) throws UnknownHostException {
    InetAddress addr = InetAddress.getByName("www.sxt.cn");
    //返回 sxt服务器的IP:59.110.14.7
    System.out.println(addr.getHostAddress());
    //输出:www.sxt.cn
    System.out.println(addr.getHostName());
  }
}
```

【示例12-3】根据IP得到InetAddress对象

```java
import java.net.InetAddress;
import java.net.UnknownHostException;
public class Test3 {
  public static void main(String[ ] args) throws UnknownHostException {
    InetAddress addr = InetAddress.getByName("59.110.14.7");
    // 返回sxt服务器的IP:59.110.14.7
    System.out.println(addr.getHostAddress());
    /*
     * 输出IP地址而不是域名。如果这个IP地址不存在或DNS服务器不允许进行IP地址
     * 和域名的映射,getHostName方法就直接返回这个IP地址
     */
    System.out.println(addr.getHostName());
  }
}
```

12.2.2 InetSocketAddress

InetSocketAddress用于包含IP地址和端口信息，常用于Socket通信。该类实现 IP 套接字地址（IP 地址 + 端口号），不依赖任何协议。

【示例12-4】InetSocketAddress的使用

```java
import java.net.InetSocketAddress;
public class Test4 {
  public static void main(String[ ] args) {
    InetSocketAddress socketAddress = new InetSocketAddress("127.0.0.1", 8080);
    InetSocketAddress socketAddress2 = new InetSocketAddress("localhost", 9000);
    System.out.println(socketAddress.getHostName());
    System.out.println(socketAddress2.getAddress());
  }
}
```

12.2.3 URL类

IP地址唯一标识了Internet上的计算机，而URL则标识了这些计算机上的资源。URL类代表一个统一资源定位符，它是指向互联网资源的指针。资源可以是简单的文件或目录，也可以是对更为复杂对象的引用，例如对数据库或搜索引擎进行查询。

为了方便程序员编程，JDK中提供了URL类，该类的全名是java.net.URL。有了这样一个类，就可以使用它的各种方法来对URL对象进行分割、合并等处理。

【示例12-5】URL类的使用

```java
import java.net.MalformedURLException;
import java.net.URL;
public class Test5 {
  public static void main(String[ ] args) throws MalformedURLException {
    URL u = new URL("http://www.google.cn:80/webhp#aa?canhu=33");
    System.out.println("获取与此URL关联的协议的默认端口:" + u.getDefaultPort());
    System.out.println("getFile:" + u.getFile());      //端口号后面的内容
    System.out.println("主机名:" + u.getHost());        //www.google.cn
    System.out.println("路径:" + u.getPath());          //端口号后、参数前的内容
    //如果www.google.cn:80则返回80。否则返回-1
    System.out.println("端口:" + u.getPort());
    System.out.println("协议:" + u.getProtocol());
    System.out.println("参数部分:" + u.getQuery());
    System.out.println("锚点:" + u.getRef());

    URL u1 = new URL("http://www.abc.com/aa/");
    URL u2 = new URL(u1, "2.html");                    //相对路径构建URL对象
    System.out.println(u2.toString());                 //http://www.abc.com/aa/2.html
  }
}
```

【示例12-6】最简单的网络爬虫

```java
import java.io.BufferedReader;
import java.io.IOException;
import java.io.InputStream;
import java.io.InputStreamReader;
import java.net.MalformedURLException;
import java.net.URL;
public class Test6 {
  public static void main(String[ ] args) {
    basicSpider();
  }
  //网络爬虫
  static void basicSpider() {
    URL url = null;
    InputStream is = null;
    BufferedReader br = null;
    StringBuilder sb = new StringBuilder();
    String temp = "";
    try {
      url = new URL("http://www.baidu.com");
      is = url.openStream();
      br = new BufferedReader(new InputStreamReader(is));
      /*
       * 这样就可以将网络内容下载到本地机器
       * 然后进行数据分析,建立索引。这也是搜索引擎的第一步
       */
      while((temp = br.readLine()) != null) {
        sb.append(temp);
      }
      System.out.println(sb);
    } catch(MalformedURLException e) {
      e.printStackTrace();
    } catch(IOException e) {
      e.printStackTrace();
    } finally {
      try {
        br.close();
      } catch(IOException e) {
        e.printStackTrace();
      }
      try {
        is.close();
      } catch(IOException e) {
        e.printStackTrace();
      }
    }
  }
}
```

12.3 TCP通信的实现

前边提到TCP协议是面向的连接的,在通信时客户端与服务器端必须建立连接。在网络

通信中,第一次主动发起通信的程序被称作客户端(Client)程序,简称客户端;而在第一次通信中等待连接的程序被称作服务器端(Server)程序,简称服务器。一旦通信建立,则客户端和服务器端完全一样,没有本质的区别。

1. "请求-响应"模式

在"请求-响应"模式中,Socket类用于发送TCP消息;ServerSocket类用于创建服务器。

套接字Socket是一种进程间的数据交换机制。这些进程既可以在同一机器上,也可以在通过网络连接的不同机器上。换句话说,套接字起到了通信端点的作用。单个套接字是一个端点,而一对套接字则构成一个双向通信信道,使非关联进程可以在本地或通过网络进行数据交换。一旦建立套接字连接,数据即可在相同或不同的系统中双向或单向发送,直到其中一个端点关闭连接。套接字与主机地址和端口地址相关联。主机地址就是客户端或服务器程序所在主机的IP地址。端口地址是指客户端或服务器程序使用的主机的通信端口。

在客户端和服务器中,分别创建独立的Socket,并通过Socket的属性将两个Socket进行连接,这样,客户端和服务器通过套接字所建立的连接即可使用输入/输出流进行通信。

TCP/IP套接字是最可靠的双向流协议,使用TCP/IP可以发送任意数量的数据。

实际上,套接字只是计算机上已编号的端口。如果发送方和接收方计算机确定好端口,它们之间就可以进行通信了。

图12-6所示为客户端与服务器端的通信关系图。

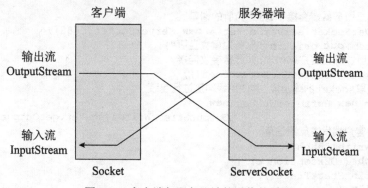

图12-6 客户端与服务器端的通信关系图

2. TCP/IP通信连接的简单过程

TCP/IP通信连接过程是:位于A计算机上的TCP/IP软件向B计算机发送包含端口号的消息;B计算机的TCP/IP软件接收该消息并进行检查,查看是否有它知道的程序正在该端口上接收消息。如果有,它将该消息交给这个程序。

要使程序有效地运行,就必须有一个客户端和一个服务器。

3. 通过Socket的编程顺序

该编程顺序如下：

（1）创建服务器ServerSocket。在创建时，定义ServerSocket的监听端口（在这个端口接收客户端发来的消息）。

（2）ServerSocket调用accept()方法，使之处于阻塞状态。

（3）创建客户端Socket，并设置服务器的IP地址及端口。

（4）客户端发出连接请求，建立连接。

（5）分别取得服务器和客户端Socket的InputStream和OutputStream。

（6）利用Socket和ServerSocket进行数据传输。

（7）关闭流及Socket。

【示例12-7】TCP——单向通信Socket之服务器端

```java
import java.io.BufferedWriter;
import java.io.IOException;
import java.io.OutputStreamWriter;
import java.net.ServerSocket;
import java.net.Socket;
/*
 * 最简单的服务器端代码
 * @author Administrator
 */
public class BasicSocketServer {
  public static void main(String[ ] args) {
    Socket socket = null;
    BufferedWriter bw = null;
    try {
      //建立服务器端套接字:指定监听的端口
      ServerSocket serverSocket = new ServerSocket(8888);
      System.out.println("服务端建立监听");
      //监听、等待客户端请求,并愿意接收连接
      socket = serverSocket.accept();
      //获取socket的输出流,并使用缓冲流进行包装
      bw = new BufferedWriter(new
                    OutputStreamWriter(socket.getOutputStream()));
      //向客户端发送反馈信息
      bw.write("hhhh");
    } catch (IOException e) {
      e.printStackTrace();
    } finally {
      //关闭流及socket连接
      if (bw != null) {
        try {
          bw.close();
        } catch (IOException e) {
          e.printStackTrace();
        }
      }
      if (socket != null) {
        try {
```

```
          socket.close();
      } catch (IOException e) {
        e.printStackTrace();
      }
    }
  }
}
```

【示例12-8】TCP——单向通信Socket之客户端

```java
import java.io.BufferedReader;
import java.io.IOException;
import java.io.InputStreamReader;
import java.net.InetAddress;
import java.net.Socket;
/*
 * 最简单的Socket客户端
 * @author Administrator
 */
public class BasicSocketClient {
  public static void main(String[ ] args) {
    Socket socket = null;
    BufferedReader br = null;
    try {
      /*
       * 创建Scoket对象,指定要连接的服务器的IP地址和端口而不是自己机器的
       * 端口。发送端口是随机的
       */
      socket = new Socket(InetAddress.getLocalHost(), 8888);
      //获取scoket的输入流,并使用缓冲流进行包装
      br = new BufferedReader(new
                           InputStreamReader(socket.getInputStream()));
      //接收服务器端发送的信息
      System.out.println(br.readLine());
    } catch (Exception e) {
      e.printStackTrace();
    } finally {
      //关闭流及socket连接
      if (br != null) {
        try {
          br.close();
        } catch (IOException e) {
          e.printStackTrace();
        }
      }
      if (socket != null) {
        try {
          socket.close();
        } catch (IOException e) {
          e.printStackTrace();
        }
      }
    }
  }
}
```

【示例12-9】 TCP——双向通信Socket之服务器端

```java
import java.io.BufferedReader;
import java.io.BufferedWriter;
import java.io.IOException;
import java.io.InputStreamReader;
import java.io.OutputStreamWriter;
import java.net.ServerSocket;
import java.net.Socket;
public class Server {
    public static void main(String[ ] args){
        Socket socket = null;
        BufferedReader in = null;
        BufferedWriter out = null;
        BufferedReader br = null;
        try {
            //创建服务器端套接字:指定监听端口
            ServerSocket server = new ServerSocket(8888);
            //监听客户端的连接
            socket = server.accept();
            //获取socket的输入输出流接收和发送信息
            in = new BufferedReader(new InputStreamReader(socket.getInputStream()));
            out = new BufferedWriter(new OutputStreamWriter(socket.getOutputStream()));
            br = new BufferedReader(new InputStreamReader(System.in));
            while (true) {
                //接收客户端发送的信息
                String str = in.readLine();
                System.out.println("客户端说:" + str);
                String str2 = "";
                //如果客户端发送的是"end"则终止连接
                if(str.equals("end")){
                    break;
                }
                //否则,发送反馈信息
                str2 = br.readLine();  //读到\n为止,因此一定要输入换行符!
                out.write(str2 + "\n");
                out.flush();
            }
        } catch(IOException e) {
            e.printStackTrace();
        } finally {
            //关闭资源
            if(in != null){
                try {
                    in.close();
                } catch(IOException e) {
                    e.printStackTrace();
                }
            }
            if(out != null){
                try {
                    out.close();
                } catch(IOException e) {
                    e.printStackTrace();
```

```java
          }
        }
        if(br != null){
          try {
            br.close();
          } catch(IOException e) {
            e.printStackTrace();
          }
        }
        if(socket != null){
          try {
            socket.close();
          } catch(IOException e) {
            e.printStackTrace();
          }
        }
      }
    }
  }
}
```

【示例12-10】 TCP——双向通信Socket之客户端

```java
import java.io.BufferedReader;
import java.io.BufferedWriter;
import java.io.IOException;
import java.io.InputStreamReader;
import java.io.OutputStreamWriter;
import java.net.InetAddress;
import java.net.Socket;
import java.net.UnknownHostException;
public class Client {
  public static void main(String[ ] args) {
    Socket socket = null;
    BufferedReader in = null;
    BufferedWriter out = null;
    BufferedReader wt = null;
    try {
      //创建Socket对象,指定服务器端的IP地址与端口
      socket = new Socket(InetAddress.getLocalHost(), 8888);
      //获取scoket的输入输出流接收和发送信息
      in = new BufferedReader(new InputStreamReader(socket.
      getInputStream()));
      out = new BufferedWriter(new
                          OutputStreamWriter(socket.getOutputStream()));
      wt = new BufferedReader(new InputStreamReader(System.in));
      while (true) {
        //发送信息
        String str = wt.readLine();
        out.write(str + "\n");
        out.flush();
        //如果输入的信息为"end"则终止连接
        if (str.equals("end")) {
          break;
        }
        //否则,接收并输出服务器端信息
```

```java
                System.out.println("服务器端说:" + in.readLine());
            }
        } catch (UnknownHostException e) {
            e.printStackTrace();
        } catch (IOException e) {
            e.printStackTrace();
        } finally {
            //关闭资源
            if (out != null) {
                try {
                    out.close();
                } catch (IOException e) {
                    e.printStackTrace();
                }
            }
            if (in != null) {
                try {
                    in.close();
                } catch (IOException e) {
                    e.printStackTrace();
                }
            }
            if (wt != null) {
                try {
                    wt.close();
                } catch (IOException e) {
                    e.printStackTrace();
                }
            }
            if (socket != null) {
                try {
                    socket.close();
                } catch (IOException e) {
                    e.printStackTrace();
                }
            }
        }
    }
}
```

执行结果如图12-7与图12-8所示。

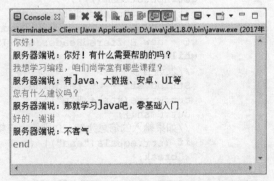

图12-7　示例12-9与示例12-10运行结果——服务器端

图12-8　示例12-9与示例12-10运行结果——客户端

> **菜鸟雷区**
>
> 运行时,要先启动服务器端,再启动客户端,才能得到正常的运行效果。

上面这个程序必须按照安排好的顺序,让服务器和客户端一问一答,不够灵活,而使用多线程则可以实现更加灵活的双向通信。如果使用多线程技术,则服务器端一个线程专门发送消息,另一个线程专门接收消息;客户端一个线程专门发送消息,另一个线程专门接收消息。

【示例12-11】 TCP——聊天室之服务器端

```java
import java.io.BufferedReader;
import java.io.BufferedWriter;
import java.io.IOException;
import java.io.InputStreamReader;
import java.io.OutputStreamWriter;
import java.net.ServerSocket;
import java.net.Socket;
public class ChatServer {
  public static void main(String[ ] args) {
    ServerSocket server = null;
    Socket socket = null;
    BufferedReader in = null;
    try {
      server = new ServerSocket(8888);
      socket = server.accept();
      //创建向客户端发送消息的线程,并启动
      new ServerThread(socket).start();
      //main线程负责读取客户端发来的信息
      in = new BufferedReader(new InputStreamReader(socket.getInputStream()));
      while (true) {
        String str = in.readLine();
        System.out.println("客户端说:" + str);
      }
    } catch(IOException e) {
      e.printStackTrace();
    } finally {
      try {
        if(in != null) {
          in.close();
        }
      } catch (IOException e) {
        e.printStackTrace();
      }
      try {
        if(socket != null) {
          socket.close();
        }
      } catch(IOException e) {
        e.printStackTrace();
      }
    }
  }
```

```java
        }
    }
    /*
     * 专门向客户端发送消息的线程
     *
     * @author Administrator
     *
     */
    class ServerThread extends Thread {
        Socket ss;
        BufferedWriter out;
        BufferedReader br;
        public ServerThread(Socket ss) {
            this.ss = ss;
            try {
                out = new BufferedWriter(new OutputStreamWriter(ss.
                getOutputStream()));
                br = new BufferedReader(new InputStreamReader(System.in));
            } catch(IOException e) {
                e.printStackTrace();
            }
        }
        public void run() {
            try {
                while(true) {
                    String str2 = br.readLine();
                    out.write(str2 + "\n");
                    out.flush();
                }
            } catch(IOException e) {
                e.printStackTrace();
            } finally {
                try {
                    if(out != null){
                        out.close();
                    }
                } catch(IOException e) {
                    e.printStackTrace();
                }
                try {
                    if(br != null){
                        br.close();
                    }
                } catch(IOException e) {
                    e.printStackTrace();
                }
            }
        }
    }
```

【示例12-12】TCP——聊天室之客户端

```java
import java.io.BufferedReader;
import java.io.BufferedWriter;
import java.io.IOException;
```

```java
import java.io.InputStreamReader;
import java.io.OutputStreamWriter;
import java.net.InetAddress;
import java.net.Socket;
import java.net.UnknownHostException;
public class ChatClient {
    public static void main(String[ ] args) {
        Socket socket = null;
        BufferedReader in = null;
        try {
            socket = new Socket(InetAddress.getByName("127.0.1.1"), 8888);
            //创建向服务器端发送信息的线程,并启动
            new ClientThread(socket).start();
            in = new BufferedReader(new InputStreamReader(socket.getInputStream()));
            //main线程负责接收服务器发来的信息
            while (true) {
                System.out.println("服务器说:" + in.readLine());
            }
        } catch(UnknownHostException e) {
            e.printStackTrace();
        } catch(IOException e) {
            e.printStackTrace();
        } finally {
            try {
                if (socket != null) {
                    socket.close();
                }
            } catch (IOException e) {
                e.printStackTrace();
            }
            try {
                if (in != null) {
                    in.close();
                }
            } catch (IOException e) {
                e.printStackTrace();
            }
        }
    }
}
/*
 * 用于向服务器发送消息
 *
 * @author Administrator
 *
 */
class ClientThread extends Thread {
    Socket s;
    BufferedWriter out;
    BufferedReader wt;

    public ClientThread(Socket s) {
        this.s = s;
        try {
```

```java
        out = new BufferedWriter(new OutputStreamWriter(s.getOutputStream()));
        wt = new BufferedReader(new InputStreamReader(System.in));
    } catch (IOException e) {
        e.printStackTrace();
    }
}
public void run() {
    try {
        while (true) {
            String str = wt.readLine();
            out.write(str + "\n");
            out.flush();
        }
    } catch (IOException e) {
        e.printStackTrace();
    } finally {
        try {
            if (wt != null) {
                wt.close();
            }
        } catch (IOException e) {
            e.printStackTrace();
        }
        try {
            if (out != null) {
                out.close();
            }
        } catch (IOException e) {
            e.printStackTrace();
        }
    }
}
```

执行结果如图12-9与图12-10所示。

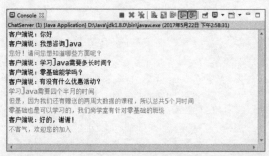

图12-9 示例12-11与示例12-12运行结果——服务器端

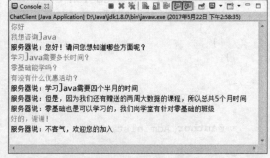

图12-10 示例12-11与示例12-12运行结果——客户端

12.4 UDP通信的实现

UDP协议与上节讲到的TCP协议不同，它是面向无连接的，双方不需要建立连接便可通信。UDP通信所发送的数据需要进行封包操作（使用DatagramPacket类），然后才能接收或发送（使用DatagramSocket类）。

1. DatagramPacket：数据容器（封包）

DatagramPacket类表示数据报包。数据报包用来实现封包的功能，其常用方法如下。

- DatagramPacket(byte[ ] buf, int length)：构造数据报包，用来接收长度为 length 的数据包。
- DatagramPacket(byte[ ] buf, int length, InetAddress address, int port)：构造数据报包，用来将长度为 length 的包发送到指定主机上的指定端口号。
- getAddress()：获取发送或接收方计算机的IP地址，此数据报将要发往该机器或者是从该机器接收到的。
- getData()：获取发送或接收的数据。
- setData(byte[ ] buf)：设置发送的数据。

2. DatagramSocket：用于发送或接收数据报包

当服务器要向客户端发送数据时，需要在服务器端产生一个DatagramSocket对象，在客户端产生一个DatagramSocket对象。服务器端的DatagramSocket将DatagramPacket发送到网络上，然后被客户端的DatagramSocket接收。

DatagramSocket有两种常用的构造器，一种无须任何参数，常用于客户端；另一种需要指定端口，常用于服务器端，如下所示：

- DatagramSocket() 用于构造数据报套接字，并将其绑定到本地主机上任何可用的端口。
- DatagramSocket(int port) 用于创建数据报套接字，并将其绑定到本地主机上的指定端口。

其常用方法如下：

- send(DatagramPacket p)：从此套接字发送数据报包。
- receive(DatagramPacket p)：从此套接字接收数据报包。
- close()：关闭此数据报套接字。

3. UDP通信编程基本步骤

（1）创建客户端的DatagramSocket。创建时，定义客户端的监听端口。
（2）创建服务器端的DatagramSocket。创建时，定义服务器端的监听端口。
（3）在服务器端定义DatagramPacket对象，封装待发送的数据包。
（4）客户端将数据报包发送出去。
（5）服务器端接收数据报包。

【示例12-13】UDP——单向通信之客户端

```
import java.net.DatagramPacket;
import java.net.DatagramSocket;
import java.net.InetSocketAddress;
public class Client {
  public static void main(String[ ] args) throws Exception {
```

```
        byte[ ] b = "北京尚学堂".getBytes();
        //必须告诉数据报包要发到哪台计算机的哪个端口,发送的数据以及数据的长度
        DatagramPacket dp = new DatagramPacket(b,b.length,new
                            InetSocketAddress("localhost",8999));
        //创建数据报套接字:指定发送信息的端口
        DatagramSocket ds = new DatagramSocket(9000);
        //发送数据报包
        ds.send(dp);
        //关闭资源
        ds.close();
    }
}
```

【示例12-14】UDP——单向通信之服务器端

```
import java.net.DatagramPacket;
import java.net.DatagramSocket;
public class Server {
    public static void main(String[ ] args) throws Exception {
        //创建数据报套接字:指定接收信息的端口
        DatagramSocket ds = new DatagramSocket(8999);
        byte[ ] b = new byte[1024];
        //创建数据报包,指定要接收的数据的缓存位置和长度
        DatagramPacket dp = new DatagramPacket(b, b.length);
        //接收客户端发送的数据报
        ds.receive(dp); //阻塞式方法
        //dp.getLength()返回实际收到的数据的字节数
        String string = new String(dp.getData(), 0, dp.getLength());
        System.out.println(string);
        //关闭资源
        ds.close();
    }
}
```

执行结果如图12-11所示。

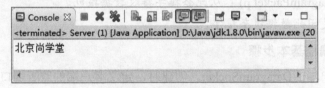

图12-11 示例12-13与示例12-14运行结果

通过字节数组流ByteArrayInputStream、ByteArrayOutputStream与数据流DataInputStream、DataOutputStream联合使用可以传递基本数据类型。

【示例12-15】UDP——基本数据类型的传递之客户端

```
import java.io.ByteArrayOutputStream;
import java.io.DataOutputStream;
import java.net.DatagramPacket;
import java.net.DatagramSocket;
import java.net.InetSocketAddress;
public class Client {
```

```java
public static void main(String[ ] args) throws Exception {
    long n = 2000L;
    ByteArrayOutputStream bos = new ByteArrayOutputStream();
    DataOutputStream dos = new DataOutputStream(bos);
    dos.writeLong(n);
    //获取字节数组流中的字节数组（我们要发送的数据）
    byte[ ] b = bos.toByteArray();
    //必须告诉数据报包要发到哪台计算机的哪个端口,发送的数据以及数据的长度
    DatagramPacket dp = new DatagramPacket(b,b.length,new
                        InetSocketAddress("localhost",8999));
    //创建数据报套接字:指定发送信息的端口
    DatagramSocket ds = new DatagramSocket(9000);
    //发送数据报包
    ds.send(dp);
    //关闭资源
    dos.close();
    bos.close();
    ds.close();
  }
}
```

【示例12-16】UDP——基本数据类型的传递之服务器端

```java
import java.io.ByteArrayInputStream;
import java.io.DataInputStream;
import java.net.DatagramPacket;
import java.net.DatagramSocket;
public class Server {
  public static void main(String[ ] args) throws Exception {
    //创建数据报套接字:指定接收信息的端口
    DatagramSocket ds = new DatagramSocket(8999);
    byte[ ] b = new byte[1024];
    //创建数据报包,指定要接收的数据的缓存位置和长度
    DatagramPacket dp = new DatagramPacket(b, b.length);
    //接收客户端发送的数据报
    ds.receive(dp);  //阻塞式方法
    //dp.getData():获取客户端发送的数据,返回值是一个字节数组
    ByteArrayInputStream bis = new ByteArrayInputStream(dp.getData());
    DataInputStream dis = new DataInputStream(bis);
    System.out.println(dis.readLong());
    //关闭资源
    dis.close();
    bis.close();
    ds.close();
  }
}
```

执行结果如图12-12所示。

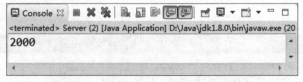

图12-12　示例12-15与示例12-16运行结果

通过字节数组流ByteArrayInputStream、ByteArrayOutputStream与数据流ObjectInputStream、ObjectOutputStream联合使用可以传递对象。

【示例12-17】UDP——对象的传递之Person类

```java
import java.io.Serializable;
public class Person implements Serializable{
    private static final long serialVersionUID = 1L;
    int age;
    String name;
    public Person(int age, String name) {
        super();
        this.age = age;
        this.name = name;
    }
    @Override
    public String toString() {
        return "Person [age=" + age + ", name=" + name + "]";
    }
}
```

【示例12-18】UDP——对象的传递之客户端

```java
import java.io.ByteArrayOutputStream;
import java.io.ObjectOutputStream;
import java.net.DatagramPacket;
import java.net.DatagramSocket;
import java.net.InetSocketAddress;
public class Client {
    public static void main(String[ ] args) throws Exception {
        //创建要发送的对象
        Person person = new Person(18, "高淇");
        ByteArrayOutputStream bos = new ByteArrayOutputStream();
        ObjectOutputStream oos = new ObjectOutputStream(bos);
        oos.writeObject(person);
        //获取字节数组流中的字节数组（我们要发送的数据）
        byte[ ] b = bos.toByteArray();
        //必须告诉数据报包要发到哪台计算机的哪个端口,发送的数据以及数据的长度
        DatagramPacket dp = new DatagramPacket(b,b.length,new
                                    InetSocketAddress("localhost",8999));
        //创建数据报套接字:指定发送信息的端口
        DatagramSocket ds = new DatagramSocket(9000);
        //发送数据报包
        ds.send(dp);
        //关闭资源
        oos.close();
        bos.close();
        ds.close();
    }
}
```

【示例12-19】UDP——对象的传递之服务器端

```java
import java.io.ByteArrayInputStream;
import java.io.ObjectInputStream;
```

```java
import java.net.DatagramPacket;
import java.net.DatagramSocket;
public class Server {
    public static void main(String[ ] args) throws Exception {
        //创建数据报套接字:指定接收信息的端口
        DatagramSocket ds = new DatagramSocket(8999);
        byte[ ] b = new byte[1024];
        //创建数据报包,指定要接收的数据的缓存位置和长度
        DatagramPacket dp = new DatagramPacket(b, b.length);
        //接收客户端发送的数据报
        ds.receive(dp);  //阻塞式方法
        //dp.getData():获取客户端发送的数据,返回值是一个字节数组
        ByteArrayInputStream bis = new ByteArrayInputStream(dp.getData());
        ObjectInputStream ois = new ObjectInputStream(bis);
        System.out.println(ois.readObject());
        //关闭资源
        ois.close();
        bis.close();
        ds.close();
    }
}
```

执行结果如图12-13所示。

图12-13　示例12-17～示例12-19运行结果

（1）端口是虚拟的概念，并不是在计算机上真的有若干个端口。

（2）在因特网上，每个信息资源都有统一且唯一的地址，该地址用URL（Uniform Resource Locator）标识，它是因特网的统一资源定位符。

（3）TCP与UDP的区别：
- TCP是面向连接的，传输数据安全、稳定，效率相对较低。
- UDP是面向无连接的，传输数据不安全，但效率较高。

（4）Socket通信是一种基于TCP协议，建立稳定连接的点对点的通信。

（5）网络编程是由java.net包来提供网络功能的。
- InetAddress用于封装计算机的IP地址和DNS（没有端口信息）。
- InetSocketAddress：包含IP地址和端口，常用于Socket通信。
- URL：可以使用它的各种方法来对URL对象进行分割、合并等处理。

（6）基于TCP协议的Socket编程和通信可通过"请求-响应"模式实现。
- Socket类用于发送TCP消息。
- ServerSocket类用于创建服务器。

（7）UDP通信的实现。
- DatagramSocket用于发送或接收数据报包。
- 常用方法为send()、receive()和close()。

（8）DatagramPacket数据容器（封包）的作用。其常用方法有：构造器、getAddrress（获取发送或接收方计算机的IP地址）、getData（获取发送或接收的数据）、setData（设置发送的数据）。

本章作业

一、选择题

1. 以下协议都属于TCP/IP协议栈，其中位于传输层的协议是（ ）（选择二项）。
   - A. TCP
   - B. HTTP
   - C. SMTP
   - D. UDP

2. 以下说法中关于UDP协议的说法正确的是（ ）（选择二项）。
   - A. 发送不管对方是否准备好，接收方收到也不确认
   - B. 面向连接
   - C. 占用系统资源多、效率低
   - D. 非常简单的协议，可以广播发送

3. 在Java网络编程中，使用客户端套接字Socket创建对象时，需要指定（ ）（选择一项）。
   - A. 服务器主机名称和端口
   - B. 服务器端口和文件
   - C. 服务器名称和文件
   - D. 服务器地址和文件

4. ServerSocket的监听方法accept()方法的返回值类型是（ ）（选择一项）。
   - A. Socket
   - B. void
   - C. Object
   - D. DatagramSocket

5. Java UDP Socket编程主要用到的两个类是（ ）（选择二项）。
   - A. UDPSocket
   - B. DatagramSocket
   - C. UDPPacket
   - D. DatagramPacket

二、简答题

1. TCP/IP协议栈中，TCP协议和UDP协议的联系和区别？
2. 通过类比打电话，详细描述三次握手机制。
3. InetAddress和InetSocketAddress都封装了哪些信息？它们的区别是什么？
4. 简述基于TCP的Socket编程的主要步骤。

提示：分别说明服务器端和客户端的编程步骤。
5. 简述基于UDP的Socket编程的主要步骤。
   提示：分别说明服务器端和客户端的编程步骤。

三、编码题

1. 编程实现：将网络上的一张图片、一个MP3文件或一个视频的信息保存到本地。
   提示：

```
URL url =
new URL("http://pic41.nipic.com/20140527/2131749_195511402164_2.jpg");
InputStream is = url.openStream();
BufferedInputStream bis = new BufferedInputStream(is);
```

2. 使用基于TCP的Java Socket编程，完成如下功能。
   （1）要求从客户端录入几个字符，发送到服务器端。
   （2）由服务器端将接收到的字符进行输出。
   （3）服务器端向客户端发出"您的信息已收到"作为响应。
   （4）客户端接收服务器端的响应信息。
   提示：
   服务器端：PrintWriter out =new PrintWriter(socket.getOutputStream(),true);
   客户端：BufferedReader line=new BufferedReader(new InputStreamReader(System.in));

3. 使用基于UDP的Java Socket编程，完成在线咨询功能。
   （1）客户向咨询人员咨询。
   （2）咨询人员给出回答。
   （3）客户和咨询人员可以一直沟通，直到客户发送bye给咨询人员。

第13章 J20飞机游戏项目

13.1 简介

本章通过开发游戏项目来学习完整的Java基础知识体系。本实例做了精心设计，让每一章的知识都能获得应用，例如，用多线程来实现动画效果，用容器实现多发炮弹的存取和处理。

教材寓教于乐，让大家迅速入门，希望通过喜闻乐见的小游戏，让大家爱上编程，爱上"程序员"这一职业。

> **老鸟建议**
>
> 很多朋友会产生疑惑："游戏项目，又不能拿到企业面试中，为什么要讲？"这是一种功利的想法。这就像说"今天吃个馒头，又不能长高，为什么要吃呢？"游戏项目的训练，只是为了锻炼基本功，并不是直接用来通过企业面试的。只要基本功扎实了，就可以随心所欲地编程，做企业项目无非就是需要多掌握一些技术点而已，本质都是"编程"。
>
> 当然，大家也不能沉迷于游戏编程，写一两个项目足矣，不要把时间都花在研究这些内容上，而要继续后面的学习。所以，任何事情一定要把握一个度！

本章项目为J20飞机游戏，最终效果如图13-1所示。

该游戏是通过键盘来控制飞机的前后移动，躲避炮弹，看谁坚持的时间长。如果碰到炮弹，则发生爆炸，游戏结束，并显示本次游戏的生存时间和等级排名。如果有网络，则会自动读取服务器内容获取网络排名。

13.2 游戏项目基本功能的开发

开发项目需要基于IDE（集成开发环境），本节示例全

图13-1 游戏效果图

部使用Eclipse来编写。希望大家在本项目开发前，熟悉Eclipse的基本使用方法。若不熟悉，请返回第1章重新学习。

13.2.1 使用AWT技术画出游戏主窗口（0.1版）

1. 基本功能的实现

AWT和Swing是Java中常用的GUI（图形用户界面）技术。本节仅用于画出最基本的窗口和图形加载，所以，大家无须在此花大量时间学习这两门技术。我们会在第14章中详细讲解这部分内容。

本项目使用的是AWT技术，它是Java中最老的GUI技术，非常简单。

创建Java项目，并建立类MyGameFrame，项目结构如图13-2所示。

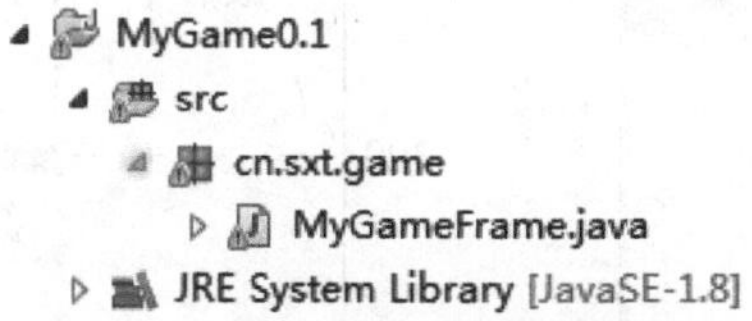

```
▲ 🎮 MyGame0.1
  ▲ 🗁 src
    ▲ 🏛 cn.sxt.game
      ▷ 🗎 MyGameFrame.java
  ▷ 📚 JRE System Library [JavaSE-1.8]
```

图13-2　MyGame0.1项目结构图

【示例13-1】MyGameFrame类：画游戏窗口

```java
package cn.sxt.game;
import java.awt.Frame;
import java.awt.event.WindowAdapter;
import java.awt.event.WindowEvent;
public class MyGameFrame extends Frame {
  public void launchFrame(){
    //在游戏窗口打印标题
    setTitle("尚学堂学员_程序员作品");
    //窗口默认为不可见,设为可见
    setVisible(true);
    //窗口大小:宽度500,高度500
    setSize(500, 500);
    //窗口左上角顶点的坐标位置
    setLocation(300, 300);

    //增加关闭窗口监听,这样当用户单击右上角的关闭按钮时,可以关闭游戏程序
    addWindowListener(new WindowAdapter() {
      @Override
      public void windowClosing(WindowEvent e) {
        System.exit(0);
      }
    });
  }

  public static void main(String[ ] args) {
    MyGameFrame f = new MyGameFrame();
    f.launchFrame();
  }
}
```

执行结果如图13-3所示。

2. 要点讲解

1）继承Frame类，画出窗口

Frame是java.awt中的主要类，所画的窗口都需要继承Frame。这样，Frame的基本功能就可以在程序中直接使用了。

2）窗口坐标及坐标系

setLocation(300, 300)代码的含义是定位窗口的位置。窗口的位置就是指"窗口左上角顶点在桌面的位置"，如图13-4所示。

图13-3 示例13-1运行结果

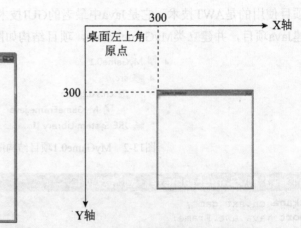

图13-4 游戏界面窗口的位置图

> **注意**
>
> 这里Y轴的方向是向下的，和我们初中数学学的坐标方向不一样，这就是计算机里面的坐标系。

3）物体就是矩形，物体的位置就是所在矩形左上角顶点的坐标

在开发中，所有的物体都视为矩形。即使看起来是一个圆，程序在本质上也是圆的外切矩形进行处理；即使看到的是一个美女图像，处理的也是美女图片所占用的矩形。不然，一个不规则的图形是没法做很多运算的。

游戏开发中的物体，位置通常指的就是该物体的矩形左上角顶点的位置。图13-5中的"飞机"，在程序中处理的实际是飞机所在的"矩形区域"。

图13-5 飞机矩形区域图

4）窗口关闭问题

Frame类默认没有处理关闭窗口的功能，需要程序员自己添加关闭功能。System.exit(0)表示应用正常结束；addWindowListener()表示增加窗口监听事件。关闭窗口功能的代码如下：

```
addWindowListener(new WindowAdapter() {
    @Override
    public void windowClosing(WindowEvent e) {
```

```
            System.exit(0);
        }
    });
```

此处，如果想深入钻研，可以研究一下AWT的事件机制，在此不做赘述。

13.2.2 图形和文本绘制（0.2版）

1. paint方法

如果要在窗口中画图或者显示内容，需要重写paint(Graphics g)方法。Paint方法的作用是画出整个窗口及其内部内容，该方法会被系统自动调用。

【示例13-2】paint方法介绍

```java
@Override
public void paint(Graphics g) {
    //paint方法的作用是画出整个窗口及内部内容,为系统所自动调用

}
```

2. Graphics画笔对象

可以把Graphics对象想象成"一支画笔"，窗口中的图形都是由这支"画笔"画出来的。画出的每个图形都需要指定图形所在"矩形区域"的位置和大小，例如绘制椭圆，g.drawOval(100, 50, 300, 300)。实际上，就是根据椭圆所在的外切矩形来确定椭圆的基本信息，其中的4个参数指的是椭圆外切矩形：左上角顶点的位置（100px,50px），宽度为300px，高度为300px。

【示例13-3】使用paint方法画图形

```java
//paint方法作用是画出整个窗口及内部内容,为系统所自动调用
@Override
public void paint(Graphics g) {
    //从坐标点(100,50)到(400,400)画出直线
    g.drawLine(100, 50, 400, 400);
    //画出矩形。矩形左上角顶点坐标(100,50),宽度300,高度300
    g.drawRect(100, 50, 300, 300);
    //画出椭圆。椭圆外切矩形为:左上角顶点坐标(100,50)，宽度300,高度300
    g.drawOval(100, 50, 300, 300);
}
```

执行结果如图13-6所示。

13.2.3 ImageIO实现图片加载技术（0.3版）

在游戏开发中，加载图片是最常用的技术。在此处使用ImageIO类实现图片的加载，并且为了代码可复用，将图片加载的方法封装到GameUtil工具类中。

首先将项目用到的图片复制到项目的src目录下，可以建立新的文件夹images来存放所有图片。本项目结构如图13-7所示。

图13-6 示例13-3运行结果

图13-7　MyGame0.3项目结构图

1. GameUtil工具类

将一些辅助性的工具方法放到GameUtil中，以便重复调用。

【示例13-4】GameUtil类——加载图片代码

```java
package cn.sxt.game;
import java.awt.Image;
import java.awt.image.BufferedImage;
import java.io.IOException;
import java.net.URL;
import javax.imageio.ImageIO;
public class GameUtil {
    //工具类最好将构造器私有化
    private GameUtil() {
    
    }
    public static Image getImage(String path) {
        BufferedImage bi = null;
        try {
            URL u = GameUtil.class.getClassLoader().getResource(path);
            bi = ImageIO.read(u);
        } catch (IOException e) {
            e.printStackTrace();
        }
        return bi;
    }
}
```

注意

（1）GameUtil.class.getClassLoader().getResource(path)用于获得程序运行类加载器，加载资源的根目录，从而获得相对资源的位置。

（2）ImageIO.read()方法是核心方法，用于读取图片信息并返回Image对象。

2. 加载游戏背景图片和飞机图片

首先将准备好的图片放到src/images目录下面，然后读取这些图片并显示在窗口中。

【示例13-5】MyGameFrame类——加载图片并增加paint方法

```java
//将背景图片与飞机图片定义为成员变量
    Image bgImg = GameUtil.getImage("images/bg.jpg");
    Image planeImg = GameUtil.getImage("images/plane.png");
//paint方法的作用是画出整个窗口及内部内容,为系统的自动调用
    @Override
    public void paint(Graphics g) {
        g.drawImage(bgImg, 0, 0, null);
        g.drawImage(planeImg, 200, 200, null);
}
```

运行MyGameFrame类，执行结果如图13-8所示。

图13-8　MyGameFrame类运行结果

13.2.4　多线程和内部类实现动画效果（0.4版）

1. 增加绘制窗口的线程类

前三个版本，我们步步为营，每个小版本都有功能的突破。但是，到目前为止的游戏窗口仍然是静态的，并没有像真正的游戏窗口那样"各种动，各种炫"。本节将结合多线程技术实现动画效果。

在MyGameFrame类中定义"重画窗口线程PaintThread类"，为了方便使用MyGameFrame类的属性和方法，将PaintThread定义为内部类。

【示例13-6】MyGameFrame类——增加PaintThread内部类

```java
public class MyGameFrame extends Frame {
    //其他代码和上个版本一致,限于篇幅,此处只呈现新增的代码
    /*
     * 定义一个重画窗口的线程类,这是一个内部类
     * @author 高淇
     *
     */
    class PaintThread extends Thread {
        public void run(){
            while(true){
```

```
          repaint();
          try {
            Thread.sleep(40);  //1s = 1000ms
          } catch (InterruptedException e) {
            e.printStackTrace();
          }
        }
      }
    }
  }
```

定义好PaintThread内部类后，还需要在窗口的launchFrame()方法中创建线程对象和启动线程。

【示例13-7】launchFrame方法——增加启动重画线程代码

```java
public void launchFrame(){
  //本方法其他代码和上个版本一致,限于篇幅,只显示新增的代码
  new PaintThread().start();    //启动重画线程
}
```

【示例13-8】示例13-7完成后的MyGameFrame类

```java
package cn.sxt.game;
import java.awt.Frame;
import java.awt.Graphics;
import java.awt.Image;
import java.awt.event.WindowAdapter;
import java.awt.event.WindowEvent;
public class MyGameFrame extends Frame {
  Image bgImg = GameUtil.getImage("images/bg.jpg");
  Image planeImg = GameUtil.getImage("images/plane.png");

  static int count = 0;
  //paint方法作用是画出整个窗口及内部内容,为系统的自动调用
  @Override
  public void paint(Graphics g) {
    g.drawImage(bgImg, 0, 0, null);
    System.out.println("调用paint,重画窗口,次数:"+(count++));
    g.drawImage(planeImg, 200, 200, null);
  }
  /*
   * 定义一个重画窗口的线程类,这是一个内部类
   * @author 高淇
   */
  class PaintThread extends Thread {
    public void run(){
      while(true){
        repaint();
        try {
          Thread.sleep(40);  //1s = 1000ms
        } catch (InterruptedException e) {
          e.printStackTrace();
        }
```

```
      }
    }
  }
  public void launchFrame(){
    //在游戏窗口打印标题
    setTitle("尚学堂学员_程序员作品");
    //窗口默认不可见,设为可见
    setVisible(true);
    //窗口大小:宽度500,高度500
    setSize(500, 500);
    //窗口左上角顶点的坐标位置
    setLocation(300, 300);
    
    //增加关闭窗口监听,这样用户单击右上角的关闭按钮即可关闭游戏程序
    addWindowListener(new WindowAdapter() {
      @Override
      public void windowClosing(WindowEvent e) {
        System.exit(0);
      }
    });
    new PaintThread().start();   //启动重画线程
  }
  public static void main(String[ ] args) {
    MyGameFrame f = new MyGameFrame();
    f.launchFrame();
  }
}
```

执行结果如图13-9所示。

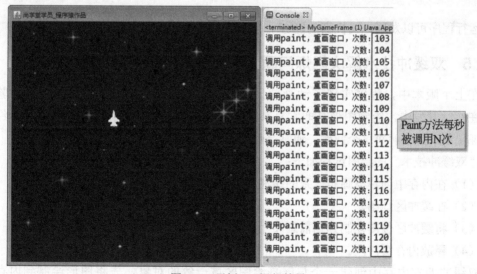

图13-9　示例13-8运行结果

根据控制台打印的数据可发现paint方法被系统反复调用，一秒N次。按照线程中的规定是40ms画一次，则1s大约调用25次（1s=1000ms）。也就是说，"窗口被每秒重复绘制25次"。如果调整飞机的位置变量，则每次重画飞机的位置都不一致，在肉眼看来就实现了

动画。

2. 调整飞机位置，让飞机动起来

之前，我们绘制飞机的代码为g.drawImage(planeImg, 200, 200, null)，飞机每次都被绘制到（200,200）这个坐标位置。如果将位置定义为变量planeX,planeY，每次绘制变量的值都发生变化（planeX += 3），那么飞机就能动起来了。

【示例13-9】改变飞机的坐标位置

```java
public class MyGameFrame extends Frame {
    Image bgImg = GameUtil.getImage("images/bg.jpg");
    Image planeImg = GameUtil.getImage("images/plane.png");
    //将飞机的坐标设置为变量,初始值为（200,200）
    int planeX=200;
    int planeY=200;
    static int count = 0;
    //paint方法作用是画出整个窗口及内部内容,为系统所自动调用
    @Override
    public void paint(Graphics g) {
        g.drawImage(bgImg, 0, 0, null);
        System.out.println("调用paint,重画窗口,次数:"+(count++));
        //不再是固定的位置
        g.drawImage(planeImg, planeX, planeY, null);
        //每次画完以后改变飞机的x坐标
        planeX +=3;
    }
    //限于篇幅,其他代码不再重复列出,和上个版本一致
}
```

运行程序可以发现，飞机真的能够动起来了。

13.2.5 双缓冲技术解决闪烁问题（0.4）

在上个版本中，程序实现了动画效果，但是发现窗口会不停地闪烁，视觉体验非常差。在实际开发中，绘制图形是非常复杂的，绘图可能需要几秒甚至更长时间，会经常发生闪烁现象，为了解决这个问题，通常是使用"双缓冲技术"。

"双缓冲技术"的绘图过程如下：

（1）在内存中创建与画布一致的缓冲区。
（2）在缓冲区画图。
（3）将缓冲区位图复制到当前画布上。
（4）释放内存缓冲区。

双缓冲即在内存中创建一个与屏幕绘图区域一致的对象，先将图形绘制到内存中的这个对象上，再一次性将这个对象上的图形复制到屏幕上，这样就能大大加快绘图的速度。

将如下代码放入MyGrameFrame类中即可实现"双缓冲"。

【示例13-10】添加双缓冲技术

```java
private Image offScreenImage = null;
public void update(Graphics g) {
  if(offScreenImage == null)
    offScreenImage = this.createImage(500,500);//这是游戏窗口的宽度和高度
  Graphics gOff = offScreenImage.getGraphics();
  paint(gOff);
  g.drawImage(offScreenImage, 0, 0, null);
}
```

13.2.6 GameObject类设计（0.5版）

1. GameObject类的定义

我们发现，窗口中的所有对象（飞机、炮弹等）都有很多共性，如图片对象、坐标位置、运行速度、宽度和高度。为了便于程序开发，可设计一个GameObject类作为所有游戏物体的父类，以方便编程。

【示例13-11】GameObject类

```java
package cn.sxt.game;
import java.awt.Graphics;
import java.awt.Image;
import java.awt.Rectangle;
public class GameObject {
  Image img;            //该物体对应的图片对象
  double x,y;           //该物体的坐标
  int speed;            //该物体的运行速度
  int width,height;     //该物体所在矩形区域的宽度和高度

  /*
   * 怎么样绘制本对象
   * @param g
   */
  public void drawMySelf(Graphics  g){
    g.drawImage(img, (int)x, (int)y, null);
  }
  public GameObject(Image img, double x, double y) {
    this.img = img;
    this.x = x;
    this.y = y;
    if(img!=null){
      this.width = img.getWidth(null);
      this.height = img.getHeight(null);
    }
  }
  public GameObject(Image img, double x, double y, int speed, int width,
        int height) {
    this.img = img;
    this.x = x;
    this.y = y;
    this.speed = speed;
    this.width = width;
```

```java
        this.height = height;
    }
    public GameObject() {
    }

    /*
     * 返回物体对应的矩形区域,便于后续在碰撞检测中使用
     * @return
     */
    public Rectangle getRect(){
        return new Rectangle((int)x,(int) y, width, height);
    }
}
```

2. 设计飞机类

有了GameObject这个父类,我们设计飞机类会特别简单。目前对飞机类没有特别复杂的要求,因此只需简单的继承即可使用。

【示例13-12】Plane类

```java
package cn.sxt.game;
import java.awt.Graphics;
import java.awt.Image;
public class Plane  extends GameObject {
    @Override
    public void drawMySelf(Graphics g) {
        super.drawMySelf(g);
        this.x +=3;        //飞机水平飞。也可以调整x、y算法,按照指定的路径飞行
    }
    public Plane(Image img, double x, double y) {
        super(img,x,y);
    }
}
```

通过继承,我们发现实现新的类简单了很多!

3. MyGameFrame类调用方式的调整

我们将Plane类封装后,也无须在MyGameFrame类中添加那么多飞机的属性,而全部封装到了Plane类里面,因此,调用也变得更加简单。

【示例13-13】封装后的MyGameFrame类

```java
public class MyGameFrame extends Frame {
    Image bgImg = GameUtil.getImage("images/bg.jpg");
    Image planeImg = GameUtil.getImage("images/plane.png");
    Plane plane = new Plane(planeImg,300,300);
    //paint方法作用是画出整个窗口及内部内容,为系统的自动调用
    @Override
    public void paint(Graphics g) {
        g.drawImage(bgImg, 0, 0, null);
        plane.drawMySelf(g);         //画出飞机本身
    }
```

//其余代码,没有任何变化,不再附上,自行参考上一个版本
}

通过面向对象封装后,如果再创建更多的飞机,也变得异常简单。

【示例13-14】创建多个飞机

```java
public class MyGameFrame extends Frame {
    Image bgImg = GameUtil.getImage("images/bg.jpg");
    Image planeImg = GameUtil.getImage("images/plane.png");
    Plane plane = new Plane(planeImg,300,300);
    Plane plane2 = new Plane(planeImg,300,350);
    Plane plane3 = new Plane(planeImg,300,400);
    //paint方法作用是画出整个窗口及内部内容,为系统所自动调用
    @Override
    public void paint(Graphics g) {
        g.drawImage(bgImg, 0, 0, null);
        plane.drawMySelf(g);       //画出飞机本身
        plane2.drawMySelf(g);      //画出飞机本身
        plane3.drawMySelf(g);      //画出飞机本身
    }
    //其余代码,和上个版本一致,为节省篇幅突出重点,不在附上
}
```

执行结果如图13-10所示。

图13-10　示例13-14运行结果

13.3　飞机类设计（0.6版）

飞机是游戏中的主体,需要由玩家直接控制。控制手段有键盘、鼠标、触摸屏等。无论是什么硬件,本质上都是玩家通过硬件改变游戏物体的坐标,从而实现多种多样的效果。

本节将重点介绍使用键盘进行交互功能的实现。大家学会了使用键盘操控游戏物体的设计方法,则通过鼠标或其他设备操控方法,只需要通过相关API的帮助即可实现。

13.3.1 键盘控制原理

在键盘和程序交互时,每次按下或松开键时都会触发相应的键盘事件,事件的信息都封装到了KeyEvent对象中。

为了识别按下的是哪个键,系统对键盘中的所有按键做了编号,每个按键都对应相应的数字,例如回车键对应数字10,空格键对应数字32等。这些编号可以通过KeyEvent对象来查询,KeyEvent.VK_ENTER 实际就是存储了数字10。

本游戏中,我们通过上、下、左、右键来控制飞机的移动,因此可以设定4个布尔类型的变量来表示4个基本方向。

```
boolean left,up,right,down;
```

当按下左键时,left=true;当松开左键时,left=false。

程序根据4个方向的状态进行移动,如left=true,如果飞机向左移动,那么只须对其x坐标做减法即可,其他方向同理。

```
if (left) {
  x -= speed;
}
```

13.3.2 飞机类:增加操控功能

我们为飞机类增加了4个方向的控制变量,用来控制飞机的移动。同时,为了后续需求,还增加了live变量,用于表示飞机是"活的"还是"死的","活的"就画出飞机,"死的"就不画飞机了。

【示例13-15】Plane类——增加操控功能

```java
package cn.sxt.game;
import java.awt.Graphics;
import java.awt.Image;
import java.awt.event.KeyEvent;
public class Plane extends GameObject {
  boolean left, up, right, down;
  boolean live = true;
  //按下上下左右键,则改变方向值
  //例如,按下上键,则e.getKeyCode()的值就是VK_UP,那么置:up=true
  public void addDirection(KeyEvent e) {
    switch (e.getKeyCode()) {
    case KeyEvent.VK_LEFT:
      left = true;
      break;
    case KeyEvent.VK_UP:
      up = true;
      break;
    case KeyEvent.VK_RIGHT:
      right = true;
      break;
```

```java
      case KeyEvent.VK_DOWN:
        down = true;
        break;
      default:
        break;
    }
  }
  // 松开上下左右键,则改变方向值
  //例如,松开上键,则e.getKeyCode()的值就是VK_UP,那么置:up=false
  public void minusDirection(KeyEvent e) {
    switch (e.getKeyCode()) {
    case KeyEvent.VK_LEFT:
      left = false;
      break;
    case KeyEvent.VK_UP:
      up = false;
      break;
    case KeyEvent.VK_RIGHT:
      right = false;
      break;
    case KeyEvent.VK_DOWN:
      down = false;
      break;
    default:
      break;
    }
  }
  @Override
  public void drawMySelf(Graphics g) {
    super.drawMySelf(g);
    // 根据方向,计算飞机的新坐标
    if (left) {
      x -= speed;
    }
    if (right) {
      x += speed;
    }
    if (up) {
      y -= speed;
    }
    if (down) {
      y += speed;
    }
  }
  public Plane(Image img, double x, double y, int speed) {
    super(img, x, y);
    this.speed = speed;
  }
}
```

13.3.3 主窗口类:增加键盘监听

我们通过定义KeyMonitor内部类来实现键盘的监听功能。定义成内部类是为了方便和外部窗口类（MyGameFrame）进行交互，可以直接调用外部类的属性和方法。

【示例13-16】MyGameFrame类——增加键盘监听功能

```java
//定义为内部类,可以方便地使用外部类的普通属性
class KeyMonitor extends KeyAdapter {
  @Override
  public void keyPressed(KeyEvent e) {
    plane.addDirection(e);
  }
  @Override
  public void keyReleased(KeyEvent e) {
    plane.minusDirection(e);
  }
}
```

我们在launchFrame()方法中，启动键盘监听。

【示例13-17】启动键盘监听

```java
addKeyListener(new KeyMonitor());//增加键盘的监听
```

至此，就实现了"四个方向"灵活移动飞机的功能，玩家可以与游戏物体直接互动了。

13.4 炮弹类设计（0.7版）

通过炮弹类的设计，可以更深入地了解构造器和容器的用法。同时，可能还需要三角函数的知识来理解炮弹飞行路径的计算原理。 当然，如果忘记这些知识也没关系，毕竟在实际开发中很少涉及数学原理的内容。

13.4.1 炮弹类的基本设计

对于本例，我们用实心的黄色椭圆来实现炮弹类，不再加载新图片。当然，读者也可以自行找一些炮弹的图片来练习。

炮弹类的基本设计原理是在窗口的固定位置（200,200）处生成炮弹，炮弹的方向随机，并且在遇到边界时会反弹。

【示例13-18】Shell类

```java
package cn.sxt.game;
import java.awt.Color;
import java.awt.Graphics;
public class Shell extends GameObject {
  double degree;
  public Shell(){
    degree = Math.random()*Math.PI*2;
    x = 200;
    y = 200;
    width = 10;
    height = 10;
    speed = 3;
  }
```

```
public void draw(Graphics g){
    //将外部传入对象g的状态保存好
    Color c = g.getColor();
    g.setColor(Color.yellow);
    g.fillOval((int)x, (int)y, width, height);
    //炮弹沿着任意角度飞行
    x += speed*Math.cos(degree);
    y += speed*Math.sin(degree);
    //如下代码用来实现碰到边界,炮弹反弹回来的效果(原理和打台球游戏一样)
    if(y>Constant.GAME_HEIGHT-height||y<30){
        degree = -degree;
    }
    if(x<0||x>Constant.GAME_WIDTH-width){
        degree = Math.PI-degree;
    }
    //返回给外部,变回以前的颜色
    g.setColor(c);
}
```

13.4.2 炮弹任意角度飞行路径

让炮弹沿着任意角度飞行的核心代码是:

```
x += speed*Math.cos(degree);
y += speed*Math.sin(degree);
```

这里实际用到了初中学的三角函数知识,通过cos和sin将任意角度分解到x轴和y轴,从而可以精确地知道x和y坐标的变化情况,如图13-11所示。

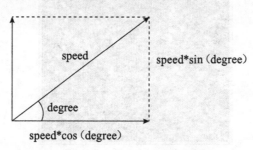

图13-11 三角函数关系图

13.4.3 容器对象存储多发炮弹

为了存储多发炮弹,可通过定义一个容器ArrayList来管理这些对象。在paint方法中遍历容器内的所有对象,并画出这些炮弹。

【示例13-19】MyGameFrame类——增加ArrayList

```
public class MyGameFrame extends Frame {
    Image bgImg = GameUtil.getImage("images/bg.jpg");
    Image planeImg = GameUtil.getImage("images/plane.png");
    Plane plane = new Plane(planeImg,300,300,3);
```

```
ArrayList<Shell>  shellList = new ArrayList<Shell>();
//paint方法作用是画出整个窗口及内部内容,为系统所自动调用
@Override
public void paint(Graphics g) {
    g.drawImage(bgImg, 0, 0, null);
    plane.drawMySelf(g);        //画出飞机本身
    //画出容器中所有的子弹
    for(int i=0;i<shellList.size();i++){
        Shell b =  shellList.get(i);
        b.draw(g);
    }
}
//其余代码,和上一个版本一致,限于篇幅,在此不列出
}
```

初始化50发炮弹,在窗口初始化方法launchFrame()中添加示例13-20中的代码。

【示例13-20】添加炮弹

```
//初始化,生成一堆炮弹
for(int i=0;i<50;i++){
    Shell b = new Shell();
    shellList.add(b);
}
```

运行MyGameFrame类,执行结果如图13-12所示。

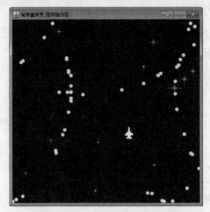

图13-12　示例13-20运行结果

从图13-12中可以看到程序生成了若干炮弹,游戏窗口中热闹了很多。大家可以举一反三想一想,实际上,很多游戏窗口中的很多个怪物、汽车、飞机都是通过生成多个对象,再使用容器来统一来管理的。

13.5　碰撞检测技术（0.8版）

游戏中的碰撞检测是使用最频繁的技术。当然,很多游戏引擎内部已经做了碰撞检测处理,程序中只需调用即可。本节将从碰撞的原理进行讲解,使大家可以自己实现基本的碰撞检测。

13.5.1 矩形检测原理

在游戏中，检测多个元素是否碰撞到一起，通常是通过"矩形检测"原理来实现的。在前文提到过，游戏中所有的物体都可以抽象成"矩形"，因此只须判断两个矩形是否相交即可。对于一些复杂的多边形或不规则物体，可以将它分解成多个矩形后再进行矩形检测。

Java的API提供了Rectangle类来表示与矩形相关的信息，并且提供了intersects()方法，直接判断矩形是否相交。

在前面设计GameObject这个基类的时候，增加过这样一个方法：

```java
/*
 * 返回物体对应矩形区域,以便后续在碰撞检测中使用
 * @return
 */
public Rectangle getRect(){
    return new Rectangle((int)x,(int) y, width, height);
}
```

也就是说，本游戏中所有物体都能获知自己所在的矩形区域。

13.5.2 炮弹和飞机碰撞检测

本游戏的逻辑是："飞机碰到炮弹，则死亡"。也就是说，我们需要检测"飞机和所有的炮弹是否碰撞"。如果有50个炮弹对象，则进行50次比对检测即可。

修改前面MyGameFrame类的paint()方法，如示例13-21所示。

【示例13-21】MyGameFrame类——增加碰撞检测

```java
public void paint(Graphics g) {
    g.drawImage(bgImg, 0, 0, null);
    plane.drawMySelf(g);           //画出飞机本身
    //画出容器中所有的子弹
    for(int i=0;i<shellList.size();i++){
        Shell b =  shellList.get(i);
        b.draw(g);
        //飞机和所有炮弹对象进行矩形检测
        boolean peng = b.getRect().intersects(plane.getRect());
        if(peng){
            plane.live = false;    //飞机死掉,画面不显示
        }
    }
}
```

示例13-21的逻辑是：当plane.live=false时，飞机消失，因此还需要修改Plane类的代码。

【示例13-22】Plane类——根据飞机状态判断飞机是否消失

```java
public void drawMySelf(Graphics g) {
    if(live){
        super.drawMySelf(g);
        //根据方向,计算飞机新的坐标
```

```
    if(left){
      x -= speed;
    }
    if(right){
      x += speed;
    }
    if(up){
      y -= speed;
    }
    if(down){
      y += speed;
    }
  }
}
```

这样，在运行程序时，当炮弹和飞机发生碰撞的情况，飞机消失，结果如图13-13所示。

图13-13　发生碰撞后的运行结果

13.6　爆炸效果的实现（0.9版）

飞机被炮弹击中后，需要出现一个爆炸效果，以使画面效果更逼真。爆炸效果的实现在游戏开发中也很常见。

我们定义Exlode类来表示爆炸的信息。爆炸类和普通类不一样的地方在于它实际上存储了一系列爆炸的图片，然后将这些图片进行轮播，游戏者就能看到酷炫的爆炸效果了。

图13-14所示的是为本例准备的一系列爆炸图片。

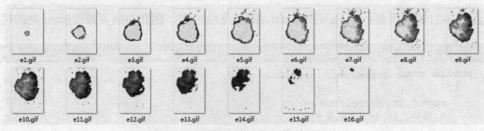

图13-14　为爆炸效果准备的系列图片

从爆炸开始的一个小火球到大火球，再到消失时的小火球，爆炸对象只须轮流加载这些图片即可。

将这些图片复制到项目下面：新建images/explode文件夹，并将16张图片复制到该文件夹中，如图13-15所示。

13.6.1 爆炸类的基本设计

本例中，定义了Image[ ]来保存图片信息，并且使用了static代码块，也就是在类加载时就加载这些图片，且从属于类，而不需要在每次创建爆炸对象时重新加载图片，保证了运行的效率。

通过计数器count来控制到底画哪个图片。由于图片的命名非常规范，是按照顺序从1~16，这样程序依次只需读取这些图片对象即可。

图13-15 拷贝图片后的项目结构图

【示例13-23】爆炸类Explode

```java
package cn.sxt.game;
import java.awt.Graphics;
import java.awt.Image;
/*
 * 爆炸类
 */
public class Explode {
    double x,y;
    static Image[ ] imgs = new Image[16];
    static {
        for(int i=0;i<16;i++){
            imgs[i] = GameUtil.getImage("images/explode/e"+(i+1)+".gif");
            imgs[i].getWidth(null);
        }
    }
    int count;
    public void draw(Graphics g){
        if(count<=15){
            g.drawImage(imgs[count], (int)x, (int)y, null);
            count++;
        }
    }
    public Explode(double x,double y){
        this.x = x;
        this.y = y;
    }
}
```

13.6.2 主窗口类创建爆炸对象

如果要显示爆炸对象，则仍然需要在主窗口中定义爆炸对象，并且在飞机和炮弹发生碰撞时，在飞机坐标处创建爆炸对象，显示爆炸效果。

【示例13-24】MyGameFrame——增加爆炸效果

```java
public class MyGameFrame extends Frame {
    Image bgImg = GameUtil.getImage("images/bg.jpg");
    Image planeImg = GameUtil.getImage("images/plane.png");
    Plane plane = new Plane(planeImg,300,300,3);
    ArrayList<Shell>  shellList = new ArrayList<Shell>();
    Explode bao;//创建爆炸对象
    //paint方法作用是画出整个窗口及内部内容,为系统所自动调用
    @Override
    public void paint(Graphics g) {
        g.drawImage(bgImg, 0, 0, null);
        plane.drawMySelf(g);        //画出飞机本身
        //画出容器中所有的子弹
        for(int i=0;i<shellList.size();i++){
            Shell b =  shellList.get(i);
            b.draw(g);
            //对飞机和所有炮弹对象进行矩形检测
            boolean peng = b.getRect().intersects(plane.getRect());
            if(peng){
                plane.live = false;    //飞机炸掉,画面不显示
                if(bao==null){
                    bao = new Explode(plane.x,plane.y);
                }
                bao.draw(g);
            }
        }
    }
    //其余代码和上一个版本一致,限于篇幅,不再列出
}
```

程序执行后，当飞机和炮弹碰撞时会发生爆炸，如图13-16所示。

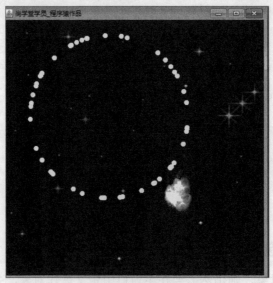

图13-16　爆炸结果

13.7 其他功能（1.0版）

完成了基本功能的开发，这时候的体验感还是很一般。为了让玩家在玩这个游戏时获得更好的体验，增加一些锦上添花的功能就很有必要，例如游戏计时、全网排名等功能。

13.7.1 计时功能

增加计时功能，可以让玩家在玩游戏时清晰地看到自己玩了多长时间，增加刺激性。这个功能的核心有两点：

（1）时间计算，即当前时刻-游戏结束的时刻。
（2）显示时间到窗口。

时间计算

在初始化窗口时保存一个起始时间，当飞机死亡时再保存一个结束时间。在MyGameFrame中定义这两个成员变量，如示例13-25所示。

【示例13-25】定义时间变量

```java
Date startTime = new Date();    //游戏起始时刻
Date endTime;                   //游戏结束时刻
```

在飞机死亡时给endTime赋值，修改paint方法中的代码，如示例13-26所示。

【示例13-26】计算游戏时间

```java
//paint方法作用是画出整个窗口及内部内容,为系统所自动调用
@Override
public void paint(Graphics g) {
    g.drawImage(bgImg, 0, 0, null);
    plane.drawMySelf(g);        //画出飞机本身
    //画出容器中所有的子弹
    for(int i=0;i<shellList.size();i++){
        Shell b = shellList.get(i);
        b.draw(g);
        //对飞机和所有炮弹对象进行矩形检测
        boolean peng = b.getRect().intersects(plane.getRect());
        if(peng){
            plane.live = false;   //飞机死掉,画面不显示
            endTime = new Date();
            if(bao==null){
                bao = new Explode(plane.x,plane.y);
            }
            bao.draw(g);
        }
    }
    
    if(!plane.live){
        if(endTime==null){
            endTime = new Date();
        }
```

```
            int period = (int)((endTime.getTime()-startTime.getTime())/1000);
            printInfo(g, "时间:"+period+"秒", 50, 120, 260, Color.white);
        }
    }
    /*
     * 在窗口上打印信息
     * @param g
     * @param str
     * @param size
     */
    public void printInfo(Graphics g,String str,int size,int x,int y,Color color){
        Color c = g.getColor();
        g.setColor(color);
        Font f = new Font("宋体",Font.BOLD,size);
        g.setFont(f);
        g.drawString(str,x,y);
        g.setColor(c);
    }
```

执行结果如图13-17所示。

图13-17　显示游戏时间

13.7.2　学员开发Java基础小项目案例展示和说明

上面给大家讲解的是最基本的游戏开发技能。实际上，这已经覆盖了基本的游戏开发知识，大家只要举一反三，就可以完成更多的游戏项目，达到锻炼基本功的目的。

不过，最后仍然要强调，游戏开发不是就业的重点，只是用来练习基本功。大家会写代码之后，应立刻学习后面更实用的技能，例如Java EE开发、安卓开发等。

下面是我们的学员在学完Java基础课程后开发的小项目，一般限时2～3天。作品都是学员们自行完成的。

注　这些小作品的创作者都是比较优秀的学员，他们的职业发展也非常好，有的创业开公司，有的就职于腾讯、阿里、百度。

1. 雷霆战机

这个小作品是由2011年学员李某的小组完成，一共3人。李某于2013年开创自己的安全公司，目前营收已经突破千万，现居成都。

雷霆战机游戏效果如图13-18所示。

2. 股票预测

这个作品是由几位数学系的学员共同完成，带队的是廖某，一共4人。项目实施从远程服务器上获取实时股票数据，调用本地的人工智能算法（神经网络）对股票涨势进行预测，并画出预测线，如图13-19所示。预测虽然不太准，不过作为启蒙项目，让学员开启了新的兴趣领域。其中，两位学员现就职于百度无人车项目，另两位就职于阿里从事大数据分析。

图13-18　雷霆战机项目结果

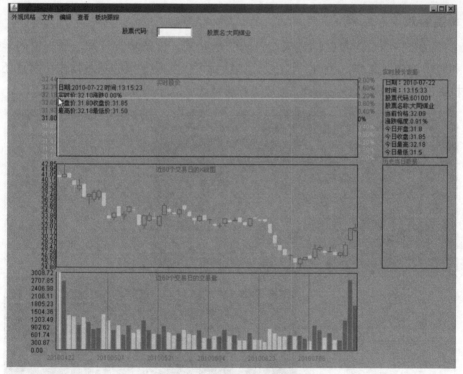

图13-19　股票预测项目结果

3. 广播软件

这个作品是由两位学员共同完成，带队的是李某。该作品实现了将计算机的桌面操作远程广播给多台计算机，实现电子会议，如图13-20所示。该程序用到了TCP、UDP的内容，也是目前广播软件的核心内容。小队的其中一位学员现为直播平台的技术总监。

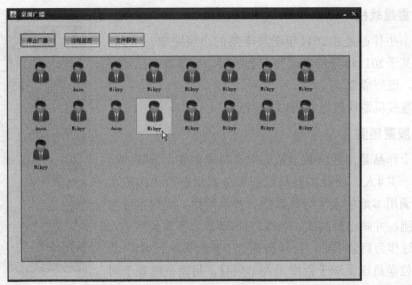

图13-20 桌面广播项目结果

4. 拳皇游戏

这个作品是由两位学员共同完成，带队的是梁某。梁某负责开发，另一位同学负责搜集图片和简单的开发工作，历时5天完成。该项目可以实现拳皇的基本动作，而且还实现了网络联机版的拳皇，如图13-21所示。带队者梁某现就职于腾讯总部的微信团队。

图13-21 拳皇游戏项目结果

第14章
GUI编程——Swing基础

到目前为止，我们在Java中编写的基本都是基于控制台的程序。而Java编程语言之所以如此流行的一个主要原因之一，就是因为它支持图形用户界面功能，即GUI（Graphical User Interface）。

GUI即图形用户界面，也就是应用程序提供给用户操作的图形界面，包括窗口、菜单、工具栏及其他多种图形界面元素，如文本框、按钮、列表框、对话框等，它能使应用程序显得更加友好。

学习Java的GUI编程主要应掌握两个包，分别是java.awt和javax.swing，简称为AWT和Swing，这两个包中包含了GUI编程需要用到的丰富的类库。AWT（Abstract Window Toolkit，抽象窗口工具包）中的组件有限，不能实现GUI编程所需的所有功能，因此Swing作为AWT的拓展应运而生。Swing不仅提供了AWT的所有功能，还用纯粹的Java代码对AWT的功能进行了大范围扩充，所以Swing可以满足GUI编程的所有需求。本章将围绕Swing的基本空间和布局管理器进行讲解。

需要说明的是java.awt包中还有一个经常用到的子包java.awt.event，该包提供了处理由AWT组件所激发的各类事件的接口和类，下一章将对其进行详细讲解。

希望读者经过本章内容的学习，可以掌握以下几点：

（1）了解GUI编程和AWT包及其组件。
（2）理解AWT和Swing的区别。
（3）掌握常用的控件。
（4）理解Java常用布局管理器。
（5）运用简单Swing控件编写Java图形化应用程序。

老鸟建议

Java语言本身不擅长开发桌面程序，因此，工作中使用AWT和Swing的机会极少，但是，作为Java的基础技术，初学者有必要了解这些基本知识。

14.1 AWT简介

GUI编程的实现，是由一系列图形化组件来完成的，这些GUI的构件被称为控件。在Java的早期版本中，GUI控件由名为AWT的标准库来提供的。

除了GUI组件外，AWT还包括其他支持图像绘制、处理剪切/复制类型的数据传送功能，以及其他相关操作。

java.awt包是Java的内置包，属于Java基本类库（JFC）的一部分，其中包括以下内容：

（1）便于用户输入的一组丰富的界面组件。
（2）将组件放置在适当位置的几种布局管理器。
（3）事件处理模型。
（4）图形和图像工具等。
（5）使用该包中的类，必须显式地声明：import java.awt.*。

图14-1所示为java.awt包中控件类的体系结构图。从图中可以看出，控件类的父类为Component，其直接或间接子类中有图形界面中常用的控件，如Frame（窗口）、Button（按钮）、Label（标签）、CheckBox（复选框）、TextArea（多行文本框）、TextField（单行文本框）等。

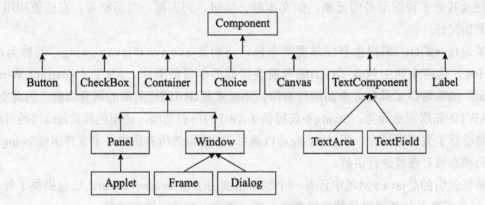

图14-1　java.awt包中控件类的体系结构图

14.2 Swing简介

Swing是在AWT基础上发展而来的轻量级组件，与AWT相比它不但改进了用户界面，而且所需的系统资源更少。Swing是纯Java组件，这使得所有的应用程序在不同的平台上运行时具有和本机外观相同的行为。

javax.swing包中包含了一系列Swing控件，如果要使用该包中的类，则必须显式地声明：import javax.swing.*。

图14-2所示为javax.swing包中控件类的体系结构图。从图中可以看出，该包中大部

分控件都继承自java.awt包中的控件,如JFrame的父类为Frame,JComponent的父类为Component等。

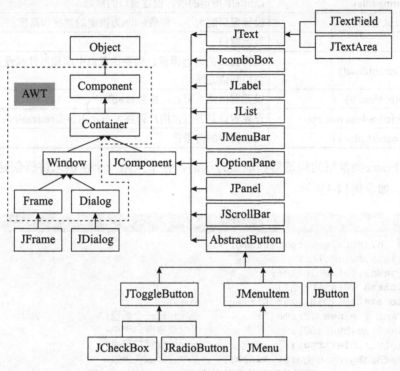

图14-2 javax.swing包中控件类的体系结构图

下面将针对Swing程序中常用的类和控件进行讲解并举出代码示例。

14.2.1 javax.swing.JFrame

JFrame在GUI中为一个窗口对象,继承于Frame。JFrame控件用于在Swing程序中创建窗口。JFrame常见的构造器如表14-1所示。

表14-1 JFrame常用构造器一览表

构 造 器	说　　明
JFrame()	创建一个初始时不可见的新窗口
JFrame(String title)	创建一个新的、初始不可见的、具有指定标题的窗口

> **注意**
> Java语言规定在GUI编程中任何窗口实例化出来时默认为不可见(即隐藏)状态,所以当使用构造器实例化JFrame对象时,是不可见的。

JFrame中还包含了展示窗口和很多对窗口属性(如大小、颜色等)进行设置的方法,如表14-2所示。

表14-2　JFrame常用方法一览表

方　法	说　明
void setTitle(String title)	以title中指定的值，设置窗口的标题
void setSize(int w, int h)	设置窗口的大小，参数w和h为指定的宽度和高度
void show()	显示窗口
Container getContentPane()	获得窗口的内容面板，当要往窗口中添加组件或设置布局时，要使用到该方法
void setVisible(boolean b)	设置窗口是否可见，由参数b决定
void setResizable(boolean resizable)	设置窗口是否可由用户调整大小，由参数resizable决定
void setBackground(Color c)	设置窗口的背景色

了解了JFrame类常用的构造器和成员方法后，接下来用一个示例来讲解创建一个简单的窗口的方法，如示例14-1所示。

【示例14-1】创建一个简单的窗口

```java
package cn.sxt.views.testjframe;
import java.awt.Color;
import javax.swing.JFrame;
public class JFrameDemo1{
  public static void main(String[ ] args) {
    JFrame f = new JFrame();             //创建一个新窗口
    f.setSize(500,400);                  //设置窗口大小
    f.setVisible(true);                  //设置窗口可见
    f.setBackground(Color.black);        //设置颜色无效
  }
}
```

在示例14-1中，main方法的第1行代码实例化了一个窗口对象；第2行代码设置了窗口的尺寸（尺寸的单位为像素）；由于窗口默认为不可见，所以第3行代码设置为让窗口可见。在Jframe类中还有一个show()方法也可以让窗口可见，但是不推荐使用，因为show()只能让窗口可见，而setVisible如果传入参数true则窗口可见，传入参数false则窗口不可见，比show方法更加灵活。

执行结果如图14-3所示。

图14-3　示例14-1运行结果

另外,使用setBackground方法改变窗口颜色的语句在JFrame中无效,因为该方法是继承自Frame的。在Jframe中改变窗口颜色,要用JFrame.getContentPane().setBackground(Color.bule)语句, 如示例14-2所示。

【示例14-2】改变窗口的颜色

```java
package cn.sxt.views.testjframe;
import java.awt.Color;
import javax.swing.JFrame;
public class JFrameDemo2{
    public static void main(String[ ] args) {
        JFrame f = new JFrame();              //创建一个新窗口
        f.setSize(500,400);                   //设置窗口大小
        f.setVisible(true);                   //设置窗口可见
        //f.setBackground(Color.blue);        //设置颜色无效
        //若要使用JFrame改变窗口的颜色,需要使用该方法
        f.getContentPane().setBackground(Color.black);
    }
}
```

执行结果如图14-4所示。

图14-4 示例14-2运行结果

上述两个示例创建的窗口,默认是可以由用户调整大小的,如果不想让窗口的大小被随意调整,并且将创建窗口的代码进行封装,可以使用示例14-3中的代码。

【示例14-3】创建不可调整大小的窗口

```java
package cn.sxt.views.testjframe;
import javax.swing.JFrame;
class JFrameDemo3 extends JFrame {
    public JFrameDemo3() {
        init();
    }
    //该方法对窗口做初始化
    private void init() {
        //设置窗口标题栏上的信息
        this.setTitle("第一个窗口");
```

```
      //设置窗口大小为宽:500;高:400
      this.setSize(500, 400);
      //设置窗口不能被调整大小
      this.setResizable(false);
      //设置窗口可见
      this.setVisible(true);
   }
}
public class Test {
   public static void main(String[ ] args) {
      //调用JFrameDemo3的构造器创建并显示窗口
      new JFrameDemo3();
   }
}
```

执行结果如图14-5所示。

图14-5　示例14-3运行结果

需要注意的是，在该窗口关闭时，应用程序并没有结束，这是因为Java规定窗口默认的关闭模式只是使之不可见。这就导致在关闭一个窗口时，其实只是隐藏了窗口，而不是程序结束了。

要解决这个问题，需要在init()方法中this.setVisible(true)这句代码之前添加this.setDefaultCloseOperation(JFrame.EXIT_ON_CLOSE)这个方法，该方法的功能是设置窗口的关闭模式，它的形参为int型。JFrame已经为各种不同的关闭模式设置了常量，JFrame.EXIT_ON_CLOSE 的意思是关闭时退出应用程序。此外，常见的其他常量还有JFrame.DISPOSE_ON_CLOSE（关闭时退出该窗口）、JFrame.DO_NOTHING_ON_CLOSE（关闭时不做任何处理）等。

在写init()方法时，建议将setVisible方法写在init方法的最后一句，窗口设置完毕后再让窗口显示。调整JFrameDemo3中的代码如示例14-4所示。

【示例14-4】设置窗体的关闭模式
```
class JFrameDemo3 extends JFrame {
   public JFrameDemo3() {
      init();
   }
```

```java
//该方法对窗口做初始化
private void init() {
    //设置窗口标题栏上的信息
    this.setTitle("第一个窗口");
    //设置窗口大小为宽:500;高:400
    this.setSize(500, 400);
    //设置窗口不能被调整大小
    this.setResizable(false);
    //关闭窗口时,程序结束
    this.setDefaultCloseOperation(JFrame.EXIT_ON_CLOSE);
    //设置窗口可见
    this.setVisible(true);
}
```

14.2.2 javax.swing.JPanel

在GUI编程中,不建议向窗口中直接添加控件(如按钮控件、标签控件、文本框控件等),所以就出现了容器(JPanel),只需要在容器里添加控件,然后通过将容器添加到窗口上来实现控件的添加。想象一下,窗口如同黑板的外框,人们不会在外框上写字,而要在被外框包围的黑板板面上写字,黑板的板面就像是容器,写在黑板上的字就像是控件。

JPanel作为中间容器,用于将较小的轻量级控件组合在一起。在默认情况下,它是透明的,与窗口的内容面板类似。表14-3所示为JPanel常用的构造器。

表14-3 JPanel常用构造器一览表

构造器	说 明
JPanel()	创建默认布局(FlowLayout)的面板
JPanel(LayoutManager layout)	以指定的布局管理器创建面板

JPanel的无参构造器是在创建一个容器的时候,该容器的默认布局管理器是流式布局(布局管理器14.2.4节会讲解)。所以,如果想按坐标定位的方式设置容器中各个控件的位置,要使用参数类型为LayoutManager的有参构造器,若该方法传入null,就可以使用坐标定位法定位每个控件在容器中的位置。

JPanel的常用方法如表14-4所示。

表14-4 JPanel常用方法一览表

方 法	说 明
void setLayout(LayoutManager layout)	以指定布局管理器设置面板的布局
Component add(Component comp)	往面板内添加控件
void setBackground(Color bg)	设置面板的背景色

了解了JPanel类常用的构造器和成员方法后,接下来在之前创建的窗口上添加容器,并使用坐标定位法设置容器中各个控件的位置,如示例14-5所示。

【示例14-5】在窗口上添加JPanel容器

```java
package cn.sxt.views.testjpanel;
```

```java
import java.awt.Color;
import javax.swing.JFrame;
import javax.swing.JPanel;
class JPanelDemo extends JFrame {
    private JPanel pnlMain;
    public JPanelDemo() {
        //实例化容器时使用空布局 ( 坐标定位法 )
        pnlMain = new JPanel(null);
        init();
    }
    //该方法对窗口做初始化
    private void init() {
        //关闭窗口时,程序结束
        this.setDefaultCloseOperation(JFrame.EXIT_ON_CLOSE);
        //设置窗口标题栏上的信息
        this.setTitle("第一个窗口");
        //设置窗口大小为宽:500;高:400
        this.setSize(500, 400);
        //设置窗口不能被调整大小
        this.setResizable(false);
        //此行代码是给容器设置背景颜色
        pnlMain.setBackground(Color.black);
        //将容器添加到窗口上
        this.add(pnlMain);
        //设置窗口可见
        this.setVisible(true);
    }
}
public class Test {
    public static void main(String[ ] args) {
        //调用JPanelDemo的构造器创建并显示窗口
        new JPanelDemo();
    }
}
```

> **注意**
>
> 之所以设置容器的背景颜色是为了让大家看到该容器,因为容器默认为透明,不设置背景颜色是看不见的,程序执行结果如图14-6所示。

图14-6 示例14-5运行结果

14.2.3 常用基本控件

1. javax.swing.JButton

在图形界面程序中,按钮可能是使用量最大的控件之一,javax.swing包中的JButton类就是用来创建按钮的。表14-5所示为JButton常用的构造器。

表14-5 JButton常用构造器一览表

构 造 器	说 明
JButton()	创建不带文本和图标的按钮
JButton(String text)	创建带文本的按钮
JButton(Icon icon)	创建带图标的按钮
JButton(String text, Icon icon)	创建带文本和图标的按钮

JButton中提供了很多设置按钮属性的方法,如设置按钮上的文本与背景色等,如表14-6所示。

表14-6 JButton常用方法一览表

方 法	说 明
void setText(String text)	设置按钮上的文本
String getText()	获得按钮上的文本
void setBackground(Color c)	设置按钮的背景色
void setEnabled(boolean b)	设置按钮是否为可用,由参数b决定
void setVisible(boolean b)	设置按钮是否为可见,由参数b决定
void setToolTipText(String text)	设置按钮的悬停提示信息
void setIcon(Icon defaultIcon)	设置按钮的默认图标(继承自AbstractButton类)

2. javax.swing.JLabel

JLabel控件是最简单的Swing组件之一,用于在窗体上显示标签,它既可以显示文本,也可以显示图像。表14-7所示为JLabel常用的构造器。

表14-7 JLabel常用构造器一览表

构 造 器	说 明
JLabel()	创建不带文本和图标的标签
JLabel(String text)	以指定文本创建标签
JLabel(Icon icon)	以指定图标创建标签

JLabel常用的方法如表14-8所示。

表14-8 JLabel常用方法一览表

方 法	说 明
void setText(String text)	设置标签上的文本
String getText()	获得标签上的文本
void setIcon(Icon icon)	设置标签上的图标
Icon getIcon()	获得标签上的图标

> **注意**
>
> JLabel只能用于显示文本和图标信息,用户不能对其进行修改。

3. javax.swing.JTextField

JTextField 也是一个轻量级控件,它允许用户编辑单行文本。表14-9所示为JTextField常用的构造器。

表14-9 JTextField常用构造器一览表

构造器	说 明
JTextField()	创建一个空的文本框
JTextField(int columns)	创建一个指定列数的空文本框
JTextField(String text)	创建一个指定初始文本的文本框
JTextField(String text, int columns)	创建一个指定初始化文本和列数的文本框

> **注意**
>
> JTextField(int columns)方法在使用流式布局时才有效果。

JTextField常用的方法如表14-10所示。

表14-10 JTextField常用方法一览表

方 法	说 明
void setText(String text)	设置文本框的文本,由text指定
String getText()	获得文本框的文本
void setHorizontalAlignment(int alignment)	设置文本框中文本的水平对齐方式:alignment可以是JTextField.LEFT、JTextField.CENTER和JTextField.RIGHT

4. javax.swing.JPasswordField

JPasswordField 是一个轻量级组件,允许编辑单行文本,其视图指示键入内容,但不显示原始字符。它是一个单行的密码框控件,具体使用方式和JTextField大致一样,所以不再赘述。

现在我们运用上面提到的控件实现一个登录窗口,效果如图14-7所示。

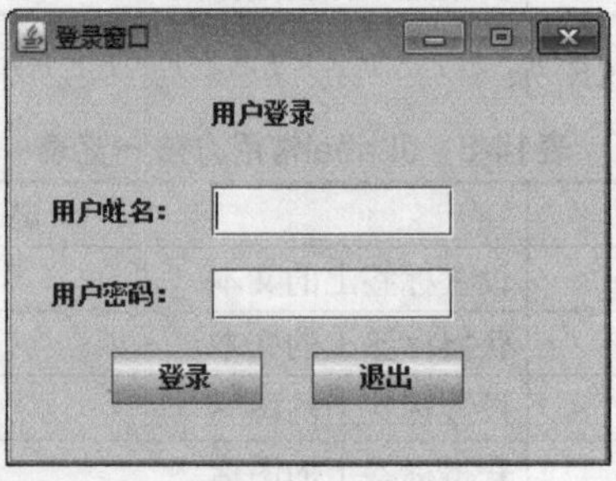

图14-7 登录窗口效果

【示例14-6】使用控件实现登录窗口

```java
package cn.sxt.views.testlogin;
import javax.swing.JButton;
import javax.swing.JFrame;
import javax.swing.JLabel;
import javax.swing.JPanel;
import javax.swing.JPasswordField;
import javax.swing.JTextField;
public class LoginFrame extends JFrame {
    //容器
    private JPanel pnlMain;
    //标签控件
    private JLabel lblTitle;
    private JLabel lblUserName;
    private JLabel lblUserPwd;
    //输入用户名的文本框控件
    private JTextField txtUserName;
    //输入密码的密码框控件
    private JPasswordField pwdUserPwd;
    //登录和退出按钮控件
    private JButton btnLogin;
    private JButton btnQuit;
    public LoginFrame() {
        //实例化容器和各种控件
        pnlMain = new JPanel(null);
        lblTitle = new JLabel("用户登录");
        lblUserName = new JLabel("用户姓名:");
        lblUserPwd = new JLabel("用户密码:");
        txtUserName = new JTextField();
        pwdUserPwd = new JPasswordField();
        btnLogin = new JButton("登录");
        btnQuit = new JButton("退出");
        init();
    }
    /*该方法对窗口做初始化操作*/
    private void init() {
        //设置窗口的各个属性
        this.setDefaultCloseOperation(JFrame.EXIT_ON_CLOSE);
        this.setTitle("登录窗口");
        this.setSize(300, 220);
        this.setResizable(false);
        /*设置各个控件的位置和坐标
         * setBounds()的前两个参数为控件的左上角坐标,后两个参数为控件的宽和高
         */
        lblTitle.setBounds(100, 10, 100, 30);
        lblUserName.setBounds(20, 60, 75, 25);
        lblUserPwd.setBounds(20, 100, 75, 25);
        txtUserName.setBounds(100, 60, 120, 25);
        pwdUserPwd.setBounds(100, 100, 120, 25);
        btnLogin.setBounds(50, 140, 75, 25);
        btnQuit.setBounds(150, 140, 75, 25);
        //将所有控件压在容器上
        pnlMain.add(lblTitle);
        pnlMain.add(lblUserName);
```

```
        pnlMain.add(lblUserPwd);
        pnlMain.add(txtUserName);
        pnlMain.add(pwdUserPwd);
        pnlMain.add(btnLogin);
        pnlMain.add(btnQuit);
        //将容器添加到窗口上
        this.add(pnlMain);
        this.setVisible(true);
    }
}
```

14.2.4 布局管理器

使用坐标定位法（空布局）在一个比较复杂的界面上定位每个控件的坐标是一件非常麻烦的工作，而且在界面大小发生改变时，控件的绝对位置并不会随之改变。如果我们想让用户界面上的组件可以按照不同的方式进行排列怎么办？例如：实现依序水平排列，或者按网格方式进行排列等。其实每种排列方案都是组件的一种"布局"，要管理这些布局，就需要用到本节介绍的布局管理器。

管理布局的类由java.awt包来提供。布局管理器是一组实现java.awt.LayoutManager接口的类，由这些类自动定位组件。一般使用布局管理器定义容器，如果容器使用了某种布局管理器后，那么放在其中的控件就按照相应的规则排列。

常用的布局管理器有流式布局（FlowLayout）、边界布局（BorderLayout）和网格布局（GridLayout），如图14-8所示。

图14-8 三种布局示意图

从图14-8中可以看出，如果在一个容器中压入控件（该示例的控件用一组JButton代表），流式布局会将控件放在第1行，第1行排满后自动放置在第2行，依次类推；边界布局会把控件分布在容器的东、南、西、北、中五个区域；网格布局会把容器中的控件按n行m列均匀分布。

> **注意**
> - 一旦使用了任何一种布局方法，控件的坐标定位设置将失效。
> - 如果在使用流式布局的容器中压入JTextField控件，那么这个JTextField的构造器应使用参数为int类型的构造方法：JTextField(int columns)。

1. java.awt.FlowLayout

流布局用于安排有方向的控件，这非常类似于段落中的文本行。表14-11所示为FlowLayout类的构造器。

表14-11　FlowLayout构造器一览表

构　造　器	说　　明
FlowLayout()	创建一个新的流式布局管理器，居中对齐，默认的水平和垂直间隙是5个单位
FlowLayout(int align)	创建一个新的流式布局管理器，对齐方式是指定的，默认的水平和垂直间隙是5个单位
FlowLayout(int align, int hgap, int vgap)	创建一个新的流式布局管理器，具有指定的对齐方式以及指定的水平和垂直间隙

FlowLayout常用的方法如表14-12所示。

表14-12　FlowLayout常用方法一览表

方　　法	说　　明
setAlignment(int align)	设置此布局的对齐方式
setHgap(int hgap)	设置控件之间以及控件与Container的边之间的水平间隙
setVgap(int vgap)	设置控件之间以及控件与Container的边之间的垂直间隙

> **注意**
>
> JPanel的无参构造器默认就是流式布局。

【示例14-7】流式布局

```java
package cn.sxt.views.testlayout;
import javax.swing.JButton;
import javax.swing.JFrame;
import javax.swing.JPanel;
public class FlowLayoutDemo extends JFrame {
    private JPanel pnlMain;
    private JButton btn1;
    private JButton btn2;
    private JButton btn3;
    private JButton btn4;
    private JButton btn5;
    public FlowLayoutDemo() {
        //该处代码也可以写成:pnlMain = new JPanel(new FlowLayout());
        pnlMain = new JPanel();
        btn1 = new JButton("按钮1");
        btn2 = new JButton("按钮2");
        btn3 = new JButton("按钮3");
        btn4 = new JButton("按钮4");
        btn5 = new JButton("按钮5");
        init();
    }
    private void init() {
        //设置窗口属性
        this.setTitle("测试流式布局");
```

```java
        this.setSize(300, 200);
        this.setDefaultCloseOperation(JFrame.EXIT_ON_CLOSE);
        //将控件添加到容器上
        pnlMain.add(btn1);
        pnlMain.add(btn2);
        pnlMain.add(btn3);
        pnlMain.add(btn4);
        pnlMain.add(btn5);
        //将容器添加到窗口上
        this.add(pnlMain);
        this.setVisible(true);
    }

    /*创建流式布局窗口*/
    public static void main(String[ ] args) {
        new FlowLayoutDemo();
    }
}
```

执行结果如图14-9所示。

图14-9　示例14-7运行结果

2. java.awt.BorderLayout

布置容器的边界布局，它可以对容器内的控件进行安排，并调整其大小，使其符合南、北、东、西和中间五个区域。表14-13所示为BorderLayout类的构造器。

表14-13　BorderLayout构造器一览表

构　造　器	说　明
BorderLayout()	创建一个新的边界布局管理器，控件之间没有间隙
BorderLayout(int hgap, int vgap)	创建一个新的边界布局管理器，控件之间的水平和垂直间隙可以指定

BorderLayout常用的方法如表14-14所示。

表14-14　BorderLayout常用方法一览表

方　法	说　明
setHgap(int hgap)	设置控件之间的水平间隙
setVgap(int vgap)	设置控件之间的垂直间隙

> **注意**
>
> 边界布局最多将容器分成5个区间，但是可以减少，例如只有北、中、南，或是只有西、中、东，或是按照需求具体划分。

【示例14-8】边界布局

```java
package cn.sxt.views.testlayout;
import java.awt.BorderLayout;
import javax.swing.JButton;
import javax.swing.JFrame;
import javax.swing.JPanel;
public class BorderLayoutDemo extends JFrame {
    private JPanel pnlMain;
    private JButton btnN;
    private JButton btnC;
    private JButton btnS;
    private JButton btnW;
    private JButton btnE;
    public BorderLayoutDemo() {
        //将容器的布局设置为边界布局
        pnlMain = new JPanel(new BorderLayout());
        btnN = new JButton("按钮-北");
        btnC = new JButton("按钮-中");
        btnS = new JButton("按钮-南");
        btnW = new JButton("按钮-西");
        btnE = new JButton("按钮-东");

        init();
    }
    private void init() {
        //设置窗口属性
        this.setTitle("测试边界布局");
        this.setSize(300, 200);
        this.setDefaultCloseOperation(JFrame.EXIT_ON_CLOSE);
        /*
         * 注意在使用边界布局的容器时,压入控件要以第二参数说明控件放在哪个位置;
         * 否则,如果没有第二参数,默认在中间区域
         */
        pnlMain.add(btnN,BorderLayout.NORTH);
        pnlMain.add(btnC,BorderLayout.CENTER);
        pnlMain.add(btnS,BorderLayout.SOUTH);
        pnlMain.add(btnW,BorderLayout.WEST);
        pnlMain.add(btnE,BorderLayout.EAST);
        //将容器添加到窗口
        this.add(pnlMain);
        this.setVisible(true);
    }
    /**创建边界布局窗口*/
    public static void main(String[ ] args) {
        new BorderLayoutDemo();
    }
}
```

执行结果如图14-10所示。

3. java. awt. GridLayout

网格布局以矩形网格形式对容器的控件进行布置。容器被分成大小相等的矩形,一个矩形中放置一个控件。表14-15所示为GridLayout类的构造器。

图14-10 示例14-8运行结果

表14-15 GridLayout构造器一览表

构 造 器	说 明
GridLayout()	创建具有默认值的网格布局管理器,即每个空间占据一行一列
GridLayout(int rows, int cols)	创建具有指定行数和列数的网格布局管理器
GridLayout(int rows, int cols, int hgap, int vgap)	创建具有指定行数和列数的网格布局管理器,行与行、列与列之间具有指定的间隙值

GridLayout常用的方法如表14-16所示。

表14-16 GridLayout常用方法一览表

方 法	说 明
setColumns(int cols)	设置网格布局中的列数
setRows(int rows)	设置网格布局中的行数
setHgap(int hgap)	设置控件之间的水平间隙
setVgap(int vgap)	设置控件之间的垂直间隙

> **注意**
>
> 使用网格布局时,如果控件的数量过多或过少,网格布局会自动调整,但是行数不会变化。例如设置一个2行3列的网格,如果压入控件为7个,那么网络自动变为2行4列。

如果在一个容器中要压入12个按钮,按3行4列排列,则代码如示例14-9所示。

【示例14-9】网格布局

```java
package cn.sxt.views.testlayout;
import java.awt.GridLayout;
import javax.swing.JButton;
import javax.swing.JFrame;
import javax.swing.JPanel;
public class GridLayoutDemo extends JFrame {
    private JPanel pnlMain;
    private JButton[ ] btnS;
    public GridLayoutDemo() {
        //将容器的布局设置为网格布局,指定布局为3行4列
        pnlMain = new JPanel(new GridLayout(3, 4));
        btnS = new JButton[12];
```

```java
        for(int i = 0;i < btnS.length;i++) {
            btnS[i] = new JButton("按钮"+(i+1));
        }

        init();
    }
    private void init() {
        //设置窗口属性
        this.setTitle("测试网格布局");
        this.setSize(400, 200);
        this.setDefaultCloseOperation(JFrame.EXIT_ON_CLOSE);
        //将控件添加到容器上
        for(JButton btn : btnS) {
            pnlMain.add(btn);
        }
        //将容器添加到窗口上
        this.add(pnlMain);
        this.setVisible(true);
    }
    /*创建网格布局窗口*/
    public static void main(String[ ] args) {
        new GridLayoutDemo();
    }
}
```

执行结果如图14-11所示。

图14-11　示例14-9运行结果

（1）GUI（Graphical User Interface）即图形用户界面，是应用程序提供给用户用于交互操作的图形界面。

（2）Swing是在AWT基础上发展而来的轻量级组件，与AWT相比不但改进了用户界面，而且所需的系统资源更少。

（3）JFrame在GUI中为一个窗口对象，JPanel是容器。不建议在窗口中添加控件，而应将控件添加到容器中。

（4）常用基本控件。

- JButton 按钮控件；

- JLabel 标签控件；
- JTextField 单行文本框控件；
- JPasswordField 密码框控件。

（5）三种常用的布局管理器是：流式布局（FlowLayout）、边界布局（BorderLayout）和网格布局（GridLayout）。

本章作业

一、选择题

1. 下面说法错误的是（　　）（选择一项）。
   - A. AWT和Swing这两个包中包含了GUI编程需要用到的丰富的类库
   - B. 在Java的早期版本中，GUI控件由名为AWT的标准库提供
   - C. Swing是在AWT基础上发展而来的重量级组件，与AWT相比不但改进了用户界面，而且所需的系统资源更少
   - D. Swing是纯Java组件，使所有的应用程序在不同的平台上运行时具有和本机外观相同的行为

2. GUI编程中经常用到的两个包是（　　）（选择两项）。
   - A. java.awt
   - B. javax.awt
   - C. javax.swing
   - D. java.swing

3. 下面不是JComponent的子类的是（　　）（选择一项）。
   - A. JText
   - B. JLabel
   - C. JPanel
   - D. JFrame

4. 下面不是常用布局管理器的是（　　）（选择一项）。
   - A. CardLayout
   - B. FlowLayout
   - C. BorderLayout
   - D. GridLayout

5. JFrame的默认布局管理器是（　　）（选择一项）。
   - A. CardLayout
   - B. FlowLayout
   - C. BorderLayout
   - D. GridLayout

二、简答题

1. 什么是GUI编程？
2. AWT与Swing的联系与区别。
3. 常用的布局管理器有哪几种？

三、编码题

编写一个JFrame窗口，使其运行效果如图14-12所示。

图14-12 编码题运行结果

第15章 事件模型

通过对第14章内容的学习，读者已经可以完成一个简单的界面设计了，但是该界面没有添加任何功能，界面完全是静态的，如果要实现具体的界面功能的话，必须要用到事件模型。

15.1 事件模型简介及常用事件类型

对于采用了图形用户界面的程序来说，事件控制是非常重要的。

一个源（事件源）产生一个事件并把它（事件对象）送到一个或多个监听器；监听器只是简单地等待，直到它收到一个事件。事件一旦被监听器接收，监听器将处理这些事件。

一个事件源必须注册监听器，以便监听器可以接收到一个特定事件的通知。

每种类型的事件都有其自己的注册方法，一般形式为：void addTypeListener(TypeListener e)。

> **注意**
> 注册事件的方法名并不真的是addTypeListener，其中的Type指事件类型，根据不同的事件追加不同类型的监听，如追加按钮按下事件的添加监听方法为addActionListener(ActionEvent e)，而e是一个事件监听器的引用。

15.1.1 事件控制的过程

事件控制过程可以分为以下四步：

（1）监听器对象属于一个类的实例，这个类实现了一个特殊的接口，名为"监听者接口"（Listener interface）。

（2）事件源是一个对象，它可以注册到一个或多个监听器对象中，以便向监听器发送事件对象。

（3）事件源在发生事件时，向所有注册过的监听器发送事件对象。

（4）监听器对象根据事件对象中封装的信息来确定如何响应这个事件。

如果觉得这个过程比较抽象，那么大家可以看看这样一个场景：为了在城市的十字路口监控交通违章，相关部门就会在路口（事件源）安装一个监控摄像头（监听器对象），这个监控摄像头在有违章发生时（事件触发时）会自动捕获该次违章，然后将捕获到的信息传达到监控大厅，监控大厅中的工作人员根据违章情况作出相应的处理（响应事件，也可以说是事件处理，即发生事件后监听器做什么处理）。

不难发现这样一个事实：出现不同的事件时需要用不同的事件类来捕获。图15-1所示为常用事件类的体系结构。

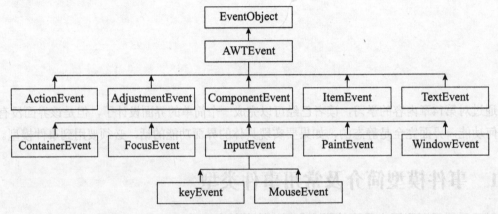

图15-1 常用事件类的体系结构图

表15-1所示为事件类型的具体说明。

表15-1 事件类型说明一览表

事件类型	说　　明	事　件　源
ActionEvent	通常按下按钮、双击列表项或选中一个菜单项时，就会生成此事件	JButton，JList，JMenuItem，TextField
AdjustmentEvent	操纵滚动条时会发生此事件	JScrollbar
ComponentEvent	当一个控件移动、隐藏、调整大小或为可见时会生成此事件	Component
ContainerEvent	将控件添加至容器中或从容器中删除控件时会生成此事件	Container
FocusEvent	控件获得或失去焦点时会生成此事件	Component
ItemEvent	单击复选框或列表项时，或者当一个选择框/可选菜单项被选择/取消时会生成此事件	JCheckbox，JChoice，JList
KeyEvent	接收到键盘输入时会生成此事件	Component
MouseEvent	拖动、移动、单击、按下或释放鼠标或在鼠标进入或退出一个控件时会生成此事件	Component
TextEvent	当文本区或文本域的文本改变时会生成此事件	JTextField，JTextArea
PaintEvent	当控件显示或发生变化重画时会生成此事件	Component
windowEvent	当一个窗口激活、关闭、正在关闭、恢复、最小化、打开或退出时会生成此事件	Window

下面对几种常用的事件类型进行详细介绍。

15.1.2 ActionEvent事件

ActionEvent是使用得最多的事件类型之一，其对应的监听器是ActionListener接口。该监听器接口的实现类必须重写actionPerformed方法，当ActionEvent事件发生时就会调用该方法。

该方法的原型是public void actionPerformed(ActionEvent e)，actionPerformed方法当ActionEvent事件发生时由系统自动调用。在实际编程中，可以把在事件发生时需要做的业务逻辑写在这个方法中。这个方法只需要重写即可，不需要调用，因为它是一个回调方法。

在14.节中使用Swing的常用控件实现了一个用户登录的静态界面，但是该界面没有功能（单击按钮没有产生任何事件）。现在，我们可以使用事件模型为该界面完成如下功能。

（1）按下退出按钮时，结束应用程序。

（2）按下登录按钮时，如果用户姓名是zhangsan，并且密码是sxt，那么登录界面消失，然后出现一个对话框，显示"欢迎您：zhangsan"；否则出现一个对话框，显示"用户姓名或密码错误"。

具体代码如示例15-1～示例15-4所示。

【示例15-1】ActionEvent事件——窗口类

```java
package cn.sxt.actionevent.views;
import javax.swing.JButton;
import javax.swing.JFrame;
import javax.swing.JLabel;
import javax.swing.JPanel;
import javax.swing.JPasswordField;
import javax.swing.JTextField;
import cn.sxt.actionevent.listeners.LoginFrame_btnLogin_ActionListener;
import cn.sxt.actionevent.listeners.LoginFrame_btnQuit_ActionListener;
/*
 * 登录窗口
 * @author 高淇
 */
public class LoginFrame extends JFrame {
    private JPanel pnlMain;
    //标签控件
    private JLabel lblTitle;
    private JLabel lblUserName;
    private JLabel lblUserPwd;
    //输入用户名的文本框控件
    private JTextField txtUserName;
    //输入密码的密码框控件
    private JPasswordField pwdUserPwd;
    // 登录和退出按钮控件
    private JButton btnLogin;
```

```java
    private JButton btnQuit;
public LoginFrame() {
    //实例化各种容器和控件
    pnlMain = new JPanel(null);
    lblTitle = new JLabel("用户登录");
    lblUserName = new JLabel("用户姓名:");
    lblUserPwd = new JLabel("用户密码:");
    txtUserName = new JTextField();
    pwdUserPwd = new JPasswordField();
    btnLogin = new JButton("登录");
    btnQuit = new JButton("退出");
    init();
}

//为文本框对象和密码框对象添加get方法
public JTextField getTxtUserName() {
    return txtUserName;
}
public JPasswordField getPwdUserPwd() {
    return pwdUserPwd;
}
//该方法对窗口进行初始化
private void init() {
    //设置窗口属性
    this.setDefaultCloseOperation(JFrame.EXIT_ON_CLOSE);
    this.setTitle("登录窗口");
    this.setSize(300, 220);
    this.setResizable(false);
    /*
     * 设置各个控件的位置和坐标
     * setBounds方法的前两个参数为控件的左上角坐标,后两个参数为控件的宽和高
     */
    lblTitle.setBounds(100, 10, 100, 30);
    lblUserName.setBounds(20, 60, 75, 25);
    lblUserPwd.setBounds(20, 100, 75, 25);
    txtUserName.setBounds(100, 60, 120, 25);
    pwdUserPwd.setBounds(100, 100, 120, 25);
    btnLogin.setBounds(50, 140, 75, 25);
    btnQuit.setBounds(150, 140, 75, 25);
    /*
     * 在退出按钮上添加按钮按下时监听的对象
     * 并在实例化监听对象中传入当前窗口对象本身
     */
    btnQuit.addActionListener(new LoginFrame_btnQuit_ActionListener(this));
    /*
     * 在登录按钮上添加按钮按下时监听的对象
     * 并在实例化监听对象中传入当前窗口对象本身
     */
    btnLogin.addActionListener(new LoginFrame_btnLogin_ActionListener(this));
    //将所有控件压进容器中
    pnlMain.add(lblTitle);
    pnlMain.add(lblUserName);
    pnlMain.add(lblUserPwd);
```

```java
        pnlMain.add(txtUserName);
        pnlMain.add(pwdUserPwd);
        pnlMain.add(btnLogin);
        pnlMain.add(btnQuit);
        this.add(pnlMain);
        this.setVisible(true);
    }
}
```

【示例15-2】ActionEvent事件——退出按钮监听类

```java
package cn.sxt.actionevent.listeners;
import java.awt.event.ActionEvent;
import java.awt.event.ActionListener;
import cn.sxt.actionevent.views.LoginFrame;
/*
 * 退出功能监听类
 * @author 高淇
 */
public class LoginFrame_btnQuit_ActionListener implements ActionListener {
    private LoginFrame lf;

    public LoginFrame_btnQuit_ActionListener(LoginFrame lf) {
        this.lf = lf;
    }
    @Override
    public void actionPerformed(ActionEvent e) {
        //关闭登录窗口（dispose方法为关闭窗口并释放资源）
        lf.dispose();
    }
}
```

【示例15-3】ActionEvent事件——登录按钮监听类

```java
package cn.sxt.actionevent.listeners;
import java.awt.event.ActionEvent;
import java.awt.event.ActionListener;
import javax.swing.JOptionPane;
import cn.sxt.actionevent.views.LoginFrame;
/*
 * 登录功能监听类
 * @author 高淇
 */
public class LoginFrame_btnLogin_ActionListener implements ActionListener {
    private LoginFrame lf;
    public LoginFrame_btnLogin_ActionListener(LoginFrame lf) {
        this.lf = lf;
    }
    @Override
    public void actionPerformed(ActionEvent e) {
        //获得用户姓名的文本框对象的文本内容
        String userName = lf.getTxtUserName().getText().trim();
        //获得用户密码的密码框对象的文本内容
        String userPwd = new String(lf.getPwdUserPwd().getPassword()).trim();
        if(userName.equals("zhangsan") && userPwd.equals("sxt")) {
```

```java
        /*
         * 弹出对话框,第1个参数为窗口,所以可以传null,
         * 第2个参数为提示文本,第3个参数为标题信息,第4个参数为样式
         */
        JOptionPane.showMessageDialog(null, "欢迎您:"+userName, "提示",
                JOptionPane.INFORMATION_MESSAGE);
        return;
    }
    JOptionPane.showMessageDialog(null, "用户姓名或密码错误", "错误",
            JOptionPane.ERROR_MESSAGE);
    }
}
```

【示例15-4】 ActionEvent事件——测试类

```java
package cn.sxt.actionevent.test;
import cn.sxt.actionevent.views.LoginFrame;
public class Test {
    //创建登录窗口
    public static void main(String[ ] args) {
        new LoginFrame();
    }
}
```

执行结果如图15-2所示。

登录成功　　　　　　　　　登录失败

图15-2　ActionEvent事件运行结果

15.1.3　MouseEvent事件

　　MouseEvent是鼠标事件,其对应的监听器之一是MouseListener接口,该接口中包含的方法如下。

```java
    //鼠标单击时
    public void mouseClicked(MouseEvent me);
    //鼠标进入时
    public void mouseEntered(MouseEvent me);
```

```
    //鼠标离开时
    public void mouseExited(MouseEvent me);
    //鼠标按下时
    public void mousePressed(MouseEvent me);
    //鼠标释放时
    public void mouseReleased(MouseEvent me);
```

因为大部分监听器接口中包含多个方法,因此在监听类中我们要根据具体需求选择覆盖其中的某个或某些方法。例如,在登录界面中,用户姓名的文本框中有默认文本,如果希望鼠标单击文本框后其中的文本自动消失,则可以使用鼠标单击事件。

在LoginFrame类的init()方法中,增加为文本框设置默认文本和添加监听的方法,如示例15-5、示例15-6所示。

【示例15-5】MouseEvent事件——LoginFrame类中新增代码

```
//在用户姓名文本框中添加默认文本
txtUserName.setText("请输入用户姓名");
//在用户姓名文本框上添加鼠标事件
txtUserName.addMouseListener(new LoginFrame_txtUserName_MouseListener(this));
```

【示例15-6】MouseEvent事件——单击文本框监听类

```
package cn.sxt.mouseevent.listeners;
import java.awt.event.MouseEvent;
import java.awt.event.MouseListener;
import cn.sxt.mouseevent.views.LoginFrame;
/*
 * 清空文本框功能监听类
 * @author 高淇
 */
public class LoginFrame_txtUserName_MouseListener implements MouseListener {
    private LoginFrame lf;
    public LoginFrame_txtUserName_MouseListener(LoginFrame lf) {
        this.lf = lf;
    }
    @Override
    public void mouseClicked(MouseEvent e) {
        //将登录界面中的用户姓名文本框中的文本清除
        this.lf.getTxtUserName().setText("");
    }
    @Override
    public void mousePressed(MouseEvent e) {
    }
    @Override
    public void mouseReleased(MouseEvent e) {
    }
    @Override
    public void mouseEntered(MouseEvent e) {
    }
    @Override
    public void mouseExited(MouseEvent e) {
    }
}
```

执行结果如图15-3所示。

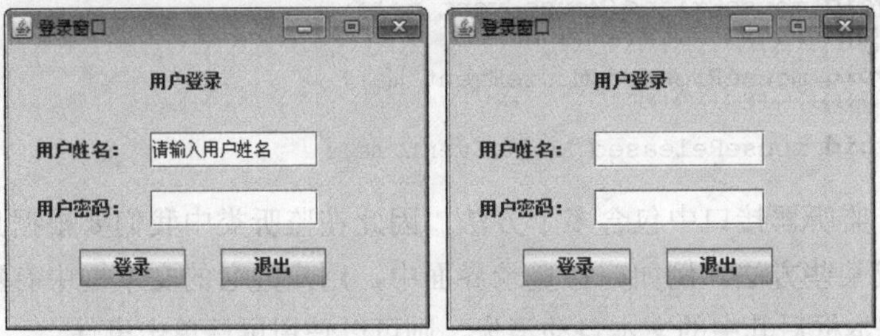

默认效果　　单击鼠标后的用户名文本框的效果

图15-3　MouseEvent事件运行结果

从以上两个案例可见，当要为对象添加事件时，先要确定事件源，在事件源上添加事件监听程序，再在事件监听类中的相应方法中添加相关的业务处理逻辑。有用户登录界面中，其他对象的事件的处理程序可用同样的方法添加，以下不再赘述。

MouseEvent也可以对应鼠标运动事件，对应监听器是MouseMotionListener接口，相关方法如下：

```
//鼠标移动时
public void mouseMoved(MouseEvent me);
//鼠标拖动时
public void mouseDragged(MouseEvent me);
```

15.1.4　KeyEvent事件

KeyEvent是键盘事件，对应的监听器是KeyListener接口。以下是该接口中的方法：

```
//按下键时调用
public void keyPressed(KeyEvent ke);
//释放键时调用
public void keyReleased(KeyEvent ke);
//输入字符时调用
public void keyTyped(KeyEvent ke);
```

15.1.5　WindowEvent事件

WindowEvent是窗口事件，对应监听器是WindowListener接口。以下是该接口中的方法：

```
//窗口激活时
void windowActivated(WindowEvent we);
//窗口被禁止时
void windowDeactivated(WindowEvent we);
//窗口关闭时
void windowClosed(WindowEvent we);
//窗口正在关闭时
void windowClosing(WindowEvent we);
//窗口最小化时
```

```
void windowIconified(WindowEvent we);
//窗口恢复时
void windowDeiconified(WindowEvent we);
//窗口打开时
void windowOpened(WindowEvent we);
```

> **事件模型小结**
> - 事件源描述事件对象中事件的性质。
> - 每个事件源都被映射至一个或多个事件监听器,发生事件时需要调用这些事件监听器。
> - 事件监听器是实现了监听器接口的类。
> - 事件源将适当的事件对象传递给事件监听器类中的方法。
> - 监听器对事件对象进行分析,了解事件更详细的信息,以便给出响应。

15.2 事件处理的实现方式

开发中对于事件,一般会采用本节介绍的三种方式来处理。

15.2.1 使用内部类实现事件处理

如果用15.1节介绍的方式实现事件处理时,需要编写的代码量会太大,例如要在窗口类中添加监听的代码,并且传入窗口对象,在监听类中添加处理业务逻辑的代码。这样做的结果必然导致代码量较多,而且处理起来也比较麻烦,那么可以试试使用以前课程中所讲到的内部类来实现。首先回顾一下内部类的特点:

(1) 在一个类中定义另一个类,这样定义的类称为嵌套类。

(2) 如果B类被定义在A类之内,则B类称为A类的内部类,此时,B类被A类所知,但不被A类外面所知。

(3) 内部类可以访问它外部类的所有成员和方法,并能够以和外部类的其他非静态成员以相同的方式直接引用它们。

使用内部类处理事件的方法(鼠标单击文本框时清除文本框中的内容),如示例15-7所示。

> **【示例15-7】使用内部类实现MouseEvent事件处理**
>
> ```
> package cn.sxt.mouseevent2.views;
> import java.awt.event.MouseEvent;
> import java.awt.event.MouseListener;
> import javax.swing.JButton;
> import javax.swing.JFrame;
> import javax.swing.JLabel;
> import javax.swing.JPanel;
> import javax.swing.JPasswordField;
> import javax.swing.JTextField;
> /**
> ```

```java
 * 登录窗口
 * @author 高淇
 */
public class LoginFrame extends JFrame {
    private JPanel pnlMain;
    //标签控件
    private JLabel lblTitle;
    private JLabel lblUserName;
    private JLabel lblUserPwd;
    //输入用户名的文本框控件
    private JTextField txtUserName;
    //输入密码的密码框控件
    private JPasswordField pwdUserPwd;
    //登录和退出按钮控件
    private JButton btnLogin;
    private JButton btnQuit;
    public LoginFrame() {
        //实例化各种容器和控件
        pnlMain = new JPanel(null);
        lblTitle = new JLabel("用户登录");
        lblUserName = new JLabel("用户姓名:");
        lblUserPwd = new JLabel("用户密码:");
        txtUserName = new JTextField();
        pwdUserPwd = new JPasswordField();
        btnLogin = new JButton("登录");
        btnQuit = new JButton("退出");
        init();
    }
    //该方法对窗口做初始化
    private void init() {
        //设置窗口属性
        this.setDefaultCloseOperation(JFrame.EXIT_ON_CLOSE);
        this.setTitle("登录窗口");
        this.setSize(300, 220);
        this.setResizable(false);
        /*
         * 设置各个控件的位置和坐标
         * setBounds方法的前两个参数为控件的左上角坐标,后两个参数为控件的宽和高
         */
        lblTitle.setBounds(100, 10, 100, 30);
        lblUserName.setBounds(20, 60, 75, 25);
        lblUserPwd.setBounds(20, 100, 75, 25);
        txtUserName.setBounds(100, 60, 120, 25);
        pwdUserPwd.setBounds(100, 100, 120, 25);
        btnLogin.setBounds(50, 140, 75, 25);
        btnQuit.setBounds(150, 140, 75, 25);
        //在用户姓名的文本框中添加默认文本
        txtUserName.setText("请输入用户姓名");
        //在用户姓名的文本框上添加鼠标事件
        txtUserName.addMouseListener(new LoginFrame_txtUserName_MouseListener());
        //将所有控件压进容器中
        pnlMain.add(lblTitle);
        pnlMain.add(lblUserName);
        pnlMain.add(lblUserPwd);
```

```java
        pnlMain.add(txtUserName);
        pnlMain.add(pwdUserPwd);
        pnlMain.add(btnLogin);
        pnlMain.add(btnQuit);
        this.add(pnlMain);
        this.setVisible(true);
    }
    //以内部类的形式定义鼠标监听类
    class LoginFrame_txtUserName_MouseListener implements MouseListener {
        @Override
        public void mouseClicked(MouseEvent e) {
            txtUserName.setText("");
        }
        @Override
        public void mousePressed(MouseEvent e) {
        }
        @Override
        public void mouseReleased(MouseEvent e) {
        }
        @Override
        public void mouseEntered(MouseEvent e) {
        }
        @Override
        public void mouseExited(MouseEvent e) {
        }
    }
}
```

从上面的代码可以看到LoginFrame_txtUserName_MouseListener这个类定义在了LoginFrame的内部，这就是内部类。这样处理的好处在于LoginFrame甚至不需要定义get方法去获得文本框对象，因为在内部类中可以直接访问该对象，而且在实例化内部类的构造器中连窗口对象都不需要传入。采用15.1节中介绍的方法时，传入窗口对象是为了能访问该窗口本身或该窗口的成员，但是现在使用内部类则可以直接访问窗口本身或该窗口的成员。

15.2.2 使用适配器实现事件处理

从15.2.1节的实现方式可以看到，如果使用内部类来处理事件需要编写的代码就很少了。有时候，为了处理某个事件，要实现相应的事件监听接口，当我们只对其中的某个方法感兴趣，而不得不将接口中的所有抽象方法进行覆盖。为了解决这个问题，可以使用适配器来实现事件处理。

适配器就是实现了接口事件的类，不过并不是真的实现，而只是空实现（即只有{}），没有具体的方法体。适配器主要是为了方便程序员操作，避免重复代码。只要一个对象或者属性添加了一个适配器，那么它就会监视这个对象或属性。

可以定义一个扩展了相应适配器类的新类来作为监听器，然后只实现那些感兴趣的方法。下面是这个适配器类的源码：

```java
public abstract class MouseAdapter implements MouseListener,
```

```java
        MouseWheelListener, MouseMotionListener {
    /*
     * {@inheritDoc}
     */
    public void mouseClicked(MouseEvent e) {}
    /*
     * {@inheritDoc}
     */
    public void mousePressed(MouseEvent e) {}

    /*
     * {@inheritDoc}
     */
    public void mouseReleased(MouseEvent e) {}
    /*
     * {@inheritDoc}
     */
    public void mouseEntered(MouseEvent e) {}
    /*
     * {@inheritDoc}
     */
    public void mouseExited(MouseEvent e) {}
    /*
     * {@inheritDoc}
     * @since 1.6
     */
    public void mouseWheelMoved(MouseWheelEvent e){}
    /*
     * {@inheritDoc}
     * @since 1.6
     */
    public void mouseDragged(MouseEvent e){}
    /*
     * {@inheritDoc}
     * @since 1.6
     */
    public void mouseMoved(MouseEvent e){}
}
```

按照适配器的方式改写MouseEvent事件处理的代码，如示例15-8所示。

【示例15-8】使用适配器实现MouseEvent事件处理

```java
package cn.sxt.mouseevent3.views;
import java.awt.event.MouseAdapter;
import java.awt.event.MouseEvent;
import javax.swing.JButton;
import javax.swing.JFrame;
import javax.swing.JLabel;
import javax.swing.JPanel;
import javax.swing.JPasswordField;
import javax.swing.JTextField;
public class LoginFrame extends JFrame {
    private JPanel pnlMain;
```

```java
//标签控件
private JLabel lblTitle;
private JLabel lblUserName;
private JLabel lblUserPwd;
//输入用户名的文本框控件
private JTextField txtUserName;
//输入密码的密码框控件
private JPasswordField pwdUserPwd;
//登录和退出按钮控件
private JButton btnLogin;
private JButton btnQuit;
public LoginFrame() {
    //实例化各种容器和控件
    pnlMain = new JPanel(null);
    lblTitle = new JLabel("用户登录");
    lblUserName = new JLabel("用户姓名:");
    lblUserPwd = new JLabel("用户密码:");
    txtUserName = new JTextField();
    pwdUserPwd = new JPasswordField();
    btnLogin = new JButton("登录");
    btnQuit = new JButton("退出");
    init();
}
//该方法对窗口做初始化
private void init() {
    //设置窗口属性
    this.setDefaultCloseOperation(JFrame.EXIT_ON_CLOSE);
    this.setTitle("登录窗口");
    this.setSize(300, 220);
    this.setResizable(false);
    /*
     * 设置各个控件的位置和坐标
     * setBounds方法的前两个参数为控件的左上角坐标,后两个参数为控件的宽和高
     */
    lblTitle.setBounds(100, 10, 100, 30);
    lblUserName.setBounds(20, 60, 75, 25);
    lblUserPwd.setBounds(20, 100, 75, 25);
    txtUserName.setBounds(100, 60, 120, 25);
    pwdUserPwd.setBounds(100, 100, 120, 25);
    btnLogin.setBounds(50, 140, 75, 25);
    btnQuit.setBounds(150, 140, 75, 25);
    //在用户姓名的文本框中添加默认文本
    txtUserName.setText("请输入用户姓名");
    //在用户姓名的文本框上添加鼠标事件
    txtUserName.addMouseListener(new LoginFrame_txtUserName_MouseListener());
    //将所有控件压进容器中
    pnlMain.add(lblTitle);
    pnlMain.add(lblUserName);
    pnlMain.add(lblUserPwd);
    pnlMain.add(txtUserName);
    pnlMain.add(pwdUserPwd);
    pnlMain.add(btnLogin);
    pnlMain.add(btnQuit);
    this.add(pnlMain);
```

```java
      this.setVisible(true);
    }
}
//让鼠标监听类继承适配器后,只需要重写需要的方法即可
class LoginFrame_txtUserName_MouseListener extends MouseAdapter {
    @Override
    public void mouseClicked(MouseEvent e) {
        txtUserName.setText("");
    }
}
```

在上述代码最后面的部分定义监听类时,少了很多冗余代码,这就是使用适配器的好处。

15.2.3 使用匿名内部类实现事件处理

内部类中还有一种特殊的类,就是匿名内部类,使用匿名内部类可使代码更简炼。匿名内部类的特性如下:

(1)匿名类是指没有指定名称的类。
(2)匿名类最大的用途是编写事件处理程序。
(3)匿名类的实质是一个内部类,只是没有名称而已。

使用匿名内部类实现对MouseEvent事件的处理,代码如示例15-9所示。

【示例15-9】使用匿名内部类实现MouseEvent事件处理

```java
package cn.sxt.mouseevent4.views;
import java.awt.event.MouseAdapter;
import java.awt.event.MouseEvent;
import javax.swing.JButton;
import javax.swing.JFrame;
import javax.swing.JLabel;
import javax.swing.JPanel;
import javax.swing.JPasswordField;
import javax.swing.JTextField;
public class LoginFrame extends JFrame {
    private JPanel pnlMain;
    //标签控件
    private JLabel lblTitle;
    private JLabel lblUserName;
    private JLabel lblUserPwd;
    //输入用户名的文本框控件
    private JTextField txtUserName;
    //输入密码的密码框控件
    private JPasswordField pwdUserPwd;
    //登录和退出按钮控件
    private JButton btnLogin;
    private JButton btnQuit;
    public LoginFrame() {
        //实例化各种容器和控件
        pnlMain = new JPanel(null);
        lblTitle = new JLabel("用户登录");
        lblUserName = new JLabel("用户姓名:");
```

```java
        lblUserPwd = new JLabel("用户密码:");
        txtUserName = new JTextField();
        pwdUserPwd = new JPasswordField();
        btnLogin = new JButton("登录");
        btnQuit = new JButton("退出");
        init();
    }
    //该方法对窗口做初始化
    private void init() {
        //设置窗口属性
        this.setDefaultCloseOperation(JFrame.EXIT_ON_CLOSE);
        this.setTitle("登录窗口");
        this.setSize(300, 220);
        this.setResizable(false);
        /*
         * 设置各个控件的位置和坐标
         * setBounds方法的前两个参数为控件的左上角坐标,后两个参数为控件的宽和高
         */
        lblTitle.setBounds(100, 10, 100, 30);
        lblUserName.setBounds(20, 60, 75, 25);
        lblUserPwd.setBounds(20, 100, 75, 25);
        txtUserName.setBounds(100, 60, 120, 25);
        pwdUserPwd.setBounds(100, 100, 120, 25);
        btnLogin.setBounds(50, 140, 75, 25);
        btnQuit.setBounds(150, 140, 75, 25);
        //在用户姓名的文本框中添加默认文本
        txtUserName.setText("请输入用户姓名");
        //在用户姓名的文本框上添加鼠标事件:使用匿名内部类
        txtUserName.addMouseListener(new MouseAdapter() {
            public void mouseClicked(MouseEvent e) {
                //将登录界面中的用户姓名文本框中的文本清除
                txtUserName.setText("");
            }
        });
        //将所有控件压进容器中
        pnlMain.add(lblTitle);
        pnlMain.add(lblUserName);
        pnlMain.add(lblUserPwd);
        pnlMain.add(txtUserName);
        pnlMain.add(pwdUserPwd);
        pnlMain.add(btnLogin);
        pnlMain.add(btnQuit);
        this.add(pnlMain);
        this.setVisible(true);
    }
}
```

请注意添加监听部分的代码,这样编写的代码更加精简。

除此以外还有第4种方法,即通过窗口类实现监听,这样窗口类既是窗口,又是监听器,如public class LoginFrame extends JFrame implements MouseListener{…},该方法在此不再赘述。

事件处理方式小结

- 使用外部类（自定义的一个独立于窗口类的监听实现类）实现事件处理。
- 使用内部类实现事件处理。
- 内部类配合使用适配器实现事件处理。
- 匿名内部类实现事件处理。
- 让窗口类实现事件监听接口，使其既为窗口又为事件监听类。

这么多种事件处理方式，我们究竟该如何取舍呢？是否代码越少，软件的质量越高呢？其实软件质量的高低不是以代码的多少来衡量的，还要综合考虑代码的可维护性、可重用性、负载问题等。如采用第4种方式编写的代码耦合性高，当需要更改业务逻辑或者界面显示逻辑时，就要修改整个类，而且代码很难重用，尤其是匿名内部类（因为每使用一次就会产生一个新类），并且窗口的对象负载会过重（既要负责显示，又要监听事件，还要处理事件，相当于3个人的工作交给1个人来完成）。综合考虑，比较合适的处理方式还是第1种。但第1种方式可以继续优化，因为它在监听类中实现了事件处理。这样导致监听类的功能不清晰，到底是实现监听还是实现事件处理？

综上所述，按照OOP编程思想，应该把这段代码分为视图层（窗口界面，它只负责显示）、监听层（实现某个Listener的类，它只负责监听）、服务层（只负责业务逻辑的实现）。因此实现结构为：在窗口中对事件源添加监听，在监听类中的具体事件方法中调用服务层来完成事件处理。

下面，将使用上述模式完成用户登录按钮的功能。首先定义一个用户模块下的最终父接口UserService，如示例15-10所示。

【示例15-10】分层开发实现事件——服务层之父接口UserService

```
package cn.sxt.login.services;
import java.awt.Window;
import java.util.EventObject;
public interface UserService {
    void execute(EventObject e,Window w);
}
```

该接口将作为用户模块下所有Service类的最终父接口。接下来定义实现三个服务层（登录按钮服务层、退出按钮服务层、清空文本框服务层）的子类，如示例15-11～示例15-13所示。

【示例15-11】分层开发实现事件——服务层之登录按钮服务层

```
package cn.sxt.login.services;
import java.awt.Window;
import java.util.EventObject;
import javax.swing.JOptionPane;
import cn.sxt.login.views.LoginFrame;
/*
```

```
 * 登录功能服务层
 * @author 高淇
 */
public class LoginService implements UserService {
  @Override
  public void execute(EventObject e, Window w) {
    LoginFrame lf = (LoginFrame)w;
    String userName = lf.getTxtUserName().getText().trim();
    //获得用户密码的密码框对象的文本内容
    String userPwd = new String(lf.getPwdUserPwd().getPassword()).trim();
    //验证用户账号是否填写
    if(userName.equals("")) {
        JOptionPane.showMessageDialog(null, "请输入用户姓名", "警告",
                JOptionPane.WARNING_MESSAGE);
        return;
    }
    if(userName.equals("zhangsan") && userPwd.equals("sxt")) {
        /*
         * 弹出对话框,第1个参数为窗口,所以可以传null
         * 第2个参数为提示文本,第3个参数为标题信息,第4个参数为样式
         */
        JOptionPane.showMessageDialog(null, "欢迎您:"+userName, "提示",
            JOptionPane.INFORMATION_MESSAGE);
        return;
    }
    JOptionPane.showMessageDialog(null, "用户姓名或密码错误", "错误",
            JOptionPane.ERROR_MESSAGE);
  }
}
```

【示例15-12】分层开发实现事件——服务层之退出按钮服务层

```
package cn.sxt.login.services;
import java.awt.Window;
import java.util.EventObject;
/*
 * 退出功能服务层
 * @author 高淇
 */
public class QuitService implements UserService {
  @Override
  public void execute(EventObject e, Window w) {
    w.dispose();
  }
}
```

【示例15-13】分层开发实现事件——服务层之清空文本框服务层

```
package cn.sxt.login.services;
import java.awt.Window;
import java.util.EventObject;
import cn.sxt.login.views.LoginFrame;
/*
 * 清空文本框服务层
 * @author 高淇
```

```java
 */
public class ResetUserNameService implements UserService {
  @Override
  public void execute(EventObject e, Window w) {
    LoginFrame lf = (LoginFrame)w;
    lf.getTxtUserName().setText("");
  }
}
```

接下来定义一个工厂类,获得具体服务层的对象,如示例15-14所示。

【示例15-14】分层开发实现事件——服务层之工厂类

```java
package cn.sxt.login.services;
/*
 * 用户模块服务层工厂类
 * @author 高淇
 */
public abstract class UserServiceFactory {
  /*
   * 获得登录功能业务逻辑对象
   * @return LoginService对象
   */
  public static UserService createLoginService() {
    return new LoginService();
  }
  /*
   * 获得退出功能业务逻辑对象
   * @return QuitService对象
   */
  public static UserService createQuitService() {
    return new QuitService();
  }
  /*
   * 获得清空文本框功能业务逻辑对象
   * @return ResetUserNameService对象
   */
  public static UserService createResetUserNameService() {
    return new ResetUserNameService();
  }
}
```

然后,定义3个监听类(分别对应3个事件监听),如示例15-15~示例15-17所示。

【示例15-15】分层开发实现事件——监听层之登录按钮监听类

```java
package cn.sxt.login.listeners;
import java.awt.event.ActionEvent;
import java.awt.event.ActionListener;
import cn.sxt.login.services.UserService;
import cn.sxt.login.services.UserServiceFactory;
import cn.sxt.login.views.LoginFrame;
/*
 * 登录功能监听类
```

```java
 * @author 高淇
 */
public class LoginFrame_btnLogin_ActionListener implements ActionListener {
  private LoginFrame lf;
  private UserService service;
  public LoginFrame_btnLogin_ActionListener(LoginFrame lf) {
    this.lf = lf;
    service = UserServiceFactory.createLoginService();
  }
  @Override
  public void actionPerformed(ActionEvent e) {
    service.execute(e, lf);
  }
}
```

【示例15-16】分层开发实现事件——监听层之退出按钮监听类

```java
package cn.sxt.login.listeners;
import java.awt.event.ActionEvent;
import java.awt.event.ActionListener;
import cn.sxt.login.services.UserService;
import cn.sxt.login.services.UserServiceFactory;
import cn.sxt.login.views.LoginFrame;
/*
 * 退出功能监听类
 * @author 高淇
 */
public class LoginFrame_btnQuit_ActionListener implements ActionListener {
  private LoginFrame lf;
  private UserService service;
  public LoginFrame_btnQuit_ActionListener(LoginFrame lf) {
    this.lf = lf;
    service = UserServiceFactory.createQuitService();
  }
  @Override
  public void actionPerformed(ActionEvent e) {
    service.execute(e, lf);
  }
}
```

【示例15-17】分层开发实现事件——监听层之清空文本框监听类

```java
package cn.sxt.login.listeners;
import java.awt.event.MouseAdapter;
import java.awt.event.MouseEvent;
import cn.sxt.login.services.UserService;
import cn.sxt.login.services.UserServiceFactory;
import cn.sxt.login.views.LoginFrame;
/*
 * 清空文本框功能监听类
 * @author 高淇
 */
public class LoginFrame_txtUserName_MouseListener extends MouseAdapter {
  private LoginFrame lf;
  private UserService service;
```

```java
    public LoginFrame_txtUserName_MouseListener(LoginFrame lf) {
      this.lf = lf;
      service = UserServiceFactory.createResetUserNameService();
    }
    @Override
    public void mouseClicked(MouseEvent e) {
      service.execute(e, lf);
    }
}
```

最后，定义一个窗口类，如示例15-18所示。

【示例15-18】分层开发实现事件——视图层之窗口类

```java
package cn.sxt.login.views;
import javax.swing.JButton;
import javax.swing.JFrame;
import javax.swing.JLabel;
import javax.swing.JPanel;
import javax.swing.JPasswordField;
import javax.swing.JTextField;
import cn.sxt.login.listeners.LoginFrame_btnLogin_ActionListener;
import cn.sxt.login.listeners.LoginFrame_btnQuit_ActionListener;
import cn.sxt.login.listeners.LoginFrame_txtUserName_MouseListener;
/*
 * 登录窗口
 * @author 高淇
 */
public class LoginFrame extends JFrame {
  private JPanel pnlMain;
  //标签控件
  private JLabel lblTitle;
  private JLabel lblUserName;
  private JLabel lblUserPwd;
  //输入用户名的文本框控件
  private JTextField txtUserName;
  //输入密码的密码框控件
  private JPasswordField pwdUserPwd;
  //登录和退出按钮控件
  private JButton btnLogin;
  private JButton btnQuit;
  public LoginFrame() {
    //实例化各种容器和控件
    pnlMain = new JPanel(null);
    lblTitle = new JLabel("用户登录");
    lblUserName = new JLabel("用户姓名:");
    lblUserPwd = new JLabel("用户密码:");
    txtUserName = new JTextField();
    pwdUserPwd = new JPasswordField();
    btnLogin = new JButton("登录");
    btnQuit = new JButton("退出");
    init();
  }
  //对文本框对象和密码框对象添加get方法
```

```java
public JTextField getTxtUserName() {
    return txtUserName;
}
public JPasswordField getPwdUserPwd() {
    return pwdUserPwd;
}
//该方法对窗口做初始化
private void init() {
    //设置窗口属性
    this.setDefaultCloseOperation(JFrame.EXIT_ON_CLOSE);
    this.setTitle("登录窗口");
    this.setSize(300, 220);
    this.setResizable(false);
    /*
     * 设置各个控件的位置和坐标
     * setBounds方法的前两个参数为控件的左上角坐标,后两个参数为控件的宽和高
     */
    lblTitle.setBounds(100, 10, 100, 30);
    lblUserName.setBounds(20, 60, 75, 25);
    lblUserPwd.setBounds(20, 100, 75, 25);
    txtUserName.setBounds(100, 60, 120, 25);
    pwdUserPwd.setBounds(100, 100, 120, 25);
    btnLogin.setBounds(50, 140, 75, 25);
    btnQuit.setBounds(150, 140, 75, 25);
    /*
     * 在退出按钮上添加按钮按下时的监听对象,
     * 并在实例化监听对象中传入当前窗口对象本身
     */
    btnQuit.addActionListener(
            new LoginFrame_btnQuit_ActionListener(this));
    /*
     * 在登录按钮上添加按钮按下时的监听对象,
     * 并在实例化监听对象中传入当前窗口对象本身
     */
    btnLogin.addActionListener(
            new LoginFrame_btnLogin_ActionListener(this));

    //在用户姓名的文本框中添加默认文本
    txtUserName.setText("请输入用户姓名");
    //在用户姓名的文本框上添加鼠标事件
    txtUserName.addMouseListener(
            new LoginFrame_txtUserName_MouseListener(this));
    //将所有控件压入容器中
    pnlMain.add(lblTitle);
    pnlMain.add(lblUserName);
    pnlMain.add(lblUserPwd);
    pnlMain.add(txtUserName);
    pnlMain.add(pwdUserPwd);
    pnlMain.add(btnLogin);
    pnlMain.add(btnQuit);
    this.add(pnlMain);
    this.setVisible(true);
}
}
```

接下来，读者可以自己定义一个测试类Test，来检验分层开发的成果。本节基于分层开发思想实现了"在窗口中对事件源添加监听，在监听类的具体事件方法中调用服务层来完成事件处理"的逻辑，使代码逻辑更加清晰。

（1）常用的事件类型如下：
- ActionEvent。
- MouseEvent。
- KeyEvent。
- WindowEvent。

（2）事件处理方式如下：
- 使用外部类（自定义的一个独立于窗口类的监听实现类）实现事件处理。
- 使用内部类实现事件处理。
- 内部类配合使用适配器实现事件处理。
- 匿名内部类实现事件处理。
- 让窗口类实现事件监听接口，使其既为窗口又为事件监听类。

（3）使用分层的思想来开发项目。

一、选择题

1. 下面属于事件处理机制中的角色的是（　　）（选择两项项）。
   A. 事件　　　　　　　　　　　　B. 事件源
   C. 监听器　　　　　　　　　　　D. 事件接口

2. 下面关于事件源与监听器对象说法错误的是（　　）（选择一项）。
   A. 监听器对象属于一个类的实例，这个类实现了一个特殊的接口，名为"监听者接口"（Listener interface）
   B. 事件源是一个对象，它可以注册一个或多个监听器对象，以便向其发送事件对象
   C. 事件源在发生事件时向所有注册过的监听器发送事件对象
   D. 事件源根据事件对象中封装的信息来确定如何响应这个事件

3. ActionEvent对应的监听器接口是（　　）（选择一项）。
   A. ActionListener　　　　　　　　B. MouseEventListener
   C. KeyEventListener　　　　　　　D. WindowEventListener

4. 单击鼠标时会调用的时间处理器方法是（　　）（选择一项）。
   A. mouseClicked(MouseEvent me)　　B. mouseEntered(MouseEvent me)

C. mouseExited(MouseEvent me)　　　D. mousePressed(MouseEvent me)

5. 下面哪些是事件的实现方式？（　　）（选择一项）
   A. 使用内部类实现　　　　　　　B. 使用适配器实现
   C. 使用匿名内部类实现　　　　　D. 以上都是

二、简答题

1. 简述事件控制的过程。
2. 常见的事件类型有哪些？
3. 事件的实现方式有哪几种？

三、编码题

在第15章编码题的基础上，使用事件模型完成如下功能（尽量分层）。

按下注册按钮时，如果所有输入框不为空并且两次输入的密码相同，则出现一个对话框，显示"恭喜您，注册成功！"；否则出现一个对话框，并显示错误的原因。

第16章 Swing中的其他控件

通过第14、15章的学习，相信读者已经能够实现具有特定功能的简单操作界面，但是在实际开发中，操作界面上的控件多种多样，所以接下来将再介绍几种开发中常用到的控件。

16.1 单选按钮控件（JRadioButton）

在设计图形操作界面时，有可能遇到需要单选的情况，如询问用户的性别时，由用户选择会比让其输入更人性化，并且还可以免去数据校验的麻烦。在GUI编程中要实现单选按钮需要使用的类为javax.swing.JRadioButton。表16-1所示为JRadioButton类的构造器。

表16-1 JRadioButton构造器一览表

构造器	说明
JRadioButton()	创建一个初始化为未选择的单选按钮，其文本未设定
JRadioButton(Action a)	创建一个单选按钮，其属性来自提供的Action
JRadioButton(Icon icon)	创建一个初始化为未选择的单选按钮，其具有指定的图标但无文本
JRadioButton(Icon icon, boolean selected)	创建一个具有指定图标和选择状态的单选按钮，但无文本
JRadioButton(String text)	创建一个具有指定文本的状态为未选择的单选按钮
JRadioButton(String text, boolean selected)	创建一个具有指定文本和选择状态的单选按钮
JRadioButton(String text, Icon icon)	创建一个具有指定文本和图标的并初始化为未选择状态的单选按钮
JRadioButton(String text, Icon icon, boolean selected)	创建一个具有指定文本、图标和选择状态的单选按钮

JRadioButton类的常用方法如表16-2所示。

表16-2 JRadioButton常用方法一览表

方　　法	说　　明
void setText(String text)	设置按钮上的文本
String getText()	获得按钮上的文本
boolean isSelected()	判断该按钮是否被选中，如果被选中则返回true，否则返回false
void setSelected(boolean b)	设置该按钮的状态，true为选中状态，false为未选中状态

以在窗口的容器里添加一个显示性别的单选按钮控件为例，程序运行后结果如图16-1所示，程序代码如示例16-1所示。

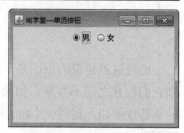

图16-1 单选按钮控件结果

【示例16-1】单选按钮控件

```java
package cn.sxt.views.testjradiobutton;
import javax.swing.JFrame;
import javax.swing.JPanel;
import javax.swing.JRadioButton;
public class JRadioButtonDemo1 extends JFrame {
    private JPanel pnlMain;
    private JRadioButton rabM;
    private JRadioButton rabF;
    public JRadioButtonDemo1() {
        pnlMain = new JPanel();
        //初始化单选按钮
        rabM = new JRadioButton("男");
        rabF = new JRadioButton("女");

        init();
    }
    private void init() {
        //设置窗口属性
        this.setDefaultCloseOperation(JFrame.EXIT_ON_CLOSE);
        this.setTitle("尚学堂—单选按钮");
        this.setSize(300, 200);
        //将单选按钮添加到容器上
        pnlMain.add(rabM);
        pnlMain.add(rabF);
        this.add(pnlMain);
        this.setVisible(true);
    }
    /*创建单选按钮窗口*/
    public static void main(String[ ] args) {
        new JRadioButtonDemo1();
    }
}
```

运行示例代码，大家会发现两个单选按钮可以被同时被选中，如图16-2所示。

图16-2　两个单选按钮同时被选中

出现这种情况的原因是，JDK在GUI编程中规定，如果多个单选按钮没有归为同一组，则它们相互之间不互斥。如果要实现互斥效果，需要使用ButtonGroup对象，只需将要互斥的单选按钮加入到同一个ButtonGroup对象中即可。

> **注意**
>
> ButtonGroup 对象为逻辑分组，不是物理分组，所以只需要将单选按钮加入其中，而不要将ButtonGroup对象加到容器中，如示例16-2所示。

【示例16-2】单选按钮控件——使用ButtonGroup对象实现互斥效果

```java
package cn.sxt.views.testjradiobutton;
import javax.swing.ButtonGroup;
import javax.swing.JFrame;
import javax.swing.JPanel;
import javax.swing.JRadioButton;
public class JRadioButtonDemo2 extends JFrame {
    private JPanel pnlMain;
    private JRadioButton rabM;
    private JRadioButton rabF;
    private ButtonGroup btgSex;
    public JRadioButtonDemo2() {
        pnlMain = new JPanel();
        //初始化单选按钮
        rabM = new JRadioButton("男");
        rabF = new JRadioButton("女");
        //创建ButtonGroup对象的目的是让rabM和rabF同组
        btgSex = new ButtonGroup();
        init();
    }
    private void init() {
        //设置窗口属性
        this.setDefaultCloseOperation(JFrame.EXIT_ON_CLOSE);
        this.setTitle("尚学堂—单选按钮");
        this.setSize(300, 200);
        //设置男的控件默认被选中
        rabM.setSelected(true);
        //把两个单选控件设为同一组
        btgSex.add(rabM);
        btgSex.add(rabF);
        //将单选按钮添加到容器上
```

```
      pnlMain.add(rabM);
      pnlMain.add(rabF);
      this.add(pnlMain);
      this.setVisible(true);
   }

   /*创建单选按钮窗口*/
   public static void main(String[ ] args) {
      new JRadioButtonDemo1();
   }
}
```

执行结果如图16-3所示。

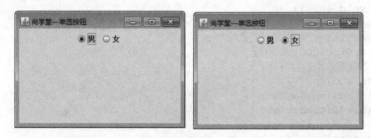

图16-3　示例16-2运行结果

16.2　复选框控件（JCheckBox）

在开发时经常需要使用复选框控件，如实现一个收集兴趣爱好的操作界面，由于兴趣爱好是可以有多项选择的，这时就可以使用javax.swing.JCheckBox控件。这个控件和单选按钮控件的使用方式大部分类似，因为多选方式不需要实现互斥功能，所以不需要使用ButtonGroup（除非有特殊需要）。

因为JCheckBox的构造器和JRadioButton一样，而且常用方法也大致相同，所以不再列举其构造器和常用方法的API。要实现如图16-4所示的复选效果，代码如示例16-3所示。

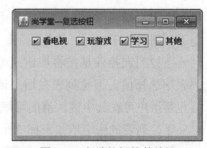

图16-4　复选按钮控件结果

【示例16-3】复选框控件
```
package cn.sxt.views.testjcheckbox;
import javax.swing.JCheckBox;
import javax.swing.JFrame;
import javax.swing.JPanel;
public class JCheckBoxDemo extends JFrame {
```

```java
        private JPanel pnlMain;
        private JCheckBox chkTV;
        private JCheckBox chkGame;
        private JCheckBox chkStudy;
        private JCheckBox chkOther;
        public JCheckBoxDemo() {
            pnlMain = new JPanel();
            //初始化复选框控件
            chkTV = new JCheckBox("看电视");
            chkGame = new JCheckBox("玩游戏");
            chkStudy = new JCheckBox("学习");
            chkOther = new JCheckBox("其他");
            init();
        }
        private void init() {
            this.setDefaultCloseOperation(JFrame.EXIT_ON_CLOSE);
            this.setTitle("尚学堂—复选框");
            this.setSize(300, 200);
            //将复选框控件添加到容器上
            pnlMain.add(chkTV);
            pnlMain.add(chkGame);
            pnlMain.add(chkStudy);
            pnlMain.add(chkOther);
            this.add(pnlMain);
            this.setVisible(true);
        }

        /*创建复选框窗口*/
        public static void main(String[ ] args) {
            new JCheckBoxDemo();
        }
    }
```

16.3 下拉列表控件（JComboBox）

在用户操作界面中，要实现由用户来选择学历或月份等这类需求的时候，适用的控件是下拉列表（下拉框）控件。

下拉列表控件是指将按钮或可编辑字段与下拉列表组合起来的控件。用户可以从下拉列表中选择值，下拉列表在用户请求时显示。如果使组合框处于可编辑状态，则组合框中将包括用户可在其中键入值的可编辑字段。

下拉列表的构造器如表16-3所示。

表16-3 JComboBox构造器一览表

构造器	说明
JComboBox()	创建具有默认数据类型的下拉列表
JComboBox(ComboBoxModel aModel)	创建一个具有指定组合框模式的下拉列表
JComboBox(Object[ ] items)	创建包含指定数组中的元素的下拉列表
JComboBox(Vector<?> items)	创建包含指定Vector中的元素的下拉列表

JComboBox的常用方法如表16-4所示。

表16-4　JComboBox常用方法一览表

方　　法	说　　明
void addItem(E item)	对该控件添加一个选项
int getSelectedIndex()	获得被选中的选项的下标（下标从0开始）
Object getSelectedItem()	获得被选中的选择对象
void removeItemAt(int anIndex)	按照传入的下标移除一个选项对象
void removeItem(Object anObject)	按照传入的对象移除相应的选项对象

注意

　　下拉列表控件不同于前面介绍过的控件对象，它的内部由多个选项对象构成，其中有一个默认的存储选项的模型，这个模型就是ComboBoxModel。在编写代码时如果没有定义ComboBoxModel对象，那么它会由系统（GUI的API）自动创建。由于所有关于选项的增、删、改、查都是在这个模型中实现，也就是说JComboBox只用于显示，而选项数据是存放在ComboBoxModel中的。建议创建ComboBoxModel模型，将其与JComboBox绑定。这样以后的操作会更加灵活，有数据变化时只要改变ComboBoxModel即可。

　　由于ComboBoxModel是一个接口，因此建议使用DefaultComboBoxModel这个实现类。DefaultComboBoxModel类的构造器和常用方法如表16-5、表16-6所示。

表16-5　DefaultComboBoxModel构造器一览表

构　造　器	说　　明
DefaultComboBoxModel()	创建一个空的组合框的默认模型对象
DefaultComboBoxMode(Object[ ] items)	创建一个用对象数组初始化的组合框的默认模型对象
DefaultComboBoxMode(Vector<?> v)	创建一个用向量初始化的组合框的默认模型对象

表16-6　DefaultComboBoxModel常用方法一览表

方　　法	说　　明
void addElement(Object anObject)	在模型的末尾添加项
Object getElementAt(int index)	返回指定索引处的值
int getIndexOf(Object anObject)	返回指定对象在列表中的索引位置
Object getSelectedItem()	返回选择的项
int getSize()	返回列表的长度
void insertElementAt(Object anObject, int index)	在指定索引处添加项
void removeAllElement()	清空列表
void removeElement(Object anObject)	从模型中移除指定项
void removeElementAt(int index)	从指定索引处移除项
void setSelectedItem(Object anObject)	设置选择项的值

以实现图16-5所示的下拉列表效果为例，代码如示例16-4所示。

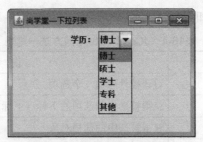

图16-5 下拉列表控件效果

【示例16-4】下拉列表控件

```java
package cn.sxt.views.testjcombobox;
import javax.swing.DefaultComboBoxModel;
import javax.swing.JComboBox;
import javax.swing.JFrame;
import javax.swing.JLabel;
import javax.swing.JPanel;

public class JComboBoxDemo extends JFrame {
    private JPanel pnlMain;
    private JComboBox cmbDegrees;
    private JLabel lblDegrees;
    private DefaultComboBoxModel dcmDegrees;
    public JComboBoxDemo() {
        pnlMain = new JPanel();
        cmbDegrees = new JComboBox();
        dcmDegrees = new DefaultComboBoxModel();
        lblDegrees = new JLabel("学历:");
        init();
    }
    private void init() {
        this.setDefaultCloseOperation(JFrame.EXIT_ON_CLOSE);
        this.setTitle("尚学堂—下拉列表");
        this.setSize(300, 200);
        //定义一个方法设置下拉列表的选项
        setCmbDegreesData();
        pnlMain.add(lblDegrees);
        pnlMain.add(cmbDegrees);
        this.add(pnlMain);
        this.setVisible(true);
    }
    private void setCmbDegreesData() {
        //向Model中追加选项
        dcmDegrees.addElement("博士");
        dcmDegrees.addElement("硕士");
        dcmDegrees.addElement("学士");
        dcmDegrees.addElement("专科");
        dcmDegrees.addElement("其他");
        //在下拉列表上绑定Model
        cmbDegrees.setModel(dcmDegrees);
    }

    /*创建含有下拉列表的窗口*/
```

```
public static void main(String[ ] args) {
    new JComboBoxDemo();
}
}
```

如果以后要改变下拉列表中的选项,只需要改变dcmDegrees(Model)中的数据就可以了。另外,因为Model中压入的元素是Object类型的,所以可以放入任意引用数据类型。例如压入任何的JavaBean,取出的数据仍是一个JavaBean,放置JavaBean的好处是方便以后的处理。

在对JComboBox添加事件时,一般可以添加ActionListener,也可以是ItemListener。这二者的区别在于,前者只要单击该下拉列表就会被触发,后者必须在改变了选项时才会触发。如示例16-4中,如果对学历的JComboBox添加了ActionListener事件,只要单击它肯定会触发事件。如已经被选中的是"学士",当再次选中"学士"或是任何其他选项时都会触发事件。但是如果添加ItemListener事件,重写其void itemStateChanged(ItemEvent e)方法,那么只有改变选项时才会触发事件。如已经选中的是"学士",当再次选中"学士"时不会触发事件,除非选择除"学士"以外的选项才能触发事件。

16.4 表格控件(JTable)

JTable 是用来显示和编辑常规二维单元表的控件,它使用类似于Office中多行、多列电子表格的方式来显示数据集合。但JTable实现的表格没有滚动条,不支持滚动查看数据。如果表格中数据过多,需要用滚动条滚动查看数据时,建议把JTable对象加在JScrollPane视图中(稍后会介绍)。如果没有用JScrollPane包含JTable对象,那么JTable的表头(JTableHeader)将采用默认的不显示方式。如果把JTable加在JScrollPane中,则默认显示表头。

JTable的构造器如表16-7所示。

表16-7　JTable构造器一览表

构造器	说明
JTable()	创建一个默认的表格,使用默认的数据模型、默认的列模型和默认的选择模型对其进行初始化
JTable(int numRows, int numColumns)	使用DefaultTableModel创建具有指定行和列个空单元格的表格
JTable(Object[ ][ ] rowData, Object[ ] columnNames)	创建一个表格来显示二维数组rowData中的值,其列名称为columnNames
JTable(TableModel dm)	创建一个表格,使用指定的数据模型dm、默认的列模型和默认的选择模型对其进行初始化
JTable(TableModel dm, TableColumnModel cm)	创建一个表格,使用指定的数据模型dm、列模型cm和默认的选择模型对其进行初始化

(续表)

构 造 器	说 明
JTable(TableModel dm, TableColumnModel cm, ListSelectionModel sm)	创建一个表格，使用指定的数据模型dm、列模型cm和选择模型sm对其进行初始化
JTable(Vector rowData, Vector columnNames)	创建一个表格来显示Vector所组成的Vector rowData中的值，其列名称为columnNames

JTable的常用方法如表16-8所示。

表16-8 JTable常用方法一览表

方 法	说 明
TableColumn getColumn(Object identifier)	返回表中列的TableColumn对象，当使用equals进行比较时，表的标识符等于identifier
int getColumnCount()	返回列模型中的列数。注意，这可能与表模型中的列数不同
String getColumnName(int column)	返回出现在视图中column列位置处的列名称
Object getValueAt(int row, int column)	返回row和column位置的单元格值
void setValueAt(Object aValue, int row, int column)	设置表模型中row和column位置的单元格值
boolean isCellEditable(int row, int column)	如果row和column位置的单元格是可编辑的，则返回true，否则，在单元格上调用setValueAt方法没有任何效果
void addColumn(TableColumn aColumn)	将aColumn追加到此JTable的列模型所保持的列数组的尾部。如果aColumn的列名称为null，则将aColumn的列名称设置为getModel().getColumnName()所返回的名称
void setModel(TableModel dataModel)	将此表的数据模型设置为newModel，并向其注册以获取来自新数据模型的监听器通知
int getSelectedColumn()	返回第一个选定列的索引；如果没有选定的列，则返回-1
int getSelectedRow()	返回第一个选定行的索引；如果没有选定的行，则返回-1
int[] getSelectedRows()	返回所有选定行的索引
int[] getSelectedColumns()	返回所有选定列的索引
int getSelectedRowCount()	返回选定行数
int getSelectedColumnCount()	返回选定列数

> **注意**
> 列是以表视图的显示顺序，而不是以TableModel的列顺序指定的。

16.4.1 JTable的简单应用

先使用JTable实现一个简单显示的用户信息表格，示例程序的运行效果如图16-6所示，其实现代码如示例16-5所示。

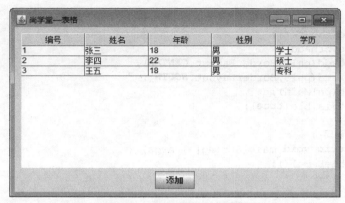

图16-6　表格控件运行结果

【示例16-5】表格控件

```
package cn.sxt.views.testjtable;
import java.awt.BorderLayout;
import javax.swing.JButton;
import javax.swing.JFrame;
import javax.swing.JPanel;
import javax.swing.JTable;
import javax.swing.table.JTableHeader;
public class JTableDemo1 extends JFrame {
    private JTable tabUser;
    private JPanel pnlMain;
    //对主容器使用边界布局后,放在中间的panel
    private JPanel pnlC;
    //对主容器使用边界布局后,放在南的panel
    private JPanel pnlS;
    private JTableHeader tahUser;
    private JButton btnAdd;
    public JTableDemo1() {
        //定义表头的数据
        Object[ ] head = new Object[ ]{"编号","姓名","年龄","性别","学历"};
        //定义表中数据
        Object[ ][ ] data = new Object[ ][ ]{{"1","张三",18,"男","学士"},
                    {"2","李四",22,"男","硕士"},{"3","王五",18,"男","专科"}};
        tabUser = new JTable(data,head);
        pnlMain = new JPanel(new BorderLayout());
        pnlC = new JPanel(null);
        pnlS = new JPanel();
        btnAdd = new JButton("添加");
        init();
    }
    private void init() {
        this.setDefaultCloseOperation(JFrame.EXIT_ON_CLOSE);
        this.setTitle("尚学堂—表格");
        this.setSize(500, 300);
        //从JTable上获得表头
        tahUser = tabUser.getTableHeader();
        tahUser.setBounds(10, 10, 480, 20);
        tabUser.setBounds(10, 30, 480, 300);
```

```java
      pnlC.add(tabUser);
      pnlC.add(tahUser);
      pnlS.add(btnAdd);
      pnlMain.add(pnlC,BorderLayout.CENTER);
      pnlMain.add(pnlS,BorderLayout.SOUTH);
      this.add(pnlMain);
      this.setVisible(true);
   }
   /*创建表格窗口*/
   public static void main(String[ ] args) {
      new JTableDemo1();
   }
}
```

> **注意**
> JTableHeader不能实例化，一定要在JTable已经有表头数据的情况下通过JTable的getTableHeader()方法获得，如果JTable没有表头数据将会得到null。

设计使用 JTable 的应用程序时，务必要注意选取合适的数据结构用来表示表数据。不建议直接对JTable添加数据，如同下拉列表控件一样，JTable也使用Model的方式来维护数据；在添加数据时也不推荐使用数组的方式，因为数组有太多局限性，如长度固定，而在实际开发中，有可能无法预知数据的长度，所以推荐使用集合Vector。

维护JTable中数据的Model对象是DefaultTableModel，它是一个模型实现，使用一个 Vector 来存储所有单元格的值，该Vector由包含多个Object的Vector组成。除了将数据从应用程序复制到DefaultTableModel中之外，还可以用 TableModel 接口的方法来包装数据，这样可将数据直接传递到JTable，如上例所示。这通常可以提高程序开发的效率，因为模型可以自动选择最适合数据的内部表示形式。在决定使用 AbstractTableModel 或者DefaultTableModel上有一个好的实践经验，即在创建子类时使用AbstractTableModel 作为基类，在不需要创建子类时则使用DefaultTableModel。

JTable使用专有的整数来表示它所对应的模型的行和列。JTable采用表格形式展示数据，并在绘制时使用 getValueAt(int row, int column) 从模型中获取指定行和列位置单元格中的值。

> **注意**
> 各种JTable方法所返回的列和行索引是就 JTable（视图）而言的，不一定是模型所使用的索引。

上面的JTable案例只简单介绍了JTable中数据的实现程序，在开发中应尽可能地使用Model。另外，上面案例的如需显示表头对象需要单独实现，并且在数据比较多的情况下（行数过多）将无法完整显示，因为JTabel没有自动滚动功能。这两个问题的解决方法是将JTable压入到JScrollPane中，此时该JTable不但自动拥有表头，还有了滚动条效果。

JScrollPane是一个带滚动条的视图（容器），任何控件在加入其中后，都会自动添加滚动条，但滚动条只有数据过多时才会出现，而且一个JScrollPane中只能压入一个控件。

把控件压入JScrollPane中有两个办法，一是使用JScrollPane的构造器JScrollPane(Component view)，二是创建JScrollPane对象后使用JScrollPane对象.getViewport().add（控件对象），它不能像使用JPanel的方式那样直接通过add()方法压入控件。不管是表头数据还是表中数据都建议使用Vector对象。由于表中数据有多行多列，所以每一行都是一个Vector，总的数据也是Vector，是在总的Vector中压入大量行的Vector对象。

16.4.2 DefaultTableModel

DefaultTableModel是 TableModel 的一个实现类，它使用一个 Vector 来存储单元格的值对象，该 Vector 由多个 Vector 组成。 DefaultTableModel类的构造器如表16-9所示。

表16-9 DefaultTableModel构造器一览表

构 造 器	说 明
DefaultTableModel()	创建默认的DefaultTableModel，它是一个零列零行的表
DefaultTableModel(int rowCount, int columnCount)	创建一个具有rowCount行和columnCount列的null对象值的DefaultTableModel
DefaultTableModel(Object[ ][ ] data, Object[ ] columnNames)	创建一个DefaultTableModel，并通过将data和columnNames传递到setDataVector方法来初始化该表
DefaultTableModel(Object[ ] columnNames, int rowCount)	创建一个DefaultTableModel，它的列数与columnNames中元素的数量相同，并具有rowCount行null对象值
DefaultTableModel(Vector columnNames, int rowCount)	创建一个DefaultTableModel，它的列数与columnNames中元素的数量相同，并具有rowCount行null对象值
DefaultTableModel(Vector data, Vector columnNames)	创建一个DefaultTableModel，并通过将data 和columnNames传递到setDataVector方法来初始化该表

DefaultTableModel类的常用方法如表16-10所示。

表16-10 DefaultTableModel常用方法一览表

方 法	说 明
void addColumn(Object columnName)	将一列添加到模型中。新列的标识符将为columnName，它可以为null。此方法将向所有监听器发送tableChanged通知消息。此方法覆盖了addColumn(Object, Vector)，它使用null作为数据向量
void addRow(Vector rowData)	添加一行到模型的结尾。如果未指定rowData，则新行将包含null值。它将生成添加行的通知
Vector getDataVector()	返回由多个包含表数据值的Vector组成的Vector。外层Vector中包含的每个Vector都是一行的值
int getRowCount()	返回此数据表中的行数
int geColumnCount()	返回此数据表中的列数
void removeRow(int row)	移除模型中row位置的行。向所有监听器发送移除行的通知
void setDataVector(Vector dataVector, Vector columnIdentifiers)	用新的行Vector（dataVector）替换当前的dataVector实例变量。每一行都是用dataVector表示，dataVector是由多个Object值组成的Vector。columnIdentifiers是新列的名字

下面是对示例16-5中的代码进行的优化，修改后的代码如示例16-6所示。

【示例16-6】表格控件的优化

```java
package cn.sxt.views.testjtable;
import java.awt.BorderLayout;
import java.awt.GridLayout;
import java.util.Vector;
import javax.swing.JButton;
import javax.swing.JFrame;
import javax.swing.JPanel;
import javax.swing.JScrollPane;
import javax.swing.JTable;
import javax.swing.table.DefaultTableModel;
public class JTableDemo2 extends JFrame {
    private JTable tabUser;
    private JPanel pnlMain;
    //对主容器使用边界布局后,放在中间的panel
    private JPanel pnlC;
    //对主容器使用边界布局后,放在南的panel
    private JPanel pnlS;
    private JButton btnAdd;
    //JTable中的模板对象
    private DefaultTableModel dtmUser;
    private JScrollPane snpTab;
    public JTableDemo2() {
        tabUser = new JTable();
        pnlMain = new JPanel(new BorderLayout());
        //放置在中间的JPanel使用网格布局,1行1列
        pnlC = new JPanel(new GridLayout());
        pnlS = new JPanel();
        btnAdd = new JButton("添加");
        //在JScrollPane中放置JTable
        snpTab = new JScrollPane(tabUser);
        init();
    }
    private void init() {
        this.setDefaultCloseOperation(JFrame.EXIT_ON_CLOSE);
        this.setSize(500, 400);
        this.setTitle("尚学堂—表格");
        setTableData();
        pnlC.add(snpTab);
        pnlS.add(btnAdd);
        pnlMain.add(pnlC,BorderLayout.CENTER);
        pnlMain.add(pnlS,BorderLayout.SOUTH);
        this.add(pnlMain);
        this.setVisible(true);
    }
    /*设置表格中数据的方法*/
    private void setTableData() {
        //准备表头数据
        Vector<String> head = new Vector<String>();
        head.add("编号");
        head.add("姓名");
        head.add("年龄");
        head.add("性别");
        head.add("学历");
        //准备表格中数据
```

```java
    Vector<Vector<String>> data = new Vector<Vector<String>>();
    Vector<String> row = new Vector<String>();
    row.add("1");
    row.add("张三");
    row.add("18");
    row.add("男");
    row.add("学士");
    data.add(row);
    row = new Vector<String>();
    row.add("2");
    row.add("李四");
    row.add("22");
    row.add("男");
    row.add("硕士");
    data.add(row);
    row = new Vector<String>();
    row.add("3");
    row.add("candy");
    row.add("21");
    row.add("女");
    row.add("博士");
    data.add(row);
    //为了使表格数据足够多,使用循环方式加入大量测试数据
    for(int i = 4;i < 30;i++) {
      row = new Vector<String>();
      row.add(i+"");
      row.add("王五");
      row.add("17");
      row.add("男");
      row.add("专科");
      data.add(row);
    }
    this.dtmUser = new DefaultTableModel(data,head);
    this.tabUser.setModel(dtmUser);
  }
  /*创建表格窗口*/
  public static void main(String[ ] args) {
    new JTableDemo2();
  }
}
```

执行结果如图16-7所示。

图16-7 表格控件优化后的结果

16.5 用户注册案例

本节将使用前面介绍的控件来实现一个简单的具有验证功能的用户注册界面,如图16-8所示。该案件的需求如下:用户姓名必须填写,密码不能为空,兴趣爱好最少选择一项。在进行验证时如果哪一项没有通过,则弹出对话框,显示对应错误;如果验证通过了,使用对话框来显示所有填入的信息,如图16-9所示。

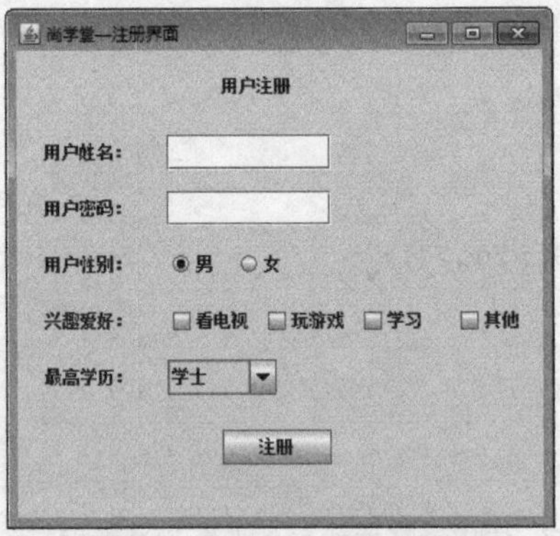

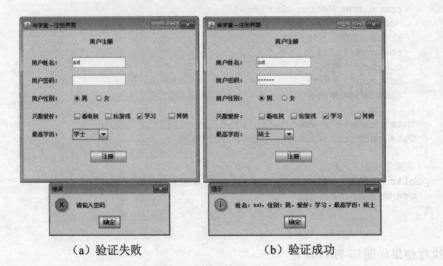

图16-8 用户注册界面效果

(a)验证失败　　　　　　　(b)验证成功

图16-9 验证效果

该案例依然采用前面介绍的分层开发思想,首先完成服务层的代码,如示例16-7～示例16-9所示。

【示例16-7】分层开发实现注册功能——服务层之父接口UserService

```java
package cn.sxt.regist.services;
import java.awt.Window;
import java.util.EventObject;
public interface UserService {
    void execute(EventObject e,Window w);
}
```

因为案例中只有一个注册按钮,所以只需定义一个注册按钮服务层即可,如示例16-8所示。

【示例16-8】分层开发实现注册功能——服务层之注册按钮服务层

```java
package cn.sxt.regist.services;
import java.awt.Window;
import java.util.EventObject;
import javax.swing.JOptionPane;
import cn.sxt.regist.views.RegistUserFrame;
/*
 * 注册功能服务层
 * @author 高淇
 */
public class RegistService implements UserService {
    @Override
    public void execute(EventObject e,Window w) {
        RegistUserFrame ruf = (RegistUserFrame)w;
        //获得各个控件的值
        String userName = ruf.getTxtUserName().getText().trim();
        String userPwd = new String(ruf.getPwdUserPwd().getPassword()).trim();
        String sex = "";
        //判断性别中哪个控件被选中,并获得选中的文本
        if(ruf.getRabM().isSelected()) {
            sex = ruf.getRabM().getText();
        }else {
            sex = ruf.getRabF().getText();
        }
        //断言兴趣爱好复选框都没选中
        boolean bool = false;
        String interest = "";
        //只要有一个兴趣爱好复选框被选中,就将断言改为true,并获得选中的文本
        if(ruf.getChkTV().isSelected()) {
            bool = true;
            interest += ruf.getChkTV().getText()+" ";
        }
        if(ruf.getChkGame().isSelected()) {
            bool = true;
            interest += ruf.getChkGame().getText()+" ";
        }
        if(ruf.getChkStudy().isSelected()) {
            bool = true;
            interest += ruf.getChkStudy().getText()+" ";
        }
        if(ruf.getChkOther().isSelected()) {
            bool = true;
            interest += ruf.getChkOther().getText()+" ";
        }
        String degrees = (String)ruf.getCmbDegrees().getSelectedItem();
        //开始验证
        if(userName.equals("")) {
            JOptionPane.showMessageDialog(null, "请输入用户名", "错误",
                    JOptionPane.ERROR_MESSAGE);
            return;
        }
```

```java
    if(userPwd.equals("")) {
        JOptionPane.showMessageDialog(null, "请输入密码", "错误",
                JOptionPane.ERROR_MESSAGE);
        return;
    }
    if(!bool) {
        JOptionPane.showMessageDialog(null, "请选择至少一个兴趣爱好", "错误",
                JOptionPane.ERROR_MESSAGE);
        return;
    }
    String msg = "姓名:"+userName+",性别:"+sex+",爱好:"+interest+
            ",最高学历:"+degrees;
    JOptionPane.showMessageDialog(null, msg, "提示",
            JOptionPane.INFORMATION_MESSAGE);
}
```

接下来定义一个工厂类，获得具体服务层的对象，如示例16-9所示。

【示例16-9】 分层开发实现注册功能——服务层之工厂类

```java
package cn.sxt.regist.services;
/*
 * 用户模块服务层工厂类
 * @author 高淇
 */
public abstract class UserServiceFactory {
    /*
     * 获得注册功能业务逻辑对象
     * @return RegistService对象
     */
    public static UserService createRegistService() {
        return new RegistService();
    }
}
```

然后再定义一个监听类（对应注册事件监听），如示例16-10所示。

【示例16-10】 分层开发实现注册功能——监听层之注册按钮监听类

```java
package cn.sxt.regist.listeners;
import java.awt.event.ActionEvent;
import java.awt.event.ActionListener;
import cn.sxt.regist.services.UserService;
import cn.sxt.regist.services.UserServiceFactory;
import cn.sxt.regist.views.RegistUserFrame;
/*
 * 注册功能监听类
 * @author 高淇
 */
public class RegistUserFrame_btnRegist_ActionListener implements ActionListener {
    private RegistUserFrame ruf;
    private UserService service;
    public RegistUserFrame_btnRegist_ActionListener(RegistUserFrame ruf) {
```

```java
    this.ruf = ruf;
    service = UserServiceFactory.createRegistService();
  }
  @Override
  public void actionPerformed(ActionEvent e) {
    service.execute(e, ruf);
  }
}
```

最后，定义视图层，如示例16-11所示。

【示例16-11】分层开发实现注册功能——视图层之窗口类

```java
package cn.sxt.regist.views;
import javax.swing.ButtonGroup;
import javax.swing.DefaultComboBoxModel;
import javax.swing.JButton;
import javax.swing.JCheckBox;
import javax.swing.JComboBox;
import javax.swing.JFrame;
import javax.swing.JLabel;
import javax.swing.JPanel;
import javax.swing.JPasswordField;
import javax.swing.JRadioButton;
import javax.swing.JTextField;
import cn.sxt.regist.listeners.RegistUserFrame_btnRegist_ActionListener;

/*
 * 用户注册窗口类
 * @author 高淇
 */
public class RegistUserFrame extends JFrame {
  private JPanel pnlMain;
  private JLabel lblTitle;
  private JLabel lblUserName;
  private JLabel lblUserPwd;
  private JLabel lblUserSex;
  private JLabel lblInterest;
  private JLabel lblDegrees;
  private JTextField txtUserName;
  private JPasswordField pwdUserPwd;
  private JRadioButton rabM;
  private JRadioButton rabF;
  private ButtonGroup btgSex;
  private JCheckBox chkTV;
  private JCheckBox chkGame;
  private JCheckBox chkStudy;
  private JCheckBox chkOther;
  private JComboBox<String> cmbDegrees;
  private DefaultComboBoxModel dcmDegrees;
  private JButton btnRegist;
  public RegistUserFrame() {
    pnlMain = new JPanel(null);
    lblTitle = new JLabel("用户注册");
```

```java
        lblUserName = new JLabel("用户姓名:");
        lblUserPwd = new JLabel("用户密码:");
        lblUserSex = new JLabel("用户性别:");
        lblInterest = new JLabel("兴趣爱好:");
        lblDegrees = new JLabel("最高学历:");
        txtUserName = new JTextField();
        pwdUserPwd = new JPasswordField();
        rabM = new JRadioButton("男");
        rabF = new JRadioButton("女");
        btgSex = new ButtonGroup();
        chkTV = new JCheckBox("看电视");
        chkGame = new JCheckBox("玩游戏");
        chkStudy = new JCheckBox("学习");
        chkOther = new JCheckBox("其他");
        cmbDegrees = new JComboBox();
        dcmDegrees = new DefaultComboBoxModel();
        btnRegist = new JButton("注册");
        init();
    }
    //为控件定义相应的get方法
    public JTextField getTxtUserName() {
        return txtUserName;
    }
    public JPasswordField getPwdUserPwd() {
        return pwdUserPwd;
    }
    public JRadioButton getRabM() {
        return rabM;
    }
    public JRadioButton getRabF() {
        return rabF;
    }
    public JCheckBox getChkTV() {
        return chkTV;
    }
    public JCheckBox getChkGame() {
        return chkGame;
    }
    public JCheckBox getChkStudy() {
        return chkStudy;
    }
    public JCheckBox getChkOther() {
        return chkOther;
    }
    public JComboBox<String> getCmbDegrees() {
        return cmbDegrees;
    }
    public DefaultComboBoxModel getDcmDegrees() {
        return dcmDegrees;
    }
}
    private void init() {
        this.setDefaultCloseOperation(JFrame.EXIT_ON_CLOSE);
        this.setTitle("尚学堂—注册界面");
        this.setSize(400, 370);
```

```java
        //设置各个控件的坐标和位置
        lblTitle.setBounds(150, 10, 100, 30);
        lblUserName.setBounds(20, 60, 80, 25);
        lblUserPwd.setBounds(20, 100, 80, 25);
        lblUserSex.setBounds(20, 140, 80, 25);
        lblInterest.setBounds(20, 180, 80, 25);
        lblDegrees.setBounds(20, 220, 80, 25);
        txtUserName.setBounds(110, 60, 120, 25);
        pwdUserPwd.setBounds(110, 100, 120, 25);
        rabM.setBounds(110, 140, 50, 25);
        rabF.setBounds(160, 140, 50, 25);
        chkTV.setBounds(110, 180, 70, 25);
        chkGame.setBounds(180, 180, 70, 25);
        chkStudy.setBounds(250, 180, 70, 25);
        chkOther.setBounds(320, 180, 70, 25);
        cmbDegrees.setBounds(110, 220, 80, 25);
        btnRegist.setBounds(150, 270, 80, 25);
        //将性别的两个单选按钮设置为同一组
        btgSex.add(rabM);
        btgSex.add(rabF);
        //让"男"的单选按钮默认为选中
        rabM.setSelected(true);
        setCmbDegreesData();
        //设置下拉列表中的第3项为默认选中
        this.cmbDegrees.setSelectedIndex(2);
        /*
         * 在注册按钮上添加按钮按下监听对象,
         * 并在实例化监听对象中传入当前窗口对象本身
         */
        btnRegist.addActionListener(
                new RegistUserFrame_btnRegist_ActionListener(this));
        pnlMain.add(lblTitle);
        pnlMain.add(lblUserName);
        pnlMain.add(lblUserPwd);
        pnlMain.add(lblUserSex);
        pnlMain.add(lblInterest);
        pnlMain.add(lblDegrees);
        pnlMain.add(txtUserName);
        pnlMain.add(pwdUserPwd);
        pnlMain.add(rabM);
        pnlMain.add(rabF);
        pnlMain.add(chkTV);
        pnlMain.add(chkGame);
        pnlMain.add(chkStudy);
        pnlMain.add(chkOther);
        pnlMain.add(cmbDegrees);
        pnlMain.add(btnRegist);
        this.add(pnlMain);
        this.setVisible(true);
    }
    private void setCmbDegreesData() {
        //向Model中追加选项
        dcmDegrees.addElement("博士");
        dcmDegrees.addElement("硕士");
        dcmDegrees.addElement("学士");
```

```
        dcmDegrees.addElement("专科");
        dcmDegrees.addElement("其他");
        //在下拉列表上绑定Model
        cmbDegrees.setModel(dcmDegrees);
    }
}
```

接下来，读者可以自己定义一个测试类，亲自测试一下上述代码的执行效果。通过这个案例大家不仅掌握了本节所学的多种控件，还复习了之前事件实现的内容。学会这个案例后，相信大家都能够受益颇丰。

本章总结

（1）其他常用控件。
- JRadioButton 单选按钮控件。
- JCheckBox 复选按钮控件。
- JComboBox 下拉列表控件。
- JTable 表格控件。

（2）单选按钮要实现互斥效果，需要使用ButtonGroup对象。

（3）JComboBox只是为了作出显示，选项数据是存放在ComboBoxModel中的。

（4）JTable没有滚动条，它不支持滚动查看数据。如果表格中数据过多，需要用滚动条滚动查看数据时，建议把JTable对象加在JScrollPane视图中。

本章作业

一、选择题

1. 下面能够实现单选效果的控件是（　　）（选择一项）。
   A. JRadioButton　　　　　　　　B. JCheckBox
   C. JComboBox　　　　　　　　　D. JTable

2. 下面能够实现复选效果的控件是（　　）（选择一项）。
   A. JRadioButton　　　　　　　　B. JCheckBox
   C. JComboBox　　　　　　　　　D. JTable

3. 要实现多个单选按钮的互斥效果需要用到的类是（　　）（选择一项）。
   A. JPanel　　　　　　　　　　　B. JFrame
   C. ButtonGroup　　　　　　　　D. JDialog

4. 下面能够实现下拉列表效果的控件是（　　）（选择一项）。
   A. JRadioButton　　　　　　　　B. JCheckBox
   C. JComboBox　　　　　　　　　D. JTable

5. 下面能够实现表格效果的控件是（　　）（选择一项）。
   A. JRadioButton　　　　　　　B. JCheckBox
   C. JComboBox　　　　　　　　D. JTable

二、简答题
1. 简述本章讲解了哪些常用控件？
2. 使用单选按钮时，需要注意什么？
3. 简述ComboBoxModel的作用。

三、编码题
练习本章的最后一个案例（用户注册案例），达到掌握常用控件、熟悉分层开发的目的。

第17章 反射机制

Java 反射机制是Java语言一个很重要的特性,是Java "动态性"的重要体现。反射机制可以让程序在运行时加载编译期完全未知的类,使设计的程序更加灵活、开放。但是,反射机制的不足之处会大大降低程序执行的效率。

在实际开发中,直接使用反射机制的情况并不多,但是很多框架底层都会用到。因此,理解反射机制对于更加深入的学习非常必要。

17.1 动态语言

动态语言是指在程序运行时,可以改变程序结构或变量的类型。典型的动态语言有Python、Ruby、JavaScript等。示例17-1所示为一段JavaScript的代码。

【示例17-1】JavaScript代码演示动态改变程序结构

```
function test(){
  var s = "var a=3;var b=5;alert(a+b);";
  eval(s);
}
```

观察示例17-1中的代码可以发现,JavaScript可以执行位于字符串里面的源码。也就是说,外部传入的字符串是什么内容,JavaScript就执行什么。这样,在执行的时候就完全改变了源码的结构。这种动态性,可让程序更加灵活,更加具有开放性。

Java语言虽然具有动态性,但并不是动态语言。我们可以利用反射机制或字节码操作获得类似动态语言的特性。

17.2 反射机制的本质和Class类

学习反射机制基本就等同于学习Class类的用法。理解了Class类也就理解了反射机制。

Java反射机制让我们在程序运行状态中，对于任意一个类，都能知道该类的所有属性和方法；对于任意一个对象，都能够调用它的任意一个方法。这种动态获取以及动态调用对象方法的功能就是"Java的反射机制"。

17.2.1 反射机制的本质

反射机制（Reflection）是Java动态性的重要体现，但是反射机制也有缺点，那就是效率问题。反射机制会大大降低程序的执行效率。由于反射机制绕过了源代码，也会给代码的维护增加困难。如示例17-2所示，这段代码创建了一个User对象。

【示例17-2】创建User对象
```java
public class Test01 {
    public static void main(String[ ] args) {
        User user = new User("高淇");
    }
}
```

执行上面的代码后，内存结构如图17-1所示。

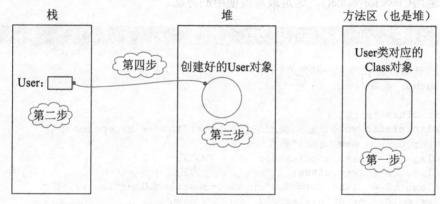

图17-1　示例17-2内存分析图

实际上，Java在加载任何一个类时都会在方法区中建立"这个类对应的Class对象"，由于"Class对象"包含了这个类的整个结构信息，所以可以通过这个"Class对象"来操作这个类。

在使用一个类之前先要加载它，在加载完类之后，会在堆内存中产生了一个 Class 类型的对象（一个类只有一个 Class 对象），这个对象包含了完整的类的结构信息，可以通过这个对象知道类的结构。这个对象就像一面镜子，透过它可以看到类的结构，因此被形象地称之为反射。"Class对象"是反射机制的核心，如示例17-3所示。

【示例17-3】通过Class类动态加载某个类
```java
Class c = Class.forName("com.bjsxt.test.User");
```

Class.forName()可以让程序员决定在程序运行时加载什么样的类，字符串传入什么类，程序就加载什么类，完全和源代码无关，这就是"动态性"。反射机制的应用实现了"运行时加载，探知与使用编译期间完全未知的类"的可能。

反射机制的核心是"Class对象"。获得了Class对象，就相当于获得了类结构。通过"Class对象"可以调用该类的所有属性、方法和构造器，这样就可以动态加载与运行相关的类。

接下来将深入学习这个Class类。

17.2.2 java.lang.Class类

java.lang.Class类是实现反射（Reflection）的根源。针对任何想动态加载、运行的类，唯有先获得相应的Class 对象。java.lang.Class类十分特殊，它用于表示Java中的类型（class,interface,enum,annotation,primitive type,void）本身。

Class类的对象可用以下方法获取。

（1）运用getClass()。
（2）运用.class 语法。
（3）运用Class.forName()，这是最常被使用的方法。

【示例17-4】获取Class类对象的3种方式

```java
/*
 * 测试获得Class对象的三种方式
 * @author 高淇
 */
public class Test01 {
    public static void main(String[ ] args) throws Exception {
        User user = new User("高淇");
        Class c1 = user.getClass();         //方式一
        Class c2 = User.class;              //方式二
        Class c3 = Class.forName("cn.sxt.reflaction.User");   //方式三
        System.out.println(c1==c2);         //true
        System.out.println(c1==c3);         //true
        //获取类的名字
        System.out.println(c1.getName());
                                            //输出"包名+类名"::cn.sxt.reflaction.User
        System.out.println(c1.getSimpleName());   //输出"类名":User
    }
}
```

执行结果如图17-2所示。

```
true
true
cn.sxt.reflaction.User
User
```

图17-2 示例17-4运行结果

由于系统针对每个类只会创建一个Class对象，因此上例的三个变量c1、c2、c3实际指向的是同一个对象。

17.3 反射机制的常见操作

反射机制的常见操作，实际上就是"Class对象"常用方法的应用，一般有如下几种常见操作。

（1）动态加载类、动态获取类的信息（属性、方法、构造器）。
（2）动态构造对象。
（3）动态调用类和对象的任意方法。
（4）动态调用和处理属性。
（5）获取泛型信息。
（6）处理注解。

其中几个操作中常用的类如表17-1所示。

表17-1　反射机制常见操作中涉及到的类

类　　名	类的作用
Class类	代表类的结构信息
Method类	代表方法的结构信息
Field类	代表属性的结构信息
Constructor类	代表构造器的结构信息
Annotation类	代表注解的结构信息

为了方便测试，下面先定义一个简单的User类，代码如示例17-5所示。

【示例17-5】创建User类

```java
package cn.sxt.reflaction;
public class User {
  private int age;
  private String uname;

  public void printName(){
    System.out.println("我的名字是:"+uname);
  }
  public User(String uname) {
    this.uname = uname;
  }
  public User(int age, String uname) {
    super();
    this.age = age;
    this.uname = uname;
  }
  public User() {
  }
```

```java
    public int getAge() {
      return age;
    }
    public void setAge(int age) {
      this.age = age;
    }
    public String getUname() {
      return uname;
    }
    public void setUname(String uname) {
      this.uname = uname;
    }
}
```

17.3.1 操作构造器（Constructor类）

Constructor类的对象代表"构造器"。通过Constructor对象可操作构造器，从而构造出对象。

【示例17-6】应用反射机制动态调用构造器

```java
import java.lang.reflect.Constructor;
/*
 * 测试反射操作构造器(Constructor类)
 * @author 高淇
 *
 */
public class Test02 {
  public static void main(String[ ] args)  {
    String path = "cn.sxt.reflaction.User";
    try {
      Class clazz = Class.forName(path);
      //获得所有构造器
      Constructor[ ]  cons = clazz.getDeclaredConstructors();
      for (Constructor constructor : cons) {
        System.out.println(constructor);
      }
      System.out.println("############");
      //获得无参构造器
      Constructor  c1 = clazz.getDeclaredConstructor(null);
      System.out.println("无参构造器:"+c1);
      //获得带参构造器
      Constructor  c2 = clazz.getDeclaredConstructor(int.class,String.class);
      System.out.println("带参int、String的构造器:"+c2);
      System.out.println("**********************");
      //调用构造器,构造对象
      User user1 = (User) clazz.newInstance();          //调用无参构造器
      User user2 = (User) c1.newInstance(null);         //调用无参构造器
      User user3 = (User) c2.newInstance(18,"高淇");
                                                         //调用带参构造器传入参数
      user1.printName();
      user2.printName();
      user3.printName();
```

```
        } catch (Exception e) {
            e.printStackTrace();
        }
    }
}
```

执行结果如图17-3所示。

```
public cn.sxt.reflection.User(int,java.lang.String)
public cn.sxt.reflection.User(java.lang.String)
public cn.sxt.reflection.User()
############
无参构造器：public cn.sxt.reflection.User()
带参int, String的构造器：public cn.sxt.reflection.User(int,java.lang.String)
***********************
我的名字是：null
我的名字是：null
我的名字是：高淇
```

图17-3　示例17-6运行结果

17.3.2　操作属性（Field类）

通过Field对象可操作类和对象的属性。这里需要注意一点，通常情况下属性一般为private，因此需要"禁用安全检查"，即setAccessible(true)。

【示例17-7】应用反射机制操作属性

```java
package cn.sxt.reflaction;
import java.lang.reflect.Field;
/*
 *  测试反射操作构造属性(Field类)
 *  @author 高淇
 *
 */
public class Test03 {
    public static void main(String[ ] args)  {
        String path = "cn.sxt.reflection.User";
        try {
            Class clazz = Class.forName(path);
            //获得所有属性
            Field[ ]  fields = clazz.getDeclaredFields();
            for (Field f : fields) {
                System.out.println("属性:"+f);
            }
            System.out.println("############");
            //获得指定名字的属性
            Field f2 = clazz.getDeclaredField("uname");
            System.out.println("通过uname名字获得Field对象:"+f2);
            //通过反射给对象的属性赋值
            User user = (User) clazz.newInstance();
            f2.setAccessible(true);   //跳过安全检查,可以直接访问私有属性和方法
            f2.set(user, "高小七");
            user.printName();
        } catch (Exception e) {
```

```
            e.printStackTrace();
        }
    }
}
```

执行结果如图17-4所示。

```
Console
<terminated> Test03 [Java Application] D:\Java\jdk1.8.0\bin\javaw.exe (2017年6月2日 上午11:00:48)
属性：private int cn.sxt.reflaction.User.age
属性：private java.lang.String cn.sxt.reflaction.User.uname
############
通过uname名字获得Field对象：private java.lang.String cn.sxt.reflaction.User.uname
我的名字是：高小七
```

图17-4　示例17-7运行结果

17.3.3　操作方法（Method类）

我们可通过Method对象操作对应的方法，而且可以动态调用这些方法。

【示例17-8】应用反射机制操作方法

```java
package cn.sxt.reflaction;
import java.lang.reflect.Method;
/*
 * 应用反射操作普通方法(Method类)
 * @author 高淇
 */
public class Test04 {
    public static void main(String[ ] args)  {
        String path = "cn.sxt.reflaction.User";
        try {
            Class clazz = Class.forName(path);
            //获得所有方法
            Method[ ]  methods = clazz.getDeclaredMethods();
            for (Method m : methods) {
                System.out.println("方法:"+m);
            }
            System.out.println("############");
            //获得指定名字和参数,获得方法
            Method method1 = clazz.getDeclaredMethod("setUname", String.class);
            Method method2 = clazz.getDeclaredMethod("printName", null);
            //通过反射调用方法
            User user  = (User) clazz.newInstance();
            method1.invoke(user, "高淇");
            method2.invoke(user, null);
        } catch (Exception e) {
            e.printStackTrace();
        }
    }
}
```

执行结果如图17-5所示。

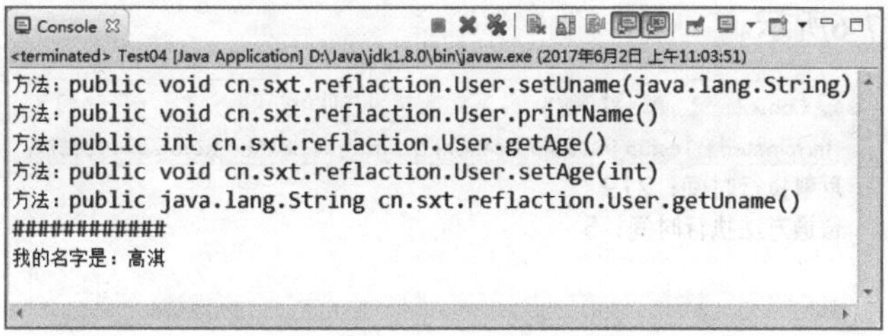

图17-5 示例17-8运行结果

17.4 反射机制的效率问题

反射机制的缺点是会大大降低程序的执行效率。接下来做个简单的测试来直观地感受反射对效率的影响。

【示例17-9】反射机制的效率测试

```java
package cn.sxt.reflaction;
import java.lang.reflect.Method;
/*
 * 反射效率测试和提高效率
 * @author 高淇
 *
 */
public class Test05 {
    public static void main(String[ ] args)  {
        String path = "cn.sxt.reflaction.User";
        try {
            Class clazz = Class.forName(path);
            long    reflactStart1 = System.currentTimeMillis();
            User user  = (User) clazz.newInstance();
            Method method1 = clazz.getDeclaredMethod("setUname", String.class);
            for(int i=0;i<1000000;i++){
                method1.invoke(user, "高淇");
            }
            long    reflactEnd1 = System.currentTimeMillis();

            long    start = System.currentTimeMillis();
            User user2   = new User();
            for(int i=0;i<1000000;i++){
                user2.setUname("高淇");
            }
            long    end = System.currentTimeMillis();

            System.out.println("反射执行时间:"+(reflactEnd1-reflactStart1));
            System.out.println("普通方法执行时间:"+(end-start));
        } catch (Exception e) {
            e.printStackTrace();
        }
    }
}
```

执行结果如图17-6所示。

图17-6　示例17-9运行结果

采用反射机制的Java程序要经过字节码解析过程，将内存中的对象进行解析，包括了一些动态类型，而JVM无法对这些代码进行优化，因此，反射操作的效率要比那些非反射操作低得多。

（1）Java 反射机制是Java语言一个很重要的特性，它使得Java具有了"动态性"。
（2）反射机制的优点。
- 更灵活。
- 更开放。

（3）反射机制的缺点。
- 降低程序执行的效率。
- 增加代码维护的困难。

（4）获取Class类的对象的三种方式。
- 运用getClass()。
- 运用.class 语法。
- 运用Class.forName()（最常被使用）。

（5）反射机制的常见操作。
- 动态加载类，动态获取类的信息（属性、方法、构造器）。
- 动态构造对象。
- 动态调用类和对象的任意方法。
- 动态调用和处理属性。
- 获取泛型信息。
- 处理注解。

一、选择题

1.下列关于反射机制的说法错误的是（　　）（选择一项）。

　　A.反射机制指的是在程序运行过程中，通过.class文件加载并使用一个类的过程

B. 反射机制指的是在程序编译期间，通过.class文件加载并使用一个类的过程
C. 反射可以获取类中所有的属性和方法
D. 暴力反射可以获取类中私有的属性和方法

2. 以下哪些方式在Class类中定义（　　）（选择二项）。
   A. getConstructors()　　　　　　　B. getPrivateMethods()
   C. getDeclaredFields()　　　　　　D. getImports()

3. 以下选项中关于Java中获取Class对象的正确方式是（　　）（选择二项）。
   A. Class c1 = String.getClass();
   B. String str = new String("bjsxt");
      Class clazz = str.class;
   C. Class c1 = Integer.TYPE;
   D. Class clazz = Class.forName("java.lang.Object");

4. 反射机制获取一个类的属性getDeclaredField()说法正确的是（　　）（选择一项）。
   A. 该方法需要一个String类型的参数来指定要获取的属性名
   B. 该方法只能获取私有属性
   C. 该方法只能获取公有属性
   D. 该方法可以获取私有属性，但使用前必须先调用setAccessible(true)

5. 通过反射方式获取方法并执行的过程，下列说法正确的是（　　）（选择一项）。
   A 通过对象名.方法名(参数列表)的方式调用该方法
   B. 通过Class.getMethod(方法名，参数类型列表)的方式获取该方法
   C. 通过Class.getDeclaredMethod(方法名，参数类型列表)获取私有方法
   D. 通过invoke(对象名,参数列表)方法来执行一个方法

二、简答题

1. Class类的作用及其主要功能？
2. 如何使用反射创建一个对象？
3. 如何使用反射操作属性？
4. 如何使用反射执行方法？
5. 反射的优缺点有哪些？

三、编码题

1. 使用反射机制完成学生对象的创建并输出学生信息。
   要求：
   （1）定义一个学生类Student，其中包括姓名（String）、年龄（int）、成绩（int）的属性。
   （2）编写带参与无参构造器。
   （3）重写父类的toString()方法用于输出学生的信息。
   （4）编写测试类TestStudent，从键盘录入学生的信息，格式为（姓名:年龄:成绩），一

次性录入使用":"分隔，举例（mary:20:90）。

（5）使用String类的split方法按照":"进行分隔。

（6）调用Constructor的newInstance()方法，并用分隔后的信息初始化学生对象。

（7）调用重写父类的toString()方法将学生信息进行输出显示。

2. 写一个类ReflectUtil类，在类中写一个静态方法Object methodInvoker(String classMethd)，如果传入的实参字符串为"java.lang.String.length()"，就可以通过反射执行String类中的length方法；当传入的实参字符串为"cn.sxt.chapter17.homework1.Student.toString()"就可以执行该字符串指定包下、指定类中的指定方法。

第18章 核心设计模式

设计模式（Design Pattern）是一套被反复使用、多数人知晓且经过分类编目的代码设计方法。使用设计模式是为了重用代码，使代码更容易被他人理解，保证代码的可靠性。毫无疑问，设计模式于人于己于系统是三赢的，它使代码的编制真正实现了工程化。设计模式是软件工程的基石，如同大厦的一块块砖石一样。在项目中合理运用设计模式可以完美地解决很多问题，每种模式在现实中都有相应的原理与之对应，每一个模式描述了一个在现实中不断重复发生的问题，以及对该问题的核心解决方案，这也是它能被广泛应用的原因。

18.1 GoF 23设计模式简介

经典设计模式是GoF 23，也就是有23种设计模式。对于Java的学习和开发，通常掌握10多个常用的模式就绰绰有余了。下面就列举一些常见的设计模式示例供大家学习，希望能抛砖引玉，将设计者的思维融入学习中，继而引发更高层次的思考。

老鸟建议

学习设计模式，不在于死记硬背，而在于通过学习来更深刻地理解面向对象思想，掌握新的思维方式，体验经典设计之美。

总体来说，这23种设计模式可以分为三大类，如表18-1所示。

表18-1 GoF 23设计模式一览表

创建型模式	结构型模式	行为型模式
抽象工厂模式	适配器模式	责任链模式
工厂方法模式	桥接模式	解释器模式
单例模式	组合模式	模板方法模式
	装饰模式	命令模式
		迭代器模式

(续表)

创建型模式	结构型模式	行为型模式
建造者模式 原型模式	外观模式 享元模式 代理模式	中介者模式 备忘录模式 观察者模式 状态模式 策略模式 访问者模式
用于创建对象	用于组织对象和类	关注对象之间的交互、相互通信和协作

本章将为大家讲解开发中能用到的设计模式，极少用到的模式则略过。当大家理解这些设计模式后，学习后续的框架等高级技术时，就能很快理解底层结构，更快地抓住核心，理解本质。这也是我们将设计模式放入初级课程的初心。

18.2 单例模式

单例模式的核心作用是保证一个类只有一个实例，并且提供一个访问该实例的全局访问点。 由于单例模式只生成一个实例，减少了对系统资源的开销。当一个对象的产生需要比较多的资源，如读取配置、产生其他依赖对象时，可以通过在应用启动时直接产生一个单例对象，然后永久驻留内存的方式来解决。

单例模式在实际开发中的应用极其广泛，也是在面试中会被频繁问到的设计模式。常见的单例模式应用场景如下：

（1）Windows的Task Manager（任务管理器）就是很典型的单例模式。

（2）Windows的Recycle Bin（回收站）也是典型的单例应用。在整个系统运行过程中，回收站一直维护着仅有的一个实例。

（3）项目中读取配置文件的类一般只有一个对象，没有必要每次使用配置文件数据时都重新new一个对象去读取。

（4）网站的计数器一般采用单例模式实现，否则难以同步。

（5）应用程序的日志应用一般使用单例模式实现。这通常是因为共享的日志文件一直处于打开状态，且只允许一个实例去操作，否则内容不好追加。

（6）数据库连接池的设计一般也采用单例模式，因为数据库连接是一种数据库资源。

（7）操作系统的文件系统也是单例模式实现的具体例子。一个操作系统只能有一个文件系统。

（8）Application也是单例的典型应用（Servlet编程中会涉及到）。

（9）在Spring中，每个Bean默认就是单例的，这样做的优点是Spring容器可以管理。

（10）在Servlet编程中，每个Servlet也是单例。

（11）在Spring MVC框架/Struts1框架中，控制器对象也是单例。

18.2.1 饿汉式

饿汉式单例模式理解起来比较容易，指在单例类加载的时候就初始化需要单例的对象，这种模式实现起来也比较容易。

饿汉式单例模式的特点是线程安全，调用效率高，但是不能延时加载。

【示例18-1】饿汉式单例模式

```
/*
 * 测试饿汉式单例模式
 * @author 尚学堂高淇 www.sxt.cn
 */
public class SingletonDemo1 {
    //类初始化时,立即加载这个对象(没有延时加载优势)。加载类时,线程安全
    private static SingletonDemo1 instance = new SingletonDemo1();
    //构造器私有化,外部不能调用
    private SingletonDemo1(){
    }

    //方法没有同步,调用效率高
    public static SingletonDemo1 getInstance(){
        return instance;
    }
}
```

饿汉式单例模式有3个要点：
- 将单例对象设置成static，并且在类初始化时立刻创建对象。将其形象地比喻成"饿汉式"，意思是"单例对象马上就创建，立刻加载，不等不拖"。在饿汉式单例模式代码中，static变量会在类装载时初始化，此时也不会涉及多个线程对象访问该对象的问题；虚拟机只会装载一次该类，肯定不会发生并发访问的问题。因此，可以省略synchronized关键字。
- 私有化构造器。这样就防止外部调用构造器创建本类的多个对象。
- getInstance()方法是提供给外部的唯一方法，只能通过这个方法获得该类的对象。

18.2.2 懒汉式

如果单例对象需要占用很大的内存，那么一开始就初始化该对象会一直占用大量的内存。如果不在类加载时初始化，而在想用的时候再初始化该对象，像懒汉一样，只有用到了再初始化，行不行呢？答案是肯定的。

懒汉式单例模式的特点是线程安全，调用效率不高，但是可以延时加载。

【示例18-2】懒汉式单例模式

```
/*
 * 测试懒汉式单例模式
 * @author 尚学堂高淇 www.sxt.cn
```

```java
    */
public class SingletonDemo2 {
    //类初始化时,不初始化这个对象(延时加载,真正用的时候再创建)
    private static SingletonDemo2 instance;
    //私有化构造器
    private SingletonDemo2(){
    }
    //方法同步,调用效率低
    public static  synchronized SingletonDemo2 getInstance(){
      if(instance==null){
        instance = new SingletonDemo2();
      }
      return instance;
    }
}
```

懒汉式单例模式有3个要点:

- 单例对象作为属性,一开始为空,不进行创建,只有在调用getInstance()方法时才创建,因此,称为"懒汉式"。
- 构造器私有化,防止外部调用。
- getInstance()方法作为唯一外部调用接口。为了解决并发时可能创建多个对象的情况,必须在方法上增加synchronized进行同步处理,因此,也造成了调用效率较低的问题。

18.2.3 静态内部类式

由于加载一个类时,其内部类不会同时被加载,因此当且仅当内部类的某个静态成员(静态域、构造器、静态方法等)被调用时才会加载该内部类。

此外,JVM会保证类加载的线程安全问题,所以利用这个特性可以写出兼顾效率与线程安全的优化版本,即静态内部类式单例模式。

静态内部类式单例模式的特点是线程安全,调用效率高, 而且可以延时加载。在需要延时加载的情况下,该实现方式优于懒汉式实现方式。

【示例18-3】静态内部类式单例模式

```java
/*
 * 测试静态内部类实现单例模式
 * 这种方式线程安全,调用效率高,并且可以延时加载
 * @author 尚学堂高淇 www.sxt.cn
 *
 */
public class SingletonDemo4 {
    //只有在用到内部类的静态属性时才会被加载,可实现延时加载
    private static class SingletonClassInstance {
      private static final SingletonDemo4 instance = new SingletonDemo4();
    }
    private SingletonDemo4(){
    }
    //方法没有同步,调用效率高
    public static SingletonDemo4  getInstance(){
```

```
        return SingletonClassInstance.instance;
    }
}
```

静态内部类式单例模式有3个要点：
- 外部类没有static属性，因此不会像饿汉式那样立即加载对象。
- 只有真正调用getInstance()时才会加载静态内部类。加载类时是线程安全的。instance是static final类型，保证了内存中只有这样一个实例存在，而且只能被赋值一次，从而保证了线程的安全性。
- 兼备了并发高效调用和延迟加载的优势。

18.2.4 枚举式单例

JDK1.5版本以后，在不需要延时加载的情况下，单元素的枚举类型已经成为实现Singleton的最佳方法。

枚举式单例模式的特点是线程安全，调用效率高，不能延时加载。

【示例18-4】枚举式单例模式

```
/*
 * 测试枚举式实现单例模式(没有延时加载)
 * @author 尚学堂高淇 www.sxt.cn
 *
 */
public enum SingletonDemo5 {
    //这个枚举元素本身就是单例对象
    INSTANCE;
    //添加自己需要的操作
    public void singletonOperation(){
    }
}
/*
 * 调用代码
 */
public static void main(String[ ] args) {
    SingletonDemo05 sd = SingletonDemo05.INSTANCE;
    SingletonDemo05 sd2 = SingletonDemo05.INSTANCE;
    System.out.println(sd==sd2);    //true
}
```

枚举单例模式有如下3个要点：
- 实现简单。
- 枚举本身就是单例模式，由JVM从根本上提供保障，并可避免反射和反序列化漏洞。
- 不需要延时加载。

18.2.5 四种单例创建模式的选择

根据开发场景，如果单例对象占用资源少，不需要延时加载，则枚举式优于饿汉式

（枚举式天然地可以防止反射和序列化漏洞）。

如果单例对象占用资源大，需要延时加载，则静态内部类优于懒汉式（静态内部类调用效率远远高于懒汉式）。

18.3 工厂模式

工厂模式实现了创建者和调用者的分离。工厂模式可分为：简单工厂模式、工厂方法模式、抽象工厂模式。对于初学者只需要理解简单工厂模式即可。

工厂模式应用场景如下：

（1）JDK中Calendar的getInstance方法。
（2）JDBC中Connection对象的获取。
（3）Hibernate中SessionFactory创建Session。
（4）Spring中IoC容器创建管理bean对象。
（5）XML解析时的DocumentBuilderFactory创建解析器对象。
（6）反射中Class对象的newInstance()。

简单工厂模式用工厂方法代替new操作，将选择实现类、创建对象进行统一管理和控制。

以创建奥迪车、比亚迪车等车对象为例，简单工厂模式需要的接口与实现类相关代码如示例18-5所示。

【示例18-5】创建工厂模式需要的接口与实现类

```java
public interface Car {
    void run();
}
public class Audi implements Car {
    @Override
    public void run() {
        System.out.println("奥迪在跑！");
    }
}
public class Byd implements Car {
    @Override
    public void run() {
        System.out.println("比亚迪在跑！");
    }
}
```

如果不使用简单工厂模式，则会如示例18-6所示那样创建对象。

【示例18-6】创建对象（未使用简单工厂模式）

```java
/*
 * 测试在没有工厂模式的情况下
 * @author 尚学堂高淇 www.sxt.cn
 *
 */
```

```java
public class Client01 {    //调用者
  public static void main(String[ ] args) {
    Car c1 = new Audi();
    Car c2 = new Byd();
    c1.run();
    c2.run();
  }
}
```

示例18-6的UML图如图18-1所示。

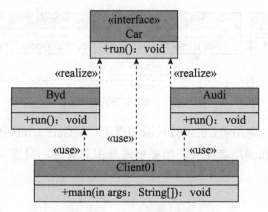

图18-1　示例18-6的UML图

由图18-1可发现，调用者Client01需要和Car、Byd、Audi三个类打交道，如果需要增加奔驰类Benz，则Client01也需要知道新增的Benz这个类。显然，调用者和三个类的关系耦合性太强，这违反了"开闭原则"（对修改关闭，对扩展开放）。

接下来看看使用简单工厂模式后，会达到怎样的效果。

【示例18-7】创建对象（使用简单工厂模式）

```java
/*
 * 汽车工厂类:可以创建各种汽车对象
 * @author 尚学堂高淇 www.sxt.cn
 *
 */
public class CarFactory {
  public static  Car createAudi(){
    return new Audi();
  }
  public static Car createByd(){
    return new Byd();
  }
}
public class Client02 {    //调用者
  public static void main(String[ ] args) {
    Car c1 =CarFactory.createCar("奥迪");
    Car c2 = CarFactory.createCar("比亚迪");
    c1.run();
```

```
        c2.run();
    }
}
```

简单工厂模式的UML图如图18-2所示。

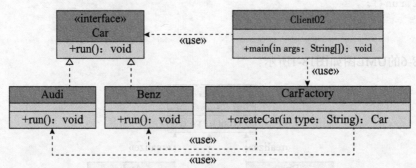

图18-2　示例18-7的UML图

由图18-2可以看出，调用者Client02只需知道工厂类CarFactory和Car接口就可以了，至于下面有多少个实现类和调用者无关。当需要涉及车对象时，只需和CarFactory打交道，获得新创建的对象即可。

18.4　装饰模式

装饰模式（Decorator）的核心作用是动态地为一个对象增加新的功能（也叫包装器模式Wrapper）。

装饰模式是一种用于代替继承的技术，无须通过继承增加子类就能扩展对象的新功能。使用对象的关联关系代替继承关系可使程序更加灵活，同时避免类型体系的快速膨胀。

装饰模式在开发中的应用场景如下：

（1）I/O中输入流和输出流的设计。

（2）Swing包中图形界面构件功能。

（3）Servlet API 中提供了一个request对象的Decorator设计模式的默认实现类HttpServletRequestWrapper，HttpServletRequestWrapper类增强了request对象的功能。

（4）Struts2中，request、response、session对象的处理。

下面以建立车的整个体系（参见图18-3）为例来说明装饰模式的应用方法。

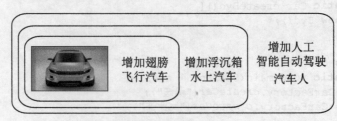

图18-3　车的体系图

【示例18-8】装饰器模式的典型用法

```java
package com.bjsxt.decorator;
/*
 * 抽象构建
 * @author 高淇
 */
public interface ICar {
  void move();
}
//ConcreteComponent 具体构件角色(真实对象,被装饰的对象)
class Car implements ICar {
  @Override
  public void move() {
    System.out.println("陆地上跑！");
  }
}
//Decorator装饰角色
class SuperCar implements ICar {
  protected ICar car;
  public SuperCar(ICar car) {
    this.car = car;
  }
  @Override
  public void move() {
    car.move();
  }
}
//ConcreteDecorator具体装饰角色
class FlyCar extends SuperCar {

  public FlyCar(ICar car) {
    super(car);
  }
  public void fly(){
    System.out.println("天上飞！");
  }
  @Override
  public void move() {
    super.move();
    fly();
  }
}
//ConcreteDecorator具体装饰角色
class WaterCar extends SuperCar {
  public WaterCar(ICar car) {
    super(car);
  }
  public void swim(){
    System.out.println("水上游！");
  }
  @Override
  public void move() {
    super.move();
    swim();
```

```java
    }
}
//ConcreteDecorator具体装饰角色
class AICar extends SuperCar {
    public AICar(ICar car) {
        super(car);
    }
    public void autoMove(){
        System.out.println("自动跑！");
    }
    @Override
    public void move() {
        super.move();
        autoMove();
    }
}
```

整个装饰体系的UML图如图18-4所示。

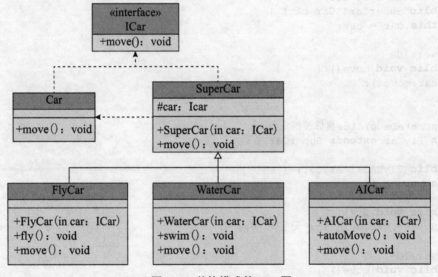

图18-4　装饰模式的UML图

根据图18-4解释几个概念，如表18-2所示。

表18-2　示例18-8相关概念一览表

ICar	抽象构建角色。真实角色和装饰角色需要实现这个统一的接口
Car	真实角色（被装饰的角色）
SuperCar	装饰角色（用来装饰真实角色）
FlyCar、WaterCar、AICar	具体的装饰角色

调用装饰模式的示例代码如示例18-9所示。

【示例18-9】装饰器模式的调用

```java
public class Client {
    public static void main(String[ ] args) {
```

```
        Car car  = new Car();
        car.move();
        System.out.println("增加新的功能,飞行----------");
        ICar flycar = new FlyCar(car);
        flycar.move();
        System.out.println("增加新的功能,水里游---------");
        ICar  waterCar = new WaterCar(car);
        waterCar.move();
        System.out.println("增加两个新的功能,飞行,水里游-------");
        ICar waterCar2 = new WaterCar(new FlyCar(car));
        waterCar2.move();
        //上面的代码类似于I/O流中的如下代码:
        //Reader r = new BufferedReader(new InputStreamReader(new
        //              FileInputStream(new File("d:/a.txt"))));
    }
}
```

执行结果如图18-5所示。

图18-5　示例18-9运行结果

18.5 责任链模式

责任链模式的作用是将能够处理同一类请求的对象连成一条链,所提交的请求沿着链传递,链上的对象逐个判断是否有能力处理该请求,如果能则处理,如果不能则传递给链上的下一个对象。

在实际工作中,人们经常遇到的审批就是典型的责任链模式。例如,在公司里面的供应链管理(Supply Chain Management,SCM)系统中,采购审批子系统的设计为:

(1)采购金额小于5万元,主任审批。

(2)采购金额大于等于5万元,小于10万元,经理审批。

(3)采购金额大于等于10万元,小于20万元,副总经理审批。

(4)采购金额大于等于20万元,总经理审批。

在开发中,责任链模式常见的应用场景如下:

(1)Java中,异常机制就是一种责任链模式。一个try可以对应多个catch,当第1个catch不匹配类型时,自动跳到第2个catch。

（2）JavaScript语言中，事件的冒泡和捕获机制（在Java语言中，事件的处理采用观察者模式）。

（3）Servlet开发中，过滤器的链式处理。

（4）Struts2中，拦截器的调用。

下面以公司的请假审批流程为例，讲解责任链模式的应用。图18-6所示为本例的责任链模式UML图。

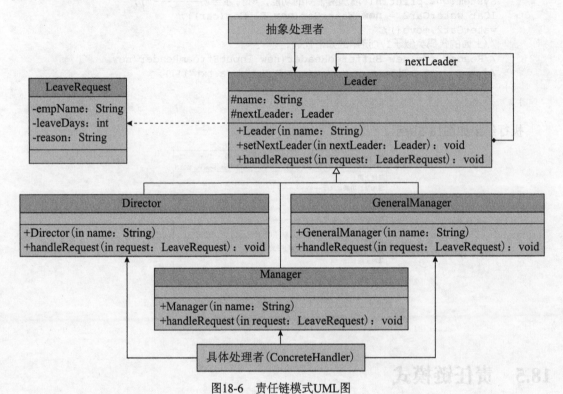

图18-6　责任链模式UML图

（1）如果请假天数小于3天，主任审批。

（2）如果请假天数大于等于3天，小于10天，经理审批。

（3）如果大于等于10天，小于30天，总经理审。

（4）如果大于等于30天，提示拒绝。

请假审批流程责任链模式的程序代码如示例18-10~示例18-13所示。

【示例18-10】责任链模式典型用法——封装请假基本信息的类

```java
/*
 * 封装请假的基本信息
 * @author Administrator
 *
 */
public class LeaveRequest {
    private String empName;
    private int leaveDays;
```

```java
    private String reason;
    public LeaveRequest(String empName, int leaveDays, String reason) {
      super();
      this.empName = empName;
      this.leaveDays = leaveDays;
      this.reason = reason;
    }
    public String getEmpName() {
      return empName;
    }
    public void setEmpName(String empName) {
      this.empName = empName;
    }
    public int getLeaveDays() {
      return leaveDays;
    }
    public void setLeaveDays(int leaveDays) {
      this.leaveDays = leaveDays;
    }
    public String getReason() {
      return reason;
    }
    public void setReason(String reason) {
      this.reason = reason;
    }
}
```

【示例18-11】责任链模式典型用法——抽象处理者

```java
  /*
   * 抽象类
   * @author 高淇
   */
  public abstract class Leader {
    protected String name;
    protected Leader nextLeader;  //责任链上的后继对象
    public Leader(String name) {
      super();
      this.name = name;
    }
    //设定责任链上的后继对象
    public void setNextLeader(Leader nextLeader) {
      this.nextLeader = nextLeader;
    }
    /*
     * 处理请求的核心的业务方法
     * @param request
     */
    public abstract void handleRequest(LeaveRequest request);
  }
```

【示例18-12】责任链模式典型用法——具体处理者

```java
  /*
   * 主任
```

```java
 */
public class Director extends Leader {
  public Director(String name) {
    super(name);
  }
  @Override
  public void handleRequest(LeaveRequest request) {
    if(request.getLeaveDays()<3){
      System.out.println("主任:"+this.name+",审批通过! ");
    }else{
      System.out.println("主任:天数超过权限,经理审批");
      if(this.nextLeader!=null){
        this.nextLeader.handleRequest(request);
      }
    }
  }
}
/*
 * 经理
 */
public class Manager extends Leader {
  public Manager(String name) {
    super(name);
  }
  @Override
  public void handleRequest(LeaveRequest request) {
    if(request.getLeaveDays()<10){
      System.out.println("经理:"+this.name+",审批通过! ");
    }else{
      System.out.println("经理:天数超过权限,请总经理审批");
      if(this.nextLeader!=null){
        this.nextLeader.handleRequest(request);
      }
    }
  }
}
/*
 * 总经理
 * @author Administrator
 *
 */
public class GeneralManager extends Leader {
  public GeneralManager(String name) {
    super(name);
  }
  @Override
  public void handleRequest(LeaveRequest request) {
    if(request.getLeaveDays()<30){
      System.out.println("总经理:"+this.name+",审批通过! ");
    }else{
      System.out.println("莫非"+request.getEmpName()+"想辞职,居然请假"
                  +request.getLeaveDays()+"天! ");
    }
  }
}
```

【示例18-13】责任链模式的调用

```java
public class Client {
  public static void main(String[ ] args) {
    Leader a = new Director("张三");
    Leader b = new Manager("李四");
    Leader c = new GeneralManager("王五");
    //组织责任链对象的关系
    a.setNextLeader(b);
    b.setNextLeader(c);
    //开始请假操作
    LeaveRequest req1 = new LeaveRequest("TOM", 15, "回英国老家探亲！");
    System.out.println("员工:"+req1.getEmpName()+"请假,天数:"
                      +req1.getLeaveDays()+",理由:"+req1.getReason());
    System.out.println("#####开始审批#####");
    //开始审批
    a.handleRequest(req1);
  }
}
```

执行结果如图18-7所示。

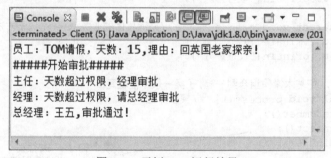

图18-7　示例18-13运行结果

18.6　模板方法模式（钩子方法）

模板方法模式是编程中经常用到的模式，它定义了一个操作中的算法骨架，将某些步骤延迟到子类中实现。这样，新的子类可以在不改变算法结构的前提下重新定义该算法的某些特定步骤。

采用模板方法模式的核心思路是处理某个流程的代码已经具备，但其中某个节点的代码暂时不能确定。因此，利用模板方法模式，将这个节点的代码实现转移给子类完成，即，处理步骤在父类中定义好，具体实现则延迟到子类中定义。

在开发中，我们一般在什么情况下会用到模板方法模式呢？通常在实现一个算法时，整体步骤很固定，但有一些易变部分，那么把易变部分抽象出来，在子类中实现就可以了。

模板方法模式使用非常频繁，各个框架、类库中都有它的影子，开发中常用的场景如下：

（1）数据库访问的封装。
（2）Junit单元测试。

（3）Servlet中关于doGet/doPost方法的调用。
（4）Hibernate中的模板程序。
（5）Spring中的JDBCTemplate、HibernateTemplate等。

为了让大家更容易理解，请思考一下客户到银行办理业务的场景：
（1）取号排队。
（2）办理具体的现金/转账/企业/个人/理财业务。
（3）给银行工作人员评分。

在这个场景里，整体步骤是固定的，但是，在第二步具体办什么业务时，会因人而异。由于制定算法时无法估计到底遇到什么业务，这时就可以通过定义一个抽象方法将业务延迟到子类中实现，实现代码如示例18-14和示例18-15所示。

【示例18-14】模板方法模式典型用法

```java
public abstract class BankTemplateMethod {
  //具体方法
  public void takeNumber(){
    System.out.println("取号排队");
  }
  public abstract void transact(); //办理具体的业务  ---> 钩子方法
  public void evaluate(){
    System.out.println("反馈评分");
  }
   //模板方法，把基本操作组合到一起,子类一般不能重写
  public final void process(){  //模板方法
    this.takeNumber();
    this.transact();
    this.evaluate();
  }
}
```

像个钩子，执行时，挂哪个子类的方法就调用哪个业务

【示例18-15】定义子类或者匿名内部类实现调用模板方法

```java
public class Client {
  public static void main(String[ ] args) {
    BankTemplateMethod btm = new DrawMoney();
    btm.process();
    System.out.println("##########################");
    //采用匿名内部类
    BankTemplateMethod btm2 = new BankTemplateMethod() {
      @Override
      public void transact() {
        System.out.println("我要存钱! ");
      }
    };
    btm2.process();
    System.out.println("##########################");
    BankTemplateMethod btm3 = new BankTemplateMethod() {
      @Override
      public void transact() {
        System.out.println("我要理财! 我这里有2000万韩币");
```

```
      }
    };
    btm3.process();
  }
}
class DrawMoney extends BankTemplateMethod {
  @Override
  public void transact() {
    System.out.println("我要取款！！！");
  }
}
```

执行结果如图18-8所示。

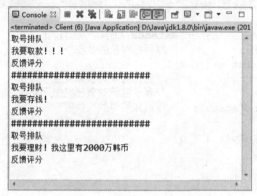

图18-8　示例18-15运行结果

18.7　观察者模式

观察者模式经常用来实现"广播机制"，常见应用场景如下。

（1）聊天室程序的创建。服务器创建好后，A、B、C三个客户端连上来公开聊天。A向服务器发送数据，服务器端聊天数据改变，将这些聊天数据分别发给其他在线的客户。也就是说，每个客户端需要更新服务器端的数据。

（2）在网站上，很多人订阅了"Java主题"的新闻，当有与Java主题相关的新闻时，就会将这些新闻发给所有订阅的人。

（3）在多人玩网络游戏时，服务器需要将玩家操纵的角色方位变化发给所有玩家。

上面这些场景都可以使用观察者模式来处理。我们可以把订阅者、客户称为观察者（Observer）；把需要同步给多个订阅者的数据封装到对象中，称之为目标（Subject或Objservalbe）或被观察者。图18-9为观察者模式的示意图。

在Java SE中，提供了java.util.Observable和java.util.Observer来帮助开发人员方便地实现观察者模式。

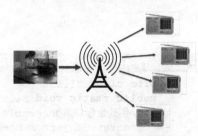

图18-9　观察者模式示意图

观察者模式在开发中常见的用场景如下：

（1）聊天室程序中，服务器将消息转发给所有客户端。

（2）网络游戏（多人联机对战）场景中，服务器将客户端的状态进行分发。

（3）邮件订阅。

（4）Servlet中，监听器的实现。

（5）Android中，广播机制的实现。

（6）JDK的AWT中的事件处理模型，基于观察者模式的委派事件模型（Delegation Event Model）。在事件处理模型中，事件源相当于目标对象，事件监听器相当于观察者。

【示例18-16】观察者模式典型用法——目标对象

```java
//目标对象
public class ConcreteSubject extends Observable {
  private int state;              //目标对象的状态
  public void set(int s){
    state = s;                    //目标对象的状态发生了改变
    setChanged();                 //表示目标对象已经做了更改
    notifyObservers(state);       //通知所有的观察者
  }
  public int getState() {
    return state;
  }
}
```

在目标对象的state属性发生变化时，通知所有和目标对象关联的观察者。

【示例18-17】观察者模式典型用法——观察者

```java
public class ObserverA implements Observer {
  private int myState;
  @Override
  public void update(Observable o, Object arg) {
    myState = ((ConcreteSubject)o).getState();
  }

  public int getMyState() {
    return myState;
  }

  public void setMyState(int myState) {
    this.myState = myState;
  }
}
```

【示例18-18】观察者模式的调用

```java
public class Client {
  public static void main(String[ ] args) {
    //创建目标对象Obserable
    ConcreteSubject subject = new ConcreteSubject();
    //创建观察者
    ObserverA obs1 = new ObserverA();
```

```
        ObserverA obs2 = new ObserverA();
        ObserverA obs3 = new ObserverA();
        //将上面三个观察者对象添加到目标对象subject的观察者容器中
        subject.addObserver(obs1);
        subject.addObserver(obs2);
        subject.addObserver(obs3);
        //改变subject对象的状态
        subject.set(3000);
        System.out.println("===============目标对象,状态修改成:3000! ");
        //观察者的状态发生了变化
        System.out.println("观察者objs1的myState状态:"+obs1.getMyState());
        System.out.println("观察者objs2的myState状态:"+obs2.getMyState());
        System.out.println("观察者objs3的myState状态:"+obs3.getMyState());
        subject.set(600);
        System.out.println("===============目标对象,状态修改成:600! ");
        //观察者的状态发生了变化
        System.out.println("观察者objs1的myState状态:"+obs1.getMyState());
        System.out.println("观察者objs2的myState状态:"+obs2.getMyState());
        System.out.println("观察者objs3的myState状态:"+obs3.getMyState());
    }
}
```

执行结果如图18-10所示。

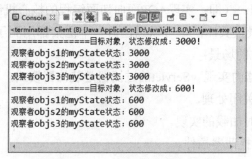

图18-10 示例18-18运行结果

18.8 代理模式(动态)

在日常生活中,人们会遇到大量与代理模式(Proxy)相关的场景如你授权给中介卖房,他就是你的代理;明星授权给经纪人管理他的日常活动,也是典型的代理模式。

某位明星在成名前不需要经纪人,他所有的谈判、合同起草、收款等都可以参与,因为这时候业务不多,他自己完全能忙得过来而且不耽误工作。后来业务增多了,各种业务关系也变得很复杂,需要有经纪人来帮助他规划以及做一些核心工作之外的事情,这时经纪人就变成了代理。

经纪人可以实现对这位明星的控制,客户再想见到这位明星必须经过经纪人才能做到。

经纪人也可以帮助明星做非核心业务,如明星唱歌之前的谈判工作,明星唱歌之后的收款事宜等,图18-11所示为代理模式的示意图。

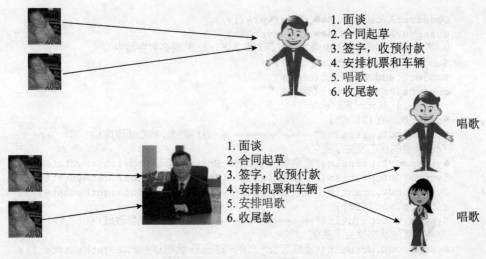

图18-11　代理模式示意图

代理模式的核心作用如下：

（1）通过代理控制对对象的访问。

（2）可以详细控制访问某个（某类）对象的方法，在调用这个方法前做前置处理，调用这个方法后做后置处理。（即：实现AOP面向切面编程的核心机制！）

代理模式的应用场景极其广泛，可以说任何一个框架都用到了代理模式。下面列举了一些常见的使用代理模式的场景：

（1）Struts2中拦截器的实现（Servlet的过滤器是装饰器模式，不是代理模式）。

（2）数据库连接池关闭处理。

（3）Hibernate中延时加载的实现。

（4）Mybatis中实现拦截器插件。

（5）AspectJ的实现。

（6）Spring中AOP的实现。

（7）声明式事务处理。

（8）Web Service。

（9）RMI远程方法调用。

代理模式又分为两种：静态代理模式和动态代理模式。所谓静态代理就是为要代理的类写一个代理类，或者用工具为其生成一个代理类，也就是在程序运行前就存在已编译好的代理类。采用这种方式有时会比较烦琐，也会导致程序非常不灵活。相比静态代理，动态代理具有更强的灵活性，因为它不用在设计的阶段就指定某一个代理类来代理哪一个被代理的对象，而可以把这种指定延迟到程序运行时由JVM来实现，这就用到了第17章学到的反射机制。

下面以明星与经纪人的例子来编写动态代理模式的测试代码。

【示例18-19】动态代理模式的典型用法——定义统一接口

```java
public interface Star {
    void signContract();   //签合同
    void sing();           //唱歌
    void collectMoney();   //收钱
}
```

【示例18-20】动态代理模式的典型用法——真正的明星类

```java
public class RealStar implements Star {
    @Override
    public void collectMoney() {
        System.out.println("(明星本人)收钱");
    }
    @Override
    public void signContract() {
        System.out.println("(明星本人)签字");
    }
    @Override
    public void sing() {
        System.out.println("(明星本人)唱歌");
    }
}
```

【示例18-21】动态代理模式的典型用法——流程处理核心类（相当于经纪人机制）

```java
import java.lang.reflect.InvocationHandler;
import java.lang.reflect.Method;
public class StarHandler implements InvocationHandler {
    Star realStar;
    public StarHandler(Star realStar) {
        this.realStar = realStar;
    }
    @Override
    public Object invoke(Object proxy, Method method, Object[ ] args)
            throws Throwable {
        Object object = null;
        System.out.println("真正的方法执行前！");
        //只有唱歌处理,其他方法不做处理
        if(method.getName().equals("sing")){
            object = method.invoke(realStar, args);
        }else{
            System.out.println("代理处理:"+method.getName());
        }
        System.out.println("真正的方法执行后！");
        return object;
    }
}
```

示例代码18-21中，属性realStar就是真正的"明星对象"，invoke()方法是核心处理方法。invoke()方法的3个参数含义如下：

- proxy表示代理对象；
- method表示代理对象调用的方法对象；
- args表示代理对象调用的方法的参数。

在整个invoke()方法中，可以轻松获得proxy代理对象、realStar（被代理的对象），也可以轻松调用它们的方法。该方法根据反射机制做出处理，如果调用的是sing()方法，则由"明星本人realStar"亲自处理；如果调用的是其他方法则不做处理。

【示例18-22】动态代理模式的调用

```
import java.lang.reflect.Proxy;
public class Client {
  public static void main(String[ ] args) {
    //将明星注册到处理核心类中
    Star realStar = new RealStar();
    StarHandler handler = new StarHandler(realStar);
    //动态创造代理类和代理对象
    Star proxy = (Star) Proxy.newProxyInstance(ClassLoader.
    getSystemClassLoader(),new Class[ ]{Star.class}, handler);
    //生成的代理对象的任何方法里都调用了handler.invoke()方法
    proxy.sing();
    System.out.println("####################################");
    proxy.collectMoney();
  }
}
```

执行结果如图18-12所示。

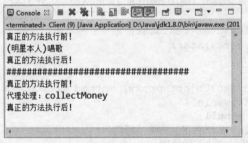

图18-12　示例18-22运行结果

接下来思考这样一个问题：为什么调用代理对象的方法，最终会进入核心类handler.invoke()方法呢？

例如调用proxy对象的任何方法都会调用StarHandler核心类的invoke方法？要解开这个疑问，整个动态代理机制以及AOP机制就豁然开朗了，先看下面的代码。

```
Star proxy = (Star) Proxy.newProxyInstance(ClassLoader.
        getSystemClassLoader(), new Class[ ]{Star.class}, handler);
```

该代码的核心作用是根据Star接口生成代理类，这是由JDK提供的Proxy类动态生成的类（这个类存在于内存中，但是硬盘上没有）。生成的代理类的代码结构示意如下。

```
public class StarProxy$ implements Star {
  InvocationHandler handler;
    @Override
  public void collectMoney() {
    handler.invoke(this,method对象,参数);
  }
  @Override
  public void signContract() {
    handler.invoke(this,method对象,参数);
  }
  @Override
  public void sing() {
    handler.invoke(this,method对象,参数);
  }
}
```

从上述代码可见动态生成的代理类的所有方法，实际上内部都调用了handler.invoke()方法，这就是它的实质。所以，无论调用代理对象的什么方法，最终都会进入handler.invoke()方法中。

> **注意**
>
> 常见的动态生成代理类的方法有如下4种：
> (1) JDK自带的动态代理（本节采用的就是这种方式）。
> (2) javaassist字节码操作库实现。
> (3) CGLIB。
> (4) ASM（底层使用指令，可维护性较差）。

本章总结

（1）设计模式是一套被反复使用、多数人知晓、经过分类编目的代码设计经验的总结。
（2）23种设计模式如表18-1所示。
（3）常用的设计模式如下。
- 单例模式；
- 工厂模式；
- 装饰模式；
- 责任链模式；
- 模板方法模式；
- 观察者模式；
- 代理模式。

本章作业

一、选择题

1. 当我们想创建一个具体对象而又不希望指定具体的类时，可以使用（　　）模式（选择一项）。
   A. 创建型　　　　　　　　　　　　　　B. 结构型
   C. 行为型　　　　　　　　　　　　　　D. 以上都可以

2. 下列模式中属于行为模式的是（　　）（选择一项）。
   A. 工厂模式　　　　　　　　　　　　　B. 观察者模式
   C. 适配器模式　　　　　　　　　　　　D. 以上都是

3. 单例模式中两个基本的要点是（　　）（选择两项）。
   A. 构造器私有　　　　　　　　　　　　B. 唯一实例
   C. 静态工厂方法　　　　　　　　　　　D. 以上都不对

4. 在观察者模式中，下列说法错误的是（　　）（选择一项）。
   A. 观察者角色的更新是被动的
   B. 被观察者可以通知观察者进行更新
   C. 观察者可以改变被观察者的状态，再由被观察者通知所有观察者依据被观察者的状态进行
   D. 以上表述全部错误

5. 在Java的反射中关于代理说法正确的是（　　）（选择两项）。
   A. 动态代理类与静态代理类一样，必须由开发人员编写源代码，并进行编译
   B. 代理类与被代理类具有同样的接口
   C. 动态代理是public、final和abstract类型的
   D. java.lang.reflect包中的Proxy类提供了创建动态代理类的方法

二、简答题

1. 设计模式分为几类？每类中又包含哪些设计模式？
2. 单例模式的作用及应用场景。
3. 观察者模式的作用及应用场景。
4. 代理模式的作用及应用场景。

三、编码题

1. 尽可能写出你所知道的设计模式（笔试题偶尔会考）。
2. 模仿书中代理模式的示例，自己想一个实际生活中可以使用代理的场景，对其进行编程练习。
3. 查资料，阅读AWT或Swing源码，完成模仿事件监听的代码。
4. 查资料，模仿Spring框架的JDBCTemplate类，完成模仿代码。
5. 以身边场景出发，测试装饰器模式。

6. 以如下场景为基础，使用责任链模式完成在一个公司里，供应链管理（Supply Chain Management，SCM）系统中，采购审批子系统的设计。审批流程为：

（1）采购金额小于5万元，主任审批；

（2）采购金额大于等于5万元，小于10万元，经理审批；

（3）采购金额大于等于10万元，小于20万元，副总经理审批；

（4）采购金额大于等于20万元，总经理审批。

7. 模拟富士康代工的场景，使用工厂模式创造：小米手机、苹果手机和OPPO手机。

8. 列出4种单例模式，并用文字说明它们各自的优势和缺点（笔试题中常见）。

实战 Java
程序设计

附 录

Java 300集大型教学视频目录

Java 300集大型教学视频介绍

《Java 300集》由高淇、裴新老师历经两年录制而成。整个教学视频从零基础开始讲解，不仅注重实用性，同时注重对底层原理的讲解（内存分析、数据结构、JDK源代码解读），让大家不仅能快速用于实战而且可以练就扎实内功。本书涵盖了《Java 300集》的核心内容。

整套视频将多个项目穿插讲解，从零基础编程写游戏、手写Web服务器、手写ORM框架，内容覆盖工作和学习的方方面面，并且已经被北京大学教授推荐为学习Java的必看视频。

全套视频分为三季：

- 第一季（1~98集）：侧重对Java基础中最常用部分进行讲解，并将游戏项目穿插在其中，寓教于乐，让读者既学得懂又学得开心。
- 第二季（99~207集）：侧重对Java的容器、算法、I/O流、网络编程、多线程知识的讲解和深入探讨。本部分通过编写一个Web服务器为实战项目，让读者能够在掌握基础知识的同时理解在后续学习Java EE时用到的服务器的核心原理。
- 第三季（208~300集）：侧重讲解一些更深入的专题以及扩展的专题，内容包括类加载器核心、动态字节码操作、动态编译、JDBC数据库操作、正则表达式、GoF 23种设计模式的详细用法等，最后以一个手写框架作为结尾。本部分的内容使读者既能理解相关设计模式的用法，又能深入复习数据库操作以及Java的基础知识，可以深入理解框架设计的核心。请注意，对于初学者来讲，没有必要将第三季的内容作为学习重点，仅作参考即可。

Java 300集大型教学视频内容如下。

第一章　Java基础知识

顺序	名称	时长
课时1	如何学习	13:46
课时2	java历史_java核心优势	39:54
课时3	JDK和JRE和JVM的区别_JDK的下载安装_环境变量配置	26:38
课时4	java_第一个程序_HelloWorld	16:56
课时5	helloworld深化_文本编辑器的使用_注释	16:30
课时6	标识符_unicode和GBK_各种字符集的关系	18:24
课时7	整数类型_进制转换_编程中的L问题	26:32
课时8	浮点数_浮点数误差问题	12:49
课时9	char_字符串入门_boolean	17:53
课时10	基本数据类型自动转换_强制转型_类型提升问题	21:35
课时11	新特性_二进制整数_下画线分隔符	07:38
课时12	变量_成员变量和局部变量_常量_命名规范	16:54
课时13	运算符_01_算术_逻辑_位运算符_扩展运算符	28:26
课时14	运算符_02_字符串连接_三元运算符_优先级问题	10:07
课时15	eclipse开发环境的使用_建立java项目_运行java项目	14:56
课时16	eclipse运行程序的问题（src和bin问题）_debug模式	09:19
课时17	if语句_单选择_双选择_多选择结构	18:02
课时18	switch语句_基本用法_case穿透现象	13:17
课时19	新特性_增强switch语句	04:02
课时20	while语句_dowhile语句	13:43
课时21	for语句	16:17
课时22	综合练习_九九乘法表	09:23
课时23	break和continue_带标签的break和continue	10:49
课时24	方法的本质_形参_实参_return语句	19:07
课时25	递归算法详解	17:35
课时26	键盘输入_Scanner类的使用_import简单入门	08:00
课时27	api文档_package的概念_生成自己项目的api文档	25:03

第二章　Java面向对象

顺序	名称	时长
课时28	面向过程和面向对象的本质区别	26:26
课时29	面向对象的方式思考问题	20:06
课时30	类和对象的关系_写出我们的第一个类	35:47
课时31	程序执行过程的内存分析_01	36:37

(续表)

顺序	名　　称	时长
课时32	程序执行过程的内存分析_02	14:57
课时33	虚拟机内存管理_垃圾回收机制_C++和Java的比较	09:22
课时34	构造器	19:32
课时35	方法重载_构造方法重载	13:39
课时36	static变量和方法_内存分析static	16:00
课时37	this隐式参数_内存分析	15:28
课时38	继承_基本概念	29:03
课时39	继承_方法的重写	07:11
课时40	Object类用法_toString和equals方法	31:46
课时41	super_构造器的调用_继承的内存分析（非常重要）	19:36
课时42	继承_组合	11:31
课时43	final_修饰变量_方法_类	06:03
课时44	封装	22:12
课时45	多态_基本概念_强制转型问题_instanceof运算符	30:28
课时46	多态_内存分析	13:24
课时47	多态_内存分析深化（模拟servlet中方法的调用）	12:51
课时48	抽象类_抽象方法	17:29
课时49	接口详解	29:40
课时50	回调的实现_模板方法模式	27:03
课时51	内部类详解	22:35

第三章　数组

顺序	名　　称	时长
课时52	数组基本概念_内存分析	31:41
课时53	数组的三种初始化方式	12:58
课时54	String类的常用方法_JDK源码分析	45:04
课时55	String类的补充_常见面试题_内存分析	15:50
课时56	StringBuilder和StringBuffer的使用	19:09
课时57	StringBuilder和StringBuffer的使用_JDK源码分析内部机制	07:33
课时58	StringBuilder和StringBuffer的使用_常见面试题答法	11:40
课时59	模拟ArrayList容器的底层实现_JDK源码分析ArrayList	44:36
课时60	多维数组_基本语法_内存分析	35:49
课时61	多维数组_练习_矩阵运算	12:05
课时62	排序_二分法_命令行参数_增强for循环	31:53
课时63	包装类_Integer_Number_JDK源码分析	16:42

第四章　常用类及异常机制

顺序	名　　称	时长
课时64	自动装箱和拆箱_缓存处理	12:30
课时65	Date类的使用_JDk源码分析	22:30

(续表)

顺序	名称	时长
课时66	常用类_DateFormat和SimpleDateFormat	28:54
课时67	常用类_Calendar和GregorianCalendar的使用	22:39
课时68	常用类_可视化日历程序_01	19:55
课时69	常用类_可视化日历程序_02	14:26
课时70	常用类_file类的使用	16:07
课时71	常用类_file类_打印目录树状结构_递归算法	10:00
课时72	异常机制_Exception_Throwable_Error的概念	22:23
课时73	常见异常分类_异常简单处理	15:39
课时74	异常机制_try_catch_finally_return执行顺序	38:31
课时75	声明异常throw方法重写中异常的处理_手动抛出异常	16:20
课时76	异常机制_自定义异常_总结	17:34

第五章 Java游戏项目

顺序	名称	时长
课时77	游戏项目_加载窗口_画图形_加载图片_编程中坐标基本知识	35:34
课时78	游戏项目_图片的加载	07:25
课时79	游戏项目_动画的实现	07:58
课时80	游戏项目_物体的水平和纵向移动	08:24
课时81	台球游戏核心功能开发_物体沿着任意角度飞行和停	16:07
课时82	游戏项目_椭圆轨迹飞行的实现	09:08
课时83	游戏项目_使用继承封装MyFrame作为以后窗口类共同父类	09:08

第六章 太阳系模型

顺序	名称	时长
课时84	太阳系模型_基本类的封装_Star类的建立	13:27
课时85	太阳系模型_Planet类的实现_构造器的优化和调用	25:54
课时86	太阳系模型_Planet对象的运行轨迹	09:59
课时87	太阳系模型_卫星的处理_轨迹的处理_添加其他行星	12:26

第七章 飞机游戏

顺序	名称	时长
课时88	飞机游戏_游戏基本框架搭建_Plane类的定义	14:13
课时89	飞机游戏_键盘控制飞机的运动_四个方向	11:03
课时90	飞机游戏_键盘控制八个方向的运行算法	10:31
课时91	飞机游戏_子弹类定义_将子弹加入容器中_子弹类飞行规则	17:35
课时92	飞机游戏_碰撞检测_双缓冲技术解决屏幕闪烁	13:29
课时93	飞机游戏_重构游戏中的实体类	05:24
课时94	飞机游戏_飞机死亡的处理_游戏中提示文字的处理	09:13
课时95	飞机游戏_游戏时间和等级的计算	13:27
课时96	飞机游戏_爆炸的实现_图片数组的处理	18:26

(续表)

顺序	名称	时长
课时97	飞机游戏bug调整_导出jar	08:05
课时98	编程基础和面向对象总复习	75:57

第八章 容器与泛型

顺序	名称	时长
课时99	容器_基本概念_Collection_Set_List接口介绍	27:40
课时100	容器_List_ArrayList_LinkedList_Vector用法详解	18:58
课时101	容器_JDK源代码分析_自己实现ArrayList_01_数组扩容_add_get方法的实现	30:15
课时102	容器_JDK源代码分析_自己实现ArrayList_02_remove_set_add方法_equals问题	22:51
课时103	容器_JDK源代码分析_自己实现LinkedList_双向链表的概念_节点定义_add方法	19:13
课时104	JDK源代码分析_自己实现LinkedList_遍历链表_get_remove_add插入节点	32:34
课时105	容器_Map和HashMap的基本用法_hashMap和HashTable的区别	13:12
课时106	容器_自己实现HashMap_SxtMap原始版_效率较低	18:07
课时107	容器_自己实现HashMap_Map底层实现_哈希算法实现_使用数组和链表	29:01
课时108	容器_equals和hashcode_JDK源代码分析	20:01
课时109	容器_List_Map底层源码再分析_bug解决	09:41
课时110	容器_Set_HashSet基本用法_源码分析	10:25
课时111	容器_自定义实现HashSet	15:24
课时112	容器_数据存储综合练习_javabean的介绍	17:42
课时113	容器_数据存储综合练习_map保存表记录	08:47
课时114	容器_迭代器遍历List和Set_List迭代器源代码分析	21:36
课时115	容器_迭代器遍历Map的两种方式	21:36
课时116	自定义泛型_泛型类_泛型接口_泛型方法_安全_省心	35:56
课时117	自定义泛型_深入1_子类_属性类型_重写方法类型_泛型擦除	26:18
课时118	自定义泛型_深入2_无多态_通配符_无泛型数组_JDK7泛型使用	46:35
课时119	自定义实现迭代器_深入迭代器_迭代器原理_面向对象实现	38:46
课时120	HashMap_经典存储_分拣思路_简单_容易	19:48
课时121	HashMap_经典存储_经典分拣思路_与面向对象组合解题	20:54
课时122	排序_冒泡_初级版	25:49
课时123	排序_冒泡_优化版与最终版	10:04
课时124	引用类型_内置类比较_Comparable_排序工具类实现	22:39
课时125	引用类型_内置类比较_Comparator_排序工具类实现	10:34
课时126	引用类型_自定义数据排序	23:20
课时127	引用类型_排序容器_TreeSet与TreeMap	23:47
课时128	工具栏Collections_洗牌	07:20
课时129	Queue接口_单向队列_模拟银行业务_自定义堆栈	14:46
课时130	enumeration接口_Vector_StringTokenizer	07:41
课时131	Hashtable与Properties_绝对_相对_类路径存储与读取	25:38
课时132	引用（强软弱虚）_WeakHashMap_IdentityHashMap与EnumMap	15:26

(续表)

顺序	名　　称	时长
课时133	容器的同步控制与只读设置	09:54
课时134	guava与apache的准备工作（jar src doc）与git工具	12:23
课时135	guava之只读、函数式编程（过滤 转换 约束）、集合	24:29
课时136	guava之实用功能_Multiset、Multimap与BiMap	14:00
课时137	guava之Table_成绩表行转列	16:22
课时138	1_Predicate_Transformer	30:44
课时139	commons之函数式编程2_Closure	20:22
课时140	commons之集合与队列	09:48
课时141	commons之迭代器（Map、过滤、循环）_双向Map_包	26:49
课时142	容器_重点总结_一三六九	10:44

第九章　输入与输出技术

顺序	名　　称	时长
课时143	IO_File_路径常量_绝对与相对路径_构建对象	13:53
课时144	IO_File_常用方法_文件名_判断_长度_创建_删除	18:14
课时145	IO_File_常用方法_文件夹操作_命令模式查找	14:17
课时146	IO_原理_分类_标准步骤	11:21
课时147	IO_字节流_节点流_文件读取_写出_追加文件	14:49
课时148	IO_字节流_节点流_文件的拷贝	14:31
课时149	IO_字节流_节点流_文件夹拷贝_工具制作_文件后缀与软件的关系	15:05
课时150	IO_字节流_节点流_拷贝_工具健壮性	03:06
课时151	IO_字符流_纯文本_节点流_Reader_FileReader_Writer	17:32
课时152	IO_缓冲流_BufferedInputStream_BufferedOutputStream	09:21
课时153	IO_转换流_字节转为字符_乱码分析_编码与解码字符集	09:12
课时154	IO_转换流_字节转为字符_InputStreamReader_OutputStreamWriter	07:19
课时155	IO_重点流_总结	06:34
课时156	IO_其他流_字节数组流	13:55
课时157	IO_其他流_字节数组流_与文件流对接	10:08
课时158	IO_其他流_基本数据类型处理流	16:16
课时159	IO_其他流_对象处理流_序列化_反序列化	11:18
课时160	IO_关闭流方法_JDK7_try-with-resource	06:22
课时161	IO_打印流	18:40
课时162	IO_装饰设计模式	06:19
课时163	IO_文件夹bug修复_超长文件夹删除	05:04
课时164	IO_文件分割与合并_RandomAccessFile	10:16
课时165	IO_文件分割与合并_初始化各项参数	14:59
课时166	IO_文件分割与合并_分割	08:33
课时167	IO_文件分割与合并_文件合并	12:28
课时168	IO_总结	14:38

第十章 线程

顺序	名称	时长
课时169	线程_概念	12:54
课时170	线程创建之一_继承_Thread	09:07
课时171	静态代理模式	08:31
课时172	线程创建之二_接口_Runnable	09:46
课时173	线程创建之三_接口_Callable_Future_龟兔赛跑	11:50
课时174	线程状态与停止线程	10:06
课时175	线程阻塞1_join_yield	07:27
课时176	线程阻塞2_sleep_倒计时_网络延时	13:18
课时177	线程基本信息_优先级	12:20
课时178	线程同步与锁定1_synchronized	15:24
课时179	线程同步与锁定2_synchronized_单例模式_doubleChecking	23:38
课时180	线程_死锁	06:17
课时181	线程_生产者消费者模式_信号灯法	14:16
课时182	线程_任务调度	05:44
课时183	线程_总结	07:56

第十一章 网络编程

顺序	名称	时长
课时184	网络编程_概念_网络_端口_URL_TCP_UDP	19:21
课时185	网络编程_InetAddress_InetSocketAddress	11:17
课时186	网络编程__URL_爬虫原理	21:42
课时187	网络编程_UDP编程1_原理	16:18
课时188	网络编程_UDP编程2_发送类型_cs与bs区别	11:20
课时189	网络编程_TCP_Socket通信_原理	21:44
课时190	网络编程_TCP_Socket通信_多个客户端_聊天室原理	16:35
课时191	网络编程_TCP_Socket通信_聊天室_客户端多线程	14:42
课时192	网络编程_TCP_Socket通信_聊天室_群聊	15:18
课时193	网络编程_TCP_Socket通信_聊天室_私聊_构思	07:30
课时194	网络编程_TCP_Socket通信_聊天室_私聊_实现	10:57

第十二章 手写服务器

顺序	名称	时长
课时195	httpserver_准备_Socket入门	07:39
课时196	httpserver_准备_html	11:54
课时197	httpserver_准备_http协议	15:17
课时198	httpserver_准备_http工具	04:19
课时199	httpserver_封装Response	12:32
课时200	httpserver_封装Request_method_url	16:32

(续表)

顺序	名称	时长
课时201	httpserver_封装Request_储存参数_处理中文	18:14
课时202	httpserver_封装分发器	10:18
课时203	httpserver_多请求处理_多态	18:59
课时204	httpserver_多请求处理_反射	09:09
课时205	httpserver_xml配置文件_sax解析基础	20:57
课时206	httpserver_xml配置文件_sax解析应用	21:29
课时207	httpserver_整合最终版	06:44

第十三章 反射机制与类加载器核心

顺序	名称	时长
课时208	注解_Annotation_内置注解	21:14
课时209	自定义注解	18:16
课时210	反射机制读取注解	21:56
课时211	反射机制_介绍	30:16
课时212	反射机制_动态操作_构造器_方法_属性_合并文件	33:02
课时213	反射机制_提高反射效率	22:15
课时214	动态编译_DynamicCompile_反射调用main方法问题	22:56
课时215	脚本引擎执行javascript代码_Rhino引擎	28:48
课时216	字节码操作_javaassist库_介绍_动态创建新类_属性_方法_构造器	24:04
课时217	字节码操作_javaassist库_介绍_API详解	34:44
课时218	JVM核心机制_类加载全过程_JVM内存分析_反射机制核心原理_常量池理解	31:03
课时219	JVM核心机制_类加载全过程_初始化时机_类的主动引用和被动引用_静态初始化块执行顺序问题	14:42
课时220	JVM核心机制_深入类加载器_层次结构（三种类加载器）_代理加载模式_双亲委派机制	26:29
课时221	JVM核心机制_深入类加载器_自定义文件系统类加载器_网络自定义类加载器	29:54
课时222	JVM核心机制_深入类加载器_自定加密解密类加载器	17:10
课时223	JVM核心机制_线程上下文类加载器_web服务器类加载机制_OSGI技术模块开发原理介绍	19:48
课时224	内部类分类介绍_静态内部类详解_成员内部类详解	33:15
课时225	方法内部类_final修饰局部变量问题_匿名内部类（继承式和接口式和参数式）	17:02

第十四章 设计模式

顺序	名称	时长
课时226	【GoF 23设计模式】_单例模式_应用场景_饿汉式_懒汉式	26:51
课时227	【GoF 23设计模式】_单例模式_双重检查锁式_静态内部类式_枚举式_UML_类图	24:19
课时228	【GoF 23设计模式】_单例模式_反射和反序列化漏洞和解决方案_多线程环境测试_CountDownLatch同步类的使用	27:01
课时229	【GoF 23设计模式】_简单工厂模式详解_面向对象设计原则_开闭原则_依赖反转原则_迪米特法则	25:50

(续表)

顺序	名称	时长
课时230	【GoF 23设计模式】_工厂方法模式详解	12:42
课时231	【GoF 23设计模式】_抽象工厂模式详解	20:17
课时232	【GoF 23设计模式】_建造者模式详解_类图关系	30:59
课时233	【GoF 23设计模式】_原型模式_prototype_浅复制_深复制_Clonable接口	26:31
课时234	【GoF 23设计模式】_原型模式_反序列化实现深复制_效率对比_创建型模式总结	21:00
课时235	【GoF 23设计模式】_适配器模式_对象适配器_类适配器_开发中场景	24:57
课时236	【GoF 23设计模式】_代理模式_静态代理	20:38
课时237	【GoF 23设计模式】_代理模式_动态代理_开发中常见的场景	12:14
课时238	【GoF 23设计模式】_桥接模式_多层继承结构_银行日志管理_管理系统消息管理_人力资源的奖金计算	28:48
课时239	【GoF 23设计模式】_组合模式_树状结构_杀毒软件架构_JUnite底层架构_常见开发场景	24:20
课时240	【GoF 23设计模式】_装饰模式_IO流底层架构_装饰和桥接模式的区别	27:32
课时241	【GoF 23设计模式】_外观模式_公司注册流程_迪米特法则	14:08
课时242	【GoF 23设计模式】_享元模式_享元池_内部状态_外部状态_线程池_连接池	23:13
课时243	【GoF 23设计模式】_责任链模式_公文审批_供应链系统的采购审批_异常链_过滤器和拦截器调用过程	29:45
课时244	【GoF 23设计模式】_迭代器模式_JDK内置迭代器_内部类迭代器	17:14
课时245	【GoF 23设计模式】_中介者模式_同事协作类_内部类实现	19:29
课时246	【GoF 23设计模式】_命令模式_数据库事务机制底层架构实现_撤销和回复	16:05
课时247	【GoF 23设计模式】_解释器模式_访问者模_数学表达式动态解析库式	07:19
课时248	【GoF 23设计模式】_策略模式_CRM中报价策略_GUI编程中布局管理器底层架构	17:34
课时249	【GoF 23设计模式】_模板方法模式_钩子函数_方法回调_好莱坞原则	13:56
课时250	【GoF 23设计模式】_状态模式_UML状态图_酒店系统房间状态_线程对象状态切换	23:52
课时251	【GoF 23设计模式】_观察者模式_广播机制_消息订阅_网络游戏对战原理	20:37
课时252	【GoF 23设计模式】_观察者模式_obserable类和observer接口_应用场景总结	11:28
课时253	【GoF 23设计模式】_备忘录模式_多点备忘_事务操作_回滚数据底层架构	18:07

第十五章 正则表达式

顺序	名称	时长
课时254	正则表达式_介绍_标准字符集合_自定义字符集合_01	17:01
课时255	正则表达式_自定义字符集合特殊用法_量词_贪婪和非贪婪模式_02	11:11
课时256	正则表达式_字符边界_匹配模式（单行和多行模式）_03	10:24
课时257	正则表达式_分支结构_捕获组_非捕获组_反向引用_04	08:35
课时258	正则表达式_预搜索_零宽断言（4个语法结构）_05	06:29
课时259	正则表达式_电话号码_手机号码_邮箱_常用表达式_06	09:03
课时260	正则表达式_开发环境_文本编辑器中使用_07	05:54
课时261	正则表达式_JAVA编程中使用_查找_替换_分割_08	8:10
课时262	正则表达式_手写网络爬虫_基本原理_乱码处理_09	23:48

第十六章 JDBC设计架构

顺序	名称	时长
课时263	JDBC_mysql安装和启动_安装问题的解决	14:16
课时264	JDBC_mysql_navicat客户端软件_建库_建表_主键自增_SQL执行	09:06
课时265	JDBC_mysql_环境变量配置_命令行模式操作	08:51
课时266	JDBC_设计架构_驱动类加载_建立Connection_效率测试	17:14
课时267	JDBC_statement接口用法_SQL注入	10:47
课时268	JDBC_PreparedStatement用法_占位符_参数处理	13:02
课时269	JDBC_ResultSet结果集用法_游标原理_关闭连接问题	15:22
课时270	JDBC_批处理Batch_插入2万条数据的测试	06:50
课时271	JDBC_事务概念_ACID特点_隔离级别_提交commit_回滚rollback	15:45
课时272	JDBC_时间处理_Date_Time_Timestamp区别_随机日期生成	12:32
课时273	JDBC_时间操作_时间段和日期段查询	12:24
课时274	JDBC_CLOB文本大对象操作	13:11
课时275	JDBC_BLOB_二进制大对象的使用	10:24
课时276	JDBC_代码总结_简单封装_资源文件properties处理连接信息	16:20
课时277	JDBC_ORM原理_使用Object数组存储一条记录	19:49
课时278	JDBC_ORM原理_Map封装一条记录_Map和List封装多条记录	11:17
课时279	JDBC_ORM原理_使用javabean对象封装一条记录	10:00

第十七章 手写SORM框架

顺序	名称	时长
课时280	【手写SORM框架】_思想介绍_架构介绍	13:58
课时281	【手写SORM框架】_架构设计_接口设计	31:00
课时282	【手写SORM框架】_DBManager_配置信息_TableContext处理	24:40
课时283	【手写SORM框架】_mysql数据类型转化器_MySqlTypeConvertor	07:56
课时284	【手写SORM框架】_根据表信息生成JAVA类源代码_1	20:56
课时285	【手写SORM框架】_根据表结构生成JAVA类源代码_2	15:26
课时286	【手写SORM框架】_同步表结构到po包_生成所有java类	20:42
课时287	【手写SORM框架】_delete方法的实现_class和表结构对应处理	21:46
课时288	【手写SORM框架】_executeDML方法_测试delete方法	07:07
课时289	【手写SORM框架】_插入数据_insert方法的实现	15:50
课时290	【手写SORM框架】_修改数据_update方法实现	09:57
课时291	【手写SORM框架】_查询多行记录封装成List	19:15
课时292	【手写SORM框架】_联表查询测试_VO值对象封装查询结果	10:41
课时293	【手写SORM框架】_其他查询方式_一行记录_一个对象	08:21

(续表)

顺序	名 称	时长
课时294	【手写SORM框架】_模板方法模式_回调方法优化Query类	28:47
课时295	【手写SORM框架】_工厂模式QueryFactory_克隆模式	17:25
课时296	【手写SORM框架】_连接池原理_手写连接池	21:58
课时297	【手写SORM框架】_连接池效率测试	12:03
课时298	【手写SORM框架】_jar包和API文档生成	10:59
课时299	【手写SORM框架】_使用说明_配置和启动过程_1	08:18
课时300	【手写SORM框架】_使用说明_bug修复_2	31:10